国防科技图书出版基金

雷达天线的空域极化特性及其应用

Radar Antenna Spatial Polarization Characteristic Theory with Application Technology

戴幻尧　王雪松　谢　虹
肖顺平　罗　佳　　　　著
　　　　汪连栋　　　　审

国防工業出版社
·北京·

图书在版编目(CIP)数据

雷达天线的空域极化特性及其应用/戴幻尧等著.
—北京:国防工业出版社,2015.3
ISBN 978-7-118-09852-5

Ⅰ.①雷… Ⅱ.①戴… Ⅲ.①雷达—极化天线—研究
Ⅳ.①TN957.2

中国版本图书馆 CIP 数据核字(2015)第 021255 号

※

国防工业出版社出版发行
(北京市海淀区紫竹院南路 23 号 邮政编码 100048)
北京嘉恒彩色印刷有限责任公司
新华书店经售
*

开本 710×1000 1/16 印张 15½ 字数 298 千字
2015 年 3 月第 1 版第 1 次印刷 印数 1—2500 册 定价 98.00 元

国防书店:(010)88540777 发行邮购:(010)88540776
发行传真:(010)88540755 发行业务:(010)88540717

致　读　者

本书由国防科技图书出版基金资助出版。

国防科技图书出版工作是国防科技事业的一个重要方面。优秀的国防科技图书既是国防科技成果的一部分,又是国防科技水平的重要标志。为了促进国防科技和武器装备建设事业的发展,加强社会主义物质文明和精神文明建设,培养优秀科技人才,确保国防科技优秀图书的出版,原国防科工委于1988年初决定每年拨出专款,设立国防科技图书出版基金,成立评审委员会,扶持、审定出版国防科技优秀图书。

国防科技图书出版基金资助的对象是:

1. 在国防科学技术领域中,学术水平高,内容有创见,在学科上居领先地位的基础科学理论图书;在工程技术理论方面有突破的应用科学专著。

2. 学术思想新颖,内容具体、实用,对国防科技和武器装备发展具有较大推动作用的专著;密切结合国防现代化和武器装备现代化需要的高新技术内容的专著。

3. 有重要发展前景和有重大开拓使用价值,密切结合国防现代化和武器装备现代化需要的新工艺、新材料内容的专著。

4. 填补目前我国科技领域空白并具有军事应用前景的薄弱学科和边缘学科的科技图书。

国防科技图书出版基金评审委员会在总装备部的领导下开展工作,负责掌握出版基金的使用方向,评审受理的图书选题,决定资助的图书选题和资助金额,以及决定中断或取消资助等。经评审给予资助的图书,由总装备部国防工业出版社列选出版。

国防科技事业已经取得了举世瞩目的成就。国防科技图书承担着记载和弘扬这些成就,积累和传播科技知识的使命。在改革开放的新形势下,原国防科工委率先设立出版基金,扶持出版科技图书,这是一项具有深远意义的创举。此举势必促使国防科技图书的出版随着国防科技事业的发展更加兴旺。

设立出版基金是一件新生事物,是对出版工作的一项改革。因而,评审工作需要不断地摸索、认真地总结和及时地改进,这样,才能使有限的基金发挥出巨大的效能。评审工作更需要国防科技和武器装备建设战线广大科技工作者、专家、教授，以及社会各界朋友的热情支持。

让我们携起手来，为祖国昌盛、科技腾飞、出版繁荣而共同奋斗！

国防科技图书出版基金

评审委员会

序　言

随着先进电子干扰技术的应用以及复杂电磁环境的综合效应，干扰成为雷达面临的最为严重的威胁，而雷达抗干扰技术通过采用新的信号处理方法提高雷达系统在恶劣电磁环境下的生存和对抗能力，极大地提高了雷达系统的作战效能，使之能够适应复杂多变的电磁环境，已成为雷达技术领域所面临的重要课题和紧迫任务。

现有雷达干扰与抗干扰多在时域、频域和空域进行，极化信息在抗干扰中的作用和潜力尚未被充分重视和挖掘；同时，现有各种雷达干扰样式在设计和战术使用中对极化都考虑甚少。这也促使专家、学者等研究人员不断开发、利用各种极化信息处理技术来提高传感系统的探测能力和感知能力。极化是电磁波除时域、频域和空域信息以外的又一可资利用的重要信息，充分挖掘极化信息为改善现代雷达探测系统性能提供了广阔的空间，为提高雷达抗干扰和目标识别能力开辟了有效的技术途径。因此，如果雷达具有极化测量能力，并能够充分利用目标和干扰的极化信息差异，则有望取得显著的抗干扰效果。

随着雷达极化测量技术的发展和人们对目标电磁散射特性认识的逐步深入，雷达极化技术作为现代雷达技术的重要分支，取得了丰硕的研究成果，极大地推动了雷达技术的发展。越来越多的极化雷达相继研制成功并投入使用，美国、加拿大、意大利、德国、法国、英国、荷兰等国就已经有相当数量的极化雷达问世。它们大都采用两个正交极化通道分时或同时发射多个正交极化的脉冲，接收时两正交极化通道同时接收信号，经过若干个相邻脉冲的处理，就可得到极化状态的估计。但是，这两种极化测量方法存在一个共同特点，即均需要双极化天线和两个极化通道，这对雷达的系统设计、复杂度和研发经费提出了很高的要求。

在天线理论中，位于给定频率和空间指向的远场区，天线存在着某一确定的极化方式，随着工作频率和空间指向的不同，天线辐射场的极化方式也有所不同，这意味着天线的极化是频率和空域指向的函数。据此，本书提出了一个全新的概念，即“天线的空域极化特性”。在以往的研究中，这种特性的存在往往被视为非理想因素而未加考虑，并未作为雷达极化技术领域的主流研究和发展方向。但是，天线空域极化特性却给雷达信息处理理论的发展带来了新思路，并形成了一个全新的研究方向，即合理地利用天线极化空域变化所构成的“非理想正交基”进行目标测量、抗干扰等新技术。作者近年来结合“九五”、“十五”、“十一五”国防预研、国家自然科学基金、973 国家安全重大基础研究计划项目等工作，在天线空域极化特性的表征、空域极化特性的分析与建模、天线极化特性的测量与试验新方法、测量误差校准方法、基于天线空域极化特性的新型抗干扰方法与试验等方面取得了一批富有学术意义和应用价值的研究成果，以此作为主要基础，再结合我国对雷达等信息化装备建设的需求，着手撰写一本有关于雷达天线的空域极化调制效应及其处理技术的专著，试图对该领域所涉及的主要问题进行理论概括和技术总结，供相关领域的科技工作者阅读参考。

全书共分 7 章。第 1 章着重归纳和评述了雷达极化技术在目标识别、目标检测、杂波抑制、抗干扰等方面的理论和应用成果，指出了现有雷达极化技术研究的不足，说明了天线空域极化特性的科学内涵和发展趋势。第 2 章整理了天线空域极化特性的各种表征方法，侧重以动态的、统计的观点讨论了天线极化在空间的演化规律。第 3 章、第 4 章、第 5 章是本书的理论基础，第 3 章分析了口径天线的空域极化特性，包括了线天线、面天线的极化特性，给出了清晰的数学表达式，重点分析了抛物反射面天线的极化特性规律，通过电磁计算和暗室测量给出了定性和定量的结果。第 4 章讨论了相控阵天线的空域极化特性，指出了该式天线与机械扫描天线在特性上的相同点和差异，通过计算机仿真和高频电磁计算给出了相控阵天线在方位和俯仰进行二维扫描时极化特性的变化情况。第 5 章给出了天线空域极化特性的测量新方法与误差校准试验方法，重点是解决实际的雷达天线特性在外场的快速精确测量问题，本书给出的方法不需要将天线拆卸下来和射频链路断开，仅仅需要处理雷达输出的中频信号就可以实现有效测量，方法实用、算法简便，便于实际操作，给出了外场测量的步骤和实际测量的结果，具有很好的参考价值，为最大限度地利用雷达天线特性奠定了基础。第 6 章、第 7 章是本书的应用研究部分，针对军用雷达中大量装备的警戒雷达、目标指示雷达和引导雷达等机械扫描雷达所面临的目标识别和抗干扰问题，设计了新型的处理方法。利用天线空域极化特性，对天线扫描过程中各个空间位置所接收的时间序列进行处理，为实现目标散射矩阵的测量、噪声干扰信号的极化测量与抑制、真假目标的极化测量和鉴别等应用进行了系统深入的探讨，为使相关技术将来迈向应用，深入地研究了极化技术和相参处理的兼容问题、自动增益控制系统影响下的改进问题、仰角估计误差下的干扰抑制并行处理等问题。仿真实验和实际试验结果表明，新方法取得了较好的抗干扰效果，验证了新方法的正确性、可行性和优越性。这些方法都是在传统的单极化雷达上实现的，也就是说通过改进或改善现有雷达装备的信号处理软件，能够使雷达具有一定的极化处理能力，进而能够显著地获得抗干扰效果。书末附有近 200 篇有关雷达极化信息处理方法的文献资料，这对于那些希望从事该领域研究，或者探索新型处理技术的科技工作者无疑是有益的。

本书内容新颖，系统性强，理论联系实际，具有一定的学术水平和实际应用价值，基本反映了近年来雷达抗干扰研究领域的新理论、新方法和新成果，部分内容已经发表在 IEEE Transaction on Antenna Propogation, IEEE Transaction on Aerospace and Electronic System, Science in China、Journal of Systems Engineering and Electronics、中国科学(F)等国际知名期刊上,并获得多项国家发明专利授权,是作者多年来在相关领域深入研究与实践的结晶。研究成果有力地拓展了雷达极化信息处理技术的外延,丰富了雷达极化理论的内涵。将其与时域、频域、空域等抗干扰措施配合使用,可望有效提高现有雷达系统的抗干扰能力和目标识别能力,提高其在复杂电磁环境下的适应能力和生存能力,具备一定的应用前景。

本书由戴幻尧博士、王雪松教授、谢虹研究员、肖顺平教授、罗佳博士执笔,由汪连栋研究员主审。在本书的撰写过程中,国防科技图书出版基金评审委员会、国家自然科学基金(61301236)、电子信息系统复杂电磁环境效应国家重点实验室、中国洛阳电子装备试验中心、北京空间信息中继传输技术研究中心等多家机构给予了大量的指导和帮助,王小谟院士对本书提出了非常有价值的修改意见。申绪涧高工、孔德培高工、黄振宇、尤春华、周波、崔建岭、乔会东、刘文钊、王建路、张杨、焦斌、狄东宁、李永祯、常宇亮、李棉全、刘勇、赵晶等同志参加了部分内容的研讨,并提出了宝贵建议,作者在此一一表示感谢。

由于本书内容涉及面广,有些问题还在进一步深入研究,加之作者水平有限,书中不当之处在所难免,敬请读者批评指正。

作 者
2015 年 1 月

目　录

Contents

第1章 绪 论

有源干扰是雷达所面临的最严重的威胁,未来电磁环境日趋复杂恶劣,促使人们不断开发利用各种信息处理技术来提高传感系统的探测能力和感知能力。极化是电磁波除时域、频域和空域信息以外的又一可资利用的重要信息,充分挖掘极化信息为现代雷达探测系统性能的改善提供了广阔的空间[1,2]。历经半个多世纪,随着雷达极化测量技术的发展和人们对目标电磁散射特性认识的逐步深入,雷达极化学作为现代雷达技术的重要分支,取得了丰硕的研究成果,极大地推动了雷达技术的发展。

目前,雷达极化学的研究成果主要包括极化表征与极化特性研究和极化信息获取与处理研究两个方面。极化表征与极化特性的研究是雷达极化信息应用的基础,包括电磁波和雷达目标散射的极化表征[1,2]、电磁波与雷达目标的极化特性[3-5]瞬态极化以及瞬态极化统计理论[3,6]、天线极化特性与表征[7]、目标最优极化理论[1,5]等;获取和处理极化信息,提高雷达系统的探测能力、感知能力尤其是抗干扰能力,是雷达极化学的最终目的,这部分研究内容包括极化雷达测量及数据校准[1,8-10]、极化滤波[11-20]、极化检测[21-29]、极化抗干扰、雷达目标的极化特征提取[1,2,30]、极化分类与识别反演[30-35]、极化雷达成像[36-41]等。

正是由于极化基础理论的发展和极化信息应用技术的进步,越来越多的极化雷达相继研制成功并投入使用,美国、加拿大、意大利、德国、法国、英国、荷兰等已经有相当数量的极化雷达问世[42-45],它们大都轮流发射两种正交极化波、同时接收两种正交极化波来获得目标极化散射矩阵的全部信息。

国外早在20世纪60年代已有极化测量雷达,与此同时我国也在积极开展极化雷达的研制工作。但是,从工程实现角度来看,极化测量雷达系统非常复杂而且造价昂贵,就单在处理极化通道之间轮流切换发射、通道幅相一致性校正、正交极化隔离、测量系统标校等问题上都常常遇到困难。以搜索和跟踪雷达为例,极化测量能力的提高与射频系统设备量翻番、系统复杂度剧增、实现代价高昂成了不可分割的整体。因此,在研制开发专门的目标极化特性测量雷达的同时,立足现有的单极化雷达,充分挖掘雷达系统和目标的潜在极化信息,另辟蹊径地寻求一些新的技术途径、解决一些关键技术问题,在不对现有雷达作很大硬件改动而仅作一些技术更新的情况下,通过充分获取和利用雷达天线和目标的极化信息来有效提高雷达系统的极化测量、跟踪、识别和抗干扰能力,为未来先进体制雷达做好理论和技术铺垫是非常有必要的。而且,以尽可能小的代价获得雷达性能的提高和功能的完善,不仅是雷达工程界追求的目标,也是雷达极化信息处理与利用的发展趋势之一。

根据天线理论,在给定频率和空间指向的远场区,天线存在着某一确定的极化方式,随着工作频率和空间指向的不同,天线辐射场的极化方式也有所不同[46,47],这意味着天线的极化是频率和空域指向的函数,且与天线形式有关,天线极化在空间的这种变化特性称为天线的空域极化特性[48-50]。在传统研究中,由于侧重点和应用需求的不同,要么忽略了这一事实,要么把天线的交叉极化视为一个有害量而尽量加以避免。但如果不是一味地抑制天线的交叉极化,而是通过深入研究天线的极化特性在空间的变化规律,并且加以有效利用,则会具有广阔的应用范围和诱人的应用前景。但是,现有的关于电磁波和天线极化特性及其应用方面的研究大都集中在时域、频域或其时频联合域上,天线极化特性在空间的演化、分布规律及其应用方面的研究还未见于公开报道。

随着现代战场电磁环境的日趋复杂恶劣,充分挖掘和利用蕴含在电磁波和雷达天线中的极化信息,研究雷达天线的空域极化特性,进一步拓展和完善极化表征与极化特性理论,最大限度地发掘和利用雷达传感系统所获得的电磁信息,提升其信息获取与处理能力,使之能够适应复杂多变的战场环境,已经成为雷达极化技术领域所面临的基础课题和紧迫任务。

本书以瞬态极化理论为基础,以工程应用需求为背景,围绕天线空域极化特性的理论和应用研究这一主线,建立天线空域极化特性表征方法,深入研究天线的空域极化特性,拓展和完善了雷达极化理论体系。在此基础上,针对在军用雷达领域中大量装备的警戒雷达、目标指示雷达和引导雷达等机械扫描体制雷达,研究了天线空域极化特性在目标极化特性测量、抗有源干扰和真假目标鉴别等领域中的应用问题,并取得了富有成效的研究结果。

1.1 天线空域极化特性的科学内涵和发展趋势

极化描述了空间电磁波电场矢量在传播截面上随时间的运动轨迹,反映了电磁波的矢量属性,是除时域、频域和空域信息以外的又一可资利用的重要信息,深入挖掘极化信息对改善现代雷达的检测、跟踪、抗干扰及目标识别性能均具有重要意义。经过60多年的发展,雷达极化信息处理已形成了较为完整的理论体系,其研究既包括电磁波与雷达目标的极化表征、雷达目标极化特性、极化测量与数据校准等基础理论问题,又包括极化滤波、极化检测、极化优化与增强、极化跟踪与关联、极化雷达成像等矢量信号处理问题,还包括极化特征提取、极化鉴别、极化分类与识别反演等雷达目标识别问题,涉及到雷达基础理论、电子对抗、模式识别等多个领域。从研究内容上划分,雷达极化学大致可划分为以下4个研究层次。

1.1.1 电磁波的极化特性研究现状

在电磁波领域中，极化状态和有关效应在 20 世纪 50 年代初已引起关注。学者们先后提出了利用 Jones 矢量、椭圆几何描述子、极化相位描述子、极化比以及 Stokes 矢量等静态参数来描述电磁波极化的经典方法[2]，将非常抽象的极化现象引到了代数学二维或三维的直观描述空间。极化椭圆几何描述子是基于电场矢量端点在电波传播截面上随时间变化轨迹为一椭圆的这一几何形状而定义的，有着明晰而直观的物理涵义，在线极化基和圆极化基下定义的线极化比和圆极化比被认为是描述极化状态的有效手段，可以建立描述极化状态的复极化状态平面图；由 Stokes 矢量描述符引出的 Poincare 极化球，将极化状态与球面点之间建立了一一对应关系。这些电磁波的极化描述符在理论分析、工程设计等不同场合得到了广泛的应用，但实际上均隐含了所研究的电磁波对象是“窄带性”或者“时谐性”的，要求电磁波电场矢端空间运动轨迹必须具有良好的几何规则性和周期性。

近年来，随着宽带电磁理论以及极化测量技术的发展，对于复杂调制宽带电磁波、瞬变电磁波等，其频率、幅度、极化等在波的持续期间不再保持不变。因而，对于时变电磁波而言，由于其电场矢端的空间运动轨迹通常并不具有良好的几何规则性和长程重复性，已远非简单的静态椭圆曲线等经典极化描述符所能完备表征。1999 年，王雪松率先提出了“瞬态极化”的概念用以表征时变电磁波极化现象[3]，建立了适用于描述时变电磁波的瞬态极化描述子参量集合，包括瞬态 Stokes 矢量、瞬态极化投影矢量、极化聚类中心、极化散度、极化测度、瞬态极化状态变化率等；然后他研究了电磁波时、频域瞬态极化的信息等价性问题，提出了电磁波瞬态极化时频分布的新概念，揭示出电磁波时、频域瞬态极化描述子之间的本质联系，并从时域、频域边缘分布的观点对两类瞬态极化描述子做出了统一的阐释，把瞬态极化的概念推广至时频联合域，为时变电磁波极化表征、宽带极化信息处理等提供了有力的理论工具。2004 年，李永祯和曾勇虎分别拓展和完善了电磁波瞬态极化的统计分布理论[6,31]，其中，曾勇虎以信号时频分布为理论工具，建立了电磁波瞬态极化时频分析基本方法，为在时频域上刻画和分析时变电磁波的瞬态极化特性提供了理论基础和数学工具；李永祯研究了高斯分布条件下雷达目标电磁散射的瞬态极化统计特性，为进一步研究非高斯分布下的雷达目标电磁散射的瞬态极化统计特性奠定了研究基础。

简言之，电磁波的极化特性及确定性表征、电磁波的极化的统计性表征、雷达目标的极化特性及确定性描述、雷达目标极化特性的统计性描述，构成了电磁波极化特性研究的主要脉络，而极化的表征方法可分为经典极化表征和瞬态极化表征。图 1.1 给出了电磁波极化各种表征方法之间的关系。

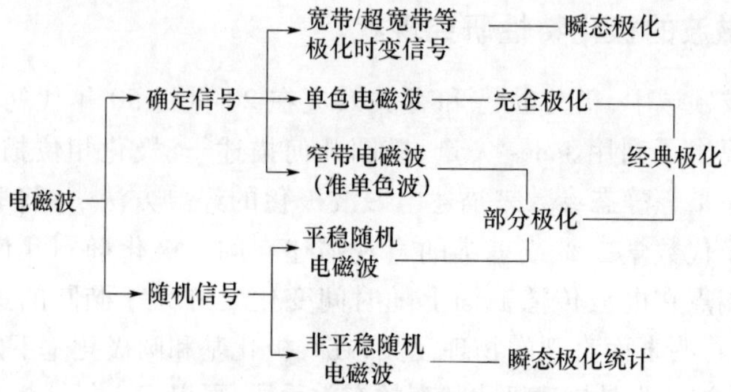

图 1.1　电磁波极化表征方法的相互关系

1.1.2　天线的极化特性研究现状

从 20 世纪 70 年代开始,国内外开始致力于研究天线的极化纯度问题。在天线系统应用研究中,通常定义主瓣中心位置的极化方向为主极化方向,即参考极化方向,认为"垂直于主极化的极化"为交叉极化,该参量通常被视为干扰和消极因素。因此,学者致力于寻找引起交叉极化的因素,并找到降低交叉极化的途径,研制高极化纯度的天线。经过近十年的努力,在理论上阐明了馈源系统各部件性能与天线交叉极化的关系:引起交叉极化的因素有多种,其中主要因素是天线自身的非理想特性[51-57],包括天线端口隔离度、天线的静态交叉极化鉴别量(XPD)、天线的一致性问题、天线罩的介质材料与安装、天线自身 XPD 在工作频带内的平坦度问题。随着器件和加工水平的提高,国内外在提高天线极化纯度方面积累了大量的经验,对于广泛应用的反射面天线的各类参数对交叉极化的影响日益清晰,且已掌握了较为丰富的优化准则。目前,对于天线交叉极化特性的研究多集中在交叉极化的计算和交叉极化的抑制两方面。

同时,天线理论指出,在给定频率和空间指向的远场区,天线存在着某一确定的极化方式,随着工作频率和空间指向的不同,天线辐射场的极化方式也有所不同,这意味着天线的极化是频率和空域指向的泛函,且与天线形式和功能有关。图 1.2 给出了一个典型偏置抛物面天线的主极化和交叉极化幅度图,图 1.3 表示了该天线极化纯度随方位角和俯仰角的变化规律。天线极化在空间的这种变化特性会对雷达极化信息处理及电子对抗的诸多方面造成影响。罗佳博士首次将上述特性定义为天线"空域极化特性",并建立了空域极化特性的表征理论框架,为天线空域极化特性的刻画和应用提供了理论基础和有力工具。并针对偶极子天线、螺旋天线、环形天线等多种形式的通信天线的空域极化特性进行了理论分析和数值仿真,以偏置抛物面天线为重点,分析了典型线天线和面天线的空域极化特性,得到了天线极化在空间的变化规律,并通过计算数据和暗室测量数据加以验证。

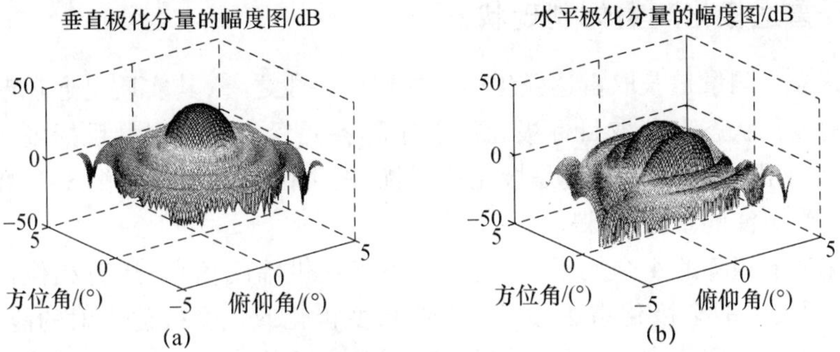

图 1.2　单偏置抛物面天线的主极化和交叉极化幅度图

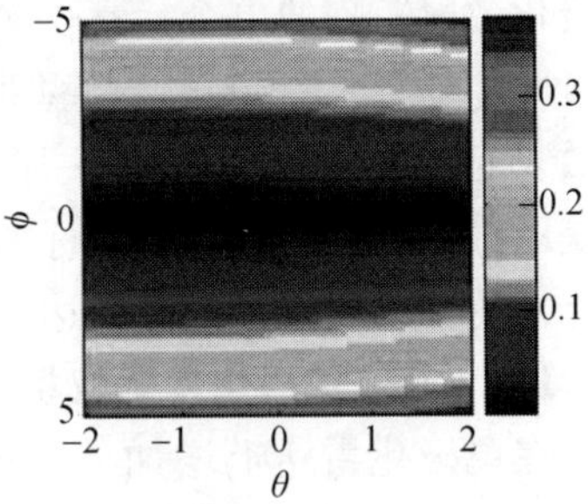

图 1.3　天线极化纯度的变化规律

随着微波固态元件和单片微波集成电路(MMIC)的发展,相控阵雷达的生产成本及其体积显著降低,相控阵技术日益广泛地应用于预警雷达、通信、气象等军事及民用领域。相控阵波束扫描速度快、波束控制灵活、具有空时信号处理、多目标信息提取、自适应抗干扰等特点,是雷达天线技术的发展趋势之一。对该类特殊的天线,在指定的工作频率下,其极化特性与主瓣空间指向的变化关系未见研究报道,不同辐射单元、极化形式、扫描范围、馈电分布以及不同观测方向上的天线极化特性还有待于进一步研究。

关于天线极化的空间变化特性对雷达信号处理和电子对抗效果的影响方面,鲜有文献报道。针对当目标方向偏离阵列天线的法线方向时,所接收到的电波极化状态随偏离电轴的方向和仰角大小而改变的问题,德国的 E. Hanle 指出:通常用正交圆极化接收的方法来抗雨和云等气象杂波干扰时,实际效果常低于预想结果[58-61],主要是因为天线偏离电轴方向使极化性能改变所致。德国的 J. G. Worms 讨论了天线阵元极化特性对阵列天线抗有源干扰性能的影响[62],并提出在选用自适应空间滤波时要注意天线阵元极化问题。倪晋麟等讨论了单元交叉极化对自适应阵列性能的影响[63]。综上所述,目前国内外讨论天线的空域极化特性对雷达信号处理和电子对抗性能影响方面的文献还很少,缺乏系统深入的理论研究,仅仅分析了交叉极化特性对雷达信号处理造成的不利影响,而没有考虑利用交叉极化特性改进雷达的参数测量、特性测量以及抗干扰能力。因此,本书在研究典型天线和阵列天线空域极化特性的基础上,深入地讨论了由于天线极化的空间变化特性对雷达信号处理和电子对抗效果产生的影响,并提出了相应的补偿和处理方法。

1.1.3 雷达极化测量体制现状

雷达极化测量是获取雷达极化信息的重要手段之一,其实质是通过改变发射和接收的极化状态来获取目标极化散射矩阵各元素。准确测量目标极化特性并有效加以利用,长期以来一直是极化抗干扰,极化目标识别及极化 SAR 成像等诸多领域备受关注的基础性课题。

极化散射矩阵的 4 个元素均为复数,不仅提供幅度信息,还有相位信息。因此,完全意义上的全极化雷达除了需要具备变极化或正交极化发射的能力外,更要具备相参的处理能力。但是,受研制成本和实现技术的限制,早期的雷达大都工作于单极化模式,即发射单极化、接收单极化,这种工作模式测量得到的仅是目标极化散射矩阵的单个元素。例如,当发射、接收都是 H 极化时,测量得到的仅是元素 s_{HH}。需要注意的是,有些雷达可工作于双极化接收模式,此时也只能测得目标散射矩阵的一列元素,丢失了一半的目标信息。因此,只有当极化雷达能够准确获取静态、动态、分布式目标的极化散射矩阵的 4 个元素,该类雷达才能称为全极化雷达。下面具体给出雷达极化测量体制的发展情况和最新研究进展。

1.1.3.1 单极化发射双极化接收的非全极化多普勒体制

在单极化雷达上增加一副正交极化天线及对应的接收通道就可以使其具有一定的极化测量能力,称为"单极化发射双极化接收的非全极化多普勒体制",也可简称为双极化体制。这种测量体制虽然无法获取目标全部极化信息,但能获取极化散射矩阵的两个元素。不妨假定雷达固定发射 H 极化信号,而同时接收 H、V 极化信号,测量时序关系如表 1.1 所列,雷达在每个脉冲重复周期内依次发射 H 极化信号,而接收机同时接收 H、V 极化信号。

表 1.1 第一类极化测量雷达的测量时序关系

时序	T_p	$2T_p$	…	$K \cdot T_p$
发射	H	H	…	H
接收	$H+V$	$H+V$	…	$H+V$
测量值	s_{HH}	s_{HH}	…	s_{HH}
	s_{VH}	s_{VH}		s_{VH}

鉴于早期器件水平和信号处理技术水平的制约,20 世纪 60 ~ 70 年代研制的极化雷达多为双极化体制,主要用于气象观测、防空反导和导弹制导等领域,通过对两路正交极化接收信号的融合处理,用于增强其目标检测性能和抗干扰能力,将信噪比提高几个分贝。此外,双极化体制还为极化滤波、自适应极化对消算法的发展提供了验证平台,并且获得了广泛的应用,特别是在消除雨杂波等方面表现出了明显的优势。但是,受其极化测量能力的限制,非全极化测量体制雷达在提高雷达抗干扰能力和目标识别能力等方面的作用有限。该类雷达的典型代表有:美国研

制的用于观测、跟踪卫星的 Millstone Hill 雷达，用于弹道导弹防御研究的 AMRAD 雷达和 ALTAIR 雷达，以及苏联的“扇歌”(Fan Song) SAM 导弹制导雷达等。

具体而言，美国于 1958 年研制的弹道导弹预警雷达(Millstone Hill，UHF 波段)在 1962 年进行了比较大的修改，重大的更改包括：更换了雷达天线，将发射频率改到 L 波段(载频 1295MHz)；更换了馈源，将 UHF 波段的圆锥扫描馈源改为 L 波段的卡塞格伦馈源。更改后的 Millstone Hill 采用了极化分集技术，即雷达发射信号右旋圆极化；接收时，在两个角误差通道对左旋和右旋圆极化回波同时进行处理，这样 Millstone Hill 可以得到雷达目标散射矩阵的一列元素。极化分集技术的应用使 Millstone Hill 雷达的检测和跟踪性能提高了几分贝，但是由于无法获取目标散射矩阵的全部信息，改进的 Millstone Hill 雷达目标识别能力提高不大。

同期，美国国防部的高级研究计划署(DARPA)开始进行新一代弹道导弹末段防御系统(ARPAT)的研究和研制工作。ARPAT 系统中的关键雷达即为林肯试验室设计、Raytheon 公司研制的 ARMRAD 雷达(L 波段)。与此前研制的 Millstone Hill 和 TRADEX 雷达相比，该雷达采用了一系列新技术，例如窄脉冲冲击波形(脉冲宽度最小为 0.1μs)、数字信号处理器(Raytheon 公司研制)以及新设计的具有极化捷变能力的射频器件。新技术的应用使得 ARMRAD 雷达的发射信号能够在线极化和圆极化之间捷变，并能够在接收时同时对互为正交的两个线极化回波进行处理。ARMRAD 雷达的改进工作贯穿了整个 60 年代，在其定型后不久的 1970 年，美国已经能够利用弹道导弹目标的极化特性进行目标识别。

在研制 TRADEX 和 ARMRAD 雷达的同时，美国发现苏联的弹道导弹防御雷达(Hen House 和 Dog House)采用了不同的技术路线——即大型 VHF 和 UHF 雷达。为分析战略弹道导弹对苏联雷达的突防能力，美国在 20 世纪 60 年代初期开始研制 VHF/UHF 波段的 ALTAIR 雷达。ALTAIR 的研制贯穿了整个 60 年代，直到 1970 年 5 月才研制成功，在随后的几十年里，ALTAIR 雷达经过数次比较大的改进。为了提高其目标识别的能力，ALTAIR 雷达最近又进行了一次较大的改进，最新的 ALTAIR 雷达具有测量弹道导弹目标极化散射矩阵(VHF 波段)的能力。ALTAIR 雷达采用右旋圆极化发射，左旋、右旋圆极化同时接收的方式，其外观如图 1.4(a)所示。

从公开的资料可以获悉，早期的“扇歌”A/B 型为单极化体制，仅有两路水平极化的方位扫描天线和俯仰角扫描天线，易受角度欺骗干扰、低空地物杂波的影响。经过极化改造后的“扇歌”D/E 型雷达外观如图 1.4(b)所示，主要参数如表 1.2 所列，大幅度提高了“扇歌”制导雷达的抗干扰性能。其关键技术措施就是在方位角天线旁增加了一路正交极化的双馈源抛物面天线，使得改进型“扇歌”雷达在跟踪目标时可采用“照射”体制工作，不仅能够形成水平极化的和－差信号，还能够形成垂直极化的和－差信号。通过极化处理技术，大幅度提高了雷达抗角度欺骗干扰的能力。据报道，该型雷达利用目标的极化特性与杂波、回答式干扰、应答式干扰、被动干扰（如箔条干扰等）极化特性的差异，通过极化估计、极化检测、极化滤波等处理技术，提高了雷达在干扰条件下的工作能力。

(a) ALTAIR导弹防御雷达　　(b)“扇歌”防空制导雷达

图 1.4　典型的非全极化测量体制雷达

表 1.2　“扇歌”主要参数

“扇歌”D/E 型防空制导雷达	
载频	5010～5090MHz 或 4910～4990MHz
脉冲重复频率	828～1440Hz 或 1656～2880Hz
脉宽	0.4～1.2μs
峰值功率	1,500kW
探测距离	75～150km
波束宽度	7.5°（俯仰），1.5°（方位）
极化方式	发射 H 极化，接收 H/V 极化

1.1.3.2　变极化发射—接收的非全极化多普勒体制

第二类双极化工作模式仅需要一路发射通道和接收通道，通过极化选择开关来实现发射极化状态选择，而接收采用同极化接收。这种极化测量体制可称为“变极化发射—接收的非全极化多普勒体制”，其实现极化测量的时序关系如表 1.3 所列，雷达以 PRI 为周期依次发射 H 极化、V 极化信号，接收机采用同极化接收。

表 1.3　第二类极化测量雷达的测量时序关系

时序	T_p	$2T_p$	$3T_p$	$4T_p$	…	$(2k-1)T_p$	$2k\cdot T_p$
发射	H	V	H	V	…	H	V
接收	H	V	H	V	…	H	V
测量值	S_{HH}	S_{VV}	S_{HH}	S_{VV}	…	S_{HH}	S_{VV}

这种测量模式利用连续两个脉冲测量得到目标极化散射矩阵的同极化分量，例如，第 $(2k-1)$ 个 PRI 发射 H 极化并同时接收 H 极化，测量得到 $S_{HH}[(2k-1)T_p]$，第 $2k$ 个 PRI 发射 V 极化并同时接收 V 极化，测量得到 $S_{VV}(2kT_p)$。

由于这种体制的极化测量雷达需要增加铁氧体移相器或者高频转换开关等设备，对于脉冲重复周期也有严格的要求，并且只能够测量目标极化散射矩阵的同极化分量，无法获得目标的去极化特性，使得这种测量体制在早期的应用中，如气象探测、目标识别等方面难以发挥优势，也限制了其广泛的应用，只有少数警戒雷达为了特定的目标探测和抗干扰需要，在频率分集时采用了这种体制。

1.1.3.3　双极化交替发射同时接收的全极化多普勒体制

第一、二类极化测量体制决定了其无法获取完整的目标极化散射矩阵，为了获得更为全面的目标极化信息，从20世纪80年代起，国际学者对全极化测量体制雷达进行了大量研究。随着极化理论和极化测量技术的进步，第三类极化体制雷达逐渐成为极化雷达研制的主流。该体制雷达以PRI为周期轮流发射正交极化（H、V极化）的信号，并同时接收H、V极化信号，利用连续两个脉冲测量可得到一次完整的极化散射矩阵。这种测量体制可称为"双极化交替发射—接收的全极化多普勒体制"，也可简称为"分时极化测量体制"，该类雷达具有一路极化可变的发射通道，两路独立的正交极化接收通道，其发射信号波形和接收信号处理与传统极化雷达并无本质差别。分时极化测量的时序关系如表1.4所示。

表1.4　分时全极化测量雷达的测量时序关系

时序	T_P	$2T_P$	$3T_P$	$4T_P$	…	$(2k-1)T_P$	$(2k)T_P$
发射	H	V	H	V	…	H	V
接收	$H+V$	$H+V$	$H+V$	$H+V$	…	$H+V$	$H+V$
测量值	S_{HH}	S_{HV}	S_{HH}	S_{HV}	…	S_{HH}	S_{HV}
	S_{VH}	S_{VV}	S_{VH}	S_{VV}		S_{VH}	S_{VV}

分时极化模式利用连续两个脉冲可以得到一次目标Sinclair化散射矩阵测量结果，第$2k-1$个PRI测量得到$S_{HH}[(2k-1)T_p]$及$S_{VH}[(2k-1)T_p]$，第$2k$个PRI测量得到$S_{HV}(2kT_p)$及$S_{VV}(2kT_p)$，这样，测量得到的目标Sinclair散射矩阵序列为

$$\boldsymbol{S}(k)=\begin{bmatrix}S_{HH}[(2k-1)T_p] & S_{HV}(2kT_p)\\ S_{VH}[(2k-1)T_p] & S_{VV}(2kT_p)\end{bmatrix} \tag{1.1.1}$$

20世纪80年代中期，分时全极化测量体制雷达的研制在美国、加拿大、意大利、德国、法国、俄罗斯、日本、荷兰等发达国家受到普遍重视，且有相当数量的极化雷达问世，主要包括监视和跟踪雷达、机载/星载极化SAR、地面ISAR以及气象雷达等。例如，意大利研制的S波段极化雷达[64]，加拿大遥感中心（Canada Centre for Remote Sensing）研制的Convair－580 X/C波段合成孔径雷达[65,66]，美国麻省理工学院林肯实验室研制的Ka波段机载合成孔径雷达ADTS，美国Michigan大学环境研究所（ERIM）和海军航空武器发展中心（NAWC）联合开发的P－3多波段（X,C,L）极化SAR雷达成像系统，德国应用科学研究会/无线电和数学研究会（FGAN/FFM）研制的AER机载X波段极化SAR，德国宇航中心（Germany Aerospace Center)研制的 DLR 多波段(S,L,P)机载 SAR,法国国家空间教育与研究局(ONERA)研制的 RAMSES 多波段(P,L,S,C,X,Ku)极化 SAR,丹麦研制的 EMISAR 双频(L,C)合成孔径雷达,日本研制的 PALSAR 系统,以色列研制的星载 TecSAR 系统等。同时,国内也进行了分时极化测量体制雷达的研制工作。例如,中国科学院兰州高原大气物理研究所研制的我国第一部 5cm 双线极化雷达,电子科技集团第 38 所研制的机载双极化 SAR 系统等。其中,Convair-580 合成孔径雷达的系统组成及外观如图 1.5(a)所示,ADTS 机载合成孔径雷达外观如图 1.5(b)所示,其主要参数如表 1.5 所列。

(a) Convair-580合成孔径雷达　　(b) ADTS机载合成孔径雷达

图 1.5　典型的分时全极化测量体制雷达

表 1.5　ADTS 机载合成孔径雷达主要参数

ADTS 机载合成孔径雷达主要参数	
载频	33.56GHz
脉冲波形	LFM
脉宽	32.5μs
脉冲带宽	650MHz
扫描区域宽度	375m
扫描中心距离	7.26km
脉冲重复频率	3kHz
极化方式	H/V 轮流发射,H/V 同时接收

尽管分时极化测量体制雷达能够获得目标极化散射矩阵的 4 个元素,但存在着以下固有缺陷:

(1) 对于散射特性随时间变化较快的非平稳目标(Non-Stationary Target),分时全极化测量体制雷达会造成目标极化散射矩阵两列元素间的去相关效应;

(2) 目标的多普勒效应会造成目标极化散射矩阵两列元素的测量值之间产生相位差,影响测量精度;

(3) 距离模糊会影响脉冲回波的正常接收,从而影响极化测量的正确性;

(4) 分时全极化测量体制雷达需要在脉冲之间进行极化切换,而极化切换器件固有的交叉极化耦合干扰会对极化测量精度产生不利影响。

正是由于分时极化测量雷达具有上述缺陷,这种体制难以保证精确地测量运动目标尤其是高速运动目标的极化散射特性。因此,分时极化测量雷达的应用领域往往在气象观测、SAR 对地侦察等领域,用以提高雷达的目标检测、目标分类识别性能。

1.1.3.4 全极化同时收发的全极化多普勒体制

20 世纪 80 年代末期,针对分时极化测量体制的缺陷,Sachidananda 等最先在气象雷达领域提出了同时极化测量的思路,大幅度提高了极化气象雷达的扫描速度[35]。在此基础上,D. Giuli 等提出发射一次脉冲测量目标散射矩阵的新型极化测量体制,也就是第四类极化测量体制,即全极化同时收发的全极化多普勒体制,也可简称为“瞬时/同时极化测量体制”。其核心思想是雷达发射信号由两个具有一定带宽的调制信号相干叠加得到,两个正交极化通道的发射波形尽可能正交,即二者的互相关函数尽可能小,然后对每个雷达回波信号同时进行两路正交波形的相关接收,利用信号调制的正交性分离出不同发射极化对应的回波,从而利用一个脉冲周期即可得到目标极化散射矩阵 4 个元素的估计。具备瞬时极化测量能力的雷达也就被工业界称为“全极化雷达”(Fully Polarimetric)。自 20 世纪 90 年代至今,瞬时极化测量已经成为全极化测量体制的主流发展方向,其中,斜率相反的线性调频波形对、数字相位编码波形以及频移矢量脉冲等瞬时极化测量波形是目前瞬时极化测量雷达中普遍采用的信号波形。对于频移脉冲波形,部分学者认为无法恢复散射矩阵两列元素之间的相位差,不能得到精确的散射矩阵。但 X. S Wang 利用目标散射矩阵的互易性,较好地解决了这一问题,进一步提高了全极化雷达的瞬时极化测量性能。

瞬时全极化测量雷达实现极化测量的时序逻辑如表 1.6 所示。该类雷达具有两路独立调制正交极化发射通道、两路正交极化接收通道,通过双极化通道同时发射正交调制波形,并同时进行两路正交相关接收,分别进行匹配滤波,通过四路匹配滤波输出获取目标全极化散射特性的完整信息。

表 1.6 瞬时全极化测量雷达的测量时序关系

时序	T_P	$2T_P$	…	$(2k)T_P$
发射	$H+V$	$H+V$	…	$H+V$
接收	$H+V$	$H+V$	…	$H+V$
测量值	$[S]$	$[S]$	$[S]$	$[S]$

全极化同时收发的全极化多普勒体制下,H、V 极化通道的发射信号波形分别为 $g_H(t)$,$g_V(t)$,两者之间的互相关近似为零,即满足

$$\int_0^T g_H(t) g_V^*(t) \mathrm{d}t \approx 0 \tag{1.1.2}$$

全极化多普勒体制可以测量得到目标在任一时刻的相干 Sinclair 散射矩阵,即

$$\boldsymbol{S}(k) = \begin{bmatrix} S_{HH}(kT_{\mathrm{p}}) & S_{HV}(kT_{\mathrm{p}}) \\ S_{VH}(kT_{\mathrm{p}}) & S_{VV}(kT_{\mathrm{p}}) \end{bmatrix}$$

由此结果可以得到极化协方差矩阵元素的估计。

虽然这种新体制雷达省却了价格较贵的极化切换器件,减少了测量脉冲间的去相关性,还消除了多普勒频率对相位测量的影响等,但由于增加了多路射频通道,使得设备量较大,系统复杂,实现的代价也就相对高昂。此外,由于同时全极化测量体制雷达在发射信号波形设计和信号处理等方面与传统雷达存在较大差别,因此,发射波形设计以及信号处理方法一直是该体制雷达研究的热点问题。

作为当前最新的极化测量体制,瞬时全极化测量体制可实现目标极化散射矩阵 4 个元素的相参测量,具备动态目标全极化散射特性的获取能力,为雷达极化信息处理提供了动态、相参的全极化信息来源,促进了针对时变、动态极化信息处理技术的发展。同时全极化测量体制和先进极化信息处理技术相结合,可以对动态、时变的全极化信息进行获取、处理和利用,从而极大提高雷达在目标检测、抗干扰、目标分类识别和目标参数反演等方面的能力,在气象雷达的目标分类、防空反导雷达的高速运动目标探测与跟踪、极化 SAR 对地侦察等领域具有重要的应用价值。2005 年至今,不断有国外研制的同时全极化测量体制雷达相继问世,如美国 University of Alabama Huntsville/National Space Science and Technology Center (UAH - NSSTC)研制的 C 波段 ARMOR 气象雷达;美国 National Center of Atmospheric Research (NCAR)研制的 S 波段 S - Pol 气象雷达[289];美国 Colorado 州立大学研制的 CSU - CHILL 气象雷达[290];荷兰 Delft 理工大学研制的 X 波段 PARSAX 气象雷达[291];法国 ONERA 研究所研制的 X 波段空中目标瞬时极化测量雷达 MERIC[292]等。其中,MERIC 防空雷达如图 1.6(a)所示,PARSAX 气象雷达如图 1.6(b)所示,两部雷达的参数如表 1.7 和表 1.8 所示。

(a) MERIC防空雷达　　(b) PARSAX气象雷达

图 1.6　典型的分时全极化测量体制雷达

表 1.7 PARSAX 气象雷达主要参数

PARSAX 气象雷达主要参数	
载频	9.6~10GHz
脉冲波形	FMCW
调频扫描时长	≥0.655ms
调制频率扫描范围	2~50MHz
接收天线	直径 2.12m
	波束宽度 4.6°
	增益 32.75dB
发射天线	直径 4.28m
	波束宽度 1.8°
	增益 40.0dB
极化方式	*H*/*V* 同时发射，*H*/*V* 同时接收

表 1.8 MERIC 雷达的主要参数性能列表

X 波段	调制带宽:300MHz
	分辨率:0.5m
	脉宽(PW):30μs
发射机	固态功(率)放(大器)
发射功率	10W 连续
天线	抛物面反射天线
	极化耦合 >30dB
波形	正交码，线性调频

1.1.3.5 紧凑极化测量体制

第五种极化测量体制是近几年提出的一种新体制极化测量体制，目前处在新概念论证阶段，称为 Compact Polarity 或者 Hybrid Polarity 体制，即“紧凑极化测量体制”，可以用于空间 SAR 探测领域。一种是 $\pi/4$ 模式，是指发射 45°线极化，同时接收 *H*/*V* 极化；另一种是 Hybrid - Polarity 模式，是指发射圆极化，同时接收 *H*/*V* 极化。以 DTLR 模式为例，紧凑全极化测量的时序如表 1.9 所示。

需要注意的是，当且仅当发射极化是圆极化时，散射矩阵的 Stokes 参数的 4 个量是关于目标取向不变化的。这种体制的优势在于制造工艺相对简单，具有自校准特性，不易受到噪声和交叉极化通道影响。极化分解方式是 $m-\delta$ 方法。实际试验结果证明了这种 CL - Pol 方式对于外太空、月球探测是最佳的极化组态。

在此模式下，*H* 极化通道测量得到的是元素 S_{HH} 与 S_{HV} 的组合，而 *V* 极化通道测量得到的是元素 S_{VH} 与 S_{VV} 的组合，在满足假设条件 $\langle S_{HH}S_{HV}^*\rangle=\langle S_{VV}S_{HV}^*\rangle=0$ 时，

可以由紧凑测量结果复原出全极化测量结果。

表 1.9　紧凑全极化测量雷达的测量时序关系

时序	T_p	$2T_p$		…	KT_p
发射	R	R		…	R
接收	$H+V$	$H+V$		…	$H+V$
测量值	$\frac{1}{\sqrt{2}}(S_{HH}-\mathrm{j}S_{HV})$	$\frac{1}{\sqrt{2}}(S_{HH}-\mathrm{j}S_{HV})$	$\frac{1}{\sqrt{2}}(S_{HH}-\mathrm{j}S_{HV})$	…	$\frac{1}{\sqrt{2}}(S_{HH}-\mathrm{j}S_{HV})$
	$\frac{1}{\sqrt{2}}(S_{VH}-\mathrm{j}S_{VV})$	$\frac{1}{\sqrt{2}}(S_{VH}-\mathrm{j}S_{VV})$	$\frac{1}{\sqrt{2}}(S_{VH}-\mathrm{j}S_{VV})$	…	$\frac{1}{\sqrt{2}}(S_{VH}-\mathrm{j}S_{VV})$

1.1.3.6　基于非理想正交基和时间序列分析的极化测量体制

精心设计的天线往往在中心方位极化纯度最高，而在偏离中心方位的方向上极化纯度下降，即天线极化是一个“空域慢变”量。该特性可称之为天线的“空域极化特性”。罗佳等人利用天线极化在空域分布“不纯” 所构成的“非理想正交基”这一固有属性，通过对天线扫描过程中接收到的回波序列采取特殊的信号处理手段，设计了处理算法，能够获得目标极化散射矩阵的估计[88-90]。这种测量方式可暂称之为“基于非理想正交基和时间序列分析的极化测量体制”。

虽然这种体制在测量性能、测量效率上难以和前五类极化测量体制相媲美，而且还有诸多应用限制，比如在保证测量精度的同时，天线扫描速率、空域采样间隔、极化测量性能成为了相互制约的因素，对运动目标或扩展目标的极化测量的适用性有一定难度，但在设计思路上是有一定的创新和贡献，在未来的装备技术改造中很有可能迈向实际应用。

综上所述，通过对当前的极化测量体制进行综合比较可知，第一、第二类极化测量雷达对天线极化隔离度、信号处理能力等要求不高，系统复杂度最小，造价最低，但极化测量能力也最弱，不能获取完整的目标极化散射矩阵；第三类分时极化测量体制雷达对天线极化隔离度的要求不高，但与前者相比提高了对信号处理能力的要求，系统复杂度加大，造价增高，极化测量能力也得到了提升，能够获得完整的极化散射矩阵。但是由于其对高速运动目标或起伏目标进行极化测量时，难以保证测量精度，因此也不能称之为完全意义的全极化测量雷达。而第四类极化测量体制雷达对天线极化隔离度、信号处理能力的要求都较高，与分时极化测量体制雷达相比系统复杂度更大，造价更高，但其极化测量能力有了较大提高，可以实现动态、静态、分布式等多种目标的全极化散射特性测量，是未来乃至相当长一段时期内极化测量体制发展的主流。第五类极化测量体制的制造工艺相比前几类更简单，对具有特定形状的目标极化测量具有很大的优势，有特殊的应用背景，在未来也可能在极化测量领域发挥重要作用。第六类极化测量体制对天线的交叉极化特性、目标的运动状态、信号处理手段有比较苛刻的要求，目前还停留在一种理论研究阶段，但也许在不久的将来会有新的突破和认识。表 1.10 直观地从五个角度对这五类极化测量体制进行了简单的分析和比较。

表 1.10 极化测量体制比较

技术指标 / 测量体制	天线隔离度要求	信号处理能力	系统复杂度	造价	极化测量能力
第一类	低	低	低	低	低
第二类	低	低	中	中	低
第三类	低	低	中	中	中
第四类	高	高	高	高	高
第五类	低	高	低	低	高
第六类	低	高	低	低	低

极化测量体制的发展促进了极化信息处理技术的进步。宽带、同时全极化测量体制雷达的研制及应用,促成了瞬态极化理论的提出和发展。针对宽带、高分辨极化雷达提出的瞬态极化理论,采用时变、动态的观点研究电磁波极化现象,不但完全包容了经典极化理论,而且突破了经典极化的"时谐性"、"窄带性"等约束,为时变电磁波的极化表征,以及动态目标的全极化散射特性描述提供了理论工具。基于瞬态极化理论的极化信息处理技术,通过时频变换和统计分析等手段,提高对时变、动态极化信息的处理能力,相关的理论、算法研究,如宽带电磁信号的极化滤波、雷达目标增强、雷达目标检测以及雷达目标识别等也将逐步得到实际系统的验证和应用。

1.2 雷达极化信息的处理与应用的研究现状

从原理上讲,极化信息可以与多种雷达体制相结合,提高雷达的检测、跟踪、抗干扰及目标识别能力。极化信息处理技术的应用领域包括极化滤波、极化增强、极化检测、极化跟踪和目标极化识别等。

1.2.1 极化目标分类识别

对机载、星载的全极化遥感雷达所获取的极化信息进行进一步的处理,可以对地物、地貌、森林、植被等自然目标进行分类和识别,根据图像特有的成像机理和成像环境的复杂性有效地提取尽可能多的目标信息,从中提取或反演出有益信息,准确地掌握自然环境的信息,为自然环境的利用、评估、勘探、制图、检测提供有用的情报。

对全极化多普勒气象雷达获取的极化信息进行进一步的处理,可以计算得到云、雨水、雾、冰雹等气象目标的极化参数,如正交极化波的反射率因子(Z_H,Z_V),

交叉极化波的反射率因子(A_{HV},K_{HV}),差分反射率因子 Z_{dr},比差传播相移 K_{dp},零滞后相关系数$|\rho_{hv}(0)|$,线性退极化比 LDR_{vh} 等,进而反演得到各类气象目标的大小、密度、形状、强度、厚度等物理属性[67-75],从而为天气预测、灾害预警提供高精度的判据信息。

全极化战场监视雷达可以对战场环境中各种感兴趣的人造军事目标进行分类、识别、标识,可为选择有利军事地形和路线提供便利,为部队的顺利推进、战略部署和快速攻击提供保障,为下一步的军事打击提供依据。

具体而言,目前对不同目标进行分类识别,用到的极化特征主要包括两大类:一类基于测量数据的简单组合和变换,另一类基于目标分解。其中,前者主要用于极化 SAR 图像的有监督分类,而后者则主要用于散射特性分类。

应特别值得指出,目标极化分解理论在 PolSAR 目标分类与识别中获得了广泛的应用[76-79]。极化目标分解的基本思想是将目标的极化散射分解为几种基本散射机理的组合,这些组合可用于表征目标的散射或几何结构信息,然后根据分类单元与基本散射机理的相似性或直接利用所提取的新特征进行分类。其优点在于分类结果能较好地揭示地物的散射机理,有助于人们对图像的理解,而且由于分类时不需要训练数据,因此适用范围广。极化目标分解的方法大致又分为两类:一类是针对目标散射矩阵的分解,此时要求目标的散射特性是确定的(或稳态的),散射回波是相干的,故也称相干目标分解(CTD),包括基于 Pauli 基的分解、Cameron 分解以及 Krogager 的 SDH 分解等;另一类是针对极化协方差矩阵、极化相干矩阵、Muller 矩阵或 Kennaugh 矩阵的分解,此时目标散射可以是时变的,回波是部分相干的,因此也称为部分相干目标分解(PCTD),包括 Huynen 分解、Freeman 等提出的奇次 - 偶次 - 漫反射分解、Cloude 等提出的 $H/\alpha/A$ 分解、Holm&Barnes 分解、基于 Kennaugh 矩阵的最小二乘分解等。

上述方法中,Cloude 和 Pottier 提出的基于特征值/特征矢量分析的 $H/\alpha/A$ 分解在极化 SAR 图像分类中应用最为广泛。利用相干矩阵的 $H/\alpha/A$ 分解,可以得出一系列物理意义明确的特征。同样是基于特征分解,Qong[80]提出了两个新特征旋转角 φ 和偏心角 e;徐俊毅等人[81,82]提取出描述目标平均散射和散射随机性的新特征,并引入鉴别信息作为目标间差异的度量;金亚秋和陈扉[83,84]推导了相干矩阵特征值及其信息熵与同极化、交叉极化指数测量值的直接关系。除了 Cloude 和 Pottier 的方法,Freeman 和 Durden 提出的基于模型的分解在极化 SAR 图像分类中也取得了很大的成功。金亚秋和徐丰基于极化散射目标去取向理论,提出了一组新特征,并在实际地物分类中得到了很好的应用。

1.2.2 极化检测

同一目标在不同姿态下对不同极化波的敏感程度是不一样的,两种极化的差异可达到 10dB 的量级。因此,在雷达系统中使用极化分集技术可以显著地增强雷达系统的检测性能。20 世纪 80 年代末至 90 年代初期,极化检测技术曾受到较为广泛的关注和研究。这一时期代表性的工作主要来自麻省理工学院(MIT)Lincoln 实验室的 L. M. Novak 等,他们较为系统地研究了最优极化检测器概念,以及诸如恒等性似然比检测器、极化白化滤波器、极化恒虚警检测器、张成检测器、功率最大化合成检测器等几种适于工程应用的准最优极化检测器。

在相干雷达系统中,需要从杂波中检测雷达目标。中、低分辨率的雷达回波中包含不同散射体的散射波的叠加,目标回波矢量和杂波矢量都可以认为近似服从零均值的复高斯分布。对于在未知杂波协方差矩阵高斯杂波中的相干雷达检测,E. Pottier 研究了慢起伏杂波环境下的最优极化检测问题[121],提出了 Stokes 矢量估计极化检测器, Kelly 提出了广义似然比检验(GLRT)算法。该检测算法借助于与待检测单元有相同分布杂波且不含信号的一系列辅助数据对检测单元进行似然比检验,其对于杂波协方差矩阵有恒虚警的性质。

对于非高斯噪声和杂波环境中的目标自适应极化检测问题,设计了相应的恒虚警检测器[85,86],Park 等人提出了在未知目标和杂波极化特征条件下结合两个极化通道的极化 GLRT 算法[87,88]。Pastina 等人将文献[89,90]中的结果推广到达 3 个或更多极化通道情况。研究结果表明,利用多个极化通道的回波信号可以进一步增强对目标的检测能力。

在高分辨雷达体制下,由于发射信号带宽的增加,距离分辨单元减小,复杂目标的回波将连续占据多个分辨单元,目标的强散射中心可以被离析出来。高分辨目标检测可等效为散射中心的检测。高分辨雷达目标检测的研究已取得了不少成果。文献[91]针对在已知功率谱的高斯噪声中分布式目标的雷达检测问题,提出了两种检测思路,并进行了对比和分析;文献[92]假设目标的回波幅度和杂波的协方差均未知的情况,就利用阵列天线在多个距离单元内检测径向分布式的目标进行了研究,提出了一种修正的广义似然比检测方法;文献[93]假设杂波的时间相关性由白噪声通过一个自回归模型产生,研究了时域多脉冲联合检测的方法;文献[94]考虑了回波信号的极化信息,研究了分布式雷达目标的自适应极化检测问题。文献[25]针对高分辨雷达体制提出了横向极化滤波的概念,利用它进行了雷达信号的极化检测研究,获得了良好的检测效果;文献[26]利用多个极化通道的能量积累,提出了基于强散射点径向积累的高分辨极化目标检测方法;文献[95] 提出了一种宽带毫米波雷达体制下, 基于高分辨一维距离像的强地物杂波背景中目标检测新方法——自适应距离单元积累检测法;文献[96]提出一种极化检测方法,先利用极化白化器对三个极化通道的回波进行融合,然后对散射中心进行检测,最后利用检测到的散射中心数目判定雷达目标的有无;文献[97,98]结合目标所占据分辨单元区间内的 Stokes 矢量的幅值,以及其极化状态相对于杂波所对应分辨单元内的 Stokes 矢量的幅值,两者的极化状态有着较大的变化这一客观事实, 提出了基于 Stokes 矢量的双门限非参数检测方法。

1.2.3 极化抗干扰

极化抗干扰技术经过多年的发展,已经形成了清晰的发展脉络。按照抗干扰的对象来划分,可分为极化抗杂波干扰、极化抗有源压制干扰、极化抗有源欺骗干扰、极化抗无源干扰四个方面。现有的大部分干扰样式,只要能够准确地获得其极化方式,都能通过适当极化处理方式加以有效抑制。按照具体的技术实现方式划分,极化抗干扰技术还可进一步分为极化滤波技术、极化增强技术、目标极化鉴别技术三个方面。

极化滤波和目标极化增强的目的都是为了提高目标干扰噪声功率比(SINR),前者主要侧重于通过极化选择来抑制干扰或杂波,后者则主要侧重于通过极化选择使目标接收功率最大化,实际上也是属于极化滤波的范畴。SINR 极化滤波准则作为双自由度的优化同时兼顾了上述两点。

1975 年,Nathanson 在研究雨杂波对消问题时,给出了自适应极化对消器(APC)的实现框图,其实质是利用正交极化通道信号的互相关来计算两通道的加权系数。这种滤波器系统构造简单,并且能够自动补偿通道间的幅相不均衡,对于极化固定或缓变的杂波、干扰都具有很好的抑制性能。A. J. Poelman 于 1984 年提出了多凹口极化滤波器,用于抑制部分极化的杂波或干扰[15-17]。1985 年、1990 年意大利学者 Giuli 和 Gherardelli 将 APC 和多凹口极化(MLP)滤波器结合,分别提出了 MLP-APC 和 MLP-SAPC,可以提高 MLP 的自适应能力。由于 MLP 是一种非线性处理,因此这类极化滤波器会破坏信号的相参性,故在实用中较受限制。国内方面,哈尔滨工业大学张国毅博士在高频地波雷达中利用多个天波电台干扰在频域和极化域均存在差异的特点,提出了几种将频域和极化域联合的干扰抑制算法,取得了较好效果[18]。文献[99-102]研究了完全极化、部分极化以及相关干扰条件下极化敏感阵列的滤波性能,证明了极化敏感阵列比普通阵列具有更强的抗干扰能力。

Kostinski 和 Boerner 于 1985 年针对无噪声杂波环境中非时变目标回波的极化增强问题提出了著名的求解最佳极化的三步法原理,并 1987 年提出了当存在杂波时解决此问题的扩展三步法原理。1995 年,D. P. Stapor 研究了单一信号源、干扰源和完全极化情况下的以信号干扰噪声功率比(SINR)最大为准则的最优化问题[103]。国内方面,国防科技大学王雪松、徐振海等人近年发表了数篇相关文章,利用极化轨道约束的思想将双自由度的优化问题变为一维自由度的搜索问题,研究了 SINR 和 PDSI(最大信号干扰功率差)等目标函数的优化问题,并对相应的滤波器进行了性能分析。

综上所述,现有关于极化滤波、极化增强的研究大多针对的是雷达接收极化的优化,很少有涉及发射极化优化的。当目标与干扰、杂波的极化状态接近时,上述算法都将失效。为此,必须要通过改变发射极化来改变目标回波极化,使之与干扰极化的差异足够大，才能顺利地实现极化滤波。因此，发射极化的优化是一个必须研究的课题。V. Santalla 和 J. Yang 等人发表了多篇关于极化对比增强问题的文章[104-106]，接收极化和发射极化都是优化的对象，但这些算法的前提是目标散射矩阵要求已知，而一般情况下目标散射矩阵对频率、姿态等因素很敏感，难以事先获知，因此，在实际应用中存在着较多问题。

近年来，通过极化域特征的提取和应用来鉴别有源假目标干扰、无源箔条、角反射器等干扰的工作逐渐受到关注，文献[107-108]分析了几种简单形体目标与固定极化假目标干扰在散射特性上的差异，并提取了散射矩阵特征量进行鉴别；文献[109]研究了干扰信号和目标回波的瞬态极化投影矢量在脉间的变化规律，在此基础上提出了瞬态极化投影矢量起伏度等特征量进行鉴别；文献[110]主要利用了目标与假目标干扰在散射矩阵奇异性上的差别，可实现对固定极化和脉间变极化假目标干扰的鉴别。文献[111]提出利用了目标、假目标回波各自的极化特征差异，即目标回波极化与雷达发射极化呈线性关系、而固定极化假目标极化与雷达发射极化无关(即假目标信号的极化比固定)的差别，经极化矢量张量积接收后，目标回波特征矢量会聚于一点，而极化调制假目标回波特征矢量在复空间中散布。通过设计新的极化处理方式和发射极化组合，可以非常有效地将目标、假目标(包括固定极化和极化调制两种)区分开来。箔条、角反射器等无源干扰样式的极化散射机理较真实目标简单，两者的极化散射机理差异较大[112-115]，通过极化统计特性差异对箔条和目标进行鉴别，比较得到二者的极化比统计分布、去极化系数的分布，利用极化比与极化角的关系，通过变量替换得到二者极化角的统计分布，结果表明双极化统计特性可作为目标识别的可靠特征量。因此，采用极化处理技术将目标回波特征扩展到极化域，为鉴别无源干扰提供了有效技术途径，有望大幅度改善雷达的抗干扰能力。

基于天线的空域极化特性，罗佳提出了一种极化估计器[116,117]，针对接收来波是噪声压制干扰信号的情况，设计了自适应极化滤波器，并对该滤波器的干扰抑制效果进行了理论分析和仿真验证。作为干扰抑制极化滤波的开环模型，极化估计器是极化滤波的前端，文章仅考虑了极化估计环节，但对极化滤波器的处理仍是正交双通道，并没有考虑极化估计误差的影响，以及极化信息处理和相参处理的兼容工作问题。

综上所述，在雷达极化抗干扰方面，理论研究成果很丰富，但目前用于工程实际的还仅限于部分较为成熟的干扰抑制方法。开展极化抗干扰的研究，应紧密联系工程实际，将极化信息融入到传统的时域、频域、空域处理框架中去，综合利用关于目标和干扰的一切可以利用的信息，以解决传统抗干扰方法难以解决的问题。

第2章 天线空域极化特性的表征

极化的概念最早来源于光学领域，用来描述光的偏振现象，因此极化也称为偏振。实际上，极化作为矢量波共有的一种性质，在红外、光学、雷达等领域均受到了广泛关注。就雷达而言，极化描述的是电磁波的电场矢量在传播截面上随时间的变化轨迹[1]。它反映了电磁波的矢量特性，是电磁波除时域、频域和空域信息以外的又一可资利用的重要信息。

在经典雷达极化理论中，关于电磁波极化的研究基本上都以满足“窄带性”或“时谐性”假设的单色或准单色波为对象，即基于电场矢量端点在电磁波传播截面上随时间变化轨迹为一椭圆的事实，学者们先后提出了 Jones 矢量、椭圆几何描述子、极化相位描述子、极化比以及 Stokes 矢量等静态参数作为电磁波极化的描述方法。这些经典刻画手段是难以揭示时变电磁波的动态极化信息的。文献[3]中提出的瞬态极化理论，其本质是把电磁波的极化看作动态参量而非静态参量，为刻画电磁波乃至目标散射的动态极化特性提供了有力工具。在瞬态极化理论体系中[3]，以电磁波瞬态极化概念为核心，建立了适用于描述时变电磁波的瞬态极化描述子参量集合；提出了电磁波瞬态极化时频分布的新概念，由此揭示出电磁波时、频域瞬态极化描述子之间内在的本质联系，并从时、频域边缘分布的观点对两类瞬态极化描述子作出了统一的阐述，把瞬态极化的概念拓广至时频联合域。文献[31]将电磁波瞬态极化时频分布的概念加以拓展和完善，建立了电磁波瞬态极化时频分析基本方法，并将其应用于极化雷达目标识别中。文献[6]以统计、动态的观点重新审视、研究了电磁波和雷达目标电磁散射的时变极化特性，建立了瞬态极化统计学理论的基础框架。但是，现有的关于电磁波和天线极化特性及其应用方面的研究多集中在时域和频域上，对其在空域范围内的变化规律尤其是空域瞬态极化特性方面的研究还未见于公开报道。

本章首先简要回顾了电磁波极化的经典描述及其瞬态极化表征方法，在此基础上，重点讨论了天线空域极化特性的内涵与表征，其中包括天线空域极化特性的概念、天线空域极化特性的经典描述以及天线空域瞬态极化特性的表征。本章工作为后续天线空域极化特性的分析及其应用提供了理论基础和有力工具。

2.1 电磁波的极化表征

本节给出电磁波极化的经典描述、瞬态极化表征的概念和方法，作为本章的理论基础和必要的数学准备。

2.1.1 电磁波极化的经典描述

单色波是一种完全极化波，或者叫做纯极化波，其电场矢量端点在传播空间任一点处描绘出一个具有恒定椭圆率角和倾角的极化椭圆，这个极化椭圆是不随时间而变化的，也就是说，它是非时变的，因而单色波的极化性质可以由极化椭圆或者它的各种等价派生参数作完全的描述。

假定存在单色的 TEM 平面波沿笛卡儿坐标系中 $+z$ 方向传播，在水平垂直极化基 $(\hat{\boldsymbol{h}},\hat{\boldsymbol{v}})$ 下，其电场矢量可简记为

$$\boldsymbol{e}_{HV}=\begin{bmatrix}E_H(z,t)\\E_V(z,t)\end{bmatrix}=\begin{bmatrix}a_H\mathrm{e}^{\mathrm{j}(\omega t-kz+\varphi_H)}\\a_V\mathrm{e}^{\mathrm{j}(\omega t-kz+\varphi_V)}\end{bmatrix},t\in\boldsymbol{T}\tag{2.1.1}$$

式中：$k=\dfrac{2\pi}{\lambda}$ 为波数；$\omega=\dfrac{2\pi c}{\lambda}$ 为角频率；λ 为波长；φ_H、φ_V 分别为电磁波水平、垂直极化分量的相位；a_H、a_V 分别为电磁波水平、垂直极化分量的幅度；$\boldsymbol{T}$ 为电磁波的时域支撑集。

因此，电磁波的极化信息主要取决于等相位面中两个正交方向信号的幅度比和相位差。下面简述各主要经典表征参量的概念和表征法，为后续天线空域极化特性的研究提供基础。

1. Jones 矢量

对于单色波而言，其 Jones 矢量表示为

$$\boldsymbol{e}_{HV}=\begin{bmatrix}E_H\\E_V\end{bmatrix}=\begin{bmatrix}a_H\mathrm{e}^{\mathrm{j}\varphi_H}\\a_V\mathrm{e}^{\mathrm{j}\varphi_V}\end{bmatrix}=\begin{bmatrix}x_H+\mathrm{j}y_H\\x_V+\mathrm{j}y_V\end{bmatrix}\tag{2.1.2}$$

可见，Jones 电场矢量表征中不仅包含了电磁波的极化信息，而且包含了波的强度信息和相位信息，其取值空间为一个 2 维复空间。

2. 极化比

极化比是最常用的经典极化特性描述子，在水平垂直极化基 $(\hat{\boldsymbol{h}},\hat{\boldsymbol{v}})$ 下，电磁波的极化比可表示为

$$\rho_{HV}=\frac{E_V}{E_H}=\tan\gamma\mathrm{e}^{\mathrm{j}\phi},(\gamma,\phi)\in[0,\pi]\times[0,2\pi]\tag{2.1.3}$$

式中：$\gamma=\arctan\dfrac{a_V}{a_H}$；$\phi=\varphi_V-\varphi_H$。极化比仅包含了电磁波的极化信息，其取值空间为包含无穷远点（∞）的复平面。

3. 极化相位描述子

极化信息体现为正交方向两电场的幅度比和相位差，根据式（2.1.3）的定义，易知有

$$(\gamma,\phi) \in [0,\pi/2] \times [0,2\pi] \tag{2.1.4}$$

由上式可见，极化相位描述子和极化比是完全等价的，其取值空间是二维实平面的一个矩形子集。

以上考虑的是单色波的极化表征法，除了前面提到的 Jones 矢量、极化比、极化相位描述子外，极化椭圆描述子、Stokes 矢量等都是常用的极化特性表征方法。但是在电磁工程领域，一个辐射源产生的信号不可能是单色波，而具有一定的带宽，最为常见的是窄带信号，它具有有限带宽且带宽远比中心频率要小，此时电场矢量的运动变得比较复杂，电场矢量的端点在空间给定点处描绘出的轨迹不再是一恒定的椭圆，而是一条形状和方向都随时间缓慢变化的类似于椭圆的曲线。对于这种准单色波，经典极化学提出了"部分极化"的概念来描述其极化特性，其实质是把准单色波视为一个具有各态历经性的平稳随机过程，通过对其进行时间平均以代替集平均，进而得到一组统计意义上的部分极化描述子。由于极化椭圆几何描述子是基于电场矢量端点在电磁波传播截面上随时间变化轨迹为一椭圆这一几何形状而定义的，当电磁波的极化随时间变化，即其轨迹不再为椭圆时，难以拓展表征，而其他诸如 Jones 矢量、极化比、极化相位描述子和 Stokes 矢量等极化表征法原则上均可拓展来描述时变电磁波的极化信息[1]。

2.1.2 电磁波的瞬态极化表征

由 2.1.1 节的分析可知，对于极化时变的电磁波而言，经典极化表征方法已不再适用，瞬态极化的概念应运而生[3]，并且瞬态极化理论不断得以充实和发展[6,38,71]。本小节简要回顾电磁波瞬态极化表征的核心内容，为后续天线空域瞬态极化特性的研究提供理论基础。

空间传播的平面电磁波在水平垂直极化基$(\hat{\boldsymbol{h}},\hat{\boldsymbol{v}})$下可表示为

$$\boldsymbol{e}_{HV}(t) = \begin{bmatrix} a_H(t)\,\mathrm{e}^{\mathrm{j}\varphi_H(t)} \\ a_V(t)\,\mathrm{e}^{\mathrm{j}\varphi_V(t)} \end{bmatrix}, t \in \boldsymbol{T} \tag{2.1.5}$$

式中：$a_H(t)$ 和 $a_V(t)$ 为电磁波随时间变化的水平、垂直极化分量的幅度；$\varphi_H(t)$ 和 $\varphi_V(t)$ 为其水平、垂直极化分量的相位。

在此基础上，定义电磁波的时域瞬态 Stokes 矢量和瞬态极化投影矢量（简记为 IPPV）分别为

$$\dot{\boldsymbol{J}}_{HV}(t) = \begin{bmatrix} g_{HV0}(t) \\ \boldsymbol{g}_{HV}(t) \end{bmatrix} = \boldsymbol{Re}_{HV}(t) \otimes \boldsymbol{e}_{HV}^{*}(t) \ , \ t \in \boldsymbol{T} \tag{2.1.6}$$

和

$$\tilde{\boldsymbol{g}}_{HV}(t) = [\tilde{g}_{HV1}(t), \tilde{g}_{HV2}(t), \tilde{g}_{HV3}(t)]^{\mathrm{T}} = \frac{\boldsymbol{g}_{HV}(t)}{g_{HV0}(t)}, t \in \boldsymbol{T} \tag{2.1.7}$$

式(2.1.6)中，"$\otimes$"和"$*$"分别表示 Kronecker 积和共轭，上标"T"表示矢量转

置，称 $\boldsymbol{g}_{HV}(t)$ 为瞬态 Stokes 子矢量，$\boldsymbol{R}$ 为四阶准酉矩阵，即

$$\boldsymbol{R}=\begin{bmatrix}1 & 0 & 0 & 1\\ 1 & 0 & 0 & -1\\ 0 & 1 & 1 & 0\\ 0 & \mathrm{j} & -\mathrm{j} & 0\end{bmatrix} \tag{2.1.8}$$

同时，可以将式(2.1.3)中定义的极化比和相位描述子加以拓展，定义瞬态极化比和瞬态极化相位描述子来刻画时变电磁波的动态极化信息，从表征极化信息的角度讲，瞬态极化比和瞬态极化相位描述子与 IPPV 是完全等价的[6]。

电磁波的时域瞬态 Stokes 矢量蕴含了其强度信息和极化信息，而其 IPPV 侧重刻画了电磁波的极化特性。电磁波的 IPPV 在 Poincare 单位球面上构成了一个以时间作为序参量的三维矢量有序集，即为瞬态极化投影集，描述了电磁波瞬态极化随时间的演化特性。关于电磁波时域瞬态极化描述子的具体定义和详细性质这里不再一一给出，可参见文献[3]。

2.2 天线空域极化特性的涵义

2.2.1 天线的极化

在天线理论中，假定以天线中心为球心，天线辐射方向图为球的径向，则辐射电场矢量和磁场矢量都垂直于辐射方向。当球的半径很大时，在球面的局部区域内，可将天线的辐射场看成平面波。在与辐射方向垂直的平面内，即辐射电场和磁场所在平面内，将电场矢量随时间变化划过的轨迹定义为辐射波的极化。天线的辐射场可能有各种极化方式，但都可分解成两个正交极化的线性组合，而且，天线的两个正交极化分量有各自的方向图。一般而言，天线辐射场的极化方式并非固定不变的，事实上，它与测量辐射场所处位置有着密切关系，在不同观测方向上，天线辐射电磁波的极化状态可能不同，即天线极化是一个空域变量。对于任一天线的辐射场，选取以天线口面中心为原点的球坐标，天线的辐射场可写为如下形式[1]：

$$\boldsymbol{E}(r,\theta,\varphi)=\frac{\mathrm{j}Z_0 I}{2\lambda r}\exp(\mathrm{j}kr)\boldsymbol{h}(\theta,\varphi) \tag{2.2.1}$$

式中：Z_0 为自由空间本征阻抗；I 为天线馈入时谐电流的强度；$\boldsymbol{h}(\theta,\varphi)$ 称为天线的有效长度（有些文献也称为有效高度），它与测量点所处空间角坐标 (θ,φ) 有关。

例如，自由空间中偶极子天线的 $\boldsymbol{h}(\theta,\varphi)=l\cdot\sin\theta\cdot\hat{\boldsymbol{u}}_\theta$，$l$ 和 θ 分别为偶极子天线的长度和俯仰角，$\hat{\boldsymbol{u}}_\theta$ 为俯仰方向单位矢量，容易看出，偶极子天线辐射场的极化方式是随俯仰角而变化的，如图 2.1 所示。

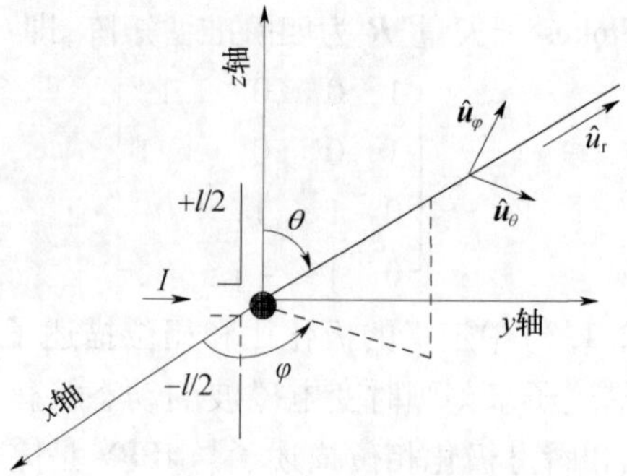

图 2.1　偶极子天线辐射场示意图

对于一个天线，当馈入电流给定后，其辐射场只与测量点所处的空间位置有关，而天线的有效长度仅与该测量点的空间角坐标有关。这也就意味着，当测量点与天线相对位置确定以后，就可以用天线在该点的辐射场来定义天线的极化状态[1]，而且，天线极化的 Jones 矢量与天线有效长度矢量仅相差一个标量因子，通常情况下可以用相同的记号 $\boldsymbol{h}$ 来统一表示，并且在无需考虑天线增益或接收功率大小的场合，认为这两者是一致的。由于天线的极化实质上是根据其辐射电磁波在给定方向上的极化状态来定义的，因此 2.2 节中讨论过的所有的电磁波极化描述符也完全适用于天线的极化描述[7,85,93]。

前面讨论的天线极化是在单色波条件下定义的，也就是说，仅仅考虑了天线被时谐信号激励时的情况，这种定义方式也适用于大多数的窄带系统[1]。根据线性系统理论可知，天线可以看作是一个线性滤波器，当馈入电流不再是时谐或者窄带信号时，输入的非时谐电流经过天线转化为非时谐的辐射电磁波，这个辐射波的频谱就是输入电流的频谱与天线系统频域响应的乘积。因此，在天线被非时谐信号激励的情况下，可以利用天线的冲激响应矢量函数 $\boldsymbol{h}(t)$ 来定义天线在给定传播方向上的瞬态极化[3]，在物理上它是以冲激电流馈入天线时辐射波在某个特定传播方向上的时变电场函数，具体定义方式与非时谐电磁波瞬态极化的定义方式完全一致[3]。

2.2.2　天线的交叉极化

讨论天线的空域极化特性，不得不提到天线的“交叉极化”这个概念。在设计天线时需要辐射或接收电磁波的极化方式经常被称为“期望极化”，但是，由于各种实际因素的存在，对于发射天线，其辐射电磁波的极化并不是那么“纯”，总是会混杂着一些我们所不希望的极化分量；同样地，对于接收天线，没有哪个天线能做到只接收其同极化波，完全接收不到与其正交的极化波。

2.2.2.1　天线交叉极化的定义

根据 IEEE 的定义，“在一个包含参考极化椭圆的特定平面内，与这个参考极化正交的极化就称为交叉极化”，该参考极化称为同极化[55,56]。与参考源的场平行的场分量称为共极化场或主极化场，与参考源的场垂直的场分量称为交叉极化场。举例说明：设计一个天线，目的是让其辐射水平线极化波，但其辐射的电磁波中还含有垂直线极化分量，则可将水平线极化分量视为其主极化分量，垂直线极化分量视为其交叉极化分量，而且，垂直线极化分量相对水平线极化分量越小，说明极化越纯。

任何一个单色波可以分解为两个正交极化分量，这两个正交分量可以是线极化，如水平、垂直线极化；或者是圆极化，如左旋、右旋圆极化；也可以是一般的椭圆极化。因此，可以任意地选择一对具有单位功率密度的正交极化电场分量作为极化基，不妨记为$(\hat{\boldsymbol{A}},\hat{\boldsymbol{B}})$，那么电场可以在这个极化基上表示为

$$\boldsymbol{E}(AB) = E_A\hat{\boldsymbol{A}} + E_B\hat{\boldsymbol{B}} \tag{2.2.2}$$

式中：E_A 和 E_B 为电场 $\boldsymbol{E}$ 在两个极化基上的复数坐标，当极化基给定以后，它们唯一地表征了电场 $\boldsymbol{E}$。

假如设计者在设计天线的时候，希望它是 $\hat{\boldsymbol{A}}$ 极化（例如，$\hat{\boldsymbol{A}}$ 为水平极化方向），但是由于寄生极化 $\hat{\boldsymbol{B}}$（例如，$\hat{\boldsymbol{B}}$ 为垂直极化方向）的存在，使得实际天线极化为 $\hat{\boldsymbol{C}}$（例如，$\hat{\boldsymbol{C}}$ 为 5°线极化方向）。很自然的，可以将电场矢量 $\boldsymbol{E}$ 在极化基$(\hat{\boldsymbol{A}},\hat{\boldsymbol{B}})$上分解为$(\boldsymbol{E}_A,\boldsymbol{E}_B)$，$\boldsymbol{E}_A$ 定义为其“主极化分量”，$\boldsymbol{E}_B$ 定义为其“交叉极化分量”。“期望极化”实质上是一个带有主观色彩的量，参考极化方向的定义并不是唯一的。

A. C. Ludwig 曾对天线的交叉极化定义作过较完整的论述，他以三种参考极化作为主极化，得出交叉极化的三种定义[55]。将天线的辐射电场表示为 $\boldsymbol{E}(\theta,\varphi)$，且记 $\boldsymbol{E}\cdot\hat{\boldsymbol{u}}_{\text{co}}$ 为电场 $\boldsymbol{E}$ 的参考极化分量，$\boldsymbol{E}\cdot\hat{\boldsymbol{u}}_{\text{cross}}$ 为电场 $\boldsymbol{E}$ 的交叉极化分量。Ludwig 的三种定义如下：

定义 1：

$$\begin{cases}\hat{\boldsymbol{u}}_{\text{co}} = \hat{\boldsymbol{u}}_y \\ \hat{\boldsymbol{u}}_{\text{cross}} = \hat{\boldsymbol{u}}_x\end{cases} \tag{2.2.3}$$

式中：$\hat{\boldsymbol{u}}_x$ 和 $\hat{\boldsymbol{u}}_y$ 分别为直角坐标系中 x 和 y 方向的单位矢量。定义 1 常用于描述直角坐标系中的平面波，交叉极化定义为与之垂直的线极化波。

定义 2：

$$\begin{cases}\hat{\boldsymbol{u}}_{\text{co}} = \hat{\boldsymbol{u}}_\theta \\ \hat{\boldsymbol{u}}_{\text{cross}} = -\hat{\boldsymbol{u}}_\varphi\end{cases} \tag{2.2.4}$$

式中：$\hat{\boldsymbol{u}}_\theta$ 和 $\hat{\boldsymbol{u}}_\varphi$ 分别为球坐标系中俯仰和方位方向的单位矢量。定义 2 常用于描述电偶极子产生的极化波，交叉极化是与电偶极子共轴的磁偶极子产生的极化波。

定义 3：

$$\begin{cases}\hat{\boldsymbol{u}}_{\text{co}} = \sin\varphi\hat{\boldsymbol{u}}_\theta + \cos\varphi\hat{\boldsymbol{u}}_\varphi \\ \hat{\boldsymbol{u}}_{\text{cross}} = \cos\varphi\hat{\boldsymbol{u}}_\theta - \sin\varphi\hat{\boldsymbol{u}}_\varphi\end{cases} \tag{2.2.5}$$

定义3常用于描述惠更斯源产生的极化波，交叉极化是相同的惠更斯源在孔径面上旋转90°后产生的极化波。定义3最接近于天线方向图测量的实际情况，能在通常测量天线方向图的条件下测出。按照这个定义，当被测天线和信标天线最大射束方向互相对准时，令两天线的极化互相平行，然后转动被测天线所测得的方向图即为主极化方向图 E_p；当两天线最大射束方向互相对准时，令其极化互相垂直，然后转动被测天线所测得的方向图即为交叉极化方向图 E_q，有

$$\begin{cases} E_p(\theta,\varphi) = E_\theta(\theta,\varphi)\sin\varphi\hat{\boldsymbol{u}}_\theta + E_\varphi(\theta,\varphi)\cos\varphi\hat{\boldsymbol{u}}_\varphi \\ E_q(\theta,\varphi) = E_\theta(\theta,\varphi)\cos\varphi\hat{\boldsymbol{u}}_\theta - E_\varphi(\theta,\varphi)\sin\varphi\hat{\boldsymbol{u}}_\varphi \end{cases} \tag{2.2.6}$$

式中：E_θ 和 E_φ 分别为 $\hat{\boldsymbol{u}}_\theta$ 和 $\hat{\boldsymbol{u}}_\varphi$ 方向的电场分量。利用定义3，当参考源作90°旋转后，任何方向上测得的共极化场和交叉极化场也互换。因此这个定义被广泛采用[91-93,95]。图2.2为测量系统示意图。

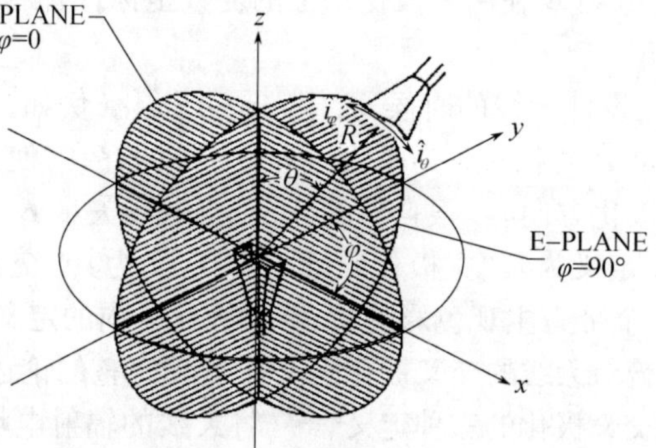

图2.2　天线方向图测量系统示意图

2.2.2.2　天线极化纯度的表征

“交叉极化隔离度(XPI)”或“交叉极化鉴别率(XPD)”是双极化通道中交叉极化干扰的常用评价指标[60-62]。这里首先简要介绍双极化系统中交叉极化的常用衡量指标，在此基础上，探讨单天线交叉极化分量的衡量指标。

1. 双极化系统中交叉极化的度量

双极化频率复用通信系统中的两个正交信道间，由于系统本身的极化不纯或传输途径中的去极化效应，会产生两信道间的干扰。线极化波会分解成一个与原极化波极化方向一致的主极化分量和一个极化正交的交叉极化分量；理想的圆极化波会变成一个椭圆极化波，即产生一个与原旋转方向相同的圆极化波和另一个与旋转方向相反的圆极化分量，它们之间的幅度比称为反旋系数 b。

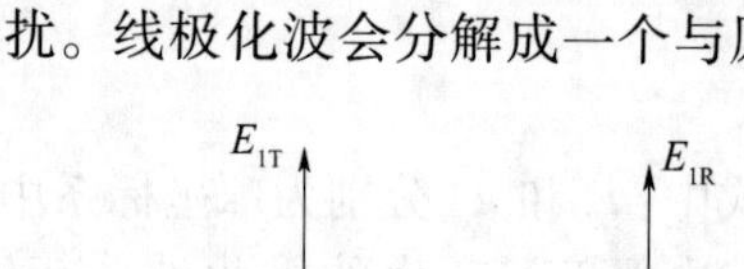

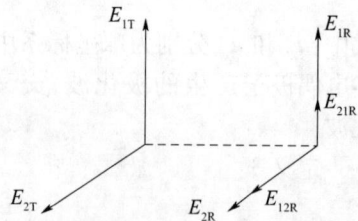

图2.3　双极化系统原理图

图2.3是某双极化通信系统原理图，E_{1T}、E_{2T} 表示一对正交的发射信号，E_{1R}、E_{2R} 表示与之

相对应的一对正交的接收信号，E_{12R}、E_{21R}是对应的交叉极化信号。交叉极化隔离度（XPI）的定义是：本信号在另一信道中产生的交叉极化分量 E_{12R}（或 E_{21R}）与该信号在本信道内产生的主极化分量 E_{1R}（或 E_{2R}）之比，可写为

$$XPI = 20\lg \frac{E_{12R}}{E_{1R}}\ (dB),\ XPI = 20\lg \frac{E_{21R}}{E_{2R}}\ (dB) \tag{2.2.7}$$

$$XPI = 20\lg b_1\ (dB),\ XPI = 20\lg b_2\ (dB) \tag{2.2.8}$$

式(2.2.7)针对线极化工作方式；式(2.2.8)针对椭圆极化工作方式，其中 b_1、b_2 为左、右旋圆极化的反旋系数，等于反旋极化分量与主极化分量之比。

交叉极化鉴别率（XPD）的定义是：另一信号在本信道内产生的交叉极化分量 E_{21R}（或 E_{12R}）与本信道的主极化分量 E_{1R}（或 E_{2R}）之比，可写为

$$XPD = 20\lg \frac{E_{21R}}{E_{1R}}(dB),\ XPD = 20\lg \frac{E_{12R}}{E_{2R}}\ (dB) \tag{2.2.9}$$

$$XPD = 20\lg \frac{b_2 E_{2T}}{E_{1T}}(dB),\ XPD = 20\lg \frac{b_1 E_{1T}}{E_{2T}}\ (dB) \tag{2.2.10}$$

其中，式(2.2.9)针对线极化工作方式，式(2.2.10)针对椭圆极化工作方式。

由定义可见，XPI 和 XPD 均是衡量由于交叉极化的存在而引起的两个信道间干扰的程度。XPI 用来衡量本信道产生的交叉极化分量对另一信道的影响，而 XPD 用来衡量另一正交信道产生的交叉极化分量对本信道的影响；XPI 不论在单极化还是双极化系统中都存在，而 XPD 只能存在于双极化系统；XPI 通常用于衡量发射端的干扰状况，XPD 则用于衡量接收端的被干扰状况。在双极化系统中，通常有 $E_{1T} \approx E_{2T}$，$E_{12R} \approx E_{21R}$，$b_1 \approx b_2$，而且传输媒介也是互易的，因此，在数值上，XPI≈XPD；也就是说，在双极化系统中，当两路信号幅度相等且交叉极化效应相同时，XPI = XPD。

2. 单天线的交叉极化度量

对于天线本身而言，工程上也常借鉴“交叉极化鉴别率（XPD）”的概念来描述单天线的极化纯度[61]，通常称之为天线的“交叉极化鉴别量”，即天线寄生极化与期望极化分量的功率比，具体定义为

$$XPD = 10\lg\left(\frac{P_X}{P}\right) = 20\lg \frac{E_X}{E}(dB) \tag{2.2.11}$$

式中：P 为天线主极化分量的功率；P_X 为天线交叉极化分量的功率；E 为天线主极化分量电平，E_X 为天线交叉极化分量电平。

雷达系统采用的极化工作方式通常有线极化和圆极化两种。以线极化为例，当天线的期望极化是垂直极化时，其交叉极化鉴别量（XPD_V）为

$$XPD_V = 20\lg(E_{V-H}/E_{V-V}) \tag{2.2.12}$$

式中：E_{V-V} 为发射极化为垂直极化时，天线接收的垂直极化场，即其共极化场；E_{V-H} 为发射极化为垂直极化时，天线接收到的水平极化场，即其交叉极化场。

当天线的期望极化是水平极化时，其交叉极化鉴别率(XPD_H)为

$$XPD_H = 20\lg(E_{H-V}/E_{H-H}) \tag{2.2.13}$$

式中：E_{H-H}为发射极化为水平极化时，天线接收到的水平极化场；E_{H-V}为发射极化为水平极化时，天线接收到的垂直极化场。

习惯上，用圆极化电压轴比来描述圆极化天线的交叉极化鉴别率。圆极化是椭圆极化的特例，按定义，椭圆极化波的电压轴比为

$$AR = \frac{1+b}{1-b} \tag{2.2.14}$$

式中：b 为反旋系数，等于反旋极化分量与主极化分量之比。

椭圆极化波的交叉极化鉴别率可表示为

$$XPD = 20\lg\frac{AR-1}{AR+1}(dB) \tag{2.2.15}$$

由式(2.3.11)~式(2.3.15)可见，XPD 的值越小，说明天线的寄生极化分量越少，天线极化"越纯"。

2.2.3 天线空域极化特性的内涵

由2.2.2节的分析可见，由于各种实际因素的限制和影响，通常得不到具有"纯净"极化的天线，即会有寄生极化，在传统研究中，由于侧重点及应用需求的不同，经常忽略了这一事实，认为天线的极化特性在主瓣上保持相对恒定，主瓣峰的极化(常称为天线的"主极化")即用来描述天线极化，同时，认为旁瓣辐射的极化会与主瓣的极化大不一样[59,63]。其实，天线极化在空间的这种变化特性不仅体现在旁瓣区域，在主瓣区域内也同样存在，且与天线的空间指向有关。

正如2.2.1节所讨论的，对于一个天线，当馈入电流给定后，其辐射场只与测量点所处的空间位置有关，天线的有效长度仅与该测量点的空间角坐标有关。也就是说，天线辐射波的极化随方向而变，天线极化是一个空域变量，在不同的观测方向上，天线所辐射电磁波的极化状态可能是不同的。在传统的研究中，要么忽略了这一事实，要么把天线的交叉极化视为一个有害量而尽量加以避免。但是，换一个角度考虑，如果不是一味地抑制天线的交叉极化，而是通过专门研究天线极化特性在空间的变化规律，并且加以有效利用，对于提升雷达的极化信息获取与处理能力具有重要意义。

天线在垂直于传播方向上的两个垂直场量在空间上的分布函数是不同的，因此，天线的极化是空间的函数，我们把天线辐射电磁波的极化在空间的演化、分布特性称为"天线空域极化特性"，它表征了天线极化在空域上的演变规律或者说天线真实极化与期望极化间的偏离程度与空间角坐标的关系。天线极化在空间的变化由两部分构成：①感兴趣空域点与天线指向相对位置的改变引起的天线极化特性的变化。这可以从两个方面来理解：一方面可以理解为天线静止情况下，所

辐射电磁波在不同空间位置极化方式不同;另一方面可理解为当天线在空域扫描时,在同一空间位置接收到的天线辐射电磁波的极化方式是不同的。其实,这两种理解方式本质上是一致的,都是探讨感兴趣空域点与天线指向的空间相对位置改变时天线极化特性的变化规律,只是分别从目标位置改变和天线扫描这两个不同的角度描述而已。天线的空域极化特性是天线的固有属性,对于不同种类天线,或者同一类型但结构参数不同的天线,其变化规律是不一样的。②在实际中,由于几何形状、尺寸、机械加工误差、馈源偏焦和电波绕射等因素的限制和影响,天线极化总是一定程度地偏离设计值(或称“期望极化”),这种偏差(简称为“寄生极化”)降低了天线的极化纯度,并且通常与工作频率和空间指向有关。

天线的空域极化特性包括经典空域极化特性和空域瞬态极化特性两方面的涵义。由于传统雷达多工作于连续波或者窄带条件下,天线的经典空域极化特性是基于单色平面电磁波电场矢量端点空间运动轨迹的椭圆几何特性而定义的,天线空域极化特性的描述亦可采用经典的极化描述方法。随着宽带、超宽带等非单色波体制雷达的发展,在非时谐的情况下,经典描述方法对于天线空域极化特性的表征存在其自身的局限性,“天线空域椭圆极化描述子”、“极化轴比”等传统描述子已经无法有效描述天线极化在空间的演变现象,此时,对天线极化特性尤其是对天线空域极化特性的刻画需要采用新工具、新手段。

2.3 天线空域极化特性的表征

文献[1]列举了电磁波极化状态的多种表征方法,文献[3]提出了电磁波的时域瞬态极化描述子和频域瞬态极化描述子,在此基础上,本节结合实际应用背景,给出天线空域极化特性的表征方法。

设天线的辐射场为 $\boldsymbol{E}(\boldsymbol{P},\boldsymbol{P}')$,其中 $\boldsymbol{P}(\theta,\varphi)$ 表示测量点处的空间角坐标,是方位向 φ 和俯仰向 θ 的二维矢量,简记为 $\boldsymbol{P}$,且有 $\boldsymbol{P}\in\boldsymbol{\Omega}$,$\boldsymbol{\Omega}$ 为关心的空域范围;$\boldsymbol{P}'(\theta',\varphi')$ 表示天线在空间扫描时,在方位和俯仰方向上偏离中心指向的程度,且有 $\boldsymbol{P}'\in\boldsymbol{\Omega}'$,$\boldsymbol{\Omega}'$ 为天线的扫描范围。从讨论天线空域极化特性的角度讲,$\boldsymbol{P}$ 和 $\boldsymbol{P}'$ 本质上是一致的。为方便表述,将 $\boldsymbol{E}(\boldsymbol{P},\boldsymbol{P}')$ 简记为 $\boldsymbol{E}(\boldsymbol{P})$,其中 $\boldsymbol{P}$ 为空域参量,表示当天线在空间扫描时,待测空域点与天线指向间的空间相对角坐标。研究天线的空域极化特性就是讨论天线辐射场的极化方式随角坐标 $\boldsymbol{P}(\theta,\varphi)$ 的变化规律。

设所关心的区域是包括方位和俯仰向的三维空间立体范围,方位上 $\varphi_1\sim\varphi_2$、俯仰上 $\theta_1\sim\theta_2$,如图 2.4 所示,可定义“空域立体角”[118]

$$\begin{aligned} V &= \frac{S}{R^2} = \frac{1}{R^2}\iint \mathrm{d}S = \frac{1}{R^2}\int_{\varphi_1}^{\varphi_2}\int_{\theta_1}^{\theta_2} R^2\sin\theta\mathrm{d}\varphi\mathrm{d}\theta \\ &= (\varphi_2-\varphi_1)(\cos\theta_2-\cos\theta_1) \end{aligned} \tag{2.3.1}$$

式中:S 为待测空域所截的以 R 为半径的球面面积,$\mathrm{d}S = R\mathrm{d}\theta\cdot R\sin\theta\mathrm{d}\varphi$。

若将球面上的某一块面积除以半径的平方定义为这块面积相对球心所张的立体角。假定天线波束在两个平面的宽度相同,记为 δ_α,如图 2.5 所示,则波束在以距离 R 为半径的球面上切出一个圆,可以把该圆的内接正方形作为天线波束扫描中的一个基本单元,定义为“波束立体角”,由图可知,正方形的面积为 $(R\delta_\alpha/\sqrt{2})^2$,故波束立体角为

$$\alpha = (R\delta_\alpha/\sqrt{2})^2/R^2 = \frac{\delta_\alpha^2}{2} \tag{2.3.2}$$

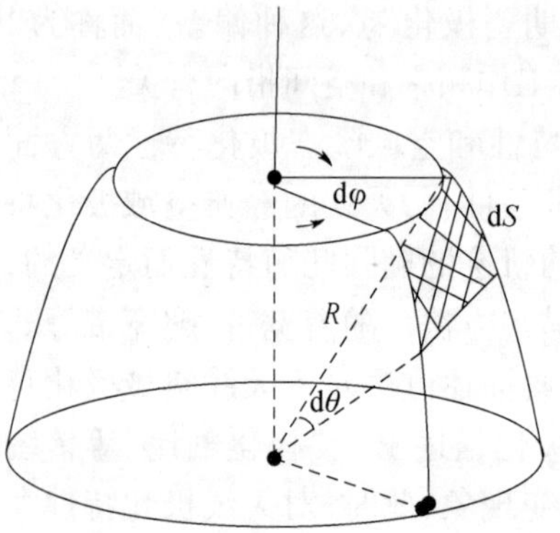

图 2.4　空域立体角的定义

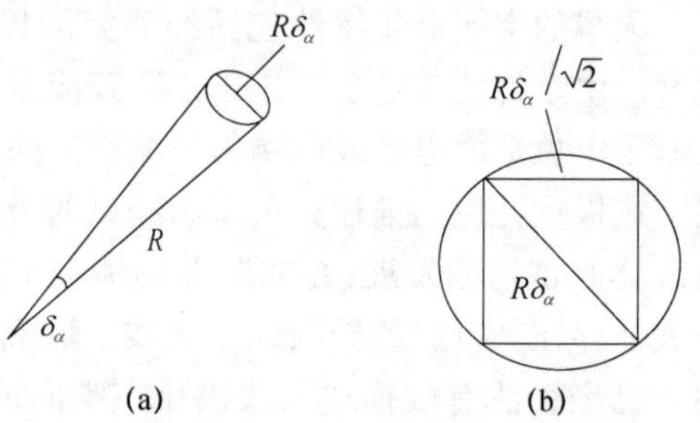

图 2.5　波束立体角的定义

式(2.3.2)所示的是天线在方位和俯仰方向上扫描时波束宽度相等的情况,当其不相等,且分别为 δ_φ 和 δ_θ 时,波束立体角的表达式为

$$\alpha = \frac{\delta_\varphi \delta_\theta}{2} \tag{2.3.3}$$

此时,空域立体角 V 就可以理解为所关心的空域范围 $\boldsymbol{\Omega}$。讨论天线在三维空域上极化特性变化的实质就是讨论天线波束在方位和俯仰方向上扫描时,天线极化特性的变化规律。

实际上,并非所有情况下均需要在三维空域上讨论天线的空域极化特性,在很多场合都可以结合实际情况作降维处理,这将大大降低所讨论问题的复杂度。例如,警戒雷达(也称为情报雷达),主要用于地面防空、岸基海防系统,提供对空域、海域远距离目标的情报。由于目标距离远,仰角较低,传统上,警戒雷达大多采用两坐标机械扫描体制雷达,即利用整个天线系统或其中一部分机械运动实现波束扫描,采用扇形波束实现圆周扫描是比较常见的一种扫描方式,天线在水平面上波束很窄,方位分辨力可以达到零点几度,可以比较精确地测量目标的方位角;然而,波束在垂直面上很宽,扫描比较粗略,不能精确测量目标的俯仰角,所以,两坐标空中警戒雷达经常只能测量距离和方位角这两个坐标,通常用一部“点头”式测高雷达协同工作,提供仰角信息。在这种情况下,讨论天线的空域极化特性,可将三维问题简化为两维:即针对不同的俯仰角 θ_0,寻求天线的空域极化特性

随空间角坐标 $\boldsymbol{P}(\theta_0,\varphi)$ 的变化规律。图 2.6 为扇形波束扫描示意图。

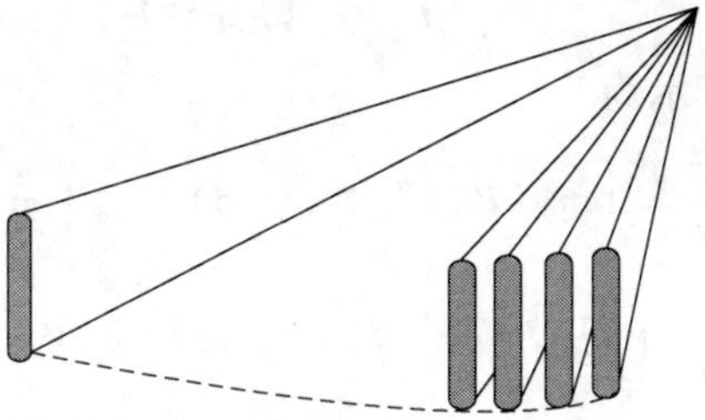

图 2.6 扇形波束扫描示意图

2.3.1 天线空域极化特性的经典描述

一个天线辐射的电场通常由图 2.3.1 中所示的球坐标 $(\hat{\boldsymbol{r}},\hat{\boldsymbol{\theta}},\hat{\boldsymbol{\varphi}})$ 定义,在天线的远场区,辐射场 $\boldsymbol{E}$ 没有径向分量,可以表示为

$$\boldsymbol{E}=E_\theta\hat{\boldsymbol{u}}_\theta+E_\varphi\hat{\boldsymbol{u}}_\varphi \tag{2.3.4}$$

式中:$\hat{\boldsymbol{u}}_\theta$、$\hat{\boldsymbol{u}}_\varphi$ 分别为球坐标系中俯仰、方位方向的单位矢量;E_θ 和 E_φ 分别为 $\hat{\boldsymbol{u}}_\theta$ 和 $\hat{\boldsymbol{u}}_\varphi$ 方向的极化分量。

如果 xy 平面与地面平行,那么 E_φ 是波的水平分量(它总是与 xy 面平行,因而与地面平行),$-E_\theta$ 是垂直分量,而且 $(\hat{\boldsymbol{u}}_\varphi,-\hat{\boldsymbol{u}}_\theta,\hat{\boldsymbol{u}}_r)$ 构成右手坐标系,可定义 $\hat{\boldsymbol{\varphi}}$ 和 $-\hat{\boldsymbol{\theta}}$ 分别为水平、垂直极化基 $\hat{\boldsymbol{h}}$ 和 $\hat{\boldsymbol{v}}$,即

$$\begin{cases}\hat{\boldsymbol{h}}=\hat{\boldsymbol{\varphi}}\\ \hat{\boldsymbol{v}}=-\hat{\boldsymbol{\theta}}\end{cases} \tag{2.3.5}$$

当测量点与天线的相对位置确定以后,就可以用天线在该点的辐射场定义其极化状态。天线的归一化 Jones 矢量表示为

$$\boldsymbol{h}=\begin{bmatrix}E_H\\E_V\end{bmatrix}=\frac{1}{\|\boldsymbol{E}\|}\begin{bmatrix}E_\varphi\\-E_\theta\end{bmatrix} \tag{2.3.6}$$

天线辐射电磁波的空域极化比

$$\rho(\boldsymbol{P})=\frac{E_V}{E_H}=\frac{-E_\theta}{E_\varphi} \tag{2.3.7}$$

天线的空域 Jones 矢量与空域极化比存在如下关系:

$$\boldsymbol{h}(\boldsymbol{P})=\frac{1}{\sqrt{1+|\rho(\boldsymbol{P})|^2}}\begin{bmatrix}1\\ \rho(\boldsymbol{P})\end{bmatrix} \tag{2.3.8}$$

空域极化比是天线空域极化特性最直观的表征量,同时,还可以定义空域极化相位描述子$(\gamma(\boldsymbol{P}),\phi(\boldsymbol{P}))$、空域极化椭圆描述子$(\varepsilon(\boldsymbol{P}),\tau(\boldsymbol{P}))$、空域 Stokes 矢量等其他描述方法。

在水平垂直极化基 $(\hat{\boldsymbol{h}},\hat{\boldsymbol{v}})$ 下,天线的归一化 Jones 矢量可表示为

$$\boldsymbol{h} = \begin{bmatrix} E_H \\ E_V \end{bmatrix} = \begin{bmatrix} a_H e^{j\varphi_H} \\ a_V e^{j\varphi_V} \end{bmatrix} \tag{2.3.9}$$

天线的空域极化比可表示为

$$\rho(\boldsymbol{P}) = \frac{E_V}{E_H} = \tan\gamma(\boldsymbol{P}) e^{j\phi(P)}, (\gamma, \phi) \in [0, \pi] \times [0, 2\pi] \tag{2.3.10}$$

式中：$\gamma(\boldsymbol{P}) = \arctan \frac{a_V}{a_H}$ 和 $\phi(\boldsymbol{P}) = \varphi_V - \varphi_H$ 为天线的空域极化相位描述子。

天线的空域极化比和空域极化相位描述子是描述天线空域极化特性最常用的表征量，除此之外，还可以用"天线交叉极化鉴别量 XPD($\boldsymbol{P}$)"来表征天线的真实极化相对期望极化的偏离程度随空间角位置的变化，天线空域交叉极化鉴别量的定义式为

$$\text{XPD}(\boldsymbol{P}) = 20\lg(|\rho(\boldsymbol{P})|) \text{dB} \tag{2.3.11}$$

2.2.1 节中曾讨论过，电场是可以在任意一对正交极化基上分解的，因此，一个天线辐射的远场也可以做如下分解：

$$\boldsymbol{E}_{\text{far}} = E_1 \hat{\boldsymbol{e}}_1 + E_2 \hat{\boldsymbol{e}}_2 \tag{2.3.12}$$

理论上讲，正交极化基($\hat{\boldsymbol{e}}_1, \hat{\boldsymbol{e}}_2$)的选择可以是任意的。例如，式(2.3.7)中极化比的定义就是在极化基($\hat{\boldsymbol{\varphi}}, -\hat{\boldsymbol{\theta}}$)下进行的，在球坐标系中，这是最自然也是应用最为广泛的一种分解方法。但是，根据式(2.3.7)定义的极化比 ρ 所求得的交叉极化鉴别量 XPD 并不能直观地表征在不同空间角位置处天线极化偏离期望极化的程度。因此，可针对具体情况选择不同的极化基，在极化基($\hat{\boldsymbol{e}}_{\text{co}}, \hat{\boldsymbol{e}}_{\text{cross}}$)下，远场 $\boldsymbol{E}_{\text{far}}$ 可在表示为

$$\boldsymbol{E}_{\text{far}} = E_{\text{co}} \hat{\boldsymbol{e}}_{\text{co}} + E_{\text{cross}} \hat{\boldsymbol{e}}_{\text{cross}} \tag{2.3.13}$$

式中：$\hat{\boldsymbol{e}}_{\text{co}}$ 为天线的期望极化方向；$\hat{\boldsymbol{e}}_{\text{cross}}$ 为与其正交的极化（或称寄生极化）。

进而推得天线的空域交叉极化鉴别量 XPD($\boldsymbol{P}$)可由下式表示：

$$\text{XPD}(\boldsymbol{P}) = 10\lg\left(\frac{P_{\text{cross}}}{P_{\text{co}}}\right) = 20\lg\left(\left|\frac{E_{\text{cross}}}{E_{\text{co}}}\right|\right) \text{dB} \tag{2.3.14}$$

式中：P_{cross} 和 P_{co} 分别为寄生极化和期望极化的功率；E_{cross} 和 E_{co} 分别为寄生极化和期望极化的电压幅度。

由上式可见，XPD 的值越小，说明天线的交叉极化分量越少，"极化纯度"越高，从这个意义上说，也可以用上式来定义天线的"空域极化纯度 Purity($\boldsymbol{P}$)"，此时，空域极化纯度 Purity($\boldsymbol{P}$)与空域极化鉴别量 XPD($\boldsymbol{P}$)的表达式一致，可以非常直观地表征天线的交叉极化特性。

当期望极化为水平极化 $E_H = E_\varphi$，寄生极化为垂直极化 $E_V = -E_\theta$ 时，式(2.3.14)定义的交叉极化鉴别量与式(2.3.11)相同。当天线的期望极化为不同极化状态时，可以选择相应的极化基来定义天线的空域交叉极化鉴别量 XPD($\boldsymbol{P}$)。例如，当天线的期望极化为水平/垂直线极化时，可选择极化基($\hat{\boldsymbol{h}}, \hat{\boldsymbol{v}}$)；当天

线的期望极化为45°/135°线极化时,可选择极化基($\hat{\boldsymbol{e}}_{45°}$,$\hat{\boldsymbol{e}}_{135°}$);当天线的期望极化为左旋/右旋圆极化时,可选择极化基($\hat{\boldsymbol{l}}$,$\hat{\boldsymbol{r}}$)。

2.3.2 天线空域瞬态极化特性的表征

当天线被非时谐信号激励时,天线在给定传播方向上的瞬态极化可以利用以冲激电流馈入天线时,天线辐射波在某个特定传播方向上的电场函数来定义。在不同频点下,天线本身的幅相特性是不一样的,而在不同的空间位置,天线的极化状态也不一致。天线空域瞬态极化特性的本质是描述不同空间点上天线瞬态极化状态的分布情况,包括各极化态的整体分布态势、极化分布的中心位置、各点在空间分布的离散疏密程度以及空间各极化态的变化快慢程度等,因此,天线空域瞬态极化特性的具体定义方式与非时谐电磁波的空域瞬态极化的定义方式完全一致,可以用空域瞬态极化投影集、空域极化聚类中心以及空域极化散度等参量表征[49,119]。

1. 天线空域瞬态 Stokes 矢量

设天线辐射波电场为$\boldsymbol{E}(\boldsymbol{P})$,$\boldsymbol{P}\in\boldsymbol{\Omega}$,定义其空域互相干矢量为

$$\boldsymbol{c}(\boldsymbol{P}_1,\boldsymbol{P}_2)=\boldsymbol{E}(\boldsymbol{P}_1)\otimes\boldsymbol{E}^*(\boldsymbol{P}_2),\boldsymbol{P}_1,\boldsymbol{P}_2\in\boldsymbol{\Omega} \tag{2.3.15}$$

由定义可知,电磁波的空域互相干矢量是由两个不同空间位置处的场矢量做Kronecker积得到的(其中还包含了一个共轭运算),它是一个4维复矢量,且满足如下交换性质:

$$\boldsymbol{c}(\boldsymbol{P}_1,\boldsymbol{P}_2)=\boldsymbol{Q}_4\boldsymbol{c}^*(\boldsymbol{P}_2,\boldsymbol{P}_1) \tag{2.3.16}$$

这里的$\boldsymbol{Q}_4=\begin{bmatrix}1&0&0&0\\0&0&1&0\\0&1&0&0\\0&0&0&1\end{bmatrix}$,为一四阶置换矩阵。

在此基础上,定义电磁波的空域瞬态互Stokes矢量为

$$\dot{\boldsymbol{J}}(\boldsymbol{P}_1,\boldsymbol{P}_2)=\boldsymbol{R}\cdot\boldsymbol{c}(\boldsymbol{P}_1,\boldsymbol{P}_2) \tag{2.3.17}$$

上式中,准酉矩阵$\boldsymbol{R}$的定义参见式(2.2.8)。

特别地,当$\boldsymbol{P}_1=\boldsymbol{P}_2=\boldsymbol{P}$时,称$\dot{\boldsymbol{J}}(\boldsymbol{P}_1,\boldsymbol{P}_2)$为电磁波的空域瞬态Stokes矢量,并在不致引起混淆的情况下,将其简记为$\dot{\boldsymbol{J}}(\boldsymbol{P})$,即有

$$\dot{\boldsymbol{J}}(\boldsymbol{P})=\boldsymbol{R}\boldsymbol{c}(\boldsymbol{P},\boldsymbol{P})=\boldsymbol{R}\boldsymbol{E}(\boldsymbol{P})\otimes\boldsymbol{E}^*(\boldsymbol{P}) \tag{2.3.18}$$

空间传播的平面电磁波在水平垂直极化基($\hat{\boldsymbol{h}}$,$\hat{\boldsymbol{v}}$)下可表示为

$$\boldsymbol{e}_{HV}(\boldsymbol{P})=\begin{bmatrix}a_H(\boldsymbol{P})\mathrm{e}^{\mathrm{j}\varphi_H(P)}\\a_V(\boldsymbol{P})\mathrm{e}^{\mathrm{j}\varphi_V(P)}\end{bmatrix},\boldsymbol{P}\in\boldsymbol{\Omega} \tag{2.3.19}$$

式中:$a_H(\boldsymbol{P})$和$a_V(\boldsymbol{P})$为电磁波水平、垂直极化分量随空域变化时的幅度式;$\varphi_H(\boldsymbol{P})$

和 $\varphi_V(\boldsymbol{P})$ 为其水平、垂直极化分量的相位。它们都是空间们置 $\boldsymbol{P}$ 的函数

记 $\phi(\boldsymbol{P})=\varphi_V(\boldsymbol{P})-\varphi_H(\boldsymbol{P})$ 为电磁波垂直极化分量与水平分量的相位差，则空变电磁波在水平垂直极化基下的瞬态 Stokes 矢量可表示为

$$\begin{cases} g_{HV0}(\boldsymbol{P}) = |E_H(\boldsymbol{P})|^2 + |E_V(\boldsymbol{P})|^2 = a_H^2(\boldsymbol{P}) + a_V^2(\boldsymbol{P}) \\ g_{HV1}(\boldsymbol{P}) = |E_H(\boldsymbol{P})|^2 - |E_V(\boldsymbol{P})|^2 = a_H^2(\boldsymbol{P}) - a_V^2(\boldsymbol{P}) \\ g_{HV2}(\boldsymbol{P}) = 2\mathrm{Re}(E_H(\boldsymbol{P})E_V^*(\boldsymbol{P})) = 2a_H(\boldsymbol{P})a_V(\boldsymbol{P})\cos(\phi(\boldsymbol{P})) \\ g_{HV3}(\boldsymbol{P}) = -2\mathrm{Im}(E_H(\boldsymbol{P})E_V^*(\boldsymbol{P})) = 2a_H(\boldsymbol{P})a_V(\boldsymbol{P})\sin(\phi(\boldsymbol{P})) \end{cases}, \psi \in \Omega \tag{2.3.20}$$

显然，电磁波的空域瞬态 Stokes 矢量蕴含了在不同空间位置，电磁波的强度信息和极化信息的变化情况，由式(2.3.20)可知各分量的物理含义如下：$g_{HV0}(\boldsymbol{P})$ 是电磁波在水平垂直极化基下的两个正交分量的功率之和；$g_{HV1}(\boldsymbol{P})$ 是在水平垂直极化基下的两个正交分量的功率之差；$g_{HV2}(\boldsymbol{P})$ 为电磁波在45°和135°正交极化基下的两个正交分量之间的功率差；$g_{HV3}(\boldsymbol{P})$ 为电磁波在左、右旋圆极化基下的两个正交分量之间的功率差。

2. 天线空域瞬态极化投影集(空域 IPPV)

将电磁波 $\boldsymbol{E}(\boldsymbol{P})$ 的空域瞬态 Stokes 矢量记为

$$\dot{\boldsymbol{J}}(\boldsymbol{P}) = [g_0(\boldsymbol{P}), \boldsymbol{g}^{\mathrm{T}}(\boldsymbol{P})]^{\mathrm{T}} \tag{2.3.21}$$

则有 $g_0(\boldsymbol{P}) = \|\boldsymbol{g}(\boldsymbol{P})\|$，表示对该矢量求范数。

定义

$$\boldsymbol{g}_{\mathrm{norm}}(\boldsymbol{P}) = \boldsymbol{g}(\boldsymbol{P})/g_0(\boldsymbol{P}) \tag{2.3.22}$$

则有 $\|\boldsymbol{g}_{\mathrm{norm}}(\boldsymbol{P})\| = 1$，也就是说，$\boldsymbol{g}_{\mathrm{norm}}(\boldsymbol{P})$ 位于单位 Poincare 球面上。

在不同空间位置，天线的瞬态极化状态通常是不同的，其在 Poincare 球面上的投影构成了一个三维单位矢量的有序集，称之为空域瞬态极化投影集，简记为空域 IPPV，即

$$\Pi_P = \{\boldsymbol{g}_{\mathrm{norm}}(\boldsymbol{P}) \mid \boldsymbol{P} \in \boldsymbol{\Omega}\} \tag{2.3.23}$$

显然，Π_P 完整地描述了天线辐射电磁波在空间不同位置上极化状态的分布特点和规律，它不仅给出了该电磁波在不同空间位置上的瞬态极化状态，而且能够描述其瞬态极化在空域的变化规律。而且，由式(2.3.20)和式(2.3.22)可见，电磁波的空域瞬态 Stokes 矢量蕴含了其强度信息和极化信息，而其 IPPV 侧重刻画了电磁波的极化特性。

3. 天线的空域瞬态极化聚类中心和极化散度

对一般的瞬变电磁波或复杂调制宽带电磁波而言，其空域极化投影集通常是一个具有一定空间分布的点集，电磁波的空域极化特性主要反映为各极化状态在极化球上的聚类和散布，相应地可定义电磁波的空域极化聚类中心和极化散度来定量描述空域极化投影集的这种空间散布特性，其中，这个点集所处的空间位置

可由极化聚类中心大致给出，而其空间疏密特性则可用极化散度的概念来描述。

1）空域极化聚类中心

电磁波的 IPPV 在 Poincare 单位球面上构成了一个三维单位矢量的有序集，即为空域瞬态极化投影集，描述了电磁波瞬态极化在空间的演化特性。瞬态极化投影集是一个分布于单位球面上的空间点集，其分布态势反映了天线辐射电磁波的整体极化特性。

设 $A = \{a(\boldsymbol{P}), \boldsymbol{P} \in \boldsymbol{\Omega}\}$ 为 $\boldsymbol{\Omega}$ 支撑上的一个加权因子集，即满足如下性质：

$$a(\boldsymbol{P}) \geqslant 0 \ (\forall \boldsymbol{P} \in \boldsymbol{\Omega}) \text{ 且} \int_{\Omega} a(\boldsymbol{P}) \mathrm{d}\boldsymbol{P} = 1 \tag{2.3.24}$$

给定加权因子集 A 后，定义电磁波空域瞬态极化投影集 $\prod_P$ 的空域加权极化聚类中心为

$$\boldsymbol{G}_P[A] = A \circ \Pi_P = \int_{\Omega} a(\boldsymbol{P}) \boldsymbol{g}_{\mathrm{norm}}(\boldsymbol{P}) \mathrm{d}\boldsymbol{P} \tag{2.3.25}$$

由式(2.3.25)可见，$\| \boldsymbol{G}_P[A] \| \leqslant 1$，如果极化投影集的空间分布越疏散，其极化聚类中心越接近于原点；反之，极化投影集的空间分布越趋集中，那么其极化聚类中心就会接近于单位球面。

2）空域极化散度

电磁波的瞬态极化投影集所处的空间位置可由极化聚类中心大致给出，而其空间疏密特性则可用极化散度来描述，定义为

$$\mathrm{Div}_{(P)}^{(k)}[A] = \int_{\Omega} a(\boldsymbol{P}) \| \boldsymbol{g}_{\mathrm{norm}}(\boldsymbol{P}) - \boldsymbol{G}_P[A] \|^k \mathrm{d}\boldsymbol{P} \tag{2.3.26}$$

由上式可见，$0 \leqslant \mathrm{Div}_{(P)}^{(k)}[A] \leqslant 1$，其中 k 为正整数，称为极化散度的阶数，实际中，最为常用的是 $k=1$ 和 2 这两种情形。由定义可见，极化散度可以解释为极化投影集相对于其极化聚类中心之空间距离的加权平均。给定全因子集，若电磁波极化散度的值越大，则表明该极化投影集的空间分布越疏散，也即电磁波极化状态的变化越剧烈；反之，则表明极化投影集的空间分布越集中。特别地，当电磁波的极化状态恒定不变时，$\mathrm{Div}_{(P)}^{(k)}$ 等于零。

若 $\boldsymbol{\Omega}$ 为一个非零可测集，其测度为有限值，即有 $0 < m(\boldsymbol{\Omega}) < +\infty$，这里 $m(\cdot)$ 代表 Lebesgue 测度。令 $a(\boldsymbol{P}) = 1/m(\boldsymbol{\Omega})$，则有

$$\boldsymbol{G}_{P1} \equiv \boldsymbol{G}_P[A] = \int_{\Omega} \boldsymbol{g}_{\mathrm{norm}}(\boldsymbol{P}) \mathrm{d}\boldsymbol{P} / m(\boldsymbol{\Omega}) \tag{2.3.27}$$

由式(2.3.27)可见，$\boldsymbol{G}_{P1}$ 实质上是对一个电磁信号极化投影集的均匀加权平均，故可称为该电磁信号的均匀加权聚类中心。此时，可得相应的极化散度为

$$\mathrm{Div}_{(P1)}^{(k)}[A] = \int_{\Omega} \| \boldsymbol{g}_{\mathrm{norm}}(\boldsymbol{P}) - \boldsymbol{G}_{P1}[A] \|^k \mathrm{d}\boldsymbol{P} / m(\boldsymbol{\Omega}) \tag{2.3.28}$$

若令 $a(\boldsymbol{P}) = g_0(\boldsymbol{P}) \Big/ \int_{\Omega} g_0(\boldsymbol{P}) \mathrm{d}\boldsymbol{P}$，则有

$$\boldsymbol{G}_{P2} \equiv \boldsymbol{G}_P[A] = \int_\Omega g(\boldsymbol{P})\mathrm{d}\boldsymbol{P} \Big/ \int_\Omega g_0(\boldsymbol{P})\mathrm{d}\boldsymbol{P} \tag{2.3.29}$$

由式(2.3.29)可见,$\boldsymbol{G}_{P2}$实质上是对电磁波空域瞬态 Stokes 矢量的完全极化子矢量积分后,再对电磁波在关心空域内总能量进行归一化后得到的,它也可以看作是对其极化投影集的能量加权平均,因此,可称之为能量加权极化聚类中心。此时,可得相应的极化散度为

$$\mathrm{Div}_{(P2)}^{(k)}[A] = \int_\Omega g_0(\boldsymbol{P}) \ \| \boldsymbol{g}_{\mathrm{norm}}(\boldsymbol{P}) - \boldsymbol{G}_{P2} \|^k \mathrm{d}\boldsymbol{P} \Big/ \int_\Omega g_0(\boldsymbol{P})\mathrm{d}\boldsymbol{P} \tag{2.3.30}$$

以上极化散度的概念是基于一般集合给出的,因而它适用于任意一个空间点集分布特性的描述。

4. 天线空域瞬态极化夹角

在讨论天线的寄生极化对其极化纯度的影响时,可采用天线真实极化与期望极化 Stokes 子矢量之间的夹角来描述天线的极化纯度,记为“空域极化纯度角$\beta(\boldsymbol{P})$”。设天线的期望极化 $J_e(\boldsymbol{P})$,真实极化$J(\boldsymbol{P})$,相应的空域极化投影矢量分别为$\boldsymbol{g}_e(\boldsymbol{P})$和$\boldsymbol{g}(\boldsymbol{P})$,则

$$\cos\beta(\boldsymbol{P}) = \frac{\boldsymbol{g}_e^{\mathrm{T}}(\boldsymbol{P})\boldsymbol{g}(\boldsymbol{P})}{g_{0,e}(\boldsymbol{P})g_0(\boldsymbol{P})} \tag{2.3.31}$$

可以看出,在给定空域角位置 $\boldsymbol{P}$ 之后,β 的绝对值越小,$\cos\beta$ 的值越大,说明天线真实极化与设计值越接近,即天线极化纯度越高;反之,β 的绝对值越大,$\cos\beta$ 的值越小,表明天线极化偏离设计值越远,极化纯度越差。其实,β 即为期望极化 $J_e(\boldsymbol{P})$在 Poincare 极化球上对应极化点和真实极化对应极化点和真实极化 $J(\boldsymbol{P})$ 在 Poincare 极化球上对对点所夹球心角。因此,可通过分析$\beta(\boldsymbol{P})$的变化规律来讨论当天线扫描(即$\boldsymbol{P}(\theta,\varphi)$在一定空域范围内变化)时,天线极化特性的变化。例如,当$\boldsymbol{P}$变化时,对$\beta(\boldsymbol{P})$求取均值$E[\beta(\boldsymbol{P})]$和方差$\mathrm{var}[\beta(\boldsymbol{P})]$,即可求得$\beta(\boldsymbol{P})$的分布中心和散布程度。

5. 天线空域瞬态极化状态变化率

极化投影集是一个有序集合,即以空域坐标作为序参量的空间点集,它描述了电磁波瞬态极化随空间角坐标的演化特性,这种空域变化特性是电磁波极化投影集的一个固有属性。如果电磁波的空域能量谱为一致连续的,并且其极化投影集为相对于空域变量连续的,那么 Stokes 子矢量必然是连续的。再由电磁波空域瞬态极化投影集的定义可知,该电磁波的极化投影集必然是一条连续的空间曲线。如果说极化聚类中心和极化散度描述了一个极化投影集的“静态”空间分布特性,那么,下面将要讨论的“天线空域瞬态极化状态变化率”则表征了极化投影集的“动态”演化特性。

设天线辐射电磁波的空域瞬态极化投影集为 $\Pi_P = \{\boldsymbol{g}_{\mathrm{norm}}(\boldsymbol{P}), \boldsymbol{P} \in \boldsymbol{\Omega}\}$,定义其瞬态极化状态变化率矢量为

$$\boldsymbol{V}_P^{(n)}(\boldsymbol{P}) = \frac{\mathrm{d}^n}{\mathrm{d}\boldsymbol{P}^n}\boldsymbol{g}_{\mathrm{norm}}(\boldsymbol{P}) \tag{2.3.32}$$

这里 n 为正整数,称为变化率的阶数,实际应用中最常用的是 $n=1$ 的情况。称 $\boldsymbol{V}_P^{(1)}(\boldsymbol{P})$ 为电磁波的一阶瞬态极化状态变化率矢量,由定义可知,它的矢量性实际上给出了电磁波瞬态极化在该空间位置的变化方向,而其模值大小 $\|\boldsymbol{V}_P^{(1)}(\boldsymbol{P})\|$ 则描述了电磁波瞬态极化在该空间位置变化的快慢程度。因此,瞬态极化状态变化率反映了电磁波极化的动态演化特性。

6. 天线空域极化特性的离散表征

在实际应用中,一般需要对电磁信号进行离散采样,以便于后续的计算机/数字处理。因此,定义电磁波空域瞬态极化的离散表征方法非常必要。为了表述方便,将极化采样序列的 IPPV 简称为"IPPS"[6]。由于天线空域瞬态极化特性的本质是描述不同空间点上天线瞬态极化状态的分布情况,包括各极化态的整体分布态势、极化分布的中心位置、各点在空间分布的离散疏密程度等,因此,可以用几种典型极化描述子的离散形式表征。

在水平垂直极化基下,对于空间传播的平面电磁波 $\boldsymbol{E}(\boldsymbol{P}), \boldsymbol{P} \in \boldsymbol{\Omega}$ 而言,其离散采样序列(简称之为极化采样序列)可记为 $\boldsymbol{E}_{HV}(n), n=1,2,\cdots,M$。

那么,电磁波极化采样序列的瞬态 Stokes 矢量和 IPPV 分别定义为

$$\dot{\boldsymbol{J}}_{HV}(n) = \begin{bmatrix} g_{HV0}(n) \\ \boldsymbol{g}_{HV}(n) \end{bmatrix} = \boldsymbol{R}\boldsymbol{E}_{HV}(n) \otimes \boldsymbol{E}_{HV}^*(n) \tag{2.3.33}$$

和

$$\tilde{\boldsymbol{g}}_{HV}(n) = [\tilde{g}_{HV1}(n), \tilde{g}_{HV2}(n), \tilde{g}_{HV3}(n)]^{\mathrm{T}} = \frac{\boldsymbol{g}_{HV}(n)}{g_{HV0}(n)}, n=1,2,\cdots,M \tag{2.3.34}$$

由此给出 IPPS 的空域极化聚类中心和极化散度的离散形式为

$$\tilde{\boldsymbol{G}}_{HV} = \frac{1}{M}\sum_{n=1}^{M} a(n)\tilde{\boldsymbol{g}}_{HV}(n) \tag{2.3.35}$$

和

$$\boldsymbol{D}_{HV}^{(k)} = \frac{1}{M}\sum_{n=1}^{M} a(n) \|\tilde{\boldsymbol{g}}_{HV}(n) - \tilde{\boldsymbol{G}}_{HV}\|^k \tag{2.3.36}$$

其中, $k \in N$,称为极化散度的阶数, $a(n)$ 为其权因子序列,满足

$$a(n) \geqslant 0, \forall n \in [1,2,\cdots,M] \& \sum_{n=1}^{M} a(n) = M \tag{2.3.37}$$

特别地,若

$$a(n) = 1, \forall n \in [1,2,\cdots,M] \tag{2.3.38}$$

即有

$$\tilde{\boldsymbol{G}}_{HV} = \frac{1}{M}\sum_{n=1}^{M} \tilde{\boldsymbol{g}}_{HV}(n) \tag{2.3.39}$$

称之为均匀加权聚类中心。

同时，当极化散度阶数 $k=2$ 时，则有

$$\boldsymbol{D}_{HV}^{(2)}=\frac{1}{M}\sum_{n=1}^{M}\tilde{\boldsymbol{g}}_{HV}(n)\tilde{\boldsymbol{g}}_{HV}^{\mathrm{T}}(n)-\frac{1}{M^2}\sum_{n=1}^{M}\sum_{j=1}^{M}\tilde{\boldsymbol{g}}_{HV}(n)\tilde{\boldsymbol{g}}_{HV}^{\mathrm{T}}(j) \tag{2.3.40}$$

对于天线空域瞬态极化比、天线空域瞬态极化纯度角、天线空域瞬态极化状态变化率等极化描述子亦可采用离散形式表征，这里不再一一详细列出。

当天线被非时谐激励时，其辐射电磁波的极化轨迹不再为椭圆这一几何形状，因此椭圆极化描述子难以拓展表征。但是，可以类似地将空域极化比、空域极化相位描述子等表征方法进行拓展，用来刻画天线辐射电磁波的空间动态变化信息。

第3章 口径天线的空域极化特性分析

天线是雷达的形象和标志,与雷达体制密切相关,一部新雷达的设计首先要对天线体制和方案进行初步选择。天线的种类繁多,按其结构和分析方法大致可分为线天线和口径天线两大类。线天线基本由金属导线构成,这类天线包括各种偶极天线和单极天线、环天线、螺旋天线、八木天线、对数周期天线和行波天线等;口径天线通常是由一个平面或曲面上的口径构成,通常也称为面天线,这类天线包括喇叭天线、反射面天线、缝隙天线和微带天线等。

反射面天线结构简单、价格低,可以实现多种形状波束(针状、扇形、赋形、多波束),可满足不同战、技指标需要,是面天线中最重要的一种,在现役雷达装备中得到广泛的应用。由于反射面和阵列天线一样,能实现高增益、低副瓣、在仰角上有宽的覆盖范围;而且反射面天线实现成本低,没有栅瓣问题,可以做到宽频带,并能方便地实现圆极化或变极化。在现役圆锥扫描和单脉冲体制雷达中,反射面天线正在发挥着重要作用。随着用户对宽带、超宽带雷达(提高抗电子干扰能力)和变极化雷达(提供目标识别功能)的需求,反射面天线还存在很大的应用潜力和发展空间。

本章以抛物面天线为重点,利用前面讨论的天线空域极化特性表征方法,系统研究了典型天线的空域极化特性。具体而言,本章理论推导了各种线天线和面天线的空域极化特性,包括各种短偶极子天线、正交偶极子天线、环天线、螺旋天线、典型波导口辐射器、喇叭天线以及偏置抛物面天线等,给出了计算机仿真结果,并以暗室实测数据为依据,分析了两种实际天线的空域极化特性。最后,建立了四种典型的天线空域极化特性模型,并得出了一组有重要意义的结论。由于研究精力所限,本章仅选取了一些具有代表性的典型天线,对其空域极化特性进行探讨。本章的研究成果为后续利用天线的空域极化特性进行目标极化特性测量、抗有源干扰和真假目标鉴别,进而提高雷达的极化信息处理能力,提供了理论基础和有力佐证。

3.1 典型线天线的空域极化特性

线天线是实用天线的最基本形式,也是起源最早、应用最为广泛的形式。线天线的形式很多,本节以短偶极子天线、正交偶极子天线、环天线和螺旋天线等线天线为例探讨。

3.1.1 短偶极子天线的空域极化特性

偶极天线在长中波、短波和超短波波段都得到广泛应用,在微波波段有时也作为反射面天线的馈源使用。下面首先讨论沿各坐标轴指向的偶极子产生的远场,并由此得到任意指向偶极子的空域极化特性。

各沿 x、y、z 轴指向的短偶极子在空间球坐标(r,θ,φ)方向上产生的远场[7]分别为

$$E_r = 0, E_\theta = -\frac{\mathrm{j}\omega\mu Il}{4\pi r}\cos\theta\cos\varphi \cdot \mathrm{e}^{-\mathrm{j}kr}, E_\varphi = \frac{\mathrm{j}\omega\mu Il}{4\pi r}\sin\varphi \cdot \mathrm{e}^{-\mathrm{j}kr} \tag{3.1.1}$$

和

$$E_r = 0, E_\theta = -\frac{\mathrm{j}\omega\mu Il}{4\pi r}\cos\theta\sin\varphi \cdot \mathrm{e}^{-\mathrm{j}kr}, E_\varphi = -\frac{\mathrm{j}\omega\mu Il}{4\pi r}\cos\varphi \cdot \mathrm{e}^{-\mathrm{j}kr} \tag{3.1.2}$$

以及

$$E_r = 0, E_\theta = \frac{\mathrm{j}\omega\mu Il}{4\pi r}\sin\theta \cdot \mathrm{e}^{-\mathrm{j}kr}, E_\varphi = 0 \tag{3.1.3}$$

式中:μ(H/m)为媒质的磁导率;I 为长度为 l 的偶极子上所有各点的电流值。

对于任意指向偶极子而言,设初始状态为水平放置在 x 轴上的短偶极子(如图 3.1(a)所示);在水平面上逆时针旋转,与 x 轴形成夹角 φ'(如图 3.1(b)所示);并在垂直面上进行旋转,与 z 轴形成夹角 θ'(如图 3.1(c)所示)。易知:对于放置在 x 轴上的偶极子,其 $\theta'=\pi/2,\varphi'=0$;对于放置在 y 轴上的偶极子,其 $\theta'=\pi/2,\varphi'=\pi/2$;对于放置在 z 轴上的偶极子,$\theta'=0$。图 3.1(a)中的(θ,φ)表示待测点处的空间角坐标。

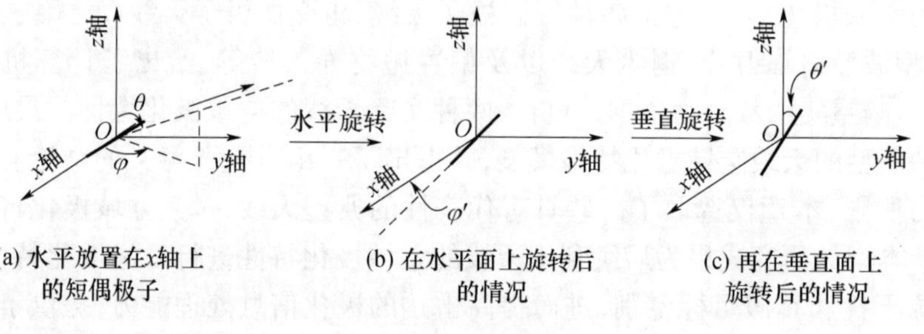

图 3.1 短偶极子天线的旋转示意图

设初始情况下 x 向偶极子的激励电流为 I,对于图 3.1 所示的经过旋转后得到的任意指向偶极子的辐射场可以等效为位置在 O 点且分别指向 x、y、z 三个互相垂直方向的偶极子在空间辐射场的叠加。在 x、y、z 三个方向上的等效电流分量分别为

$$I_x = I \cdot \sin\theta' \cdot \cos\varphi', I_y = I \cdot \sin\theta' \cdot \sin\varphi', I_z = I \cdot \cos\theta' \tag{3.1.4}$$

根据短偶极子的电场方程[92]，在空间感兴趣点(θ,φ)处，指向为(θ',φ')偶极子的合成电场为

$$E_\theta = -\frac{j\omega\mu Il}{4\pi r}e^{-jkr}\cdot\{\cos\theta\sin\theta'\cos(\varphi-\varphi')-\sin\theta\cos\theta'\} \tag{3.1.5}$$

$$E_\varphi = \frac{j\omega\mu Il}{4\pi r}e^{-jkr}\cdot\{\sin\theta'\sin(\varphi-\varphi')\} \tag{3.1.6}$$

将偶极子的指向 (θ',φ') 与空间感兴趣点 (θ,φ) 之间在方位和俯仰方向的夹角记为

$$\Delta\theta = \theta-\theta',\Delta\varphi = \varphi-\varphi' \tag{3.1.7}$$

则式(3.1.5)可写为

$$E_\theta = -\frac{j\omega\mu Il}{4\pi r}e^{-jkr}\cdot\{\cos(\theta'+\Delta\theta)\sin\theta'\cos\Delta\varphi-\sin(\theta'+\Delta\theta)\cos\theta'\} \tag{3.1.8}$$

$$E_\varphi = \frac{j\omega\mu Il}{4\pi r}e^{-jkr}\cdot\{\sin\theta'\sin\Delta\varphi\} \tag{3.1.9}$$

由式(3.1.1)~式(3.1.9)可求得不同指向偶极子的空域极化特性如下：

1. x 向偶极子的极化比

$$\rho_x = \frac{-E_\theta}{E_\varphi} = \cos\theta\cot\varphi \tag{3.1.10}$$

由式(3.1.10)可见，x 向偶极子的极化比是天线空域指向的函数。对于 x 向偶极子来说，天线的指向 $\theta'=\pi/2,\varphi'=0$，有 $\Delta\theta=\theta-\pi/2,\Delta\varphi=\varphi$；上式可写为

$$\rho_x = -\sin\Delta\theta\cot\Delta\varphi \tag{3.1.11}$$

绘制极化比 ρ_x 随空间方位夹角 $\Delta\varphi$ 和俯仰夹角 $\Delta\theta$ 的变化曲线如图 3.2 所示。其中图 3.2(a)为极化比在空间分布的立体图形；图 3.2(b)示出了 ρ_x 随俯仰夹角的变化曲线，其中，每根曲线代表一定的方位夹角；图 3.2(c)示出了 ρ_x 随方位夹角的变化曲线，其中，每条曲线代表一定的俯仰夹角。

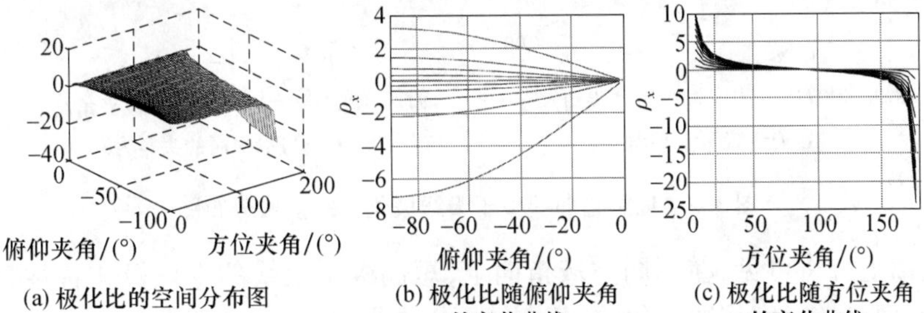

(a) 极化比的空间分布图　(b) 极化比随俯仰夹角的变化曲线　(c) 极化比随方位夹角的变化曲线

图 3.2　x 向偶极子天线的极化比空域分布图

由图 3.2 可见，当空间感兴趣点与天线的俯仰向夹角逐渐增大时，x 向偶极子天线的极化比逐渐发生变化，会经历水平极化、垂直极化、及多种线极化状态。

2. y 向偶极子的极化比

$$\rho_y = -E_\theta/E_\varphi = -\cos\theta\tan\varphi \tag{3.1.12}$$

此时，天线的指向为 $\theta' = \pi/2, \varphi' = \pi/2$，有 $\Delta\theta = \theta - \pi/2, \Delta\varphi = \varphi - \pi/2$。上式可写为

$$\rho_y = -\sin\Delta\theta\cot\Delta\varphi \tag{3.1.13}$$

对比式(3.1.11)和式(3.1.13)可见，x 向偶极子的极化比 ρ_x 与 y 向偶极子的极化比 ρ_y 具有相同的表达式。

3. z 向偶极子的极化比

$$\rho_z = -E_\theta/E_\varphi = \infty \tag{3.1.14}$$

由上式可知：z 向偶极子为垂直线极化。

4. 任意指向偶极子的极化比

记偶极子天线的指向为 $\boldsymbol{P}'(\theta',\varphi')$、待测空域指向 $\boldsymbol{P}(\theta,\varphi)$ 及其空域夹角为 $\Delta\boldsymbol{P}(\Delta\theta,\Delta\varphi)$，则可求得空域极化比

$$\rho(\boldsymbol{P}',\Delta\boldsymbol{P}) = \frac{-E_\theta}{E_\varphi} = \frac{\cos(\theta'+\Delta\theta)\sin\theta'\cos\Delta\varphi - \sin(\theta'+\Delta\theta)\cos\theta'}{\sin\theta'\sin\Delta\varphi} \tag{3.1.15}$$

由上式可见，任意指向偶极子的空域极化比与天线俯仰指向 θ'、待测位置与天线波束的俯仰夹角 $\Delta\theta$ 以及方位夹角 $\Delta\varphi$ 有关。为了更直观地表征短偶极子天线的极化比在空间的变化情况，图 3.3 给出了天线波束指向不同俯仰方向的情况下，极化比随方位夹角 $\Delta\varphi$ 和俯仰夹角 $\Delta\theta$ 的变化关系曲线。其中，图 3.3(a)和图 3.3(b)分别为 $\theta'=90°$(即为水平面)、$\theta'=60°$(即与水平面夹角为 30°的平面)时的情况。

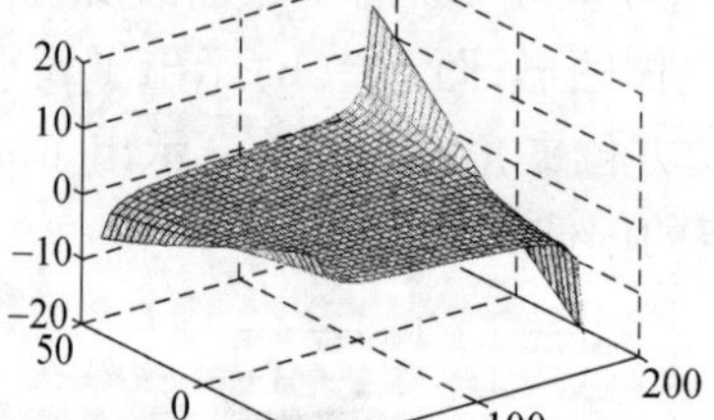

(a) 天线置于水平面

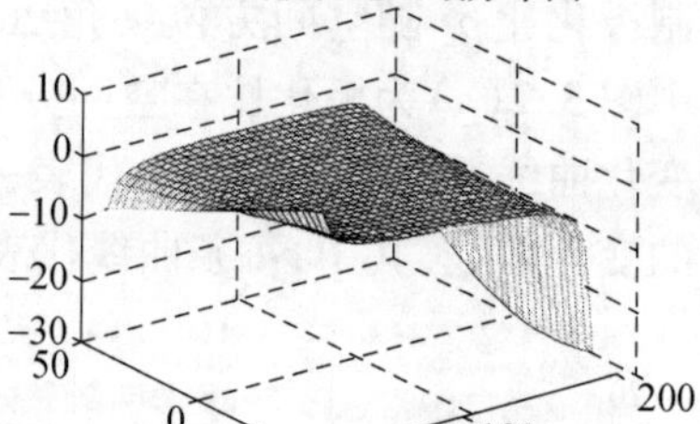

(b) 天线与水平面的夹角为30°

图 3.3　任意指向偶极子天线极化比的空域分布图

由以上分析可见，在不同空域指向上，短偶极子天线的空域极化特性并非一成不变，而是按一定规律变化的，其中经历了水平极化、垂直极化以及各种中间极化状态。

3.1.2　正交偶极子天线的空域极化特性

正交偶极子天线可用来产生圆极化波。如果在 x 向和 y 向放置相同的偶极子，

并且以幅度相同、相位相差 $\pi/2$ 的电流馈电，那么在 z 轴方向辐射的是圆极化波。

若以 x 向偶极子的馈电电流或电压作参考，而馈给 y 向偶极子的电流超前 $\pi/2$，且激励电流的幅度均为 I，正交偶极子的电场是 x 和 y 向偶极子电场的合成，即式(3.1.1)与式(3.1.2)乘 j 之和，表达式如下：

$$E_\theta = -\frac{\mathrm{j}\omega\mu Il}{4\pi r}\cdot \mathrm{e}^{-\mathrm{j}kr}(\cos\theta\cos\varphi + \mathrm{j}\cos\theta\sin\varphi) \tag{3.1.16}$$

$$E_\varphi = \frac{\mathrm{j}\omega\mu Il}{4\pi r}\mathrm{e}^{-\mathrm{j}kr}(\sin\varphi - \mathrm{j}\cos\varphi) \tag{3.1.17}$$

极化比

$$\rho = \frac{\cos\theta\cos\varphi + \mathrm{j}\cos\theta\sin\varphi}{\sin\varphi - \mathrm{j}\cos\varphi} = \mathrm{j}\cos\theta \tag{3.1.18}$$

在 z 轴上，$\theta=0$，$\rho=\mathrm{j}$，对应于沿 z 向传播的左旋圆极化波；在 xOy 平面上，$\theta=\pi/2$，$\rho=0$，辐射水平线极化波；在其他俯仰方向上辐射不同的椭圆极化波。当 y 向偶极子馈入相位比 x 向偶极子滞后 $\pi/2$ 时，沿 z 轴的波将是右旋圆极化。

下面进一步讨论正交偶极子在方位和俯仰方向旋转时，极化特性在空域的变化情况。设初始状态如图 3.4(a)所示，x 向和 y 向偶极子在球坐标系下的初始指向分别为$(\pi/2,0)$和$(\pi/2,\pi/2)$；在水平方向旋转 φ'后，x 向偶极子的指向变为$(\pi/2,\varphi')$，y 向偶极子的指向变为$(\pi/2,\varphi'+\pi/2)$，如图 3.4(b)所示；再在俯仰方向上旋转，x 向偶极子的指向变为(θ',φ')，y 向偶极子的指向变为$(\theta',\varphi'+\pi/2)$，如图 3.4(c)所示。

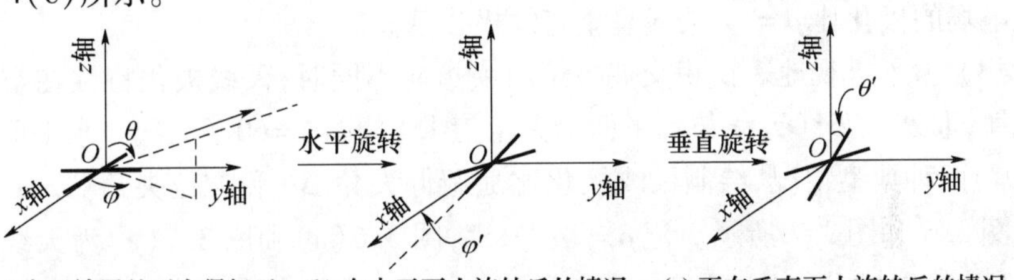

(a) 水平放置的正交偶极子　(b) 在水平面上旋转后的情况　(c) 再在垂直面上旋转后的情况

图 3.4　正交偶极子天线的旋转示意图

经过旋转后，单个偶极子的辐射场可以等效为放置在坐标原点的 x、y、z 三个互相垂直方向偶极子空间辐射场的叠加。旋转后，x 向和 y 向偶极子的三个等效电流分量分别为

$$I_{xx} = I\cdot\sin\theta'\cdot\cos\varphi',\ I_{xy} = I\cdot\sin\theta'\cdot\sin\varphi',\ I_{xz} = I\cdot\cos\theta' \tag{3.1.19}$$

$$I_{yx} = -I\cdot\sin\theta'\cdot\sin\varphi',\ I_{yy} = I\cdot\sin\theta'\cdot\cos\varphi',\ I_{yz} = I\cdot\cos\theta' \tag{3.1.20}$$

根据短偶极子的电场方程，在待测空域指向(θ,φ)上，正交偶极子的合成场为

$$E_\theta = -\frac{\mathrm{j}\omega\mu Il}{4\pi r}\mathrm{e}^{-\mathrm{j}kr}\cdot\begin{Bmatrix}[\cos\theta\sin\theta'\cos\Delta\varphi - \sin\theta\cos\theta'] \\ +\mathrm{j}\cdot[\cos\theta\sin\theta'\sin\Delta\varphi - \sin\theta\cos\theta']\end{Bmatrix} \tag{3.1.21}$$

$$E_\varphi = \frac{\mathrm{j}\omega\mu Il}{4\pi r}\mathrm{e}^{-\mathrm{j}kr}\cdot\{\sin\theta'\sin\Delta\varphi - \mathrm{j}\cdot\sin\theta'\cos\Delta\varphi\} \tag{3.1.22}$$

式中：$(\Delta\theta,\Delta\varphi)$为天线波束指向与待测空域指向间的俯仰和方位夹角。

记 x 向偶极子的波束指向为 $\boldsymbol{P}'(\theta',\varphi')$、待测空域指向为 $\boldsymbol{P}(\theta,\varphi)$，其相应夹角为 $\Delta\boldsymbol{P}(\Delta\theta,\Delta\varphi)$，可求得空域极化比

$$\begin{aligned}\rho(\boldsymbol{P}',\Delta\boldsymbol{P}) &= \mathrm{j}\cos\theta + (1-\mathrm{j})\sin\theta\cot\theta'\cdot \mathrm{e}^{-\mathrm{j}\Delta\varphi}\\ &= \mathrm{j}\cos(\theta'+\Delta\theta) + (1-\mathrm{j})\sin(\theta'+\Delta\theta)\cot\theta'\cdot \mathrm{e}^{-\mathrm{j}\Delta\varphi}\end{aligned} \tag{3.1.23}$$

可见，正交偶极子天线的空域极化比是天线波束指向及其与空间待测点相对位置的函数。下面针对典型情况，讨论天线的空域极化特性随方位夹角和俯仰夹角的变化。

（1）当 $\theta'=\pi/2$ 时，式(3.1.23)可简化为 $\rho=-\mathrm{j}\sin\Delta\theta$，结合 $\Delta\theta=\theta-\theta'$，此时，天线极化比的表达式与式(3.1.18)相同。由此可见，当正交偶极子天线放置在 xOy 水平面上时，天线在水平方向上的极化状态保持不变；但在不同的俯仰方向上，天线极化比随俯仰夹角 $\Delta\theta$ 呈正弦规律变化，历经线极化、椭圆极化和圆极化等多种极化状态，如图3.5所示，其中，阴影部分表示天线为不同的椭圆极化状态。

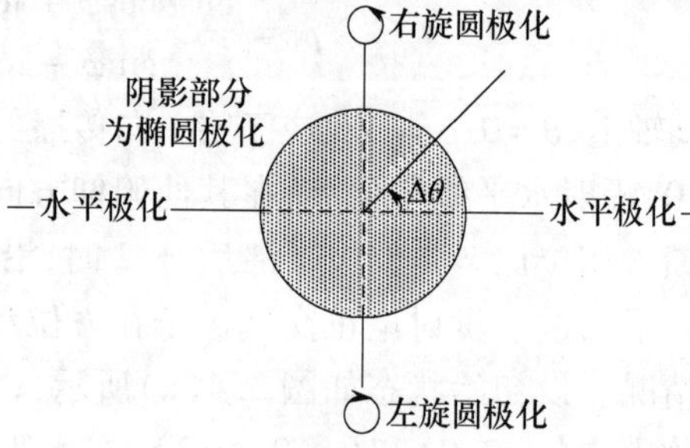

图3.5　正交偶极子天线极化状态的空域分布图

（2）当 $\theta'=0$ 时，放置在 x 轴和 y 轴上的偶极子均变为 z 向偶极子，此时，其合成电场的极化比 $\rho=\infty$，天线呈垂直线极化状态。

（3）为了直观地表征正交偶极子波束指向不同时，天线极化特性在空间的变化规律，取 $\theta'=75°$（天线与水平面的夹角为15°）和 $\theta'=60°$（天线与水平面的夹角为30°）两种典型情况，绘制天线极化比随俯仰夹角 $\Delta\theta$ 和方位夹角 $\Delta\varphi$ 的变化关系如图3.6和图3.7所示。记 $\rho=|\rho|\cdot \mathrm{e}^{\mathrm{j}\varphi}$，图3.6(a)和图3.7(a)为天线极化比幅度 $|\rho|$ 的空域分布图；图3.6(b)和图3.7(b)为极化相位描述子 ϕ 的空域分布图。

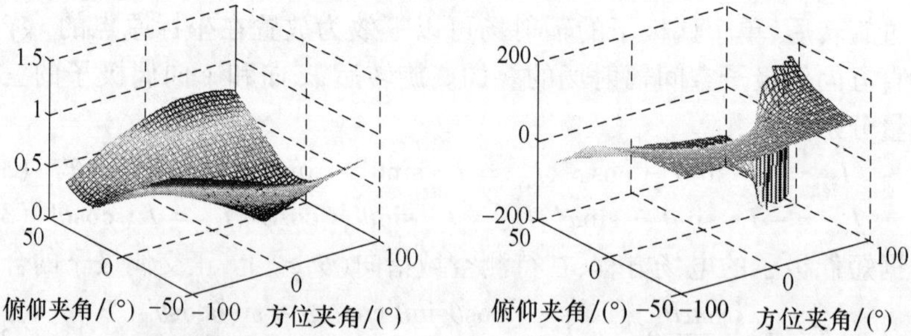

(a) 极化比幅度的空域分布图　　(b) 极化比相位的空域分布图(°)

图3.6　仰角为15°时正交偶极子天线极化比的空域分布图

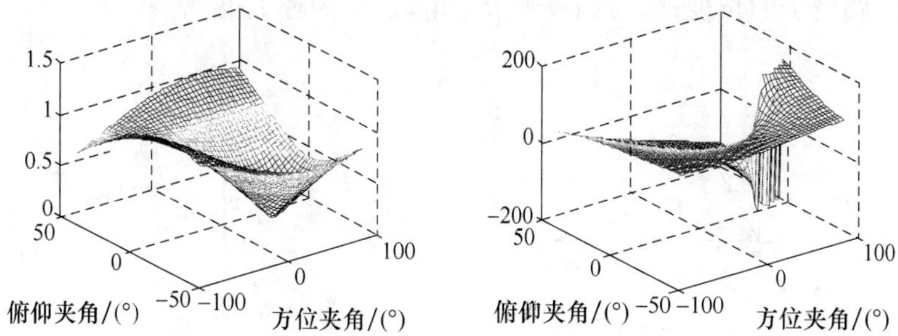

(a) 极化比幅度的空域分布图　　(b) 极化比相位的空域分布图(°)

图 3.7　仰角为 30°时正交偶极子天线极化比的空域分布图

3.1.3　环天线的空域极化特性

环天线有多种不同形式,如矩形、三角形、圆形等。相对于环的形状,环天线的特性主要取决于环的尺寸及环上电流分布。本小节首先以具有均匀分布电流的小环天线为例,如图 3.8 所示,讨论其远场分布,在此基础上,讨论环天线与偶极子构成的组合天线的空域极化特性。

1. 圆环天线

位于 xOy 平面内具有均匀同相电流的小圆环天线的远场是[7,91]

$$E_r = E_\theta = 0, E_\varphi = \frac{\omega\mu k a^2 I_\varphi \sin\theta}{4r} \times \mathrm{e}^{-\mathrm{j}kr} \tag{3.1.24}$$

式中:μ(H/m)为媒质的磁导率;a 为小圆环的半径;I_φ 为电流幅度;$k=2\pi/\lambda$ 为自由空间传播常数,λ 为工作波长。

上式是在 $a \ll \lambda$,即环可以认为很小的时候才成立。如果不是这种情况,环天线场的更一般表达式为

$$E_r = E_\theta = 0, E_\varphi = \frac{\omega\mu a I_\varphi J_1(ka\sin\theta)}{2r} \times \mathrm{e}^{-\mathrm{j}kr} \tag{3.1.25}$$

式中:J_1 为第一类一阶贝塞尔函数。

由式(3.1.24)和式(3.1.25)可见,不论是小圆环天线还是大圆环天线,其辐射场均为水平线极化状态。

2. 小圆环和 z 向短偶极子

由前面分析可知,均匀电流分布小圆环的场在方位面随 $\sin\theta$ 变化。由式(3.1.3)可知,z 向短偶极子的场全在垂直面上随 $\sin\theta$ 变化(注:所谓小或短是指尺度不大于 $\lambda/10$),图 3.9是两者的组合示意图。

比较短偶极子天线场 E_θ 和小圆环场 E_φ

$$E_\theta = \frac{\mathrm{j}\omega\mu I_\mathrm{d} l}{4\pi r}\sin\theta \cdot \mathrm{e}^{-\mathrm{j}kr}, E_\varphi = \frac{\omega\mu k a^2 I_\mathrm{L} \sin\theta}{4r} \times \mathrm{e}^{-\mathrm{j}kr} \tag{3.1.26}$$

式中：l 为偶极子的长度；I_d 为偶极子上的电流；I_L 为环上电流。

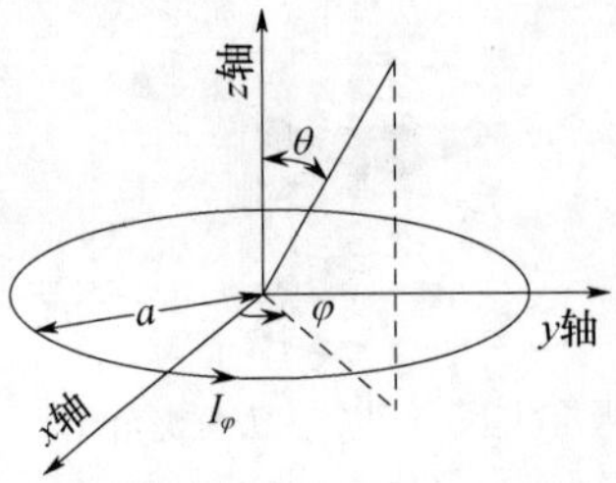

图 3.8　环天线及坐标系示意图

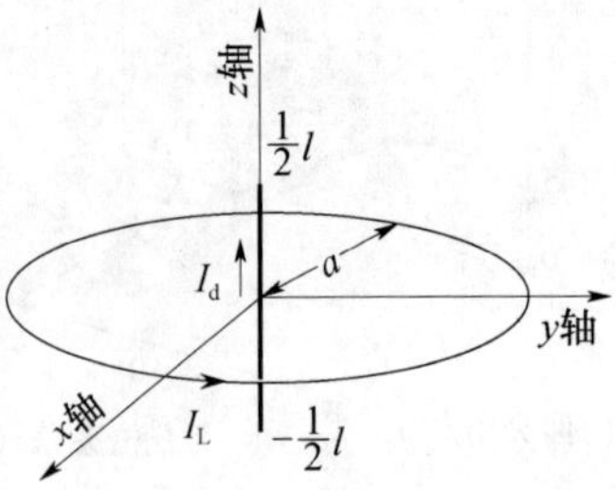

图 3.9　圆环和 z 向偶极子的组合示意图

E_θ 和 E_φ 在空间互相垂直，相位相差 90°，因此合成电场是椭圆极化的，天线的极化比为

$$\rho = -\mathrm{j} \cdot \frac{I_d l}{\pi k a^2 I_L} \tag{3.1.27}$$

特殊地，若电流满足

$$I_d / I_L = \pi k a^2 / l \tag{3.1.28}$$

则得到右旋极化波。上述任一电流反向将得到左旋极化波。

3. 较大圆环和 z 向较长偶极子

如果图 3.9 中的不是小圆环和短偶极子，而是采用较长的偶极子和较大圆环进行组合，情况将大不相同，该组合天线具有明显的空域极化特性。

偶极子的场为

$$E_\theta = \frac{\mathrm{j} Z_0 I_m}{2\pi r} \cdot \frac{\cos[(kl/2)\cos\theta] - \cos(kl/2)}{\sin\theta} \cdot \mathrm{e}^{-\mathrm{j}kr} \tag{3.1.29}$$

式中：$Z_0 = \sqrt{\mu/\varepsilon}$ 为媒质中的特性阻抗；I_m 为偶极子上的电流；l 为偶极子的长度。

较大圆环产生的场为

$$E_\varphi = \frac{\omega \mu a I_L J_1(ka\sin\theta)}{2r} \cdot \mathrm{e}^{-\mathrm{j}kr} \tag{3.1.30}$$

由上两式可得极化比

$$\rho = -\frac{E_\theta}{E_\varphi} = C \cdot \frac{\cos[(kl/2)\cos\theta] - \cos(kl/2)}{\sin\theta \cdot J_1(ka\sin\theta)} \tag{3.1.31}$$

式中：C 为常数，且有 $C = -\mathrm{j} Z_0 I_m / \pi\omega\mu a I_L$。

由上式可见，该天线的极化比为一虚数，E_θ 和 E_φ 在空间互相垂直，相位相差 90°，因此合成电场是椭圆极化的，而且，天线极化比的幅度是空域俯仰角 θ 的函数，适当选择馈入圆环和偶极子的相对电流，显然，天线可能在一个 θ 方向辐射圆极化波。如果波在 $\theta = \pi/2$ 方向是右旋圆极化，则有

$$C = \frac{-\mathrm{j}J_1(ka)}{1-\cos(kl/2)} \tag{3.1.32}$$

将上式代入式(3.1.31)可得此时天线的空域极化比

$$\rho = \frac{-\mathrm{j}J_1(ka)}{1-\cos(kl/2)} \cdot \frac{\cos[(kl/2)\cos\theta] - \cos(kl/2)}{\sin\theta \cdot J_1(ka\sin\theta)} \tag{3.1.33}$$

当环天线的半径 a 和偶极子的长度 l 相等(即 $a = l$)时,图 3.10(a) ~ (c)分别示出了当 $l = 0.5\lambda$ 时,俯仰平面上天线的归一化方向图、水平面上天线的归一化方向图和天线极化比幅度的空域分布图;图 3.10(d) ~ (f)示出了 $l = \lambda$ 时的情况。

由图 3.10 可见,随着天线尺寸的增大,天线方向图的副瓣增多,天线极化比的变化规律亦发生变化。

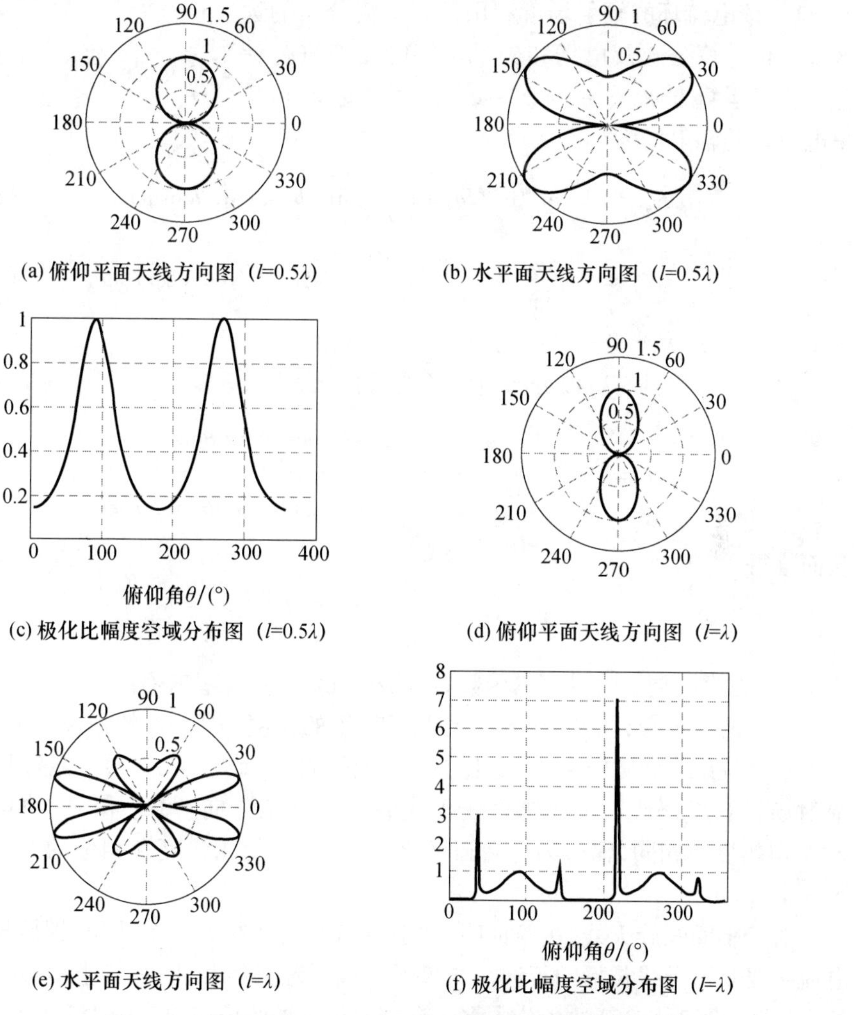

(a) 俯仰平面天线方向图 (l=0.5λ)

(b) 水平面天线方向图 (l=0.5λ)

(c) 极化比幅度空域分布图 (l=0.5λ)

(d) 俯仰平面天线方向图 (l=λ)

(e) 水平面天线方向图 (l=λ)

(f) 极化比幅度空域分布图 (l=λ)

图 3.10　大圆环和 z 向长偶极子合成场的天线特性图

3.1.4 螺旋天线的空域极化特性

螺旋天线是一种应用非常广泛的线天线。根据螺旋直径与波长比的取值范围不同,螺旋天线可分为法向模螺旋和轴向模螺旋。法向模螺旋天线的特性与单极天线相似,本小节主要讨论轴向螺旋天线的情况,其结构如图 3.11 所示,图中 a 为螺旋的半径,h 为螺距,L 为螺旋一圈的周长。

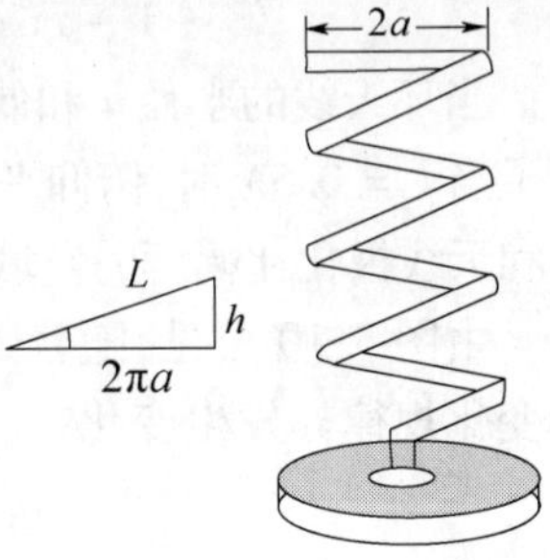

图 3.11 螺旋天线的结构示意图

对于具有行波电流分布的单圈平面圆环天线,设圆环上的电流分布为 $\boldsymbol{J}_l = I\mathrm{e}^{-\mathrm{j}ka\varphi'}\hat{\boldsymbol{\varphi}}$,它表示环上沿 $+\varphi$ 方向的行波。当环的周长为一个波长时,$2\pi a = \lambda$,$ka=1$。该电流环的辐射场可利用任意电流分布的远区矢量位计算公式及电场和矢量位间的变换进行计算。为了运算方便,令 $\phi = \varphi' - \varphi$,并经过变换,可求得电流环的辐射场为[91]

$$E_\theta = \frac{\omega\mu}{4\pi r}\mathrm{e}^{-\mathrm{j}kr}\mathrm{e}^{-\mathrm{j}\varphi}Ia\cos\theta\int_0^{2\pi}\sin^2\phi\cos(\sin\theta\cos\phi)\,\mathrm{d}\phi \tag{3.1.34}$$

$$E_\varphi = -\mathrm{j}\frac{\omega\mu}{4\pi r}\mathrm{e}^{-\mathrm{j}kr}\mathrm{e}^{-\mathrm{j}\varphi}Ia\int_0^{2\pi}\cos^2\phi\cos(\sin\theta\cos\phi)\,\mathrm{d}\phi \tag{3.1.35}$$

式中:θ、φ 分别为球坐标系中的俯仰和方位角。

由此可求得具有行波分布电流环的极化比为

$$\rho = -\frac{E_\theta}{E_\varphi} = -\mathrm{j}\cos\theta\cdot\frac{\int_0^{2\pi}\sin^2\phi\cos(\sin\theta\cos\phi)\,\mathrm{d}\phi}{\int_0^{2\pi}\cos^2\phi\cos(\sin\theta\cos\phi)\,\mathrm{d}\phi} \tag{3.1.36}$$

从而推得

$$\rho = \mathrm{j}\cos\theta\cdot\frac{J_1(\sin\theta)}{J_2(\sin\theta)\cdot\sin\theta - J_1(\sin\theta)} \tag{3.1.37}$$

式中:J_1 为第一类一阶贝塞尔函数;J_2 为第一类二阶贝塞尔函数。

由上两式可知,在 $\theta=0$ 方向上 E_θ 和 E_φ 的幅度相等,E_θ 的相位超前 E_φ 相位 $\pi/2$,天线辐射右旋圆极化波,极化方向与电流方向一致。在 $\theta=\pi/2$ 方向上,$E_\theta=0$,辐射场只有 E_φ 分量,天线辐射线极化波。在其他方向上,E_θ 和 E_φ 的相位相差 $\pi/2$,但幅度不相同,辐射场是椭圆极化的,天线极化比幅度和相位的空域分布如图 3.12 所示。

对于多圈螺旋天线,实验证明,如果一圈的长度约为一个波长,螺旋导线上的电流主要是沿导线传播的行波。与单圈平面圆环天线相比,螺旋上电流有一个小的 z 分量,式(3.1.35)的积分中多一项螺纹沿 z 轴的位移引起的少量相位差,如果螺距 h 足够小,它们的影响可以忽略不计,单圈螺旋电流的辐射特性仍然存在,主

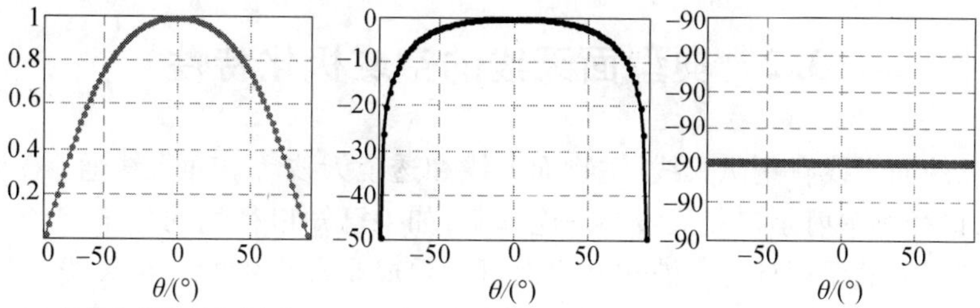

(a) 极化比幅度(电压单位)　(b) 极化比幅度/dB　(c) 极化比幅度/(°)

图 3.12　单圈平面圆环天线极化比幅度和相位的空域分布图

要辐射方向在螺旋的轴向。

本节针对几种典型线天线,包括短偶极子天线、正交偶极子天线、环天线和螺旋天线等,对其空域极化特性进行了理论推导及相应仿真。分析结果表明,在不同的空间位置上,绝大部分线天线的极化状态并非一成不变,而是按一定规律变化的,不同类型天线的极化特性在空域的变化规律各异。为方便显示,将各线天线的空域极化特性总结如表 3.1 所列。

表 3.1　典型线天线的空域极化特性表

线天线类型		空域极化比 ρ
短偶极子和正交偶极子天线	x 向偶极子	$\rho_x = -\sin\Delta\theta\cot\Delta\varphi$
	y 向偶极子	$\rho_y = -\sin\Delta\theta\cot\Delta\varphi$
	z 向偶极子	$\rho_z = \infty$
	任意指向偶极子	$\rho = \dfrac{\cos(\theta'+\Delta\theta)\sin\theta'\cos\Delta\varphi - \sin(\theta'+\Delta\theta)\cos\theta'}{\sin\theta'\sin\Delta\varphi}$
	正交偶极子天线	$\rho = \mathrm{j}\cos(\theta'+\Delta\theta) + (1-\mathrm{j})\sin(\theta'+\Delta\theta)\cot\theta' \cdot \mathrm{e}^{-\mathrm{j}\Delta\varphi}$
	其中,(θ',φ') 表示偶极子天线在球坐标系中的指向,(θ,φ) 表示待测空域指向,$\Delta\theta=\theta-\theta'$ 和 $\Delta\varphi=\varphi-\varphi'$ 分别为待测指向与天线指向的俯仰夹角和方位夹角	
环天线以及环天线与偶极子的组合	环天线	水平线极化
	小圆环和 z 向短偶极子	$\rho = -\mathrm{j}\cdot\dfrac{I_{\mathrm{d}}l}{\pi ka^2 I_{\mathrm{L}}}$
	较大圆环和 z 向较长偶极子	$\rho = \dfrac{-\mathrm{j}J_1(ka)}{1-\cos(kl/2)}\cdot\dfrac{\cos[(kl/2)\cos\theta]-\cos(kl/2)}{\sin\theta\cdot J_1(ka\sin\theta)}$
	其中,θ 表示图 3.8 所示球坐标系中定义的俯仰角	
螺旋天线	$\rho = \mathrm{j}\cos\theta\cdot\dfrac{J_1(\sin\theta)}{J_2(\sin\theta)\cdot\sin\theta - J_1(\sin\theta)}$,其中,$\theta$ 为球坐标系中的俯仰角	

3.2 典型面天线的空域极化特性

常见的面天线有喇叭天线、抛物面天线和透镜天线等。面天线通常又称为口径天线,口径场辐射是口径天线的理论基础,如果已知口径场的分布,口径场的辐射可以利用等效原理计算。波导开口面可以看成是最简单的口径天线,但波导开口面的口径场分布复杂且口径较小,因此辐射特性较差,很少直接用作辐射器。为了得到较好的辐射特性,通常把波导的开口面逐渐扩大,使波导口变成喇叭。喇叭天线结构简单,波瓣受其他杂散因素影响小,两个主平面的波瓣易于分别控制,常用作抛物面天线的馈源及标准增益天线等,在一些场合还直接作为天线使用。本节首先分析具有典型等效口径分布的天线极化特性在空间的变化规律,在此基础上,讨论波导口辐射器以及喇叭天线的空域极化特性。作为口径天线中极为重要的一种,抛物面天线的空域极化特性将在3.3节中专门讨论。

3.2.1 典型等效口径分布天线的空域极化特性

平面口径的辐射可以采用等效源法进行计算。对于任何天线辐射源来说,均可以找到一个等效口径,根据等效源定理,采用等效口径上的场分布来近似求解源天线的场,而不必在乎天线的具体结构以及口径分布的具体产生方法[120]。由于在很多情况下,雷达天线的具体形式和参数无法精确获知,因此,探讨具有常用等效口径(例如矩形口径、圆形口径等)天线的空域极化特性是非常有必要的。图3.13为$z=0$平面上的口径示意图。

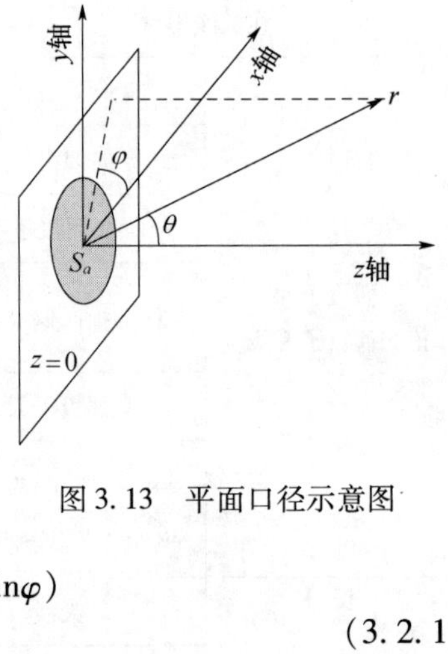

图3.13 平面口径示意图

利用等效原理,在口径上设置导电平面,经过一系列运算,最终可求得口径的辐射场为[91]

$$\begin{cases} E_\theta = \mathrm{j}k_0 \dfrac{\mathrm{e}^{-\mathrm{j}k_0 r}}{2\pi r}(f_x\cos\varphi + f_y\sin\varphi) \\ E_\varphi = \mathrm{j}k_0 \dfrac{\mathrm{e}^{-\mathrm{j}k_0 r}}{2\pi r}\cos\theta(f_y\cos\varphi - f_x\sin\varphi) \end{cases} \tag{3.2.1}$$

式中:$f_x = \int_a E_{ax}\mathrm{e}^{\mathrm{j}(k_x x' + k_y y')}\mathrm{d}S'$;$f_y = \int_a E_{ay}\mathrm{e}^{\mathrm{j}(k_x x' + k_y y')}\mathrm{d}S'$;$k_x = k_0\sin\theta\cos\varphi$;$k_0^2 = \omega^2\varepsilon_0\mu_0$称为波数或传播常数;$\varepsilon_0$(F/m)为自由空间的介电常数;$\mu_0$(H/m)为自由空间的磁导率;$k_y = k_0\sin\theta\sin\varphi$。

进而,求得极化比为

$$\rho = -\frac{E_\theta}{E_\varphi} = \frac{f_x\cos\varphi + f_y\sin\varphi}{\cos\theta(f_x\sin\varphi - f_y\cos\varphi)} \tag{3.2.2}$$

同时,对于放置在导体地面上的口径,口径面(口径本身除外)可以很好地模拟成无限的完纯导电平面。然后,可利用式(3.2.1)计算天线的辐射场。由于导体上切向电场为零的边界条件,则该口径电场的磁流在口径外为零。

自由空间中的口径通常伴随着口径场为横电磁(TEM)波的假定,这种假设对中等的和高增益天线是有效的,而且通常成功地应用于尺度仅为几个波长的口径。此时,得到口径辐射场为[121]

$$\begin{cases} E_\theta = \mathrm{j}k_0 \dfrac{\mathrm{e}^{-\mathrm{j}k_0 r}}{2\pi r} \dfrac{1+\cos\theta}{2}(f_x\cos\varphi + f_y\sin\varphi) \\ E_\varphi = \mathrm{j}k_0 \dfrac{\mathrm{e}^{-\mathrm{j}k_0 r}}{2\pi r} \dfrac{1+\cos\theta}{2}(f_y\cos\varphi - f_x\sin\varphi) \end{cases} \tag{3.2.3}$$

进而,求得天线的极化比

$$\rho = -\frac{E_\theta}{E_\varphi} = \frac{f_x\cos\varphi + f_y\sin\varphi}{f_x\sin\varphi - f_y\cos\varphi} \tag{3.2.4}$$

一般来讲,式(3.2.1)常用于地面上的口径,而式(3.2.3)则用于自由空间中的口径天线。但是,不论是采用式(3.2.2)还是采用式(3.2.4)来计算天线的极化比,都可以得到如下结论:口径场辐射电磁波的极化状态在空域是变化的,其极化比是空域方位角 φ 和俯仰角 θ 的函数。

1. 矩形口径的辐射场

设一矩形口径放置在 $z=0$ 平面,口径的长宽分别为 a 和 b ,设口径电场只有 y 分量,则

$$E_\theta = \mathrm{j}k_0 \frac{\mathrm{e}^{-\mathrm{j}k_0 r}}{2\pi r} f_y\sin\varphi, E_\varphi = \mathrm{j}k_0 \frac{\mathrm{e}^{-\mathrm{j}k_0 r}}{2\pi r} f_y\cos\theta\cos\varphi \tag{3.2.5}$$

且有

$$f_y = \int_a E_{ay}\mathrm{e}^{\mathrm{j}(k_x x' + k_y y')}\mathrm{d}S' \tag{3.2.6}$$

1) 均匀分布口径场

设口径上的场是均匀的,且为

$$\boldsymbol{E}_a = \begin{cases} E_0\hat{\boldsymbol{y}}, & |x| \leqslant a/2,\ |y| \leqslant b/2 \\ 0, & \text{其他} \end{cases} \tag{3.2.7}$$

可求得均匀分布矩形同相口径的远区辐射场为

$$\begin{cases} E_\theta = \dfrac{\mathrm{j}k_0 abE_0}{2\pi r}\mathrm{e}^{-\mathrm{j}k_0 r} \dfrac{\sin u}{u} \dfrac{\sin v}{v}\sin\varphi \\ E_\varphi = \dfrac{\mathrm{j}k_0 abE_0}{2\pi r}\mathrm{e}^{-\mathrm{j}k_0 r} \dfrac{\sin u}{u} \dfrac{\sin v}{v}\cos\varphi\cos\theta \end{cases} \tag{3.2.8}$$

式中

$$u = \frac{k_x a}{2} = \frac{k_0 a}{2}\sin\theta\cos\varphi, v = \frac{k_y b}{2} = \frac{k_0 b}{2}\sin\theta\sin\varphi \tag{3.2.9}$$

进而,求得极化比

$$\rho = -E_\theta/E_\varphi = -\tan\varphi/\cos\theta \tag{3.2.10}$$

可见,该种口径场的极化是空域角坐标的函数,在方位面上随方位角 φ 按照正切规律变化,在俯仰面上随俯仰角 θ 按照正割函数关系变化。

2) 不均匀分布口径场

削锥分布(即中间大两边小的一类分布)是最常用的不均匀分布口径场,余弦分布就是其中最典型的一种。以矩形波导中传播 TE_{10} 模时波导口的场分布为例,口径场沿 x 方向为余弦分布,沿 y 方向为均匀分布,有

$$E_{ay} = E_0\cos\frac{\pi x}{a} \tag{3.2.11}$$

且

$$f_y = E_0 ab\cdot\frac{\cos u}{1-(2u/\pi)^2}\cdot\frac{\sin v}{v} \tag{3.2.12}$$

此时,与均匀分布口径场的方向图相比,余弦分布口径场的空域极化比仍为 $\rho = -E_\theta/E_\varphi = -\tan\varphi/\cos\theta$,具有相同的表达式。

2. 圆形口径的辐射场

1) 均匀分布口径场

设圆形口径的直径为 d,口径上有 y 方向的均匀电场分布,$\boldsymbol{E}_a=\hat{\boldsymbol{y}}E_0$,其中

$$f_y = \pi\left(\frac{d}{2}\right)^2 E_0\times 2J_1\left(\frac{k_0 d}{2}\sin\theta\right)\Big/\left(\frac{k_0 d}{2}\sin\theta\right) \tag{3.2.13}$$

天线的辐射场为

$$\begin{cases} E_\theta = \dfrac{jk_0E_0d^2}{4r}e^{-jk_0r}\cdot\sin\varphi\cdot J_1\left(\dfrac{k_0d}{2}\sin\theta\right)\Big/\left(\dfrac{k_0d}{2}\sin\theta\right) \\ E_\varphi = \dfrac{jk_0E_0d^2}{4r}e^{-jk_0r}\cdot\cos\theta\cos\varphi\cdot J_1\left(\dfrac{k_0d}{2}\sin\theta\right)\Big/\left(\dfrac{k_0d}{2}\sin\theta\right) \end{cases} \tag{3.2.14}$$

求得天线的空域极化比为

$$\rho = -E_\theta/E_\varphi = -\tan\varphi/\cos\theta \tag{3.2.15}$$

可见,上式与(3.2.10)所示极化比仍然具有相同的形式。

2) 不均匀分布口径场

TE_{11} 模激励的圆波导开口面上口径场分布的近似式[123]为

$$\begin{cases} E_{ay} = E_0\left[\dfrac{d}{2\chi p}J_1\left(\dfrac{2\chi p}{d}\right)\sin^2\varphi + J_1'\left(\dfrac{2\chi p}{d}\right)\cos^2\varphi\right] \\ E_{ax} = E_0\left[\dfrac{d}{2\chi p}J_1\left(\dfrac{2\chi p}{d}\right) + J'_1\left(\dfrac{2\chi p}{d}\right)\right]\cos\varphi\sin\varphi \end{cases} \tag{3.2.16}$$

式中:d 为口径的直径;χ 为 $J'_1(x)$ 的第一个根。

令 $\dfrac{2\chi p}{d} = x$,上式可写为

$$\begin{cases} E_{ay} = \dfrac{1}{2}E_0[J_0(x) - J_2(x)\cos 2\varphi] \\ E_{ax} = \dfrac{1}{2}E_0 J_0(x)\sin 2\varphi \end{cases} \tag{3.2.17}$$

令 $y = k_0 p\sin\theta$，根据贝塞尔公式[124]，即有

$$\begin{cases} f_y = \displaystyle\int_0^{d/2} p\mathrm{d}_p \int_0^{2\pi} E_{ay}\mathrm{e}^{\mathrm{j}k_0 p\sin\theta\cos\varphi}\mathrm{d}\varphi = 2SE_0\dfrac{\chi^2 J_0(\chi)J'_1(u)}{\chi^2 - u^2} \\ f_x = \displaystyle\int_0^{d/2} p\mathrm{d}_p \int_0^{2\pi} E_{ax}\mathrm{e}^{\mathrm{j}k_0 p\sin\theta\cos\varphi}\mathrm{d}\varphi = \dfrac{1}{2}E_0\int_0^{d/2} pJ_0(x)\mathrm{d}_p \int_0^{2\pi}\sin 2\varphi\mathrm{e}^{\mathrm{j}y\cos\varphi}\mathrm{d}\varphi = 0 \end{cases} \tag{3.2.18}$$

式中：$u = \dfrac{k_0 d}{2}\sin\theta$；$S = \pi\left(\dfrac{d}{2}\right)^2$。

结合式（3.2.1）和式（3.2.18）求得该口径的远场分布为

$$\begin{cases} E_\theta = \dfrac{\mathrm{j}k_0 SE_0}{\pi r}\mathrm{e}^{-\mathrm{j}k_0 r}\dfrac{\chi^2 J_0(\chi)J'_1(u)}{\chi^2 - u^2}\sin\varphi \\ E_\varphi = \dfrac{\mathrm{j}k_0 SE_0}{\pi r}\mathrm{e}^{-\mathrm{j}k_0 r}\dfrac{\chi^2 J_0(\chi)J'_1(u)}{\chi^2 - u^2}\cos\theta\cos\varphi \end{cases} \tag{3.2.19}$$

虽然口径天线远区辐射的表达式非常复杂，但此时天线的空域极化比 $\rho = -\tan\varphi/\cos\theta$，仍然具有与式（3.2.10）相同的形式。

以上分析的是几种最常见最基础的口径场分布形式，虽然各种口径的远区辐射场不尽相同，但其空域极化比却具有相同的形式 $\rho = -\tan\varphi/\cos\theta$。

3.2.2 典型波导口辐射器的空域极化特性

波导开口面可以看成是最简单的面天线，微波波段（尤其是 C、X 及以上频段）的阵列天线常用工作于主模的开口矩形波导、圆波导及矩形波导裂缝作为阵元。

1. 无限大接地平面中的开口波导

将地板取为 xOy 平面，波导宽边沿 x 方向传输 TE_{10} 模，在无限大接地平面中开口矩形波导的远场方程为[7]

$$\begin{cases} E_\theta = \dfrac{\omega abE_0}{cr}\sin\varphi\dfrac{\cos[(\pi a/\lambda)\sin\theta\cos\varphi]}{\pi^2 - 4[(\pi a/\lambda)\sin\theta\cos\varphi]^2}\cdot\dfrac{\sin[(\pi b/\lambda)\sin\theta\sin\varphi]}{(\pi b/\lambda)\sin\theta\sin\varphi} \\ E_\varphi = \dfrac{\omega abE_0}{cr}\cos\theta\cos\varphi\dfrac{\cos[(\pi a/\lambda)\sin\theta\cos\varphi]}{\pi^2 - 4[(\pi a/\lambda)\sin\theta\cos\varphi]^2}\cdot\dfrac{\sin[(\pi b/\lambda)\sin\theta\sin\varphi]}{(\pi b/\lambda)\sin\theta\sin\varphi} \end{cases} \tag{3.2.20}$$

式中：a 和 b 分别为波导在 x 和 y 方向的边长；c 为光速。

由上式可见，尽管这种天线的场分量表达式十分复杂，但其极化比的表达式

却相当简单,即

$$\rho = -\tan\varphi/\cos\theta \tag{3.2.21}$$

可以注意到,开口波导辐射波处处是线极化。在主 E 平面($\varphi=\pi/2$),开口波导辐射波的极化比$\rho=\infty$,为垂直极化;在主 H 平面($\varphi=0$),开口波导辐射水平极化波,极化比$\rho=0$;在 xOy 平面($\theta=\pi/2$),开口波导辐射垂直极化波。

2. 矩形波导口的辐射场

口径尺寸为 $a\times b$ 并计入反射系数 Γ 的矩形波导口(H_{10}模)的辐射场为[120]

$$\begin{cases} E_\theta(\theta,\varphi) = \sin\varphi\left(1+\dfrac{1-\Gamma}{1+\Gamma}\cdot\dfrac{\lambda}{\lambda_g}\cos\theta\right)\dfrac{\cos\left(\dfrac{1}{2}au\right)}{1-\left(\dfrac{1}{\pi}au\right)^2}\cdot\dfrac{\sin\left(\dfrac{1}{2}bv\right)}{\dfrac{1}{2}bv} \\ E_\varphi(\theta,\varphi) = \cos\varphi\left(\cos\theta+\dfrac{1-\Gamma}{1+\Gamma}\cdot\dfrac{\lambda}{\lambda_g}\right)\dfrac{\cos\left(\dfrac{1}{2}au\right)}{1-\left(\dfrac{1}{\pi}au\right)^2}\cdot\dfrac{\sin\left(\dfrac{1}{2}bv\right)}{\dfrac{1}{2}bv} \end{cases} \tag{3.2.22}$$

式中:TE_{10}波的传播常数 $k_{10}=2\pi/\lambda_g$,$\lambda_g=\lambda\Big/\sqrt{1-(\lambda/2a)^2}$为波导波长;$u$ 和 v 为广义角坐标 $u=k\sin\theta\cos\varphi$,$v=k\sin\theta\sin\varphi$;由于严格计算波导开口处产生的反射系数 Γ 很困难,通常它可采用实验方法测定,或者近似表示为$|\Gamma|=(1-\lambda/\lambda_g)/(1+\lambda/\lambda_g)$。

根据上式可求得矩形波导口辐射场的极化比为

$$\rho = -\frac{E_\theta}{E_\varphi} = -\tan\varphi\cdot\left(1+\frac{1-\Gamma}{1+\Gamma}\cdot\frac{\lambda}{\lambda_g}\cos\theta\right)\Bigg/\left(\cos\theta+\frac{1-\Gamma}{1+\Gamma}\cdot\frac{\lambda}{\lambda_g}\right) \tag{3.2.23}$$

波导开口面直接作为天线使用时,由于口径尺寸小,波瓣宽度宽,因此方向性很弱。波导口和自由空间的匹配很差,波导口的反射系数 Γ 通常可达0.25~0.3,在口面反射为零,即 $\Gamma=0$ 的特殊情况下,矩形波导口辐射场的极化比简化为

$$\rho = -\tan\varphi \tag{3.2.24}$$

3. 圆形波导口的辐射场

直径为 $2a$ 的圆波导口(H_{11})模的辐射场为

$$\begin{cases} E_\theta(\theta,\varphi) = \left(1+\dfrac{1-\Gamma}{1+\Gamma}\cdot\dfrac{\lambda}{\lambda_g}\cos\theta\right)\sin\varphi\,\dfrac{J_1(ka\sin\theta)}{ka\sin\theta} \\ E_\varphi(\theta,\varphi) = \left(\cos\theta+\dfrac{1-\Gamma}{1+\Gamma}\cdot\dfrac{\lambda}{\lambda_g}\right)\cos\varphi\cdot J_1'(ka\sin\theta)\Bigg/\left(1-\left(\dfrac{ka}{1.841}\sin\theta\right)^2\right) \end{cases} \tag{3.2.25}$$

根据上式可求得圆波导口辐射场的极化比为

$$\rho = -\frac{E_\theta}{E_\varphi} = -\tan\varphi \cdot \frac{\left(1 + \frac{1-\Gamma}{1+\Gamma}\cdot\frac{\lambda}{\lambda_g}\cos\theta\right)}{\left(\cos\theta + \frac{1-\Gamma}{1+\Gamma}\cdot\frac{\lambda}{\lambda_g}\right)} \cdot \frac{\left(\frac{J_1(ka\sin\theta)}{ka\sin\theta}\right)}{\left(J'_1(ka\sin\theta)\Big/\left(1-\left(\frac{ka}{1.841}\sin\theta\right)^2\right)\right)} \tag{3.2.26}$$

由式(3.2.21)、式(3.2.23)及式(3.2.26)可见,虽然各种典型波导口空域极化比的具体表达式不同,但可以看出,无限大接地平面中的开口波导、矩形波导口、圆形波导口这几种典型波导口的空域极化特性之间存在一个共同点:即其极化比 ρ 在方位向上均按方位角的正切函数 $\tan\varphi$ 规律变化。

3.2.3 典型喇叭天线的空域极化特性

喇叭天线广泛的应用于1GHz以上的微波区域,它具有高增益、低电压驻波比(VSWR)、相对较宽的带宽、低重量,而且比较容易构建,因此常用作抛物面天线的馈源及标准增益天线等,在一些场合还直接作为天线使用。喇叭天线的基本形式是把矩形波导和圆波导开口面逐渐扩展后形成的。矩形波导的壁只在一个平面内扩展形成的喇叭称为扇形喇叭,在E平面内扩展称为E面扇形喇叭,在H平面内扩展称为H面扇形喇叭;在两个平面内同时扩展形成的喇叭称为角锥喇叭;圆波导开口面扩展后形成的喇叭称为圆锥喇叭。

附录A给出了H面扇形喇叭、E面扇形喇叭、角锥喇叭和圆锥喇叭辐射场计算式,由附录A的分析结果可知,虽然喇叭天线辐射场的表达式非常复杂,但其极化比形式却非常简单,不管是H面扇形喇叭、E面扇形喇叭,角锥喇叭还是圆锥喇叭,可推得其空域极化比的表达式均为

$$\rho = -E_\theta/E_\varphi = -\tan\varphi \tag{3.2.27}$$

本小节针对典型面天线的空域极化特性进行了理论推导,为便于对照,将以上各种天线的空域极化特性总结如表3.2所列。

表3.2 典型面天线的空域极化特性表

天线类型		空域极化比 ρ
典型等效口径分布天线		$\rho = -\tan\varphi/\cos\theta$
波导口辐射器	无限大接地平面中的开口波导	$\rho = -\frac{\tan\varphi}{\cos\theta}$
	矩形波导口	$\rho = -\tan\varphi\cdot\left(1+\frac{1-\Gamma}{1+\Gamma}\cdot\frac{\lambda}{\lambda_g}\cos\theta\right)\Big/\left(\cos\theta+\frac{1-\Gamma}{1+\Gamma}\cdot\frac{\lambda}{\lambda_g}\right)$
	圆形波导口	$\rho = -\tan\varphi\cdot\frac{\left(1+\frac{1-\Gamma}{1+\Gamma}\cdot\frac{\lambda}{\lambda_g}\cos\theta\right)}{\left(\cos\theta+\frac{1-\Gamma}{1+\Gamma}\cdot\frac{\lambda}{\lambda_g}\right)}\cdot\frac{\left(\frac{J_1(ka\sin\theta)}{ka\sin\theta}\right)}{\left(J_1'(ka\sin\theta)\Big/1-\left(\frac{ka}{1.841}\sin\theta\right)^2\right)}$
喇叭天线		$\rho = -\tan\varphi$

3.3 偏置抛物面天线的空域极化特性

由于单反射面天线中馈源及支撑杆对反射面的反射波束会形成遮挡,这种遮挡作用不但会降低天线的增益,而且会使副瓣电平增加。将圆形截面抛物面的一部分切去,使焦点处在反射面的主波束之外就构成偏置抛物面天线,单偏置抛物面天线只利用了对称抛物面的一部分而避免了馈源及其支杆对反射器表面的遮挡,从而降低了天线的近轴副瓣电平和馈源输入电压驻波比,提高了电压增益,因此,在现役的很多警戒、引导雷达中获得了广泛应用。但其偏置结构破坏了天线几何结构的对称性,造成线极化使用时的交叉极化电平上升和圆极化使用时的波束倾斜。图 3.14 是旋转对称抛物面和偏置抛物面的示意图。

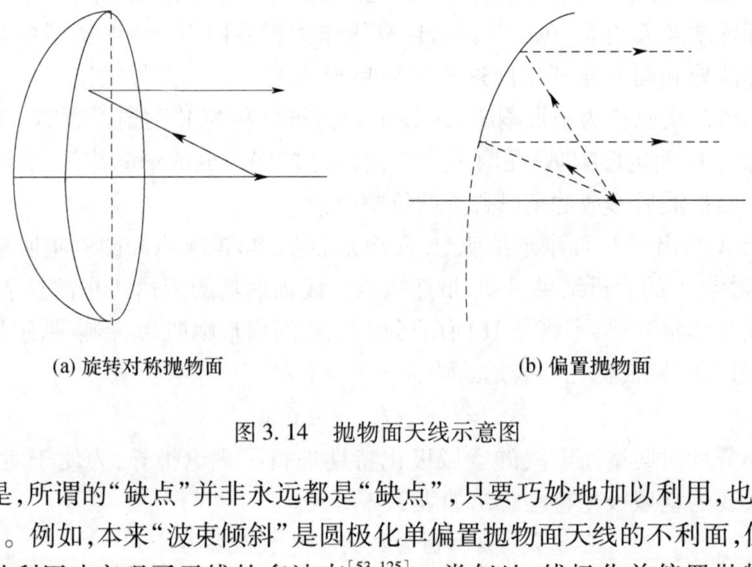

(a) 旋转对称抛物面　　(b) 偏置抛物面

图 3.14　抛物面天线示意图

但是,所谓的"缺点"并非永远都是"缺点",只要巧妙地加以利用,也可以"变废为宝"。例如,本来"波束倾斜"是圆极化单偏置抛物面天线的不利面,但正是对它的巧妙利用才实现了天线的多波束[53,125]。类似地,线极化单偏置抛物面的关键问题是高交叉极化电平,如果不是一味地花费高昂代价采取各种措施来抑制交叉极化电平,而是基于现有的单偏置抛物面天线,对所谓的缺点加以合理有效利用,通过设计先进的信号处理算法,有望达到"变废为宝"的作用。

抛物面天线的分析、设计和应用问题在很多文献中都有涉及,但都对抛物面天线极化特性关注的很少,更没有涉及其空域极化特性方面的研究。因此,结合理论分析和计算机软件仿真[127,128],本节对单偏置抛物面天线的空域极化特性进行了专门研究。

在总结现有成果的基础上,设计了一种单偏置抛物面天线空域极化特性的实用分析流程,如图 3.15 所示。

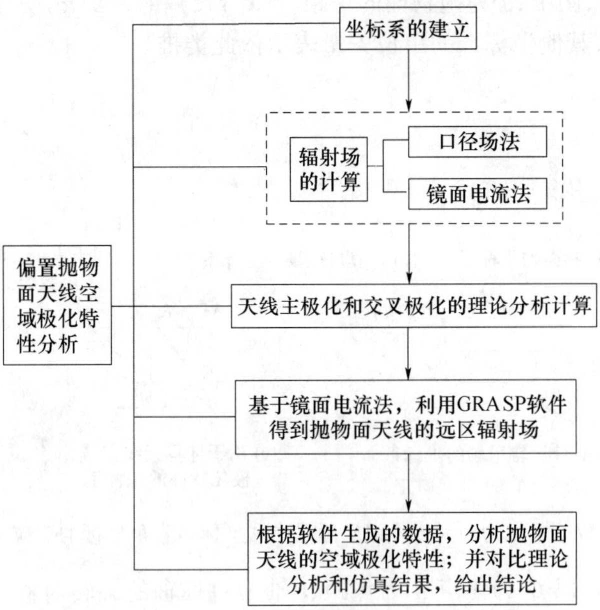

图 3.15　偏置抛物面天线空域极化特性分析流程图

3.3.1　偏置抛物面天线空域极化特性的理论计算

3.3.1.1　坐标系的建立

目前，偏置抛物面天线的坐标系统复杂繁多，各文献中坐标系的选取和定义不尽相同。本书建立了五组坐标系，如图 3.16 和图 3.17 所示[125]，其中包括：用于表示母抛物面的笛卡儿坐标系 (x,y,z) 及其对应球坐标系 (r,θ,φ)；用于计算抛物面口径场的笛卡儿坐标系 (x',y',z') 及其对应球坐标系 (r',ψ,ξ)；用于表示馈源方向函数的笛卡儿坐标系 (x_h',y_h',z_h') 及其对应球坐标系 (r',ψ_h,ξ_h)；用于计算抛物面辐射场的笛卡儿坐标系 (x'',y'',z'') 及其对应球坐标系 (R,Ψ,Φ)；用于计算天线空域极化特性的雷达站笛卡儿坐标系 (x_c,y_c,z_c) 及其对应球坐标

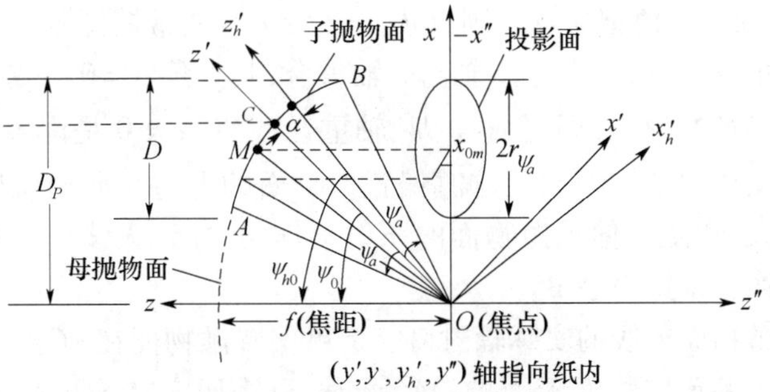

图 3.16　偏置抛物面天线坐标系

系(R_c,θ_c,φ_c)，图中，f为抛物面的焦距。$(\hat{\boldsymbol{x}},\hat{\boldsymbol{y}},\hat{\boldsymbol{z}})$和$(\hat{\boldsymbol{r}},\hat{\boldsymbol{\theta}},\hat{\boldsymbol{\varphi}})$分别为对应坐标系中的单位矢量，其他坐标系的单位矢量表示依此类推。

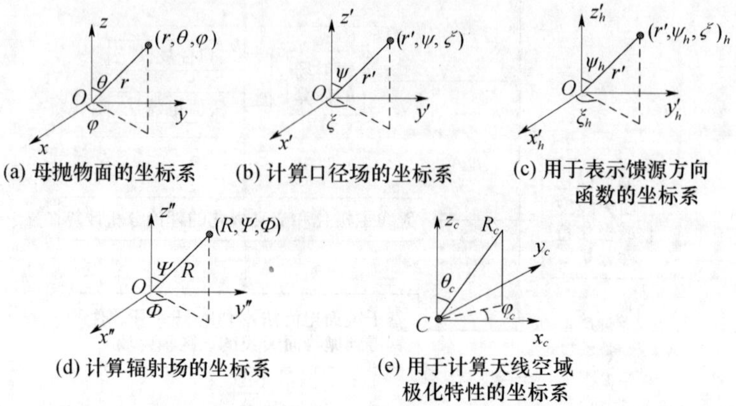

图 3.17　置抛物面天线各组坐标系中球坐标与直角坐标的对应关系图

母抛物面是以 O 为焦点、f 为焦距、z 轴为对称轴的旋转对称抛物面。单偏置抛物面是在母抛物面截取一部分（称为子抛物面），它的轮廓边缘是以 O 为顶点的圆锥面与母抛物面的相贯线，x'轴不在 xOy 平面内，z'轴为子抛物面的角平分线，且 z'轴与子抛物面相交于 C 点，设偏置抛物面的下边缘与焦点 O 的连线 OA 轴与 Oz'轴的夹角为 ψ_a，则子抛物面轮廓的上边缘 OB 轴与下边缘 OA 轴间的夹角为 $2\psi_a$。为了便于讨论当抛物面天线在空间方位和俯仰方位扫描时，其极化特性的变化规律，在抛物面的中点 C 建立用于计算天线空域极化特性的雷达站直角坐标系(x_c,y_c,z_c)及相应的球坐标系(R_c,θ_c,φ_c)，其中，俯仰角 θ_c 为电波传播方向与 z_c 轴的夹角，方位角 φ_c 为电波传播方向在 x_cCy_c 面内的投影与 x_c 轴的夹角。为表达清晰，图 3.17 中将以 C 点为圆心的雷达站坐标系(x_c,y_c,z_c)单独显示于左侧。

图 3.16 中，将偏置抛物面的"偏置角"定义为 z'轴与 z 轴夹角，记为 ψ_0，特殊地，当偏置角 $\psi_0=0$ 时，偏置抛物面就变成了对称抛物面（即通常所说的"正馈抛物面"）。设馈源的对称轴为 z_h'，x_h'并不在 xOy 平面内，将 z_h'轴与 z'轴的夹角记为 α，z_h'轴与 Oz 轴的夹角记为 ψ_{h0}，则有 $\psi_{h0}=\psi_0+\alpha$。通常馈源的指向使其轴平分反射器所张的角（$\psi_{h0}=\psi_0$，此时，z_h'轴与 z'轴重合，其夹角 $\alpha=0$），或者沿馈源轴的射线到达投影口径的中心（即 z_h'轴与 OM 轴重合）[93]。$\alpha=0$ 是许多从事偏置抛物面设计者乐于使用的结构[184]，但这时偏置抛物面的上边缘照射锥削与下边缘照射锥削相差较大，致使对偏置抛物面的照射不均匀，导致天线增益降低。各坐标系间的相互转换关系见附录 B。

单偏置抛物面天线的实际辐射口径是单偏置抛物面在 xOy 平面的投影口径，所以在讨论单偏置抛物面天线的口径场时，只需研究在 xOy 平面投影口径上的场。同时，在计算天线的远区辐射场时，也将投影到 xOy 平面进行积分。因此，弄清抛物面在(x,y,z)坐标系中投影口面的形状、抛物面上各点与其在 xOy 平面上投影点之间的相互对应关系是讨论抛物面天线的辐射场，进而分析其空域极化特性的基础。单偏置抛物面在 xOy 平面上投影的形状、抛面与投影面上点坐标的相互转换及对应关系的详细推导见附录 C。

由于线极化单偏置抛物面的关键问题是交叉极化，但是，交叉极化并非圆极化馈源的主要问题，对于圆极化平衡馈源来说，理论上并没有交叉极化，天线的主要问题是波束倾斜[121,125]。因此，在研究单偏置抛物面天线的空域极化特性时，以线极化馈源的情况为主。

3.3.1.2 馈源模型

馈源是抛物面天线的基本组成部分之一，当抛物面的形状确定之后，天线性能就完全由馈源特性决定了，其中，馈源称为初级天线，反射器称为次级天线，馈源方向图是初级方向图，而整个天线系统的方向图称为次级方向图。馈源可以是振子、喇叭、缝隙天线等。为了实现最佳性，一个反射器天线系统的馈源必须合适地进行馈电。因此，对馈源的电场进行合理建模，对于求解抛物面天线的空域极化特性至关重要。

1. 典型馈源模型的建立

线极化馈源天线的辐射场可表示为

$$\boldsymbol{E}_f = \frac{\mathrm{e}^{-\mathrm{j}kr}}{r}[A_{\psi h}\hat{\psi}_h + A_{\xi h}\hat{\xi}_h] \tag{3.3.1}$$

式中：对馈源天线辐射场的定义是以馈源 z_h'轴为基础的方向图。

很少能已知所有角度(ψ_h,ξ_h)的 $A_{\psi h}$和 $A_{\xi h}$。通常只有主平面的方向图：E 面内的 $A_{\psi h}(\psi_h,\xi_h=0)=A_{\mathrm{E}}(\psi_h)$和 H 面内的 $A_{\xi h}(\psi_h,\xi_h=90°)=A_{\mathrm{H}}(\psi_h)$是现成的。可通过插值近似求出任意角度 ξ_h 的馈源场。

当馈源是沿 $\hat{\boldsymbol{x}}_h'$方向的线极化时，馈源的辐射场可以按主平面方向图模拟为

$$\boldsymbol{E}_f = \frac{\mathrm{e}^{-\mathrm{j}kr}}{r}[A_{\mathrm{E}}(\psi_h)\cos\xi_h\hat{\psi}_h - A_{\mathrm{H}}(\psi_h)\sin\xi_h\hat{\xi}_h] \tag{3.3.2}$$

此时，有

$$\begin{cases}A_{\psi h}(\psi_h,\xi_h) = A_{\mathrm{E}}(\psi_h)\cos\xi_h \\ A_{\xi h}(\psi_h,\xi_h) = -A_{\mathrm{H}}(\psi_h)\sin\xi_h\end{cases} \tag{3.3.3}$$

当馈源是沿 $\hat{\boldsymbol{y}}_h'$方向的线极化时，馈源的辐射场可以按主平面方向图模拟为

$$\boldsymbol{E}_f = \frac{\mathrm{e}^{-\mathrm{j}kr}}{r}[A_{\mathrm{E}}(\psi_h)\sin\xi_h\hat{\psi} + A_{\mathrm{H}}(\psi_h)\cos\xi_h\hat{\xi}_h] \tag{3.3.4}$$

此时，有

$$\begin{cases}A_{\psi h}(\psi_h,\xi_h) = A_{\mathrm{E}}(\psi_h)\sin\xi_h \\ A_{\xi h}(\psi_h,\xi_h) = A_{\mathrm{H}}(\psi_h)\cos\xi_h\end{cases} \tag{3.3.5}$$

例如，$\hat{\boldsymbol{x}}_h'$方向极化的短振子，它的 E 面和 H 面方向图是

$$A_{\mathrm{E}}(\psi_h) = \cos\psi_h, A_{\mathrm{H}}(\psi_h) = 1 \tag{3.3.6}$$

$\cos^q\psi_h(q = 1,2,\cdots)$ 是用来模拟馈源方向图最常用的函数形式[89,91]，因此，可建立一个通用馈源模型

$$A_{\mathrm{E}}(\psi_h) = \cos^{q\mathrm{E}}\psi_h, A_{\mathrm{H}}(\psi_h) = \cos^{q\mathrm{H}}\psi_h, \psi_h < \pi/2 \tag{3.3.7}$$

方向图具有旋转对称性的馈源称为平衡馈源，对于平衡馈源，它简化为

$$A_{\mathrm{E}}(\psi_h) = A_{\mathrm{H}}(\psi_h) = A_0(\psi_h) = \cos^q\psi_h, \psi_h < \pi/2 \tag{3.3.8}$$

式中：不同的馈源对应不同的 q 值，q 经常取 1 ~ 4，$q = 2$ 是实际中最常遇到的情况。也可以根据预期性能规定一个边缘照射，然后再选择馈源模型 $\cos^q\psi_h$ 的 q 值（或 q_{E} 和 q_{H}）使之与实际天线除波束峰值以外的方向图还有一点相匹配：

$$q = \log[A_0(\psi_h')]/\log(\cos\psi_h') \tag{3.3.9}$$

式中：ψ_h'为匹配点，诸如 -3dB 或 -10dB，或 ψ_{hf}（ψ_{hf}称为"边缘照射角"，表示从馈源 z_h'轴到反射器边缘的角度）。

利用这个馈源模型，可以方便的计算馈源的增益 G_f 及其边缘照射 EI，如下式：

$$G_f = \frac{2(2q_{\mathrm{E}} + 1)(2q_{\mathrm{H}} + 1)}{q_{\mathrm{E}} + q_{\mathrm{H}} + 1}, \mathrm{EI} = \frac{1 + \cos\psi_{hf}}{2}\cos^q\psi_{hf} \tag{3.3.10}$$

结合式(3.3.8)和式(3.3.10)，对于平衡馈源，馈源的方向图函数可采用如下模型：

$$A_0(\psi_h) = \begin{cases} 2(n + 1)\cos^q\psi_h, & \text{当}\, 0 \leqslant \psi_h \leqslant \pi/2 \\ 0, & \text{当}\, \pi/2 \leqslant \psi_h \leqslant \pi \end{cases} \tag{3.3.11}$$

当 z_h'轴与 z' 轴重合，即夹角 $\alpha = 0$ 时，$\psi_{hf} = \psi_a$，此时，结合式(3.3.9)和式(3.3.10)可求得

$$q = \log\left[\mathrm{EI}\left(\frac{2}{1 + \cos\psi_a}\right)\right]\Big/\log(\cos\psi_a) \tag{3.3.12}$$

为了得到最佳增益，应使口径的边缘照射电平为 -11dB 左右[89,93]，即采用 EI = 0.28(-11dB)。

2. 馈源方向图坐标系的转换

正如前面所讨论的，实际馈源方向图是以馈源轴 z_h'为基础的。但是，在坐标系(r', ψ_h, ξ_h)中计算抛物面天线的口径场和辐射场并不方便，因此，先将馈源的方向图转换为以 z' 轴为基础的方向图 A_ψ 和 A_ξ，再进行后续计算，且有

$$\begin{cases} A_\psi = (A_{\psi h}\hat{\psi}_h + A_{\xi h}\hat{\xi}_h) \cdot \hat{\psi} \\ A_\xi = (A_{\psi h}\hat{\psi}_h + A_{\xi h}\hat{\xi}_h) \cdot \hat{\xi} \end{cases} \tag{3.3.13}$$

将式(3.3.1)代入上式，即可求得以 z' 轴为基础的馈源方向图 A_ψ 和 A_ξ。ψ_h、ξ_h 为以馈源相位中心为坐标原点的球坐标系，它与 ψ、ξ 之间的关系 $\hat{\psi}_h \cdot \hat{\psi}$、$\hat{\xi}_h \cdot \hat{\psi}$、$\hat{\psi}_h \cdot \hat{\xi}$、$\hat{\xi}_h \cdot \hat{\xi}$ 的具体推导见附录 B。

对于辐射旋转对称波束的线极化馈源，有

$$\begin{cases} A_{\psi} = A_0(\psi_h)\left[\begin{matrix}\cos\xi_h \\ \sin\xi_h\end{matrix}\hat{\psi}_h + \begin{matrix}-\sin\xi_h \\ \cos\xi_h\end{matrix}\hat{\xi}_h\right]\cdot\hat{\psi} \\ A_{\xi} = A_0(\psi_h)\left[\begin{matrix}\cos\xi_h \\ \sin\xi_h\end{matrix}\hat{\psi}_h + \begin{matrix}-\sin\xi_h \\ \cos\xi_h\end{matrix}\hat{\xi}_h\right]\cdot\hat{\xi} \end{cases} \tag{3.3.14}$$

式(3.3.14)中，第一等式是针对 $\hat{\boldsymbol{x}}_h'$ 极化馈源的情况，第二等式是针对 $\hat{\boldsymbol{y}}_h'$ 极化馈源的情况。特别地，当 $\alpha=0$ 时，z_h' 轴与 z' 轴重合，有 $\hat{\psi}_h=\hat{\psi}$，$\hat{\xi}_h=\hat{\xi}$。

3.3.1.3 单偏置抛物面天线的口径场

众所周知，单偏置抛物面表面的反射场可表示为

$$\boldsymbol{E}_r = 2(\hat{\boldsymbol{n}}\cdot\boldsymbol{E}_i)\hat{\boldsymbol{n}} - \boldsymbol{E}_i \tag{3.3.15}$$

式中：$\hat{\boldsymbol{n}}$ 为单偏置抛物面上任一点的单位法线矢量；$\boldsymbol{E}_r$ 为单偏置抛物面表面的反射场；$\boldsymbol{E}_i$ 为入射场，也就是馈源的辐射场 $\boldsymbol{E}_f$。

当入射波（即馈源的辐射波）为线极化波时，在球坐标 (r',ψ,ξ) 中可表示为

$$\boldsymbol{E}_i = \frac{\mathrm{e}^{-\mathrm{j}kr}}{r}[A_{\psi}\hat{\psi} + A_{\xi}\hat{\xi}] \tag{3.3.16}$$

通过导出 $\hat{\boldsymbol{n}}$ 在 $\hat{\psi}$，$\hat{\xi}$ 和 $\boldsymbol{E}_i$ 方向的投影，求得单偏置抛物面在投影口面内的切向电场分布，可用矩阵表示为[183]

$$\begin{bmatrix} E_{ay}(\psi,\xi) \\ E_{ax}(\psi,\xi) \end{bmatrix} = \frac{\mathrm{e}^{-\mathrm{j}2kf}}{2f}\begin{bmatrix} -s_1 & c_1 \\ c_1 & s_1 \end{bmatrix}\begin{bmatrix} A_{\psi}(\psi,\xi) \\ A_{\xi}(\psi,\xi) \end{bmatrix} \tag{3.3.17}$$

式中

$$\begin{cases} s_1 = (\cos\psi_0 + \cos\psi)\sin\xi \\ c_1 = \sin\psi_0\sin\psi - (1+\cos\psi_0\cos\psi)\cos\xi \end{cases} \tag{3.3.18}$$

当入射波（即馈源的辐射波）为圆极化波时，可求得圆极化波投影口面场的的矩阵表示为[183]

$$\begin{bmatrix} E_{a\mathrm{R}} \\ E_{a\mathrm{L}} \end{bmatrix} = \frac{\mathrm{e}^{-\mathrm{j}2kf}}{\sqrt{2}r}\begin{bmatrix} \mathrm{e}^{\mathrm{j}K} & -\mathrm{j}\mathrm{e}^{\mathrm{j}K} \\ \mathrm{e}^{-\mathrm{j}K} & \mathrm{j}\mathrm{e}^{-\mathrm{j}K} \end{bmatrix}\begin{bmatrix} A_{\psi}(\psi,\xi) \\ A_{\xi}(\psi,\xi) \end{bmatrix} \tag{3.3.19}$$

式中：$K=\arctan(s_1/c_1)$，且利用了等式 $\sqrt{c_1^2+s_1^2}/2f=1/r$。

由于馈源的辐射场入射时，是朝 $+z$ 方向传播的，而经过抛物面的反射，传播方向变为 $-z$，因此，圆极化的旋向也要发生反向变化[53]。也就是说，当入射波为左旋圆极化波时，由于传播方向反向，抛物面反射的是右旋圆极化波；当入射右旋圆极化波时，抛物面反射的是左旋圆极化波。

假定场点的球坐标为 (R,Ψ,Φ)，当馈源辐射波为线极化波时，球坐标中 Ψ 和 Φ 辐射场的分量 E_{Ψ} 和 E_{Φ} 分别为

$$\begin{bmatrix} E_{\Psi} \\ E_{\Phi} \end{bmatrix} = \begin{bmatrix} -\cos\Phi & \sin\Phi \\ \cos\Psi\sin\Phi & \cos\Psi\cos\Phi \end{bmatrix}\begin{bmatrix} F_x \\ F_y \end{bmatrix} \tag{3.3.20}$$

式中

$$F_x = \int_S E_{ax} \frac{e^{-jkR}}{R} dS, F_y = \int_S E_{ay} \frac{e^{-jkR}}{R} dS \tag{3.3.21}$$

表示口面上的横向电场 E_{ax} 和 E_{ay} 的积分。

根据直角坐标与球坐标间的对应关系(见附录B),有

$$\begin{bmatrix} \varepsilon_y \\ \varepsilon_x \end{bmatrix} = \begin{bmatrix} \sin\Phi & \cos\Phi \\ \cos\Phi & -\sin\Phi \end{bmatrix} \begin{bmatrix} E_\Psi \\ E_\Phi \end{bmatrix} \tag{3.3.22}$$

式中:ε_y 和 ε_x 分别表示抛物面天线辐射场的 y 向和 x 向线极化分量。

结合式(3.3.20)和式(3.3.22)可得

$$\begin{bmatrix} \varepsilon_y \\ \varepsilon_x \end{bmatrix} = \begin{bmatrix} \sin\Phi & \cos\Phi \\ \cos\Phi & -\sin\Phi \end{bmatrix} \begin{bmatrix} -\cos\Phi & \sin\Phi \\ \cos\Psi\sin\Phi & \cos\Psi\cos\Phi \end{bmatrix} \begin{bmatrix} F_x \\ F_y \end{bmatrix} \tag{3.3.23}$$

记 $t = \tan\frac{\Psi}{2}$,上式写为

$$\begin{bmatrix} \varepsilon_y(\Psi,\Phi) \\ \varepsilon_x(\Psi,\Phi) \end{bmatrix} = \frac{1+\cos\Psi}{2} \begin{bmatrix} 1 - t^2\cos2\Phi & -t^2\sin2\Phi \\ \sin2\Phi & -(1+t^2\cos2\Phi) \end{bmatrix} \begin{bmatrix} F_y \\ F_x \end{bmatrix} \tag{3.3.24}$$

由上式可见,即使投影口面场只有主极化分量而没有交叉极化分量,其辐射场也会产生交叉极化分量。

3.3.1.4 单偏置抛物面天线的辐射场

镜面电流法和口径场法是计算反射面天线辐射场最常用的两种方法,这两种方法都是基于几何光学近似,因此,也称为几何光学法。对于大口径天线(例如,反射面口径有5个波长以上时),几何光学的近似是可以接受的;但在考虑远轴副瓣和后瓣区域的辐射或者天线口径尺寸不够大时,上述两种方法都不够令人满意,需采用几何绕射理论来补充修正。由于雷达一般都工作在微波波段,而且所使用的抛物面天线的口径尺寸都远大于波长,天线的辐射功率主要集中在轴线方向一个较窄的主瓣范围之内,因此,这两种方法都得到了广泛应用。

口径场法的实质是用几何光学方法计算出初级馈源辐射场经反射镜表面反射后投影到口面上的切向电磁场,然后再利用E模辐射场公式或朱兰成辐射公式求解辐射场。镜面电流法的核心是先计算初级馈源在反射镜表面所激励起的镜面电流,然后利用朱兰成辐射公式求出镜面电流的辐射场。利用这两种方法的区别在于:第一种方法是以反射面上的面电流密度作为起始数据,第二种方法则是以口径场作为起始数据,口径场法没有考虑由于镜面电流的 z 向分量所产生的场。对于轴对称反射器,一般都将积分面选成覆盖反射面,这种选择很自然,积分面与物理口径面重合,它包含了反射器的边框并因此覆盖了它,在这种情况下,口径场法和镜面电流法能得到同样的结果。但是,对于偏置抛物面来说,经常将反射器的投影口面用作积分表面,口径场法和镜面电流法会产生不同的结果。人们认为

镜面电流法能产生比较准确的结果,特别是对于交叉极化电平,因为,镜面电流的 z 向分量的存在造成交叉极化电平的升高;而口径场法中忽略了纵向场分量 $\boldsymbol{F}_x$ 的影响,因此,通过口径场法计算出来的交叉极化较真实值偏小,精度较镜面电流法稍差。同时,在计算远离主瓣的旁瓣以及后瓣的宽角区上,镜面电流法较口径场法准确。因此,下面以镜面电流法为例,探讨偏置抛物面天线辐射场的计算方法。

朱兰成辐射公式为[123,125]

$$\boldsymbol{\varepsilon} = \frac{\mathrm{j}k}{4\pi}\int_S(\hat{\boldsymbol{n}} \times \boldsymbol{E}_S) \times \hat{\boldsymbol{R}}_S \frac{\mathrm{e}^{-\mathrm{j}kR_S}}{R_S}\mathrm{d}S - \frac{\mathrm{j}\omega\mu}{4\pi}\int_S\{\hat{\boldsymbol{R}}_S \times (\hat{\boldsymbol{n}} \times \boldsymbol{H}_S) \times \hat{\boldsymbol{R}}_S\} \frac{\mathrm{e}^{-\mathrm{j}kR_S}}{R_S}\mathrm{d}S \tag{3.3.25}$$

式中:$\hat{\boldsymbol{n}}$ 为反射镜表面的法线单位矢量;$\boldsymbol{E}_S$ 和 $\boldsymbol{H}_S$ 分别为反射镜表面的电场和磁场;$\boldsymbol{R}_S$ 为由镜面上源点到辐射场点的距离。各种几何量的关系如图 3.18 所示。

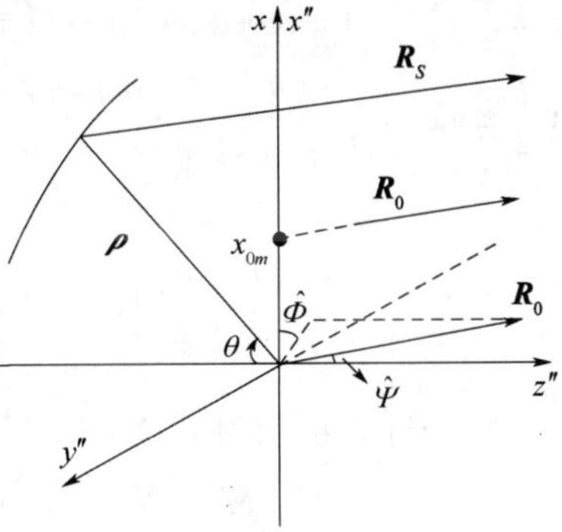

图 3.18　镜面电流法求偏置抛物面辐射场示意图

镜面上的反射电场 E_r 和磁场 H_r 分别为

$$\boldsymbol{E}_r = E_{rx}\hat{\boldsymbol{x}} + E_{ry}\hat{\boldsymbol{y}} = \frac{\mathrm{e}^{-\mathrm{j}kr}}{2f}\{[c_1A_\psi + s_1A_\xi]\hat{\boldsymbol{x}} + [-s_1A_\psi + c_1A_\xi]\hat{y}\} \tag{3.3.26}$$

$$H_r = -\frac{1}{z_0}(\hat{\boldsymbol{n}} \times \boldsymbol{E}_r) \tag{3.3.27}$$

式中:$z_0 = \sqrt{\mu_0/\varepsilon_0}$为自由空间波阻抗。

把辐射场分解成 $\boldsymbol{\Psi}$ 和 $\boldsymbol{\Phi}$ 方向上的场分量 $\boldsymbol{\varepsilon}_\Psi$ 和 $\boldsymbol{\varepsilon}_\Phi$,经过推导,求得[184]

$$\boldsymbol{\varepsilon}_\Psi = \boldsymbol{\varepsilon} \cdot \hat{\boldsymbol{\Psi}} = \frac{\mathrm{j}}{\lambda}\int_S\left\{\begin{aligned}&\left(-\cos\Psi\cos\Phi - \tan\frac{\theta}{2}\sin\Psi\cos\varphi\right)E_{rx}\\&+\left(\cos\Psi\sin\Phi - \tan\frac{\theta}{2}\sin\Psi\sin\varphi\right)E_{ry}\end{aligned}\right\}\frac{\mathrm{e}^{-\mathrm{j}kR_S}}{R_S}\cos\frac{\theta}{2}\mathrm{d}S \tag{3.3.28}$$

$$\boldsymbol{\varepsilon}_\Phi = \boldsymbol{\varepsilon} \cdot \hat{\boldsymbol{\Phi}} = \frac{\mathrm{j}}{\lambda}\int_S(\sin\Phi E_{rx} + \cos\Phi E_{ry})\frac{\mathrm{e}^{-\mathrm{j}kR_S}}{R_S}\cos\frac{\theta}{2}\mathrm{d}S \tag{3.3.29}$$

在计算积分时,可记 $\mathrm{d}S_A = \cos\dfrac{\theta}{2}\mathrm{d}S$,$\mathrm{d}S_A$ 为偏置抛物面上的源点所在面积元

在投影口面上的投影。

当天线线极化工作时，抛物面天线辐射场的 y 向和 x 向线极化分量为

$$\begin{bmatrix}\varepsilon_y\\ \varepsilon_x\end{bmatrix}=\begin{bmatrix}\sin\Phi & \cos\Phi\\ \cos\Phi & -\sin\Phi\end{bmatrix}\begin{bmatrix}\varepsilon_\Psi\\ \varepsilon_\Phi\end{bmatrix}=\frac{\mathrm{j}}{\lambda}\frac{1+\cos\psi}{2}$$

$$\left\{\begin{bmatrix}t^2\sin2\Phi & 1+t^2\cos2\Phi\\ -(1-t^2\cos2\Phi) & -t^2\sin2\Phi\end{bmatrix}\begin{bmatrix}F_{rx}\\ F_{ry}\end{bmatrix}\right.$$
$$\left.-2\int_S\tan\frac{\Psi}{2}\begin{bmatrix}M\sin\Phi & N\sin\Phi\\ M\cos\Phi & N\cos\Phi\end{bmatrix}\begin{bmatrix}E_{rx}\\ E_{ry}\end{bmatrix}\frac{\mathrm{e}^{-\mathrm{j}kR_S}}{R_S}\mathrm{d}S_A\right\} \tag{3.3.30}$$

式中

$$\begin{cases}M=\tan\dfrac{\theta}{2}\cos\varphi=\dfrac{\sin\psi\cos\psi_0\cos\xi+\cos\psi\sin\psi_0}{1+\cos\psi_0\cos\psi-\sin\psi_0\sin\psi\cos\xi}\\[2ex] N=\tan\dfrac{\theta}{2}\sin\varphi=\dfrac{\sin\psi\sin\xi}{1+\cos\psi_0\cos\psi-\sin\psi_0\sin\psi\cos\xi}\end{cases} \tag{3.3.31}$$

当天线圆极化工作时

$$\begin{bmatrix}\varepsilon_{\mathrm{L}}\\ \varepsilon_{\mathrm{R}}\end{bmatrix}=\frac{\mathrm{j}}{\lambda}\frac{(1+\cos\psi)}{2}\left\{\begin{bmatrix}1 & -t^2\mathrm{e}^{-\mathrm{j}2\Phi}\\ -t^2\mathrm{e}^{\mathrm{j}2\Phi} & 1\end{bmatrix}\begin{bmatrix}F_{r\mathrm{L}}\\ F_{r\mathrm{R}}\end{bmatrix}\right.$$
$$\left.+\frac{t(1+t^2)}{2}\int_S\begin{bmatrix}\mathrm{e}^{-\mathrm{j}\Phi}(M-\mathrm{j}N) & \mathrm{e}^{-\mathrm{j}\Phi}(M+\mathrm{j}N)\\ \mathrm{e}^{\mathrm{j}\Phi}(M-\mathrm{j}N) & \mathrm{e}^{\mathrm{j}\Phi}(M+\mathrm{j}N)\end{bmatrix}\begin{bmatrix}E_{r\mathrm{L}}\\ E_{r\mathrm{R}}\end{bmatrix}\frac{\mathrm{e}^{-\mathrm{j}kR_S}}{R_S}\mathrm{d}S_A\right\} \tag{3.3.32}$$

式中：F_{rx}、F_{ry}、$F_{r\mathrm{L}}$、$F_{r\mathrm{R}}$ 的定义为

$$F_{ru}=\int_S E_{ru}\frac{\mathrm{e}^{-\mathrm{j}kR_S}}{R_S}\mathrm{d}S \tag{3.3.33}$$

式中：u 可为 $x,y,\mathrm{R},\mathrm{L}$；这里的 $\mathrm{d}S$ 即为 $\mathrm{d}S_A$，表示偏置抛物面上的源点所在面积元在投影口面上的投影，因此，积分仍然在投影口面上进行。

$R_S=R_0'-\rho\cdot\hat{\boldsymbol{R}}_S$ 为镜面源点到场点的距离，R_0' 为由坐标原点 O 到场点的距离；ρ 为由坐标原点 O 到镜面上任一点的距离；$\hat{\rho}$ 和 $\hat{\boldsymbol{R}}_S$ 为单位矢量。结合

$$\begin{cases}\hat{\rho}=\sin\theta\cos\varphi\hat{\boldsymbol{x}}+\sin\theta\sin\varphi\hat{\boldsymbol{y}}+\cos\theta\hat{\boldsymbol{z}}\\ \hat{\boldsymbol{R}}_S=-\sin\Psi\cos\Phi\hat{\boldsymbol{x}}+\sin\Psi\sin\Phi\hat{\boldsymbol{y}}-\cos\Psi\hat{\boldsymbol{z}}\\ R_0'=R_0+x_{0m}\hat{\boldsymbol{x}}\cdot\hat{\boldsymbol{R}}_S=R_0-x_{0m}\sin\Psi\cos\Phi\end{cases} \tag{3.3.34}$$

可得

$$R_S=R_0-\rho+2f-(x_{0m}-x)\sin\Psi\cos\Phi-y\sin\Psi\sin\Phi-z(1-\cos\Psi) \tag{3.3.35}$$

式中：R_0 为由投影口面中心到场点的距离，具体计算公式见附录 C。

设偏置抛物面球坐标系下的点 (r,ψ,ξ) 在 xOy 投影口面上的坐标为 (x_1,y_1)，

则有

$$x_1 = x - x_{0m}, y_1 = y \tag{3.3.36}$$

经过一系列运算,可得

$$F_u = \frac{\mathrm{e}^{-\mathrm{j}k(R_0+2f)}}{R_0}\int_0^{x_{1m}}\int_0^{y_{1m}}(E_{ru}\mathrm{e}^{\mathrm{j}k\rho})\,\mathrm{e}^{-\mathrm{j}kx_1\sin\Psi\cos\Phi+\mathrm{j}ky_1\sin\Psi\sin\Phi+\mathrm{j}kz(1-\cos\Psi)}\,\mathrm{d}x_1\mathrm{d}y_1 \tag{3.3.37}$$

式中:u 可为 $x,y,\mathrm{R},\mathrm{L}$;且有 $x_{1m} = y_{1m} = \dfrac{2f\sin\psi_a}{\cos\psi_0 + \cos\psi_a}$。

值得注意的是,由于 E_{au}(u 可为 $x,y,\mathrm{R},\mathrm{L}$)的计算是在坐标系$(r,\psi,\xi)$中进行的,$E_{ax}$、$E_{ay}$、$E_{a\mathrm{R}}$和 $E_{a\mathrm{L}}$的求取也均是基于坐标系(r,ψ,ξ),而式(3.3.37)中的积分是在投影口面中进行的,因此在计算过程中需要进行相应的坐标转换。x_{0m}的具体定义及坐标转换的详细过程见附录 C。

3.3.1.5 单偏置抛物面天线空域极化特性的定性分析

在前面的分析中,抛物面天线的远区辐射场是在球坐标系(R,Ψ,Φ)中计算的,但在坐标系(R_c,θ_c,φ_c)中讨论天线的空域极化特性将更为方便,坐标系(R_c,θ_c,φ_c)与(R,Ψ,Φ)间的相互转换关系见附录 B。

由于通常希望极化只有一个方向,因此,经常选定所期望的极化作为参考极化(即经常所说的“主极化”),与之正交的极化称为交叉极化。主极化和参考极化的定义并无一定之规,和选择的极化基有关。

例如,如果选择 $\hat{\boldsymbol{\theta}}_c$ 和 $-\hat{\boldsymbol{\varphi}}_c$ 为极化基,而且,同时设 $\hat{\boldsymbol{\theta}}_c$ 方向的极化为主极化 $\boldsymbol{E}_p$,$-\hat{\boldsymbol{\varphi}}_c$ 方向的极化为交叉极化 $\boldsymbol{E}_q$,抛面天线远区辐射场矢量可表示为 $\hat{\boldsymbol{E}} = E_{\theta_c}(\theta_c,\varphi_c)\hat{\boldsymbol{e}}_{\theta_c} + E_{\varphi_c}(\theta_c,\varphi_c)\hat{\boldsymbol{e}}_{\varphi_c}$,且其主极化和交叉极化的表达式为

$$\begin{cases}\boldsymbol{E}_p(\theta_c,\varphi_c) = E_{\theta_c}(\theta_c,\varphi_c)\hat{\boldsymbol{e}}_{\theta_c}\\ \boldsymbol{E}_q(\theta_c,\varphi_c) = -E_{\varphi_c}(\theta_c,\varphi_c)\hat{\boldsymbol{e}}_{\varphi_c}\end{cases} \tag{3.3.38}$$

这种定义与 Ludwig 给出的第二种交叉极化定义吻合。

当初级天线为线极化馈源时,另一种更为直观的定义方法,即选用极化基为线极化基 $\hat{\boldsymbol{e}}_x$ 和 $\hat{\boldsymbol{e}}_y$。若主极化定义为 x 方向线极化,则

$$\begin{cases}\boldsymbol{E}_p(\theta_c,\varphi_c) = E_{\theta_c}(\theta_c,\varphi_c)\cos\varphi_c\hat{\boldsymbol{e}}_{\theta_c} - E_{\varphi_c}(\theta_c,\varphi_c)\sin\varphi_c\hat{\boldsymbol{e}}_{\varphi_c}\\ \boldsymbol{E}_q(\theta_c,\varphi_c) = E_{\theta_c}(\theta_c,\varphi_c)\sin\varphi_c\hat{\boldsymbol{e}}_{\theta_c} + E_{\varphi_c}(\theta_c,\varphi_c)\cos\varphi_c\hat{\boldsymbol{e}}_{\varphi_c}\end{cases} \tag{3.3.39}$$

若主极化定义为 y 方向线极化,则

$$\begin{cases}\boldsymbol{E}_p(\theta_c,\varphi_c) = E_{\theta_c}(\theta_c,\varphi_c)\sin\varphi_c\hat{\boldsymbol{e}}_{\theta_c} + E_{\varphi_c}(\theta_c,\varphi_c)\cos\varphi_c\hat{\boldsymbol{e}}_{\varphi_c}\\ \boldsymbol{E}_q(\theta_c,\varphi_c) = E_{\theta_c}(\theta_c,\varphi_c)\cos\varphi_c\hat{\boldsymbol{e}}_{\theta_c} - E_{\varphi_c}(\theta_c,\varphi_c)\sin\varphi_c\hat{\boldsymbol{e}}_{\varphi_c}\end{cases} \tag{3.3.40}$$

式(3.3.40)与 Ludwig 给出的第三种交叉极化定义的表达式相同,这也是 Ludwig 给出的三种交叉极化定义中应用最为广泛的一种。

类似地,对圆极化馈源,可选用圆极化基 $\hat{\boldsymbol{e}}_\mathrm{R}$ 和 $\hat{\boldsymbol{e}}_\mathrm{L}$。经过前面的分析可知,反射器辐射的圆极化方向与馈源的圆极化方向相反。因此,对于左旋圆极化馈源,可选

取抛物面天线辐射场的右旋圆极化分量 ε_{R} 作为主极化分量 E_p，左旋圆极化分量 ε_{L} 作为交叉极化分量 E_q；类似地，对于右旋圆极化馈源，可选取抛物面天线辐射场的左旋圆极化分量 ε_{L} 作为主极化分量 E_p，右旋圆极化分量 ε_{R} 作为交叉极化分量。

前面讨论了偏置抛物面天线空域极化特性的理论计算方法。下面首先对偏置抛物面天线的空域极化特性从理论上进行定性分析，再在 3.2.2 节中进行计算机仿真，定量讨论。

假设初级天线是辐射旋转对称波束的馈源，且 z_h' 轴与 z' 轴的夹角 $\alpha=0$，当馈源是沿 $\hat{\boldsymbol{x}}'$ 方向的线极化时

$$\begin{cases}A_\psi(\psi,\xi)=A_0(\psi)\cos\xi\\A_\xi(\psi,\xi)=-A_0(\psi)\sin\xi\end{cases}\tag{3.3.41}$$

当馈源是沿 $\hat{\boldsymbol{y}}'$ 方向的线极化

$$\begin{cases}A_\psi(\psi,\xi)=A_0(\psi)\sin\xi\\A_\xi(\psi,\xi)=A_0(\psi)\cos\xi\end{cases}\tag{3.3.42}$$

以馈源的极化沿 $\hat{\boldsymbol{y}}'$ 方向为例，利用式(3.3.17)及式(3.3.42)，得

$$\begin{cases}E_{ay}(\psi,\xi)=\dfrac{\mathrm{e}^{-\mathrm{j}2kf}}{2f}A_0(\psi)\begin{bmatrix}\sin\psi_0\sin\psi\cos\xi-\dfrac{1}{2}(1+\cos\psi_0)(1+\cos\psi)\\-\dfrac{1}{2}(1-\cos\psi_0)(1-\cos\psi)\cos\xi\end{bmatrix}\\E_{ax}(\psi,\xi)=\dfrac{\mathrm{e}^{-\mathrm{j}2kf}}{2f}A_0(\psi)\left[\sin\psi_0\sin\psi\sin\xi-\dfrac{1}{2}\sin2\xi(1-\cos\psi_0)(1-\cos\psi)\right]\end{cases}\tag{3.3.43}$$

若直观的将入射波为 x 极化时，口面场中的 y 极化分量定义为交叉极化；入射波为 y 极化时，口面场中的 x 极化定义为交叉极化。由上式可见，当入射波为 y 极化波时，投影口面场的主极化分量 $E_{ay}(\psi,\xi)$ 的主值是 $-1/2(1+\cos\psi_0)(1+\cos\psi)$，而交叉极化分量 $E_{ax}(\psi,\xi)$ 的主值是 $\sin\psi_0\sin\psi\sin\xi$。不难看出，随着 ψ_0 的增加，交叉极化分量的主值逐渐增大，而且，当 $\xi=\pi/2$ 时，口面场中的交叉极化分量达到最大值 $E_{ax}(\psi,\xi)=(\mathrm{e}^{-\mathrm{j}2kf}/2f)A_0(\psi)\cdot\sin\psi_0\sin\psi$。

特殊地，当 $\psi_0=0$ 时，即为轴对称抛物面的情况，$E_{ax}(\psi,\xi)=0$，口面场中的交叉极化为零。也就是说，一个具有旋转对称方向图，理想相位中心处于焦点的平衡馈源，其口径场的交叉极化为零。同时，由式(3.3.24)可见，即使投影口面场只有主极化分量而没有交叉极化分量，其辐射场也会产生交叉极化分量。对于不平衡馈源，如振子，反射器引起的交叉极化在主平面内为零，但在其他平面上并不为零，实际上，馈源对轴对称反射器交叉极化的产生起主要作用。

偏置降低了抛物面天线的交叉极化性能，随着偏置角 ψ_0 的增加，抛物面天线的交叉极化性能变差，而且，偏心反射器的 F/D 大于母体反射器的 F/D_p，其交叉极化电平随 F/D 的减小而上升。对于天线设计者来说，通常都希望有较低的天线

交叉极化电平。从降低交叉极化电平角度来看，偏置角 ψ_0 应选择得小一些，但由投影口面的半径公式来看，当投影口面的半径一定时（为了满足特定增益的设计指标），抛物面的焦距 f 就得变大，这就造成单偏置抛物面的纵向尺寸过大，使结构实现就比较困难。因此，目前单偏置抛物面设计中选择的偏置角都不会很小，一般都选择 $\psi_0 = 40° \sim 44°$或者更大。

同时，对于为了得到低交叉极化电平的天线设计者来说，比较乐于选择较大的焦径比 F/D，这样可以使镜面上的电流线变直些，交叉极化分量减小。但是，选择焦径比要考虑很多因素，焦距较长时天线特性较好，但天线纵向尺寸会较大，因此，F/D 值的选择一般也不会很大，取值范围是 0.3 ~ 0.8。

反射器天线（次级）方向图的极化受馈源（初级）方向图的交叉极化（$XPOL_F$）和反射器引入的交叉极化（$XPOL_R$）的双重影响。在前面的分析中，我们忽略了任何馈源的交叉极化，即 $XPOL_F = 0$。但是，抛物面天线的馈源一般都做不到完全的纯极化，也就是说，通常情况下，$XPOL_F \neq 0$。

通常，为了提供赋形波束，偏置抛物面边缘轮廓必须按要求变形（即抛物面的边缘不再在一个平面之内，它的边缘轮廓不再是一个椭圆，口面投影也不再是一个圆）。因为边缘变形会带来附加相位误差。这种相位误差会引起交叉极化波瓣在空间的再分配。一般来说，交叉极化波瓣在空间的再分配会使极化纯度更加劣化；而且，为了追求偏置抛物面的最佳增益，馈源的轴线 z_h'经常不与偏置抛物面 z'轴重合，这时亦会引起附加的交叉极化分量；同时，在实际情况中，由于几何形状、尺寸、机械加工误差和电波绕射等因素的限制和影响，亦会使交叉极化出现恶化。因此，在求反射面天线辐射场的交叉极化时，不仅要考虑馈源的交叉极化 $XPOL_F$ 和反射器引入的交叉极化 $XPOL_R$，还要考虑很多实际因素引起的附加交叉极化 $XPOL_0$。

可用下式估计反射器系统总的交叉极化：

$$XPOL_S = XPOL_F + XPOL_R + XPOL_0 \tag{3.3.44}$$

例如，对于一个交叉极化为 −30dB（$XPOL_F = 0.0316$）的馈源，用于一个交叉极化为 −20dB（$XPOL_R = 0.1000$）的反射器中，同时，设各实际因素引起 −25dB 的交叉极化（$XPOL_0 = 0.0562$），由上式可得反射器系统总交叉极化 $XPOL_S = -14.5$dB。

3.3.2 偏置抛物面天线空域极化特性的仿真分析

由于抛物面天线辐射场的积分计算非常复杂，直接应用 Matlab 仿真精度和效率比较低，因此，借助丹麦 TICRA 公司研发的专门用于计算反射器天线性能的强有力软件 GRASP9 计算单偏置抛物面天线的远区辐射场，在此基础上，分析偏置抛物面天线的空域极化特性。

GRASP9 是一种采用物理光学、镜面电流积分的商用反射器天线软件。作为一种先进的天线设计专业仿真软件，GRASP9 已被许多国际知名的天线研发中心和学者认可并广泛应用，还得到了欧洲航天总署（European Space Agency）的支持，其计算结果可直接用于反射面天线的设计、加工和制作[126,127]。

3.3.2.1 具有不同馈源的偏置抛物面天线空域极化特性计算机仿真

首先,基于图3.17(e)中用于计算天线空域极化特性的坐标系(R_c,θ_c,φ_c),利用GRASP9对天线的辐射场进行数值计算;在此基础上,讨论天线的极化特性在空间随俯仰角θ_c和方位角φ_c的变化规律,接着,探讨馈源极化、抛物面的焦径比F/D、偏置角ψ_0等关键因素对偏置抛物面天线空域极化特性的影响。

图3.19给出了GRASP软件中偏置抛物面天线在垂直切面内的示意图。图中有三个主要坐标系,坐标系xyz的原点在抛物面的顶点,坐标系$x_cy_cz_c$的原点在反射面的中心,坐标系$x_fy_fz_f$为馈源坐标系,各坐标系相应的y轴均指向纸内,在图中没有给出。在坐标系$x_cy_cz_c$里对天线的极化特性进行分析和计算。设天线的电波传播方向在坐标系$x_cy_cz_c$里的角坐标为(θ_c,φ_c),其中θ_c为电波传播方向与z_c轴的夹角,φ_c为电波传播方向在$x_cO_cy_c$面内的投影与x_c轴的夹角,坐标系$x_cy_cz_c$与图3.16中定义的坐标系$x_cy_cz_c$同。对于机械扫描雷达来说,天线在方位面上扫描,即在$\varphi_c=0°$附近扫描;俯仰面上的扫描,即在$\theta_c=90°$附近扫描。为方便天线空域极化特性的讨论,记$\Delta\theta_c=90°-\theta_c$,表示电波传播方向与$x_cO_cy_c$平面的夹角,并在后续分析中直接将$\Delta\theta_c$称为“俯仰角”。

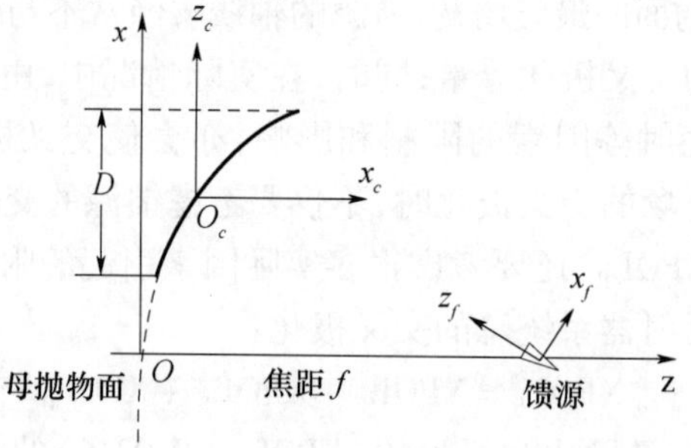

图3.19 GRASP软件中单偏置抛物面坐标系示意图

下面以工作频率为5GHz,口径波长比$D/\lambda=50$,焦径比$F/D=0.5$,偏置角$\psi_0=44°$的C波段雷达(以某国产对空监视引导雷达为原型)为例,设天线馈源分别为x向线极化、y向线极化、左旋圆极化这四种典型极化形式,探讨抛物面天线的空域极化特性。

1. x向线极化馈源

根据2.3节中天线空域极化比的定义,在$(\hat{\boldsymbol{h}},\hat{\boldsymbol{v}})$极化基下,天线的空域极化比

$$\rho = E_V/E_H = -E_\theta/E_\varphi \tag{3.3.45}$$

首先根据设定参数由GRASP软件得到抛面天线的远区辐射场E_θ和E_φ,进而探讨天线的空域极化比、极化相位描述子及空域IPPV等典型描述子随空间方位角φ_c和俯仰角$\Delta\theta_c$的变化规律,典型结果如图3.20所示。其中,图3.20(a)

和图 3.20(b)分别示出了水平极化分量 E_H 和垂直极化分量 E_V 的幅度分布图；图 3.20(c)示出了天线在水平面上扫描时(俯仰角 $\Delta\theta_c=0$)水平极化和垂直极化分量随方位角的变化曲线；图 3.20(d)给出了天线极化比幅度随方位角的变化曲线，其中选取了俯仰角 $\Delta\theta_c=0$、$\Delta\theta_c=0.25°$ 和 $\Delta\theta_c=0.5°$ 这几种典型情况，并求得天线的空域极化相位描述子 γ 和 ϕ 随方位角的变化曲线如图 3.20(e)和图 3.20(f)所示，每根曲线代表不同俯仰角的情况[129]。

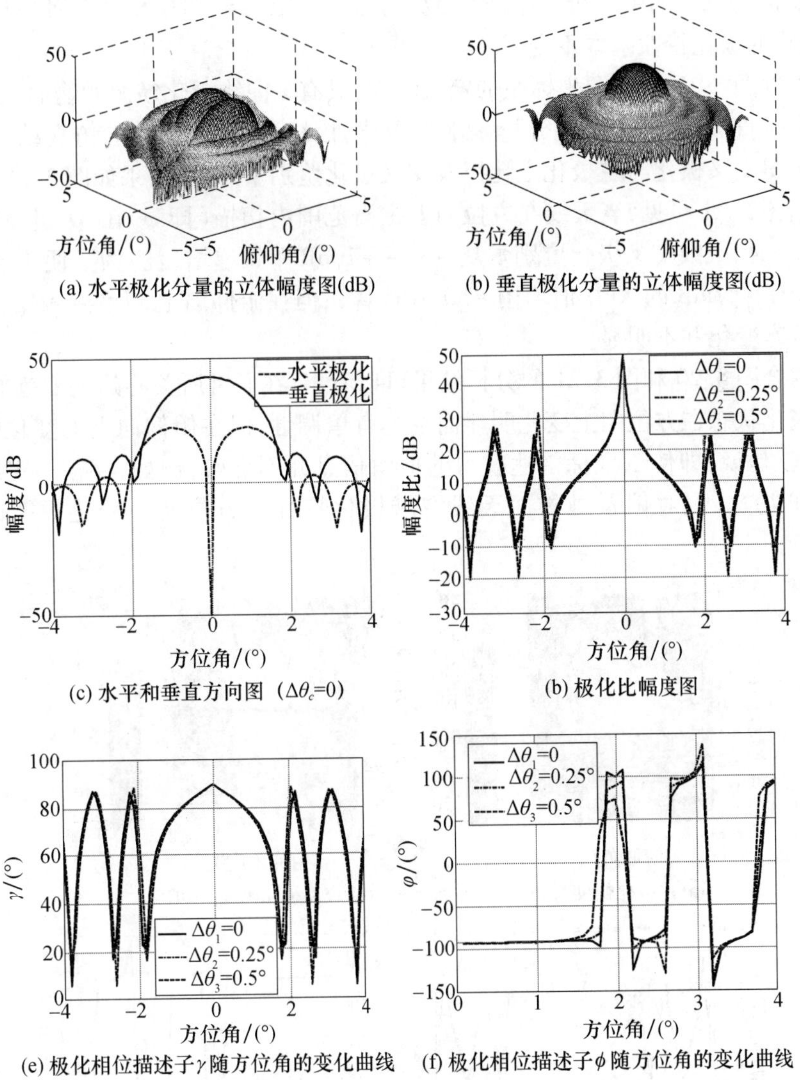

图 3.20　x 向线极化馈源抛物面天线的空域极化特性图

由图 3.20 可见，当天线在空域扫描时，其极化特性并非一成不变，而是不断变化的。由图 3.20(a) ~ 图 3.20(b)可见，天线的主极化分量是垂直极化，交叉极

化分量是水平极化；由图 3.20(c)可见，该抛物面天线在方位面上的半功率波束宽度为 1.4°，主瓣宽度约为 3.6°；由图 3.20(d)～(f)可见，当天线在方位向上扫描时，极化特性变化显著，且在主瓣范围内，基本呈单调变化，例如，当 φ_c 在[0°，1.8°]范围内变化时，天线极化比的幅度从 $+\infty\rightarrow-10$dB 单调减小（注：为了便于显示，图中将大于 50dB 的$|\rho|$值均用 50dB 代替），极化相位描述子 γ 从 90°→20°单调减小，但极化相位描述子 ϕ 基本保持不变；同时，还可以看出，当俯仰角发生小的变化（例如，图中分析了俯仰角 $\Delta\theta_c$ 分别为 0°、0.25°和 0.5°这几种典型情况）时，天线的极化特性基本不变。

根据图 3.19 中馈源坐标系的定义可知：具有 x 向线极化馈源抛物面天线的主极化是垂直极化，交叉极化分量是水平极化；该结论与图 3.20 的仿真结果一致。进而求得交叉极化与主极化之比以及交叉极化鉴别量，典型结果如图 3.21 所示。

由图 3.21 可见，当天线在方位向上主瓣范围内扫描（即 φ_c 在[0°，1.8°]范围内变化）时，天线交叉极化鉴别量从 $-\infty\rightarrow+10$dB 单调递增（注：为了便于显示，图中将小于 -50dB 的 XPD 值均用 -50dB 代替）；但在俯仰向上，天线主瓣范围内的极化状态变化并不明显。

综合图 3.20 和图 3.21 的分析结果可以看出，在通常所关心的主瓣范围内，天线的极化状态在方位向上变化明显而且具有单调性；但在俯仰向上的变化并不明显，也就是说，即使二坐标雷达获得的仰角信息并不准确，例如，存在一定的仰角测量误差 δ_θ，但对偏置抛物面天线空域极化特性在方位向上变化规律的影响甚微。

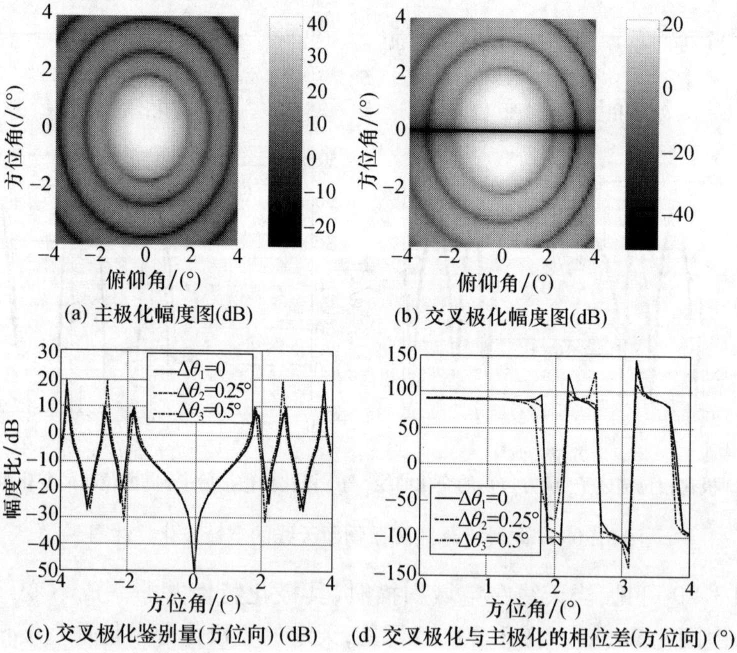

(a) 主极化幅度图(dB)　(b) 交叉极化幅度图(dB)

(c) 交叉极化鉴别量(方位向)(dB)　(d) 交叉极化与主极化的相位差(方位向)(°)

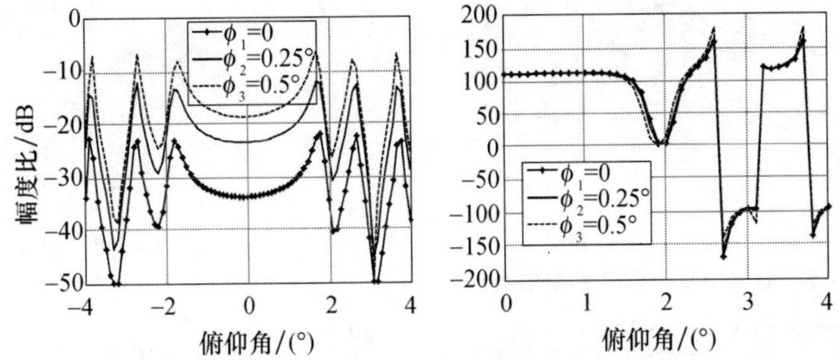

(e) 交叉极化鉴别量(俯仰向) (dB)　(f) 交叉极化与主极化的相位差(俯仰向) (°)

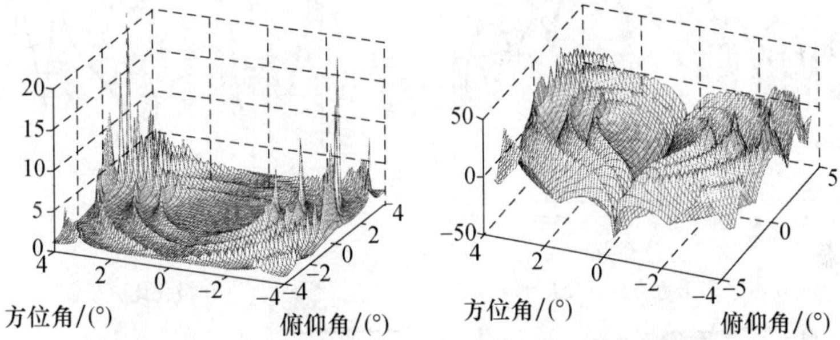

(g) 交叉极化与主极化幅度比的三维分布图(电压单位)　(h) 交叉极化鉴别量的三维分布图(dB)

图 3.21　x 向线极化馈源抛物面天线的交叉极化特性图

2. y 向线极化馈源

图 3.22 示出了当天线具有 y 向线极化馈源时，抛物面天线空域极化特性的典型分析结果。

由图 3.22(a)～(c)可见，具有 y 向线极化馈源的抛物面天线的主极化是水平极化，水平向上天线的半功率波束宽度为 1.4°，主瓣宽度为 3.6°。由图 3.22(d)～(f)可见，在主瓣范围内，天线的极化比幅度单调递增，极化相位描述子 γ 逐渐增大，而极化相位描述子 ϕ 基本保持不变，例如，当方位角 φ_c 在[0°,1.8°]范围内逐渐增大时，天线的极化比幅度 $|\rho|$ 从 $-\infty\to+10$dB，极化相位描述子 γ 从 0°→70°。

根据图 3.19 中馈源坐标系的定义，具有 y 向线极化馈源的抛物面天线的主极化分量应为水平极化，交叉极化分量应为垂直极化，所得结论与仿真结果一致。而且，经过进一步的分析可知，当抛物面天线在方位和俯仰向上扫描时，主极化分量逐渐减小，交叉极化分量逐渐增加。在方位向上的主瓣范围内，天线的极化特性变化明显且规律性强，而且，稍许的仰角测量误差 δ_θ 对方位向上天线空域极化特性的变化规律影响很小。

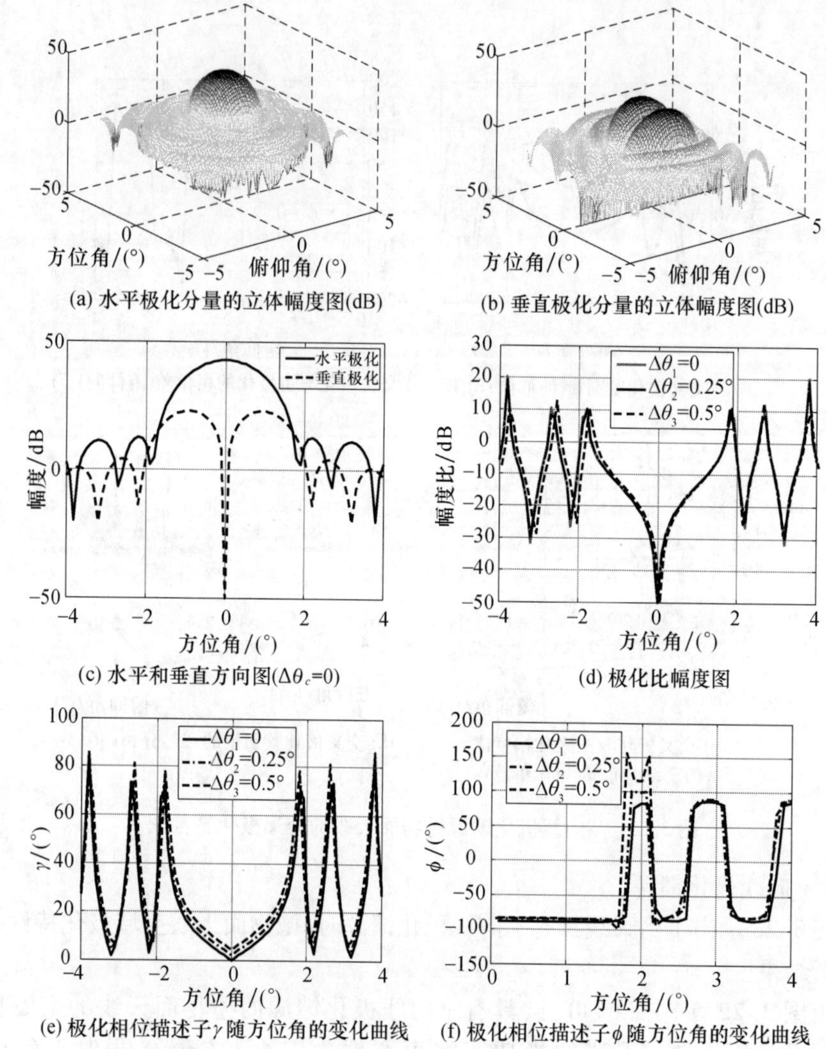

(a) 水平极化分量的立体幅度图(dB)　(b) 垂直极化分量的立体幅度图(dB)

(c) 水平和垂直方向图($\Delta\theta_c=0$)　(d) 极化比幅度图

(e) 极化相位描述子γ随方位角的变化曲线　(f) 极化相位描述子ϕ随方位角的变化曲线

图 3.22　y 向线极化馈源抛物面天线的空域极化特性图

3. 左旋圆极化馈源

图 3.23 给出了当偏置抛物面天线具有左旋圆极化馈源时，典型天线空域极化特性图。图 3.23(a)和图 3.24(b)为极化相位描述子 γ 和 ϕ 随方位角的变化曲线(其中每根曲线代表不同的俯仰角情况)。图 3.23(c)示出了当方位角 φ_c 和俯仰角 $\Delta\theta_c$ 均在[−4°, +4°]范围内变化时，天线经历的所有极化状态在 Poincare 球上的分布情况；为方便显示，对原图进行了适当的旋转，在方位向上逆时针旋转 45°，在俯仰向上顺时针旋转 30°(这里的顺时针是指从左朝右看截面)；针对每一个俯仰角，求取方位角在[−4°, +4°]范围内变化时，天线经历的各极化状态对应的 Stokes 矢量，进而求取 g_1、g_2 和 g_3 分量的均值和方差，其随俯仰角的变化曲线

如图 3.23(d)和图 3.23(e)所示。

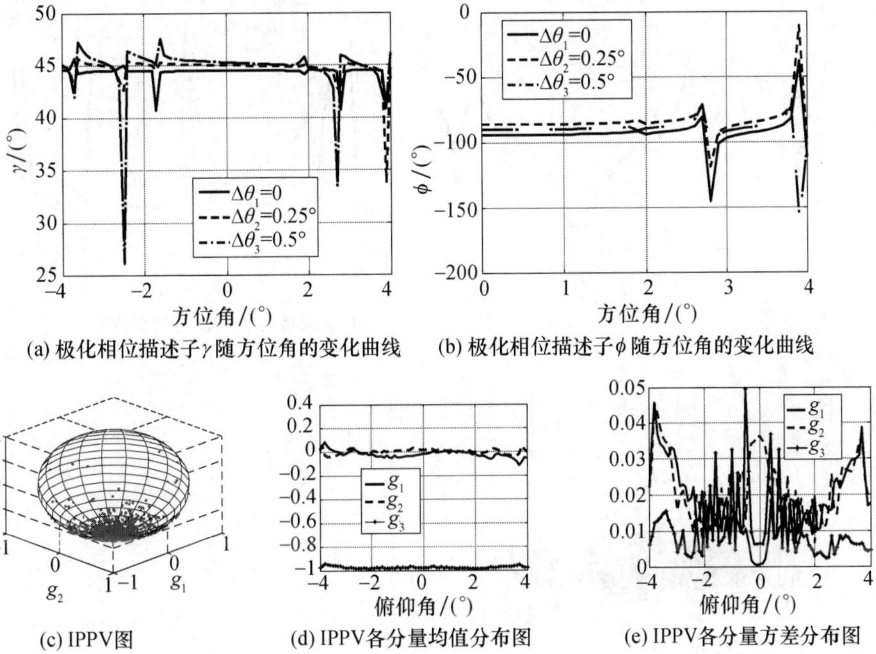

(a) 极化相位描述子γ随方位角的变化曲线　(b) 极化相位描述子ϕ随方位角的变化曲线

(c) IPPV图　(d) IPPV各分量均值分布图　(e) IPPV各分量方差分布图

图 3.23　左旋圆极化馈源抛物面天线的空域极化特性图

由图 3.23 可见,当天线在方位和俯仰方向上扫描时,各极化状态分布在 Poincare 球的南极周围,即天线的主极化为右旋圆极化,这与 3.3.1 节的讨论结果一致,即圆极化馈源会极化反向。同时,由图 3.23 可见,当抛物面天线具有左旋圆极化馈源时,其空域极化特性并不明显,这亦与 3.3.1 节的讨论结果一致,即交叉极化是线极化馈源抛物面天线的主要问题,但并不是圆极化抛物面天线最主要的问题。

求取交叉极化与主极化之比,并计算天线的交叉极化鉴别量,典型结果如图 3.24所示。

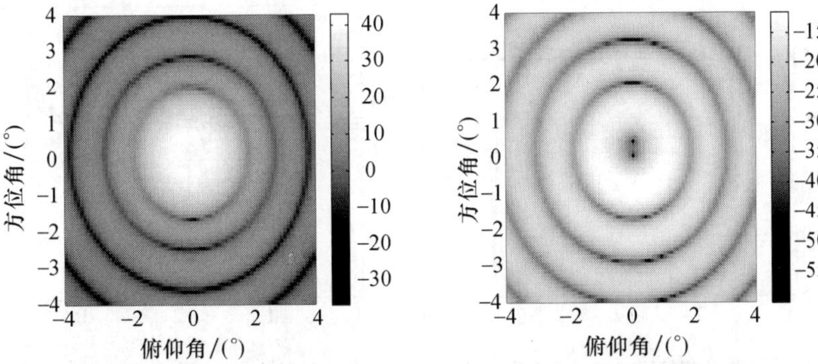

(a) 主极化幅度图 (dB)　(b) 交叉极化幅度图(dB)

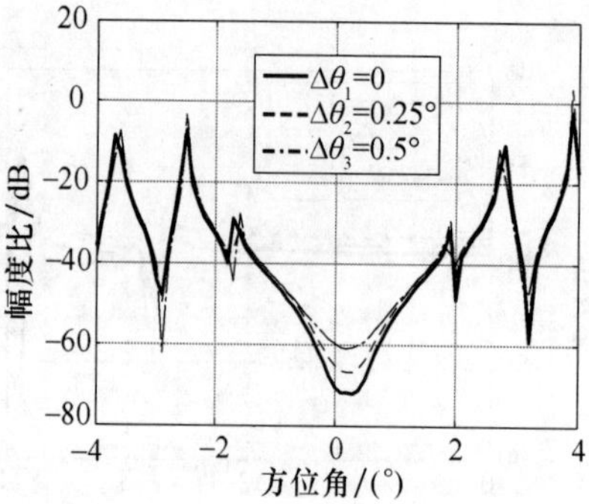

(c) 交叉极化鉴别量(dB)

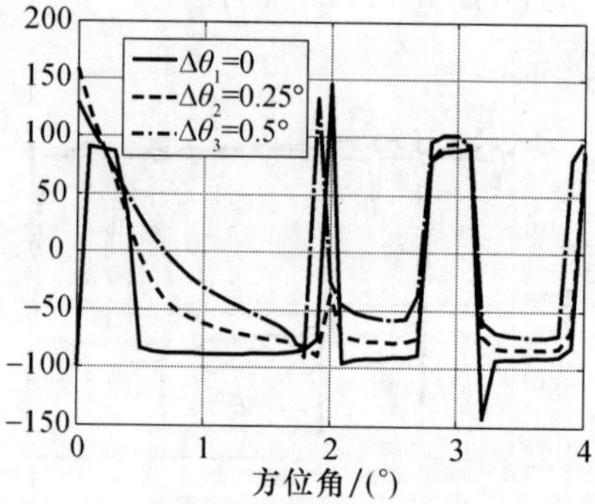

(d) 交叉极化与主极化的相位差(°)

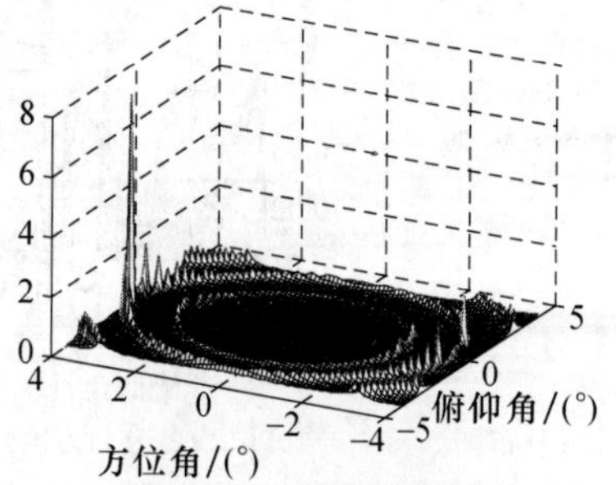

(e) 交叉极化与主极化幅度比的三维分布图（电压单位）

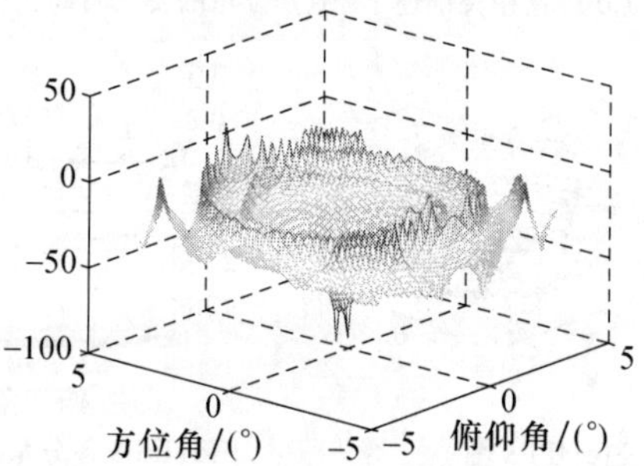

(f) 交叉极化鉴别量的三维分布图 (dB)

图 3.24　左旋圆极化馈源抛物面天线的交叉极化特性图

由图 3.24 可见，当抛物面天线在方位和俯仰向上扫描时，其主极化分量逐渐减小，交叉极化分量增加。例如，在方位向上，当天线在主瓣范围内扫描时，其交叉极化鉴别量从 -70dB 逐渐增大至 -30dB。

4. 右旋圆极化馈源

图 3.25 给出了具有右旋圆极化馈源抛物面天线空域极化特性的典型结果图。

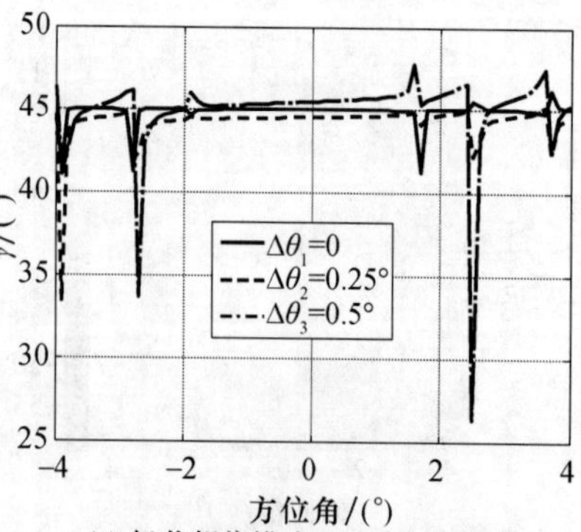

(a) 极化相位描述子γ 随方位角的变化曲线(°)

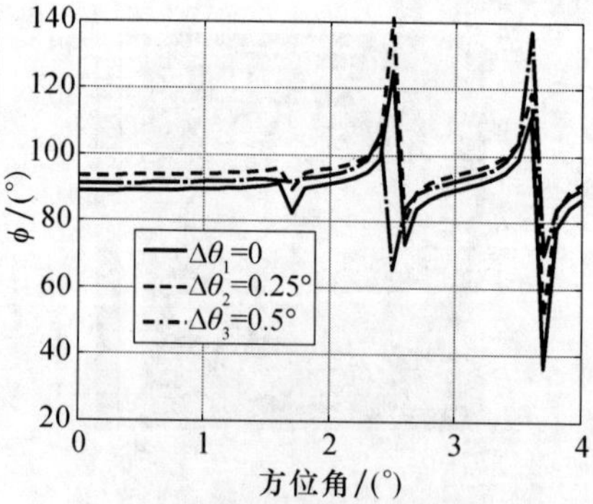

(b) 极化相位描述子ϕ随方位角的变化曲线(°)

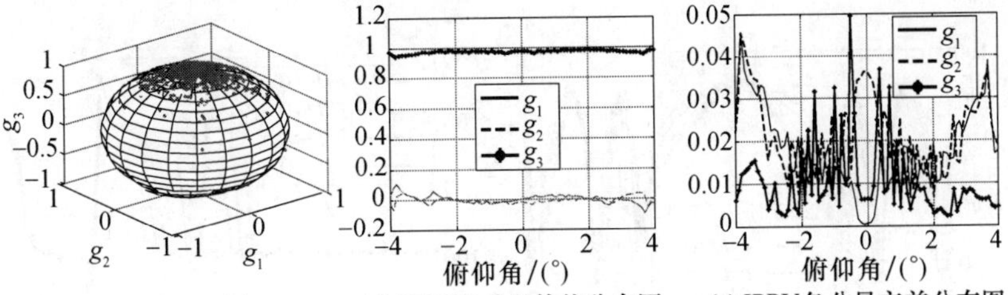

(c) IPPV图 (d) IPPV各分量均值分布图 (e) IPPV各分量方差分布图

图 3.25 右旋圆极化馈源抛物面天线的交叉极化特性图

由图 3.25 可见，当天线在方位和俯仰方向上扫描时，天线经历的各极化状态分布在 Poincare 球的北极周围，即其主极化为左旋圆极化，这与 3.3.1.3 节的讨论结果一致，即圆极化馈源会极化反向，即具有右旋圆极化馈源的抛物面天线的主极化为左旋圆极化，交叉极化分量为右旋圆极化。

结合图 3.23 ~ 图 3.25 以及大量仿真结果可以得到结论：具有圆极化馈源的偏置抛物面天线在不同空间位置，极化特性发生变化，但变化并不明显，总体来讲，交叉极化分量相对于主极化分量很小。

3.3.2.2 关键参数对抛物面天线空域极化特性的影响分析

由 3.3.1.5 节的分析可知，抛物面天线的焦径比和偏置角是影响其极化特性的关键参数，下面将焦径比 F/D 取 0.25 ~ 0.8、偏置角 ψ_0 取 30° ~ 70°之间的不同典型值，探讨关键参数对天线空域极化特性的影响。

1. 焦径比 F/D 对天线空域极化特性的影响

以具有 x 向线极化馈源的抛物面天线为例，设抛物面的偏置角 $\psi_0 = 44°$，探讨当天线的焦径比 $F/D = 0.25$、$F/D = 0.35$、$F/D = 0.5$、$F/D = 0.75$ 这几种常见情况下，抛物面天线空域极化特性的差异。当天线平放（即 $\Delta\theta_c = 0$）时的仿真结果如图 3.26 所示，其中，图 3.26(a) 和图 3.26(b) 分别为天线极化比幅度和交叉极化鉴别量随方位角的分布图；图 3.26(c) 和图 3.27(d) 为极化相位描述子 γ 和 ϕ 随方位角的空域分布曲线。

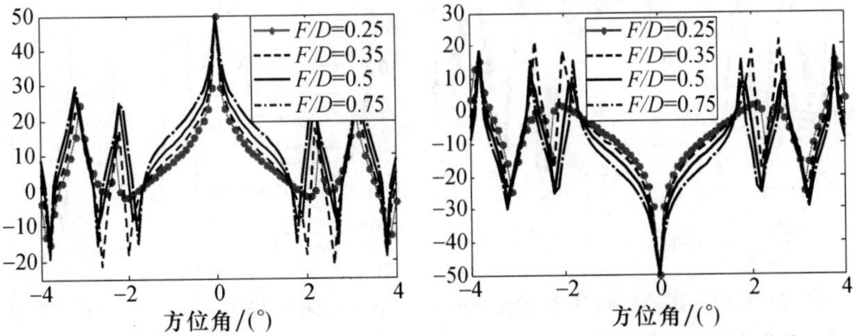

(a) 极化比幅度的空域分布图(dB) (b) 交叉极化鉴别量随方位角的变化曲线(dB)

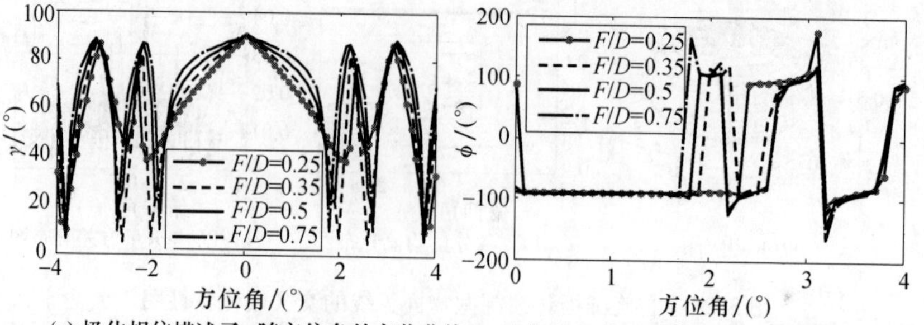

(c) 极化相位描述子γ随方位角的变化曲线　(d) 极化相位描述子ϕ随方位角的变化曲线

图 3.26　具有不同焦径比 F/D 的抛物面天线空域极化特性对比图

由图 3.26 可见，焦径比 F/D 的值越小，偏置抛物面天线的交叉极化分量越大，天线的极化状态在空间变化越快，或者说天线的空域极化特性越明显，这与 3.3.1.5 节的理论分析结果是一致的。

2. 偏置角 ψ_0 对天线空域极化特性的影响

以具有 x 向线极化馈源的抛物面天线为例，设抛物面的焦径比 $F/D=0.5$，探讨当天线的偏置角取 $\psi_0=30°$、$\psi_0=44°$、$\psi_0=55°$、$\psi_0=70°$这几种常见情况下，抛物面天线空域极化特性的差异。当天线平放（即 $\Delta\theta_c=0$）时的典型仿真结果如图 3.27 所示。

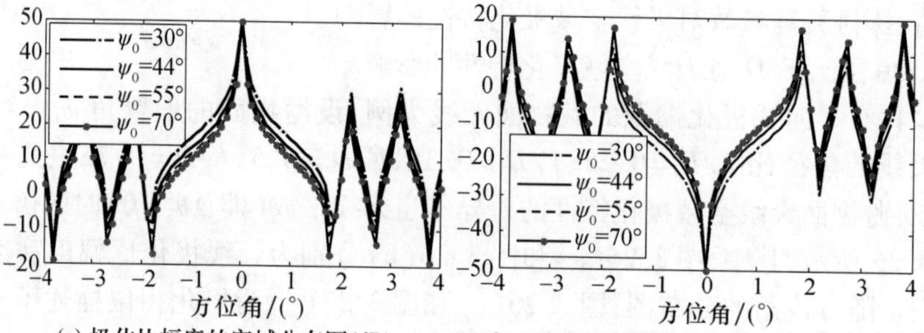

(a) 极化比幅度的空域分布图(dB)　(b) 交叉极化鉴别量随方位角的变化曲线(dB)

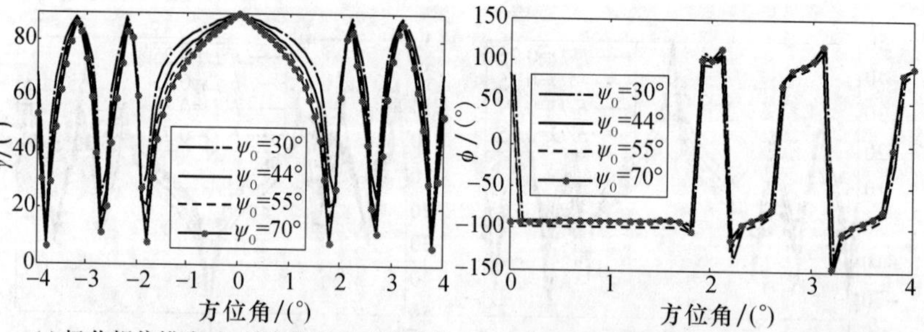

(c) 极化相位描述子γ随方位角的变化曲线　(d) 极化相位描述子ϕ随方位角的变化曲线

图 3.27　具有不同偏置角 ψ_0 的抛物面天线空域极化特性对比图

由图 3.27 可见，偏置角 ψ_0 越大，天线的交叉极化分量越大，天线极化在空间变化越快，即天线的空域极化特性越明显，与 3.3.1 节的理论分析结果一致。

3.3.2.3　典型正馈抛物面的空域极化特性仿真分析

特别的，当偏置角 $\psi_0=0$ 时，偏置抛物面就变成了对称抛物面，即通常所说“正馈抛物面”的情况。设抛物面具有 y 向线极化馈源，天线工作频率为 10GHz，抛面口径为 30cm（与将在 3.4.2 节中分析的某实际抛物面天线对应），抛物面的焦径比 $F/D=0.5$，对此正馈抛物面天线的空域极化特性进行计算机仿真，并给出典型仿真结果。

图 3.28(a) 和图 3.28(b) 为天线主极化分量和交叉极化分量幅度的空域分布图。

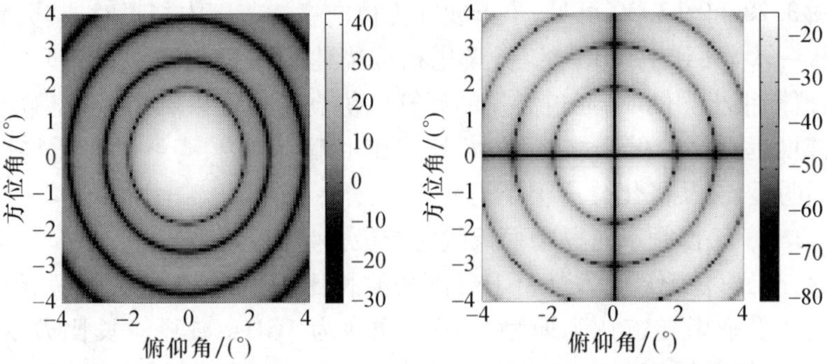

(a) 主极化幅度图(dB)　　(b) 交叉极化幅度图(dB)

图 3.28　正馈抛物面主极化和交叉极化幅度空域分布图

图 3.29(a) 为当天线平放（即天线的俯仰角 $\Delta\theta_c=0$）时的主极化和交叉极化方向图；图 3.29(b) 为天线的交叉极化鉴别量随方位角的变化曲线，其中，每根曲线代表一定的俯仰角。

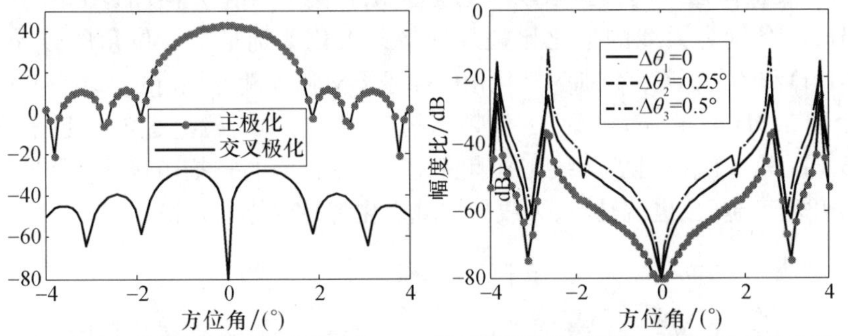

(a) 主极化和交叉极化方向图(dB)　　(b) 交叉极化鉴别量随方位角的变化曲线(dB)

图 3.29　正馈抛物面天线交叉极化鉴别量的空域分布图

图 3.30(a) 和图 3.30(b) 分别为天线极化相位描述子 γ 和 ϕ 随方位角的变化曲线，其中，每根曲线代表一定的典型俯仰角。

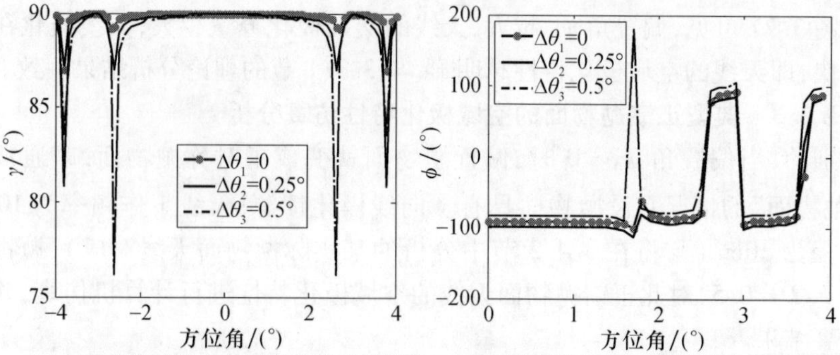

(a) 极化相位描述子γ随方位角的变化曲线　(b) 极化相位描述子ϕ随方位角的变化曲线

图 3.30　正馈抛物面天线极化相位描述子的空域分布图

由图 3.28 和图 3.30 可见，当天线在方位向主瓣范围内扫描时，其交叉极化鉴别量仅从 $-\infty$增大到 -50dB 左右，极化相位描述子 γ 也仅从 90°降低为 89.7°左右，变化范围很小。同时，通过大量的计算机仿真结果可以看出，正馈抛物面天线的极化纯度远远高于偏馈抛物面，尤其是在主瓣范围内，天线的极化特性虽有变化但并不明显，交叉极化分量很小。

3.3.2.4　工作频率对抛物面天线空域极化特性的影响分析

最后，分别以工作频率为 2GHz，口径波长比 $D/\lambda=20$ 的 S 波段雷达（以某国产中远程警戒引导雷达为原型）；工作频率为 5GHz，口径波长比 $D/\lambda=50$ 的 C 波段雷达（以某国产对空监视引导雷达为原型）；工作频率为 10GHz，口径波长比 $D/\lambda=100$ 的 X 波段雷达为例进行计算，分析工作在不同频段时，抛物面天线空域极化特性的异同。

图 3.31 示出了焦径比 $F/D=0.5$，偏置角 $\psi_0=44°$，具有 x 向线极化馈源的抛物面天线工作在不同频段时的典型仿真结果。设天线平放（即 $\Delta\theta_c=0$），图 3.31(a)~(c) 分别为天线工作在不同典型频段时的主极化和交叉极化方向图；图 3.31(d) 和图 3.31(e) 分别为天线的极化比幅度和交叉极化鉴别量随方位角的分布曲线；图 3.31(f) 和图 3.31(g) 分别为极化相位描述子 γ 和 ϕ 随方位角的空域分布曲线。

由图 3.31(a)~(c) 可见，工作频率越高，天线的增益越大、波束越窄；同时，由图 3.31(d)~(g) 可见，天线工作频率越高，在相同的扫描范围内，天线的极化特性变化程度越大，也就是说，天线的空域极化特性变化的越快。

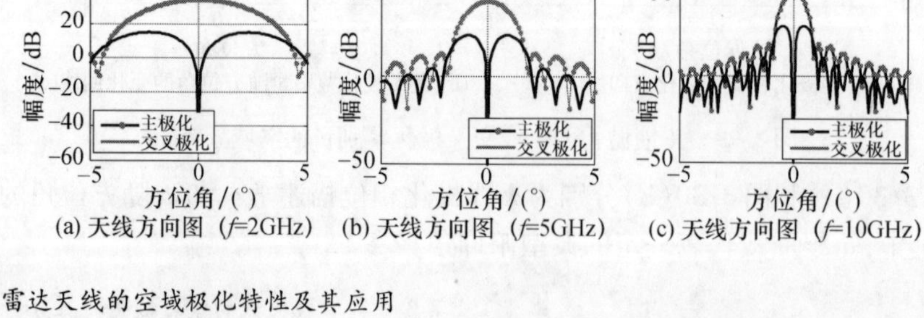

(a) 天线方向图 (f=2GHz)　(b) 天线方向图 (f=5GHz)　(c) 天线方向图 (f=10GHz)

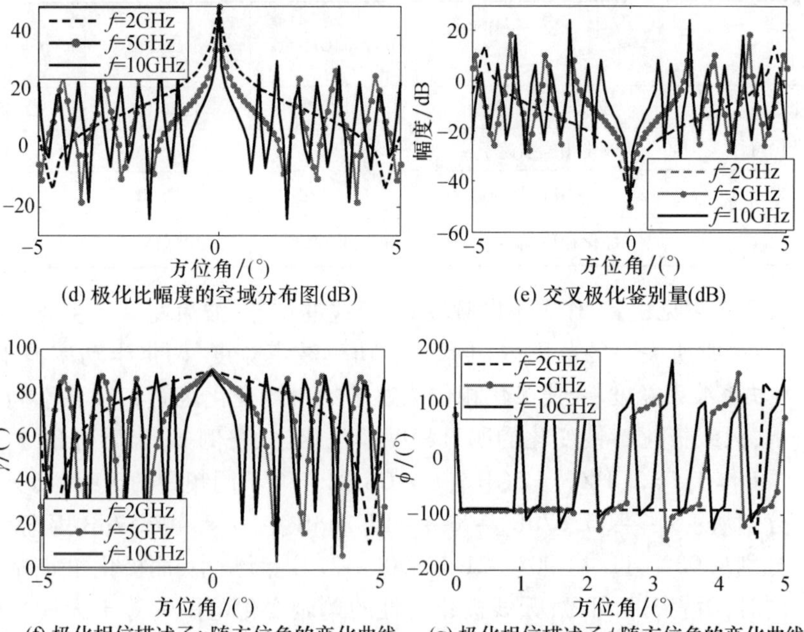

(d) 极化比幅度的空域分布图(dB)　(e) 交叉极化鉴别量(dB)

(f) 极化相位描述子γ随方位角的变化曲线　(g) 极化相位描述子ϕ随方位角的变化曲线

图 3.31　工作在不同频段时抛物面天线空域极化特性对比图

表 3.3 示出了不同工作频段下，在水平方位向上的天线特性尤其是空域极化特性，包括：天线的最大增益、波束宽度、天线极化特性的单调变化范围 φ_Δ（也就是说，当在方位面上 $[-\varphi_\Delta/2, +\varphi_\Delta/2]$ 范围内扫描时，天线的极化相位描述子是线性变化的）、以及在半功率波束宽度处、2 倍半功率波束宽度处、2.5 倍半功率波束宽度处、天线极化相位描述子线性变化范围的边缘处，天线交叉极化鉴别量的大小。

表 3.3　不同工作频段下的单偏置抛物面天线的主要性能参数表

主要性能参数 \ 工作频段		$f=2$GHz	$f=5$GHz	$f=10$GHz
最大增益		34.76dB	42.72dB	48.74dB
半功率波束宽度 φ_{3dB}		3.44°	1.38°	0.68°
2 倍的半功率波束宽度 $2\varphi_{3dB}$		6.88°	2.76°	1.36°
2.5 倍的半功率波束宽度 $2.5\varphi_{3dB}$		8.6°	3.45°	1.7°
天线极化特性的单调变化范围 φ_Δ		9.2°	3.6°	1.8°
$\varphi=\frac{\varphi_{3dB}}{2}$处的极化特性	交叉极化鉴别量	−17.37dB	−17.36dB	−17.57dB
	极化相位描述子 γ	82.28°	82.27°	82.36°
$\varphi=\varphi_{3dB}$处的极化特性	交叉极化鉴别量	−7.98dB	−7.91dB	−8.19dB
	极化相位描述子 γ	68.24°	68.05°	68.6°

（续）

主要性能参数 \ 工作频段		$f=2$GHz	$f=5$GHz	$f=10$GHz
$\varphi=1.25\varphi_{3dB}$处极化特性	交叉极化鉴别量	1.26dB	2.26dB	2.45dB
	极化相位描述子 γ	40.85°	38.35°	38.30°
$\varphi=\frac{\varphi_\Delta}{2}$处的极化特性	交叉极化鉴别量	13.92dB	8.27dB	8.34dB
	极化相位描述子 γ	11.4°	21.1°	21°

由表3.3可见，当工作于不同频段时，天线的增益、波束宽度等主要参数显著不同，但在通常所关心的范围内（例如，半功率波束宽度、两倍半功率波束宽度、2.5倍半功率波束宽度、天线极化相位描述子的线性变化区间），在各不同工作频率条件下，天线极化特性变化的明显程度却是相当的，例如，当方位角 φ_c 从 $0\to\varphi_\Delta/2$ 时，工作于 $f=2$GHZ、$f=5$GHZ、$f=10$GHZ 三个不同频段的天线，其交叉极化鉴别量分别从 $-\infty\to-17.37$dB、$-\infty\to-17.36$dB、$-\infty\to-17.57$dB 逐渐增大，极化角 γ 分别从 $90°\to11.4°$、$90°\to21.1°$、$90°\to21°$逐渐减小，而极化角 φ 基本保持不变。同时，由表3.3可见，天线极化特性的单调变化范围约等于天线半功率波束宽度的2.5倍，即 $\varphi_\Delta\approx2.5\times\varphi_3$dB。

可见，由于偏置面破坏了天线结构的对称性，造成单偏置反射面天线线极化使用时交叉极化的上升和圆极化使用时的波束倾斜。当用线极化馈源照射抛物面时，偏置抛物面天线的交叉极化分量较大，空域极化特性明显具有较强的规律性。

3.4 实测天线的空域极化特性分析

天线的极化与天线形式密切相关，不同天线极化特性在空间的变化规律也不尽相同。针对某工作于C波段的干扰机天线和某工作于X波段的抛物面天线在方位和俯仰方向上一定区域内扫描时的微波暗室实测数据，分析这两种实际天线的空域极化特性，为后续的应用研究提供理论依据。图3.32为实验所在微波暗室的照片。

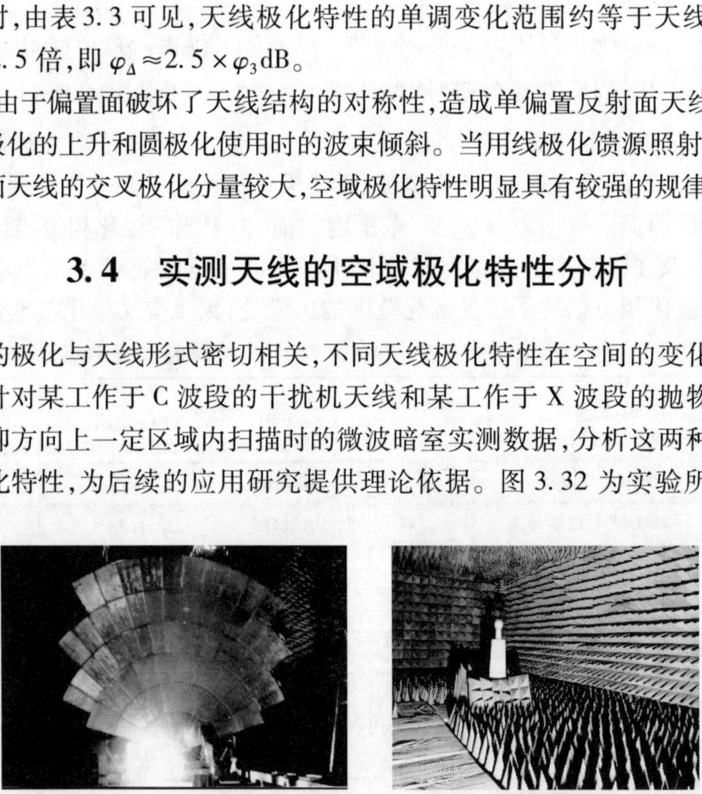

(a) 时域紧缩场　　(b) 微波暗室

图3.32　微波暗室照片

3.4.1 某干扰机天线的空域极化特性分析

本小节针对某工作于C波段的实际干扰机天线，利用其在方位和俯仰方向上一定区域内扫描时的暗室测量数据，分析天线的主极化方向图和交叉极化方向图；进而讨论天线的极化比和极化纯度等空域极化特性经典描述子、以及天线的空域IPPV、极化聚类中心和极化散度等空域瞬态极化特性描述子在空间的分布情况[49]。

测量模式如下：①方位向扫描范围：−60°～+60°，扫描间隔0.5°；②俯仰向扫描范围：−45°～+45°，扫描间隔5°；③工作频率范围：3.9～6.2GHz，频率间隔为12.2MHz；④采用垂直极化和水平极化两个通道接收电压数据。

图3.33示出了当天线工作在中心频段 $f=5.05\text{GHz}\pm12.2\text{MHz}$ 时，天线的归一化主极化方向图和交叉极化方向图，图中，横坐标为方位角，纵坐标表示天线的电压幅度，单位为dB；图3.33(a)是天线放置在水平面上时的情况，图3.33(b)是天线上仰5°时的情况。

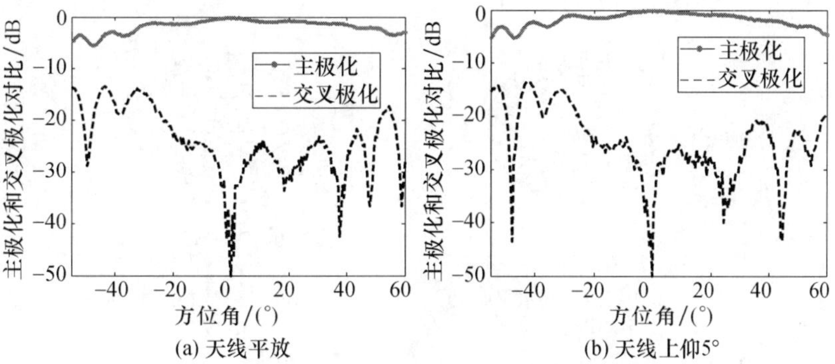

图3.33 实测干扰机天线的主极化和交叉极化方向图

图3.34(a)为天线交叉极化与主极化的幅值比随方位角的变化曲线；图3.34(b)给出了天线的极化纯度随方位角的变化曲线。

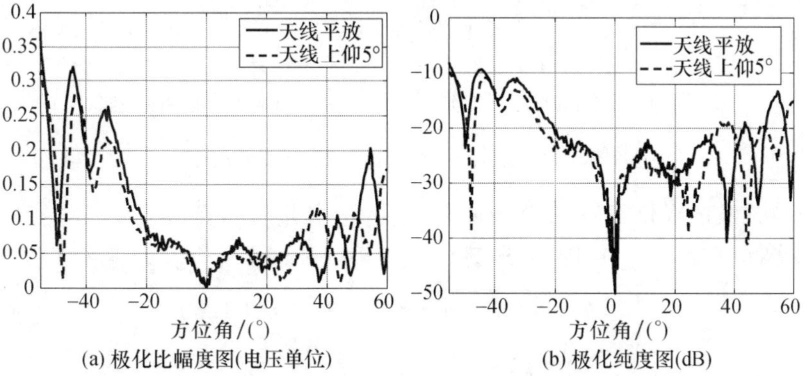

图3.34 实测干扰机天线极化比和极化纯度的空域分布图

各种不同情况下的大量仿真结果表明，该干扰机天线为一宽波束天线，当天线在方位和俯仰方向扫描时，极化特性按照一定规律发生明显变化。当天线平放时，主极化分量的 IPPV 为$[-0.0524, 0.9986, 0.0034]^{\mathrm{T}}$，在波束中心指向，天线极化纯度很高，交叉极化鉴别量低至 -50dB；随着天线波束指向偏离中心位置，其交叉极化分量逐渐增大，极化纯度降低，交叉极化鉴别量也逐渐增大，最大时达到 -7dB。

天线的空域极化投影集完整地描述了天线的空域极化特性，瞬态极化投影矢量（即 IPPV）在 Poincare 单位球面上的分布图显示了不同空间点上天线极化状态的分布情况。根据第 2 章中天线空域瞬态极化特性的定义，图 3.35 示出了当天线工作在中心频段，在方位向主瓣区域内扫描时，天线在不同仰角情况下的空域 IPPV 图。图 3.35(a) ~ (d)分别为天线平放、天线上仰 5°、上仰 10°和上仰 20°时的情况。为方便显示，对各原图进行了适当的旋转，均在方位向上逆时针旋转 150°，俯仰向上顺时针旋转 30°（这里的顺时针是指在从左朝右看截面）。

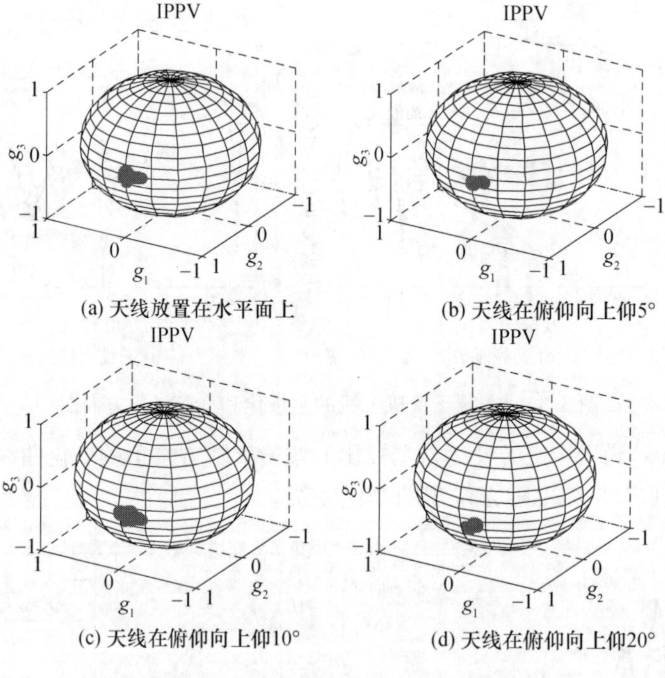

(a) 天线放置在水平面上　(b) 天线在俯仰向上仰5°

(c) 天线在俯仰向上仰10°　(d) 天线在俯仰向上仰20°

图 3.35　实测干扰机天线的空域 IPPV 图

设电磁波的极化状态在 Poincare 球上的笛卡儿坐标为(g_1, g_2, g_3)，可定义其对应球坐标$(\theta_{\text{polar}}, \varphi_{\text{polar}})$，Poincare 球的直角坐标和球坐标存在如下关系：

$$\begin{cases} \tan\theta = \sqrt{g_1^2 + g_2^2}/g_3, & \theta_{\text{polar}} \in (0, \pi) \\ \tan\varphi = g_2/g_1, & \varphi_{\text{polar}} \in (0, 2\pi) \end{cases} \tag{3.4.1}$$

为了更好地表示当天线在空间扫描时，历经的各种极化状态与主极化状态的相对关系，图 3.36(a)和图 3.36(b)分别给出当天线放置在水平面上且工作于中心频段，在方位向主瓣范围内扫描时，经历的各极化态与主极化状态在 Poincare 球的直角坐标的坐标系和球坐标系下的相对关系图。

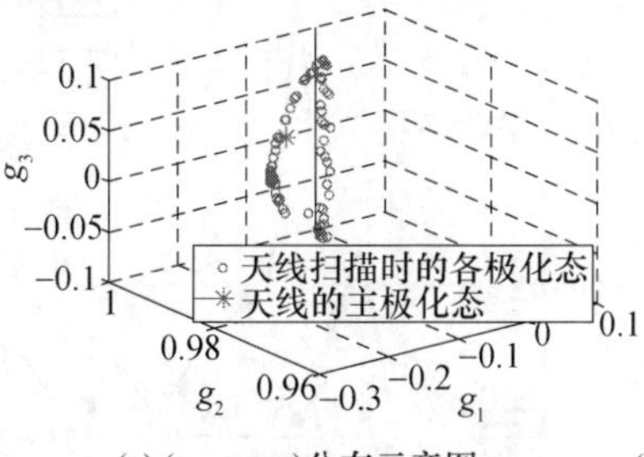

(a) (g_1, g_2, g_3)分布示意图

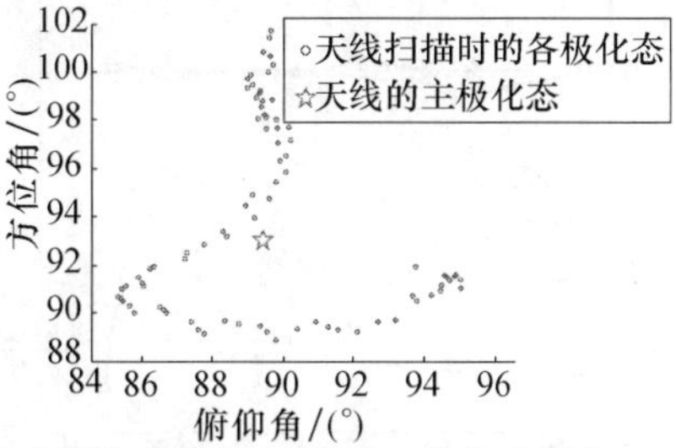

(b) 极化方位角和极化俯仰角分布示意图

图 3.36　实测干扰机天线的空域 IPPV 在笛卡儿坐标和球坐标系下的分布图

由图 3.35 和图 3.36 可见，当天线在方位和俯仰方向扫描时，天线的极化状态发生改变，而且，各极化态按一定规律分布在主极化周围。在图 3.36 的工作场景下，表 3.4 示出了天线的主极化状态、天线所经历的各极化状态的 g_1、g_2、g_3 分量以及 θ_{polar}、φ_{polar}的取值范围。

表 3.4　实测干扰机天线在方位向主瓣内扫描时极化状态分布范围表

	g_1 分量	g_2 分量	g_3 分量	极化俯仰角 θ_{polar}	极化方位角 φ_{polar}
主极化	-0.0524	0.9986	0.0034	93.0064°	89.8052°
最小值	-0.2036	0.9791	-0.0934	85.6597°	88.8840°
最大值	0.0195	0.9999	0.0757	95.3615°	101.7447°

为了深入研究天线各极化态偏离主极化的大小及其在空间分布的离散程度，下面分析天线的典型空域瞬态极化描述子。根据 2.3.2 节中的讨论，当取 $a(n)=1$ 时，由式(2.3.39)和式(2.3.40)的定义可知，均匀加权聚类中心的值即为天线瞬态 Stokes 矢量各分量的均值，二阶极化散度即为天线瞬态 Stokes 矢量各分量的方差。当天线工作在中心频段时，针对每一个俯仰角，根据式(3.4.2)计算当天线在方位向上主瓣范围内扫描时，经历的各极化态偏离主极化的均值，图 3.37(a)示出了该偏量的均值随天线俯仰指向的变化曲线；根据式(3.4.3)计算当天线在方位向上主瓣范围内扫描时天线的极化散度，图 3.37(b)示出了当天线的极化散度随天线俯仰指向的变化曲线。

$$\Delta\widetilde{\boldsymbol{G}}_{HV}=\left(\frac{1}{M}\sum_{n=1}^{M}\widetilde{\boldsymbol{g}}_{HV}(n)\right)-\widetilde{\boldsymbol{g}}_{\text{main}} \tag{3.4.2}$$

$$\boldsymbol{D}_{HVm}^{(2)}=\frac{1}{M}\sum_{n=1}^{M}a(n)\ \left|\widetilde{g}_{HVm}(n)-\widetilde{\boldsymbol{G}}_{HVm}\right|^2, m=1,2,3 \tag{3.4.3}$$

式中

$$\tilde{G}_{HVm} = \frac{1}{M}\sum_{n=1}^{M}\tilde{g}_{HVm}(n)\ ,m = 1,2,3 \tag{3.4.4}$$

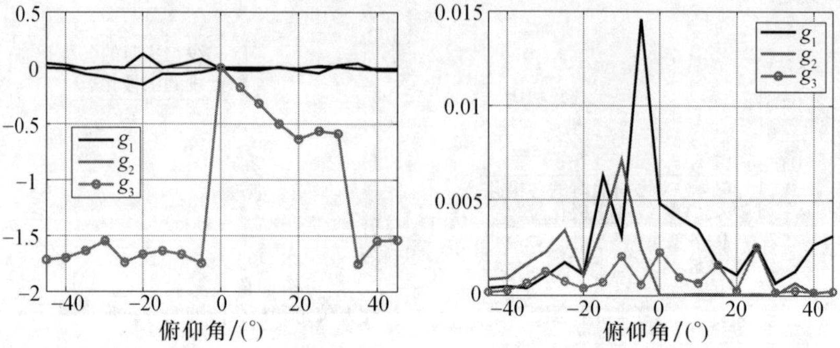

(a) 各极化分量偏离主极化的均值分布图　(b) 极化散度分布图

图 3.37　实测干扰机天线极化描述子统计特性随俯仰角的变化曲线

由图 3.37(a)可见,g_3 分量较 g_1 和 g_2 分量偏离相应的主极化分量更远,由图 3.37(b)可见,g_2 和 g_3 分量在空间分布的较集中,g_1 分量在空间分布的相对比较稀疏。同时可以看出,当天线放置于水平面且在方位向上扫描时,它所经历的各极化态紧密的分布在主极化周围,统计均值基本与主极化相等;当天线在俯仰方向扫描时,天线的各极化态会逐渐偏离主极化态,分布也逐渐稀疏。

特别地,为了更好地表征天线的各极化态与主极化的相对关系,根据 2.3.2 节中"极化夹角"的定义,设天线主极化 $\boldsymbol{h}_0$ 对应 Poincare 极化球上的点$(\tilde{g}_{10},\tilde{g}_{20},\tilde{g}_{30})$,天线在空域扫描时所经历的某一极化态 $\boldsymbol{h}_i$ 对应为$(\tilde{g}_{1i},\tilde{g}_{2i},\tilde{g}_{3i})$,这两点所夹球心角 β 满足如下关系式:

$$\cos\beta_i = \sum_{k=1}^{3}\tilde{g}_{k0}\tilde{g}_{ki},\cos^2\frac{\beta_i}{2} = \frac{|\boldsymbol{h}_0^{\mathrm{T}}\boldsymbol{h}_i|^2}{\|\boldsymbol{h}_0\|^2\|\boldsymbol{h}_i\|^2} = |\boldsymbol{h}_0^{\mathrm{T}}\boldsymbol{h}_i|^2 \tag{3.4.5}$$

式中:$i=1,2,\cdots,N$,N 表示天线在空域一定区域内扫描时,所经历的不同极化状态的个数。

由此可解得

$$\beta_i = \arccos\left(\sum_{k=1}^{3}\tilde{g}_{k0}\tilde{g}_{ki}\right),\beta_i \in (0,\pi) \tag{3.4.6}$$

当天线工作于中心频段、置于水平面且在方位向上扫描时,图 3.38(a)给出了天线经历的各极化态对应的与主极化间的空域极化夹角的统计直方图;同时,针对不同天线仰角的情况,计算天线在方位向上主瓣范围内扫描时,各空域极化夹角的标准差,并绘制曲线如图 3.38(b)所示。

由图 3.38 可见,当天线平放时,其极化夹角按照一定规律分布在 4.6°附近,变化范围为(0.974°,8.7433°);而且,极化夹角分布的离散程度随着天线在俯仰

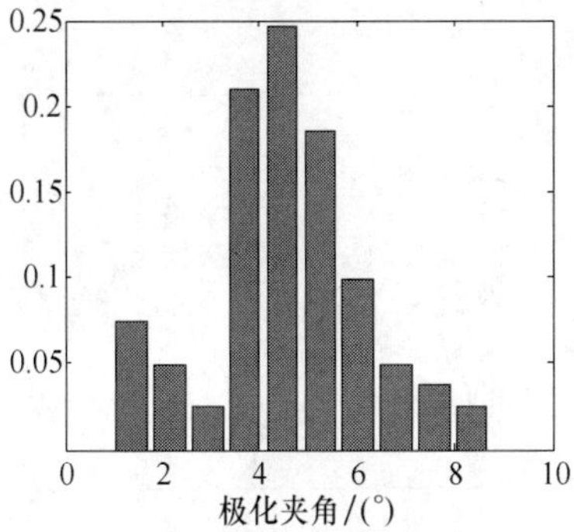

(a) 天线平放时极化夹角的统计直方图

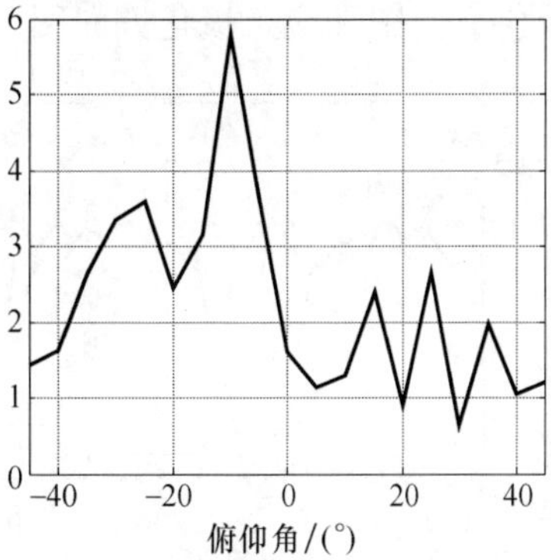

(b) 不同俯仰角情况下极化夹角的均值分布图(°)

图 3.38　实测干扰机天线极化夹角的统计特性空域分布图

方向扫描发生变化。

由以上分析可见，当天线在方位和俯仰方向扫描时，其极化状态并非一成不变，而是按一定规律分布在主极化周围。以上分析了该天线的一些重要空域瞬态极化描述子的分布特性和取值范围，由于数据有限，无法准确推导这些极化描述子所服从统计分布的数学表达式，但是这些分析结果从实际天线的角度证明了天线空域瞬态极化特性的存在性，并展示了其分布的特点和规律。

3.4.2　某抛物面天线的空域极化特性分析

某工作在 X 波段的正馈抛物面天线如图 3.39 所示，抛物面的直径为 30cm。工作中心频率为 10GHz，带宽约 10%，天线的期望极化是水平极化。天线置于微波暗室的转台上，且在方位向上扫描，并同时采用垂直极化和水平极化两个通道接收电压数据。

图 3.39　实测抛物面天线照片

天线的主极化分量是水平极化 E_H，交叉极化为垂直极化分量 E_V，图 3.40(a)～(c)分别示出了天线工作在中心频率 10GHz 及其附近频段 9.8GHz、10.2GHz 时的归一化主极化方向图和交叉极化方向图。

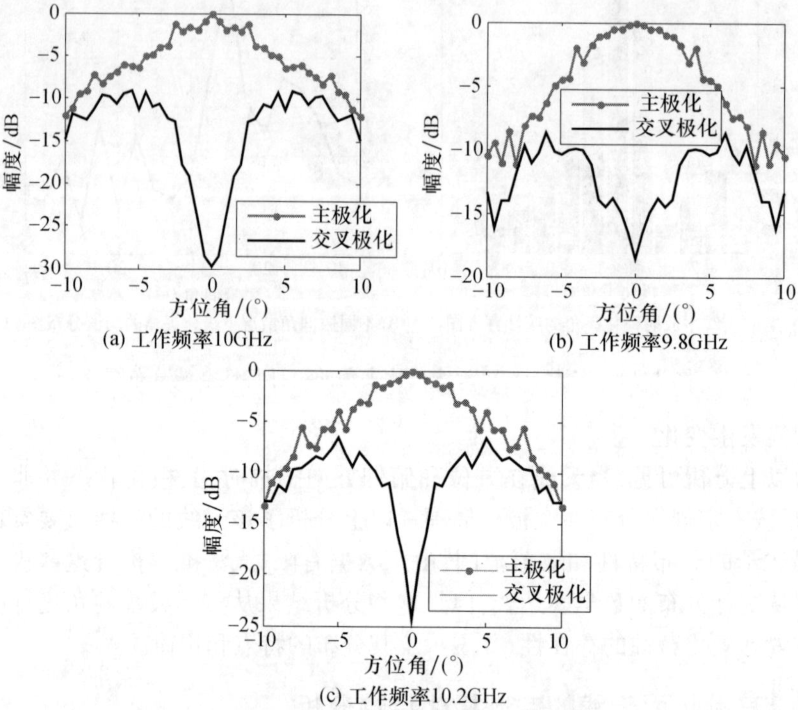

(a) 工作频率10GHz (b) 工作频率9.8GHz

(c) 工作频率10.2GHz

图 3.40 实测抛物面天线的主极化和交叉极化方向图

由图 3.40 可见,该抛物面天线为一窄波束天线,波束宽度约为 5°。根据第 2 章中极化比的定义式 $\rho = E_V / E_H$ 和交叉极化鉴别量(或称“极化纯度”)的定义式 $\mathrm{XPD} = 20\lg(E_{\text{cross}} / E_{\text{co}})$,可知,对于该水平极化抛物面天线来说,后者即为前者的分贝表示。图 3.41 和图 3.42 分别给出了天线的极化比幅度和极化相位描述子随方位角的变化曲线,其中,每根曲线代表不同的中心工作频率。

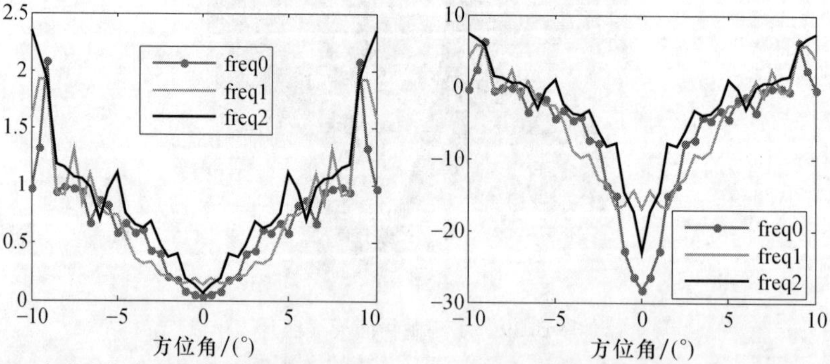

(a) 极化比幅度的空域分布图(电压单位) (b) 交叉极化鉴别量的空域分布图(dB)

图 3.41 实测抛物面天线极化比幅度的空域分布图

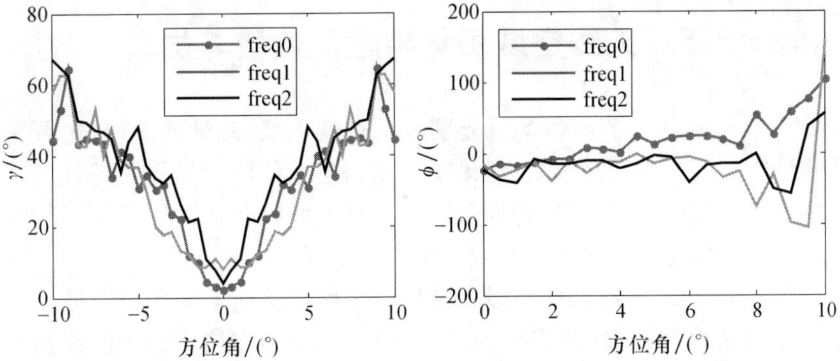

(a) 极化相位描述子γ随方位角的变化曲线　(b) 极化相位描述子φ随方位角的变化曲线

图 3.42　实测抛物面天线极化相位描述子的空域分布图

由图 3.41 ~ 图 3.42 可见，当天线在空域扫描时，其极化特性发生明显变化，例如，当天线在方位向上半功率波束宽度内扫描时，天线交叉极化鉴别量从 $-\infty$ 增大到 -7dB 左右，极化相位描述子 γ 从 0°增大为 25°左右；在方位向上主瓣范围内扫描时，交叉极化鉴别量最大达到 7dB，极化相位描述子 γ 最大达到 65°。

图 3.43(a) ~ (c)示出了当天线在方位向主瓣范围内扫描时，且分别工作在中心频率 10GHz 及其附近频率 9.8GHz、10.2GHz 时，天线所经历的各极化态在 Poincare 球上的分布情况。

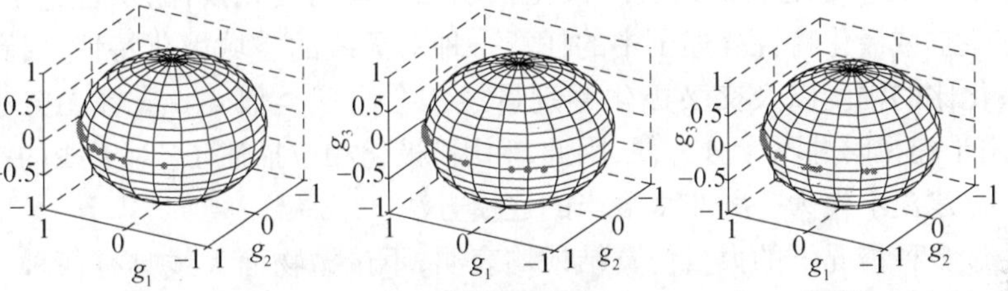

(a) 工作频率10GHz　(b) 工作频率9.8GHz　(c) 工作频率10.2GHz

图 3.43　实测抛物面天线的空域 IPPV 图

由图 3.43 可见，天线在方位向上扫描时，经历的各极化状态基本分布于 Poincare 球的赤道上，且分散在 $+x$ 轴与 Poincare 球的交点附近。

由图 3.41 ~ 图 3.43 的仿真结果可见，当该正馈抛物面天线在方位向上扫描时，天线的极化特性发生明显变化。而且，在主瓣范围内，天线的极化相位描述子 γ 单调递增，极化描述子 ϕ 基本保持 0°不变。

3.3.2.3 节利用 GRASP9 软件对典型正馈抛物面天线的空域极化特性进行计算机仿真，分析结果表明：正馈抛物面天线的极化较纯，尤其是在主瓣范围内，天线的交叉极化分量较小。对比 3.3.2.3 节和本小节的分析结果可以看出，由于各种现实因素的影响，实际天线的极化纯度比理论推导和仿真结果差很多，也就是说，实际天线极化的空变特性比理论推导结果还要明显得多。

3.5 天线空域极化特性的建模与仿真

3.2 节、3.3 节、3.4 节和 3.5 节分别以几种线天线、几种面天线、偏置抛物面天线和两种实际天线为研究对象，讨论了典型雷达天线的空域极化特性。基于前述分析结果，本节首先对偏置抛物面天线的典型空域极化特性描述子进行多项式拟合，并总结规律，建立雷达天线空域极化特性模型。

在 2.3 节中曾经讨论过，两坐标机械扫描警戒雷达通常采用扇形波束在方位面上进行比较精确的扫描，获得准确的方位角信息；而在俯仰面上的扫描比较粗略，同时，配合一部“点头”式测高雷达，获得仰角信息。在这种情况下，可将“天线极化特性随空间方位角及俯仰角变化规律的寻求”这一三维问题降为二维，即：针对一定的空间俯仰角，讨论当天线在方位面上扫描时，极化特性随方位角的变化规律。3.3.2 节中讨论了在不同仰角测量误差对偏置抛物面天线的极化特性在水平方位面上变化规律的影响，得到结论：即使二坐标雷达获得的仰角信息并不十分准确（例如，存在一定的仰角测量误差），但对偏置抛物面天线空域极化特性在水平方位向上的变化规律影响并不大。基于以上考虑，本节将建立“天线在方位面上扫描时，极化特性随方位角的二维变化模型”。

“极化比”、“极化相位描述子”、“交叉极化鉴别量”以及“天线的空域 IPPV”等描述子都能较好地表征天线的极化状态在空间的变化规律，从理论上讲，可以采用这些空域极化特性描述子中的任意一种对天线的空域极化特性进行建模，但由于极化比的幅度以及交叉极化鉴别量经常会出现类似∞、$-\infty$等无穷小或无穷大值，用于建模时并不十分方便，因此，利用“极化相位描述子”对天线的空域极化特性进行建模不失为一种非常恰当的建模方法。

经过多种情况下的大量仿真结果均表明，不论抛物面天线具有何种极化形式的馈源、抛物面的几何结构参数或是工作频段如何设置，当天线在方位面扫描时，极化相位描述子 γ 均发生明显变化，而且，在人们通常所关心的方瓣区域内，用一阶或者二阶多项式可对 γ 在方位向上的变化规律进行较好的拟合，同时，在主瓣范围内，相位描述子 ϕ 基本保持不变。

3.3.2.4 曾经指出，抛物面天线极化相位描述子 γ 的单调变化范围近似等于 2.5 倍的半功率波束宽度，因此，这里对天线在方位面上$[-1.25\varphi_{3dB},\ +1.25\varphi_{3dB}]$范围内扫描时，$\gamma$ 的空域变化规律建模，对于分别工作在 S、C、X 波段，焦径比F/D、偏置角 ψ_0 取不同典型值，且主极化为垂直极化的抛物面天线，用一阶/二阶多项式对极化相位描述子 γ 进行模拟。表 3.5 给出了不同情况下，天线极化相位描述子 γ 随方位角空域分布的拟合多项式，其中，自变量 x 代表方位角 φ，单位为“度”，极化相位描述子 γ 的单位也为“度”，φ_{3dB} 为半功率波束宽度，φ_Δ 为天线极化相位描述子 γ 的单调变化范围，即在天线主轴附近的$[-\varphi_\Delta/2,\ +\varphi_\Delta/2]$范围内，天线的极化相位描述子单调变化。

表 3.5　抛物面天线极化相位描述子 γ 的拟合多项式表(主极化为垂直极化)

工作频率	$F/D=0.5,\psi_0=44°$	$F/D=0.25,\psi_0=44°$	$F/D=0.5,\psi_0=30°$
2GHz	$\gamma=-2.05x^2+89.2(°)$	$\gamma=-9.01x+90.0(°)$	$\gamma=-1.53x^2+89.7(°)$
	$\varphi_{3dB}=3.4°,\varphi_0=9.2°$	$\varphi_{3dB}=3.6°,\varphi_0=10.4°$	$\varphi_{3dB}=3.4°,\varphi_0=9.2°$
5GHz	$\gamma=-15.8x^2+91.1(°)$	$\gamma=-22.4x+90.0(°)$	$\gamma=-12.5x^2+91.0(°)$
	$\varphi_{3dB}=1.4°,\varphi_0=3.6°$	$\varphi_{3dB}=1.4°,\varphi_0=4.0°$	$\varphi_{3dB}=1.4°,\varphi_0=3.6°$
10GHz	$\gamma=-47.4x^2+88.7(°)$	$\gamma=-46.8x+90.0(°)$	$\gamma=-34.9x^2+89.2(°)$
	$\varphi_{3dB}=0.68°,\varphi_0=1.8°$	$\varphi_{3dB}=0.8°,\varphi_0=2.0°$	$\varphi_{3dB}=0.68°,\varphi_0=1.8°$

图 3.44(a)~(c)、图 3.44(d)~(f)、图 3.44(g)~(i)分别针对工作在 2GHz、5GHz 和 10GHz 附近频段的抛物面天线，给出 γ 随方位角的真实变化曲线和多项式拟合曲线的对比图，其中，虚线是多项式拟合曲线，点实线是真实曲线。注：图 3.44(a)~(c)、图 3.44(d)~(f)、图 3.44(g)~(i)中横坐标轴的变化范围并不一样。

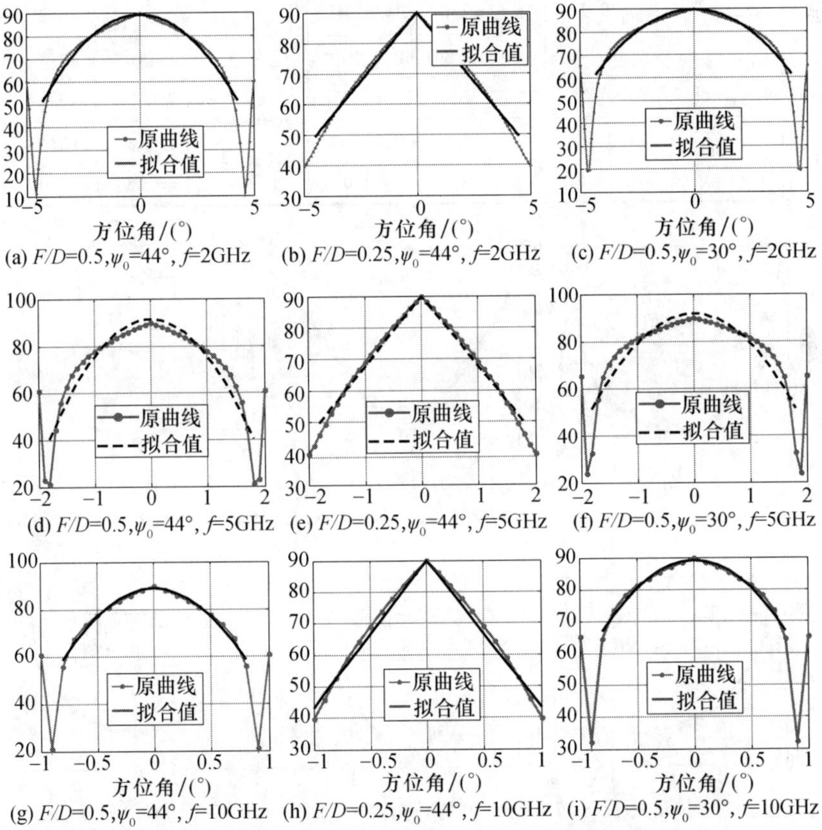

图 3.44　抛物面天线极化相位描述子 γ 拟合图(主极化为垂直极化)(°)

由表3.5以及图3.44可见,用一阶或者二阶多项式可以较好地拟合天线的极化相位描述子γ随方位角的变化。而且,从分析结果还可以看出,天线的工作频率越高,波束宽度越窄,γ随方位角的变化率越高,但是,各种频率条件下,在天线的半功率波束宽度内以及天线主轴附近γ的单调变化范围内,天线极化特性的变化程度基本一致。例如,当天线参数$F/D=0.5$且$\psi_0=44°$,方位角φ从$0\to\varphi_{3dB}/2$时,对于分别工作于$f=2GHz$、$f=5GHz$、$f=10GHz$三个不同频段的抛物面天线,极化角γ分别从$90°\to82.3°$、$90°\to82.1°$、$90°\to82.2°$递减,极化角φ基本保持$-90°$不变;方位角φ从$0\to\varphi_{\Delta}/2$时,分别工作于$f=2GHz$、$f=5GHz$、$f=10GHz$三个不同频段的抛物面天线的极化角γ分别从$90°\to11.4°$、$90°\to21.1°$、$90°\to21°$递减,极化角φ保持不变。

表3.6及图3.45给出了具有Y向线极化馈源的抛物面天线极化相位描述子γ的多项式拟合情况。

表3.6 抛物面天线极化相位描述子γ的拟合多项式表(主极化为水平极化)

工作频率	$F/D=0.5,\psi_0=44°$	$F/D=0.25,\psi_0=44°$	$F/D=0.5,\psi_0=30°$
2GHz	$\gamma=2.04x^2+0.80(°)$	$\gamma=9.02x+0.0(°)$	$\gamma=1.52x^2+0.35(°)$
	$\varphi_{3dB}=3.4°,\varphi_0=9.2°$	$\varphi_{3dB}=3.6°,\varphi_0=10.4°$	$\varphi_{3dB}=3.4°,\varphi_0=9.2°$
5GHz	$\gamma=15.8x^2-1.10(°)$	$\gamma=22.36x+0.0(°)$	$\gamma=12.45x^2-1.50(°)$
	$\varphi_{3dB}=1.4°,\varphi_0=3.6°$	$\varphi_{3dB}=1.4°,\varphi_0=4.0°$	$\varphi_{3dB}=1.4°,\varphi_0=3.6°$
10GHz	$\gamma=47.42x^2-1.3(°)$	$\gamma=46.79x+0.0(°)$	$\gamma=34.90x^2+0.80(°)$
	$\varphi_{3dB}=0.68°,\varphi_0=1.8°$	$\varphi_{3dB}=0.8°,\varphi_0=2.0°$	$\varphi_{3dB}=0.68°,\varphi_0=1.8°$

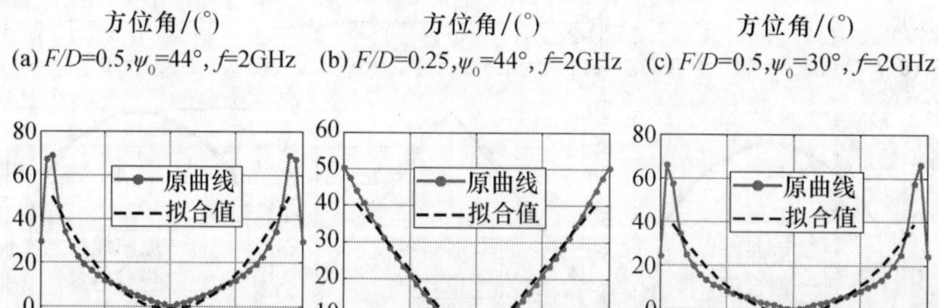

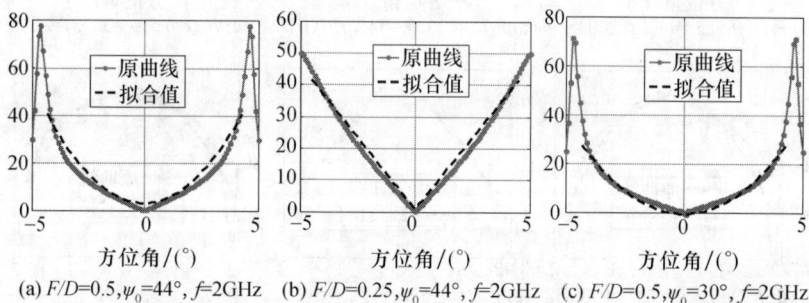

(a) $F/D=0.5,\psi_0=44°, f=2GHz$ (b) $F/D=0.25,\psi_0=44°, f=2GHz$ (c) $F/D=0.5,\psi_0=30°, f=2GHz$

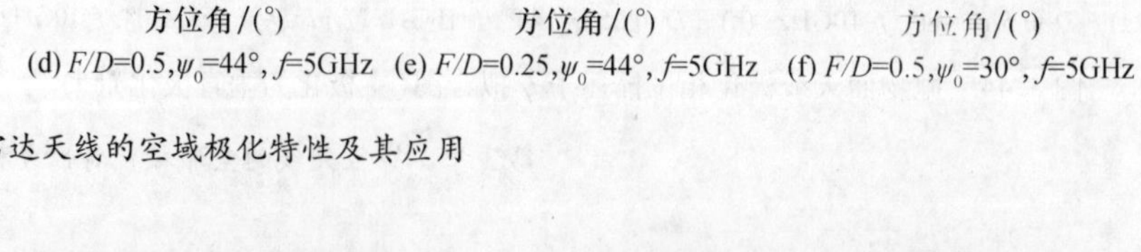

(d) $F/D=0.5,\psi_0=44°, f=5GHz$ (e) $F/D=0.25,\psi_0=44°, f=5GHz$ (f) $F/D=0.5,\psi_0=30°, f=5GHz$

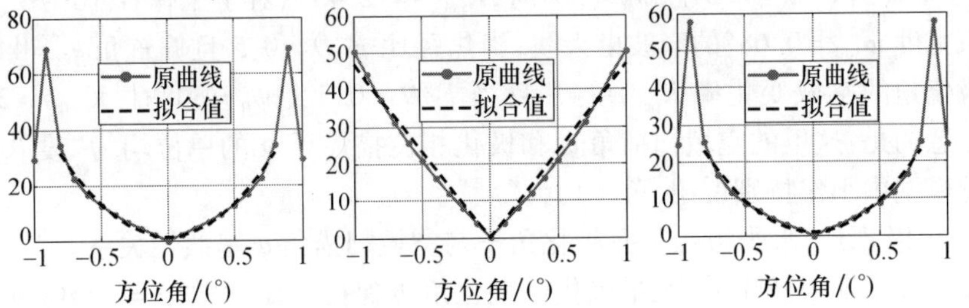

(g) F/D=0.5, ψ_0=44°, f=10GHz (h) F/D=0.25, ψ_0=44°, f=10GHz (i) F/D=0.5, ψ_0=30°, f=10GHz

图 3.45 抛物面天线极化相位描述子 γ 拟合图(主极化为水平极化)(°)

从以上分析结果可见,在各种情况下,用空域扫描角的一阶或者二阶多项式均能较好地拟合天线的极化相位描述子 γ 在方位向上主瓣范围内方位向的变化规律,而极化相位描述子 ϕ 在方位向主瓣范围内基本保持不变。

由 3.2 节和 3.3 节的分析结果可知,并结合表 3.1 和表 3.2 的结果可知,虽然各种天线的结构和性能各异,但很多线天线和口径天线的空域极化比 ρ 均与其方位扫描角 φ 的正切函数 $\tan\varphi$ 成比例关系,结合极化比 ρ 与极化相位描述子 (γ,ϕ) 间的关系式 $\rho=\tan\gamma e^{j\phi}$ 可知,此时,可以等效为"天线的极化相位描述子 γ 与空域扫描角 φ 呈线性关系且极化相位描述子 φ 基本保持不变"。综合表 3.5 及表 3.6 的分析结果可知:用空域扫描角 φ 的一阶或者二阶多项式都能较好的拟合天线的极化相位描述子 γ 在方位向上的变化规律,而相位描述子 φ 基本保持不变。在此基础上,建立如下四种天线空域极化特性典型模型。

1. 主极化是"水平极化",且极化角 γ 与空域扫描角 φ 呈二次多项式关系

设天线的期望极化是"水平极化",即天线的初始极化矢量 $\boldsymbol{h}=[1\quad 0]^{\mathrm{T}}$。当天线在一定空间区域内扫描时,其极化纯度逐渐降低,交叉极化分量增大[55,120],假设天线的极化角 ϕ 始终保持不变,例如 $\phi=-90°$,极化角 γ 与空域扫描角 φ 之间呈二次多项式的关系,即有

$$\gamma(\varphi)=K_{\text{polar}}\cdot\varphi^2,\varphi\in[-\varphi_0/2,\ +\varphi_0/2] \tag{3.5.1}$$

式中:K_{polar} 称为"天线极化角的空域变化率",且有 $K_{\text{polar}}>0$;φ_0 表示天线的空域扫描宽度。K_{polar} 越大,说明天线极化特性在空域变化得越快,在相同的扫描范围内,天线的空域极化特性越明显。

天线极化矢量 $\boldsymbol{h}=[\cos\gamma\quad \sin\gamma\cdot e^{j\phi}]^{\mathrm{T}}$,此时,天线的极化比为

$$\rho(\varphi)=\tan\gamma(\varphi)\cdot e^{j\varphi}=\tan(K_{\text{polar}}\cdot\varphi^2)\cdot e^{j\phi} \tag{3.5.2}$$

例如,对于工作在 2GHz,半功率波束宽度 $\varphi_{3dB}=3.4°$ 的宽波束天线,当焦径比 $F/D=0.5$ 且偏置角 $\psi_0=44°$ 时,天线极化角的变化率 $K_{\text{polar}}\approx2.04$;当 $F/D=0.5$ 且 $\psi_0=30°$ 时,$K_{\text{polar}}\approx1.52$。对于工作在 5GHz,半功率波束宽度 $\varphi_{3dB}=1.4°$ 的中等波束宽度天线,当焦径比 $F/D=0.5$ 且偏置角 $\psi_0=44°$ 时,天线极化角的变化率

$K_{polar} \approx 15.8$；当 $F/D = 0.5$ 且 $\psi_0 = 30°$时，$K_{polar} \approx 12.45$。对于工作在 10GHz，半功率波束宽度 $\varphi_{3dB} = 0.68°$的窄波束天线，当焦径比 $F/D = 0.5$ 且偏置角$\psi_0 = 44°$时，天线极化角的空域变化率 $K_{polar} \approx 47.4$；当 $F/D = 0.5$ 且$\psi_0 = 30°$时，$K_{polar} \approx 34.9$。值得注意的是：这里的空域扫描角 φ 和极化相位描述子 γ 的单位均为“度”，下面的几种模型中不作特别说明，单位均为“度”。

2. 主极化是“水平极化”，且极化角 γ 与空域扫描角 φ 呈线性关系

设天线的期望极化是“水平极化”，极化角 ϕ 保持不变，例如$\phi = -90°$，极化角 γ 与空域方位扫描角 φ 之间呈线性关系，即有

$$\gamma(\varphi) = K_{polar} \cdot |\varphi|, \varphi \in [-\varphi_0/2, +\varphi_0/2] \tag{3.5.3}$$

式中：K_{polar} 为天线极化角的空域变化率，且有 $K_{polar} > 0$；φ_0 为天线的空域扫描宽。

此时，天线的极化比为

$$\rho(\varphi) = \tan(K_{polar} \cdot |\varphi|) \cdot e^{j\phi} \tag{3.5.4}$$

例如，当抛物面天线参数 $F/D = 0.25$ 且 $\psi_0 = 44°$ 时，工作在 2GHz 的宽波束天线的 $K_{polar} \approx 9.02$，工作在 5GHz 的中等波束天线的 $K_{polar} \approx 22.3$，工作在 10GHz 的窄波束天线的 $K_{polar} \approx 46.7$。

3. 主极化是“垂直极化”，且极化角 γ 与空域扫描角 φ 呈二次多项式关系

设天线的期望极化是“垂直极化”，即天线的初始极化矢量 $\boldsymbol{h} = [0 \quad 1]^T$。极化角 ϕ 始终保持不变，例如 $\phi = -90°$，而极化角 γ 与空域方位扫描角 φ 之间呈二次多项式的关系，即有

$$\gamma(\varphi) = -K_{polar} \cdot \varphi^2 + 90°, \varphi \in [-\varphi_0/2, +\varphi_0/2] \tag{3.5.5}$$

式中：K_{polar}为天线极化角的空域变化率，且有 $K_{polar} > 0$；φ_0 为天线的空域扫描宽度。

例如，对于工作在 2GHz，半功率波束宽度 $\varphi_{3dB} = 3.4°$的宽波束天线，当焦径比 $F/D = 0.5$ 且偏置角 $\psi_0 = 44°$时，天线极化角的变化率 $K_{polar} \approx 2.05$；当 $F/D = 0.5$ 且 $\psi_0 = 30°$时，$K_{polar} \approx 1.53$。对于工作在 5GHz，半功率波束宽度 $\varphi_{3dB} = 1.4°$的中等波束宽度天线，当焦径比 $F/D = 0.5$ 且偏置角 $\psi_0 = 44°$时，天线极化角的变化率 $K_{polar} \approx 15.8$；当 $F/D = 0.5$ 且 $\psi_0 = 30°$时，$K_{polar} \approx 12.5$。对于工作在 10GHz，半功率波束宽度 $\varphi_{3dB} = 0.68°$的窄波束天线，当焦径比 $F/D = 0.5$ 且偏置角$\psi_0 = 44°$时，天线极化角的变化率 $K_{polar} \approx 47.4$；当 $F/D = 0.5$ 且 $\psi_0 = 30°$时，$K_{polar} \approx 34.9$。

4. 主极化是“垂直极化”，且极化角 γ 与空域扫描角 φ 呈线性关系

设天线的期望极化是“垂直极化”，天线的极化角 ϕ 始终保持不变，例如 $\phi = -90°$，而极化角 γ 与空域方位扫描角 φ 之间呈线性关系，即有

$$\gamma(\varphi) = -K_{polar} \cdot |\varphi| + 90°, \varphi \in [-\varphi_0/2, +\varphi_0/2] \tag{3.5.6}$$

式中：K_{polar}为天线极化角的空域变化率，且有 $K_{polar} > 0$；φ_0 为天线的空域扫描宽度。

例如，当抛物面天线参数 $F/D = 0.25$ 且 $\psi_0 = 44°$时，工作在 2GHz 的宽波束天线的 $K_{polar} \approx 9.01$，工作在 5GHz 的中等波束天线的 $K_{polar} \approx 22.4$，工作在 10GHz 的窄波束天线的 $K_{polar} \approx 46.8$。

第 4 章　相控阵天线的空域极化特性分析

随着极化测量技术、矢量信号处理及微波技术的快速发展,极化信息的充分利用为雷达系统削弱恶劣电磁环境的影响、对抗有源干扰、抑制环境杂波、反隐身和识别目标等方面,提供了颇具潜力的技术途径,可以有效地提高现代雷达的工作性能。正如前文指出,天线的极化并非恒定不变,而是与测量位置有着密切关系,即在不同观测方向上(等效为波束扫描角度),天线辐射电磁波的极化状态将呈现出比较显著且规律性的变化,即天线极化是一个"空域慢变"量,这种特性称为"空域极化特性"。同时,由于非理想的工艺和器件水平的限制和影响,天线的"空域极化特性"会更加显著。正是由于现有雷达天线具有这一属性,因此在天线扫描周期内,雷达接收信号可视作天线空域极化状态与来波信号极化状态的线性组合,不同扫描角度下的接收信号调制了该角度下的天线极化特性。我们率先提出利用单极化机械扫描天线的空域极化特性获取目标全极化散射信息的方法[116,117],具有一定的启发性,但是该方法在获取运动目标全极化散射矩阵和多目标跟踪战情下显得无能为力,驻留时间短,应用前景受到一定限制。

相控阵雷达系统以其优越的性能被广泛用于远程预警和近程导弹防空系统中。相控阵天线是相控阵雷达的重要部件之一,是区别于普通机械扫描雷达的关键。相控阵雷达克服了机械天线惯性扫描的缺点,具有波束捷变能力,能够从一个波位无惯性地跃迁到另一个波位。现有文献[131－138]关于相控阵天线特性的研究多关心降低副瓣电平,提高天线增益,提高天线极化纯度,空域自适应波束形成算法,开发共形阵等方面,对极化特性的研究大都停留在主平面工作时的特性,而在其他空域指向(方位、俯仰扫描角)极化特性的研究很少涉及。

实际上,相控阵天线在空域各个波位扫描时其波束中心指向相对天线口径的方向发生了改变,方向图的结构也会不同,这和机械扫描天线存在一定的差异。对于机械扫描天线空域极化特性的研究仅需考虑 2 个自由度,即不同俯仰角和方位角下极化特性的演化规律。而相控阵天线的空域扫描是通过离散的扫描波位来实现的,可以称为"准连续扫描",具有波束方位扫描角、波束俯仰扫描角、方位角、俯仰角等 4 个自由度,分析相控阵天线的空域极化特性要更为复杂。因此,研究波束空域扫描时相控阵天线的极化特性不仅具有一定的理论研究价值,而且对于有效利用该特性,进而提高雷达的目标识别和抗干扰能力,具有重要的军事意义。

针对上述问题,4.1 节进一步阐述了天线空域极化的内涵,归纳了几种天线空域极化特性的描述方法;4.2 节给出了相控阵天线空域极化特性的建模方法,并以偶极子组成的面阵和波导缝隙阵为例进行了仿真分析,研究了极化特性的变化规律;4.3 节利用高频电磁仿真平台 XFDTD 设计了一个具有 625 个单元的相控阵天线,并对多个波束指向下的辐射电场进行了计算,得到了极化特性近似线性变化的规律。本章的研究有力补充了天线极化特性的理论研究,为下一步该特性的应用研究提供了基础和实践依据。但是,目前的理论分析、仿真模型和实验结果虽然还比较粗糙,还没有考虑更复杂的情况,寄希望借助上述模型和分析结果来描述"相控阵天线空域扫描的极化特性",为进一步研究、测量、应用该特性奠定基础。

4.1 天线空域极化特性的表征

4.1.1 天线空域极化的内涵

所谓波的极化,是电磁波特定电场矢量的极化。在空间固定点,单一频率的电场矢量的极化是指矢量端点运动轨迹的形状、取向和旋转方向[39]。将电场矢量端点轨迹的旋转方向规定为沿着波传播方向观察的旋转方向。据此,波可被描述成线极化波、圆极化波或椭圆极化波。

天线的作用是把传输结构上的导波转换成自由空间波。IEEE 官方对天线的定义是:"发射或接收系统中,经设计用于辐射或接收电磁波的部分"。在所有情况下,天线具有方向特性,即电磁功率密度从天线辐射出去,其强度与天线所成角度有关。天线的辐射场,可以近似看作一种扰动场,即如果电荷被往返加速,一个有规律的扰动就建立起来,而辐射也就会持续,天线就是用以支持电荷振荡的装置,它为辐射和接收无线电波提供了手段,换言之,信息可以在异地间传输而不需要任何中介机构。在加速的运动电荷的例子中,辐射具有方向性。在垂直于电荷加速度方向上的扰动最大,也就是说,垂直于天线方向将产生最大辐射。

根据天线原理[123]可知,在天线辐射的电磁波中,除占优势的主极化分量外,还包含一些正交极化分量,称为"交叉极化分量"。主极化分量功率密度在全部功率密度中所占的比重称为天线的极化纯度。经过精心设计的天线,在中心频率和中心方位上的极化纯度是比较高的,但在方位偏离中心方位后,极化纯度下降,其变化量是关于空域角度的函数,这种性质可以称为天线的"空域极化特性"。

在传统的观念中,电磁波的极化和天线的极化在本质上是没有区别的,天线的极化特性可以看作为天线辐射电磁波的极化特性。根据天线辐射的电磁波是线极化或是圆极化,相应的天线称为线极化天线或圆极化天线。因此,所有关于波极化的讨论都适用于天线极化。

然而,需要注意的是,天线辐射波的极化随方向而变,传统关于天线极化的定义中隐含了一个因素，即波束中心位置的极化。通常天线的极化特性在主瓣中心方向上保持相对恒定，在这个意义上，主瓣峰值位置的极化就用来描述天线极化，而旁瓣辐射的极化可能与主瓣的极化大不一样。当测量天线的辐射时，为完整起见，E_θ 和 E_ϕ 二者都需要测量。当一个探针天线的指向是为了响应 E_θ 时，一个纯线极化天线（例如 z 轴上的线源）的主平面方向图是完全可以精确测定的。

综上，通常所说的天线极化是指最大辐射方向或最大接收方向的极化，对机械扫描天线而言，可以用天线口径面法线方向的极化来定义，如图 14.1 所示。而对于相控阵体制天线而言，相控阵天线的极化不仅与所讨论的空间方向有关，而且与相对阵面主波瓣的扫描方向有关。当其波束扫描时，波束最大辐射方向和天线阵面的法线方向并不重合，而是随着扫描角度的增大，两者的夹角增大。

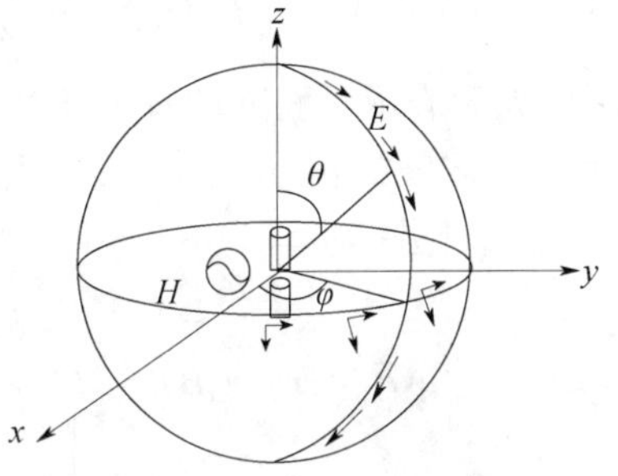

图 4.1　不同指向的场分量

为了完整地描述相控阵天线的极化特性，应该将天线极化特性的描述范围扩展到空域不同指向，即以方位、俯仰观测角或波束扫描角为变量，分析天线极化状态的演化规律。文献[3]关于天线空域极化特性的定义和表征虽然是针对机械扫描体制的，但针对某一波束中心指向下的极化特性分析，两者的物理本质是相同的，即相控阵体制和机扫体制在扫描的实现方式上有所差别，但在分析和描述天线极化特性的问题上，两者是可以通过一定的处理方式统一起来的。

4.1.2　相控阵天线空域极化特性的描述

根据辐射方向图的定义：天线的辐射场是以天线为中心的辐射电场在天线的一个球面上随空域角(θ,φ)的分布（变化）趋势。因此，一个天线辐射的电场通常由球坐标$(\hat{r},\hat{\theta},\hat{\varphi})$定义，在天线的远场区，辐射场 $\boldsymbol{E}$ 没有径向分量，因此可以表示为

$$\boldsymbol{E}(\hat{r},\hat{\theta},\hat{\varphi}) = E_\theta \cdot \hat{u}_\theta + E_\varphi \cdot \hat{u}_\varphi \tag{4.1.1}$$

式中：$\hat{u}_\theta$、$\hat{u}_\varphi$ 分别为球坐标系中俯仰、方位方向的单位矢量；E_θ 和 E_φ 分别为 $\hat{u}_\theta$ 和 $\hat{u}_\varphi$ 方向的电场分量。

如果 xy 平面与地面平行，那么 E_φ 是波的水平分量（它总是与 xy 面平行，因而与地面平行），$-E_\theta$ 是垂直分量，$(\hat{\boldsymbol{u}}_\varphi, -\hat{\boldsymbol{u}}_\theta, \hat{\boldsymbol{u}}_r)$ 构成右手坐标系，可定义 $\hat{\boldsymbol{\varphi}}$ 和 $-\hat{\boldsymbol{\theta}}$ 分别为水平、垂直极化基 $\hat{\boldsymbol{h}}$ 和 $\hat{\boldsymbol{v}}$，即

$$\begin{cases} \hat{\boldsymbol{h}} = \hat{\boldsymbol{\varphi}} \\ \hat{\boldsymbol{v}} = -\hat{\boldsymbol{\theta}} \end{cases} \tag{4.1.2}$$

当测量点与天线的相对位置确定以后，就可以用天线在该点的辐射场定义其

极化状态。天线的归一化 Jones 矢量表示为

$$\boldsymbol{h}=\begin{bmatrix}E_H\\E_V\end{bmatrix}=\frac{1}{\|E_{\max}\|}\cdot\begin{bmatrix}E_{\varphi}\\-E_{\theta}\end{bmatrix}\tag{4.1.3}$$

对于相控阵天线而言，当忽略互耦等非理想因素时，其主瓣的扫描方向与 x 轴和 y 轴夹角是 α_s,β_s，主要是由阵因子函数所决定，阵因子函数为[123]

$$\boldsymbol{AF}=F(\alpha,\beta)=\sum_{m=0}^{M}\sum_{n=0}^{N}\mathrm{e}^{\mathrm{j}mk_0\mathrm{d}x(\cos\alpha-\cos\alpha_s)+\mathrm{j}mk_0\mathrm{d}y(\cos\beta-\cos\beta_s)}\tag{4.1.4}$$

式中：M,N 表示平面阵的阵元个数，阵元间距分别为 d_x 和 d_y，阵元激励电流沿 x 轴和 y 轴之间的相移分别为 $\psi_x=k_0d_x\cos\alpha_s$ 和 $\psi_y=k_0d_y\cos\beta_s$。

上式可进一步写为

$$\boldsymbol{AF}=F(\alpha,\beta)=\left|\frac{\sin\left[\frac{1}{2}Mk_0d_x\tau_x\right]}{\sin\left[\frac{1}{2}k_0d_x\tau_x\right]}\right|\times\left|\frac{\sin\left[\frac{1}{2}Mk_0d_y\tau_y\right]}{\sin\left[\frac{1}{2}k_0d_y\tau_y\right]}\right|\tag{4.1.5}$$

式中：$\tau_x=\cos\alpha-\cos\alpha_s$；$\tau_y=\cos\beta-\cos\beta_s$。此时波束的扫描方向 (α_s,β_s) 取决于相邻单元间的相位差 ψ_x,ψ_y，即

$$\cos\alpha_s=\frac{\psi_x}{k_0d_x},\cos\beta_s=\frac{\psi_y}{k_0d_y}\tag{4.1.6}$$

由于坐标 (α,β) 与 z 轴 $(\theta=0)$ 方向阵列法线的球坐标系下的角坐标 (θ,φ) 中有下列关系：

$$\begin{cases}\cos\alpha=\sin\theta\cos\varphi\\\cos\beta=\sin\theta\sin\varphi\\\sin^2\theta=\cos^2\alpha+\cos^2\beta\\\tan\varphi=\cos\beta/\cos\alpha\end{cases}\tag{4.1.7}$$

由此，可得阵因子的标量的解析式为

$$\begin{aligned}\boldsymbol{AF}(\theta,\varphi)&=F(\alpha,\beta)\\&=\left|\frac{\sin\left[\frac{1}{2}M(k_0d_x\sin\theta\cos\varphi-\psi_x)\right]}{\sin\left[\frac{1}{2}(k_0d_x\sin\theta\cos\varphi-\psi_x)\right]}\right|\times\\&\quad\left|\frac{\sin\left[\frac{1}{2}M(k_0d_y\sin\theta\sin\varphi-\psi_y)\right]}{\sin\left[\frac{1}{2}(k_0d_y\sin\theta\sin\varphi-\psi_y)\right]}\right|\end{aligned}\tag{4.1.8}$$

因此，在球坐标系下可以得到相位扫描与波束空域指向的关系：

$$\varphi=\arctan\left(\frac{\psi_y}{\psi_x}\cdot\frac{d_x}{d_y}\right),\theta=\arcsin\sqrt{\frac{\psi_x^2}{k_0^2d_x^2}+\frac{\psi_y^2}{k_0^2d_y^2}}\tag{4.1.9}$$

由式(4.1.7)~(4.1.9)可以看出，相控阵的任意波束指向是通过改变馈电相

位实现的,并且波束的扫描方向(α_s,β_s)和空间角坐标是一一对应的。根据天线阵列理论中的相乘原理,相控阵天线总辐射场是一个极化矢量单元方向图$\boldsymbol{f}(\theta,\varphi)$和标量的阵因子函数$\boldsymbol{AF}(\theta,\varphi)$的乘积。因此,由上述阵因子的表达式可知,阵因子决定了波束电扫描的指向角度(α,β),而相控阵天线的扫描极化特性可以由中心辐射单元$\boldsymbol{f}(\theta,\varphi)$的极化特性和观测($\theta,\varphi$)方向共同决定和描述,换言之,其极化特性可以由阵中单元在观测方向(θ,φ)的矢量极化方向图以及波束扫描所确定的波束指向共同决定,因此用于描述机械扫描体制天线的空域极化表征对于相控阵体制仍然适用。

需要注意的是,实际扫描的相控阵天线在扫描过程中,极化方向图的结构会发生变化,不同波束扫描位置下的天线辐射场也会有所不同,因此,不能通过多个观测角下的辐射场的变化规律来近似描述波束扫描情况下的极化特性,应该首先考虑固定扫描角下天线辐射场的分布情况,然后通过综合、或拟合多个扫描角度下辐射场主波瓣的极化特性,才能较为准确地描述相控阵天线的空域极化特性。

设$\boldsymbol{P}(\theta,\varphi)$表示测量点处的空间角坐标,是方位向$\varphi$和俯仰向$\theta$的二维矢量,简记为$\boldsymbol{P}$,且有$\boldsymbol{P}\in\Omega$,$\Omega$为天线扫描的空域范围。由式(4.1.3)可知,天线辐射场的空域极化比

$$\rho(\boldsymbol{P})=\frac{E_V}{E_H}=\frac{-E_\theta}{E_\varphi} \tag{4.1.10}$$

天线的空域 Jones 矢量与空域极化比存在如下关系:

$$\boldsymbol{h}(\boldsymbol{P})=\frac{1}{\sqrt{1+|\rho(\boldsymbol{P})|^2}}\begin{bmatrix}1\\ \rho(\boldsymbol{P})\end{bmatrix} \tag{4.1.11}$$

空域极化比是天线空域极化特性最直观的表征量,同时,还可以定义空域极化相位描述子($\gamma(\boldsymbol{P}),\phi(\boldsymbol{P})$)、空域极化椭圆描述子($\varepsilon(\boldsymbol{P}),\tau(\boldsymbol{P})$)、空域 Stokes 矢量等其他描述方法。

在水平垂直极化基($\hat{\boldsymbol{h}},\hat{\boldsymbol{v}}$)下,天线的归一化 Jones 矢量可表示为

$$\boldsymbol{h}=\begin{bmatrix}E_H\\ E_V\end{bmatrix}=\begin{bmatrix}a_H e^{j\varphi_H}\\ a_v e^{j\varphi_V}\end{bmatrix} \tag{4.1.12}$$

天线的空域极化比可表示为

$$\rho(\boldsymbol{P})=\frac{E_V}{E_H}=\tan\gamma(\boldsymbol{P})e^{j\phi(\boldsymbol{P})},(\gamma,\phi)\in[0,\pi]\times[0,2\pi] \tag{4.1.13}$$

式中:$\gamma(\boldsymbol{P})=\arctan\frac{a_V}{a_H}$和$\phi(\boldsymbol{P})=\varphi_V-\varphi_H$为天线的空域极化相位描述子。

天线的空域极化比和空域极化相位描述子是描述天线空域极化特性最常用的表征量,除此之外,还可以用"天线交叉极化鉴别量 XPD($\boldsymbol{P}$)"来表征天线的真实极化相对期望极化的偏离程度随空间角位置的变化[3],天线空域交叉极化鉴别

量的定义式为

$$\mathrm{XPD}(\boldsymbol{P}) = 20\lg(|\rho(\boldsymbol{P})|)(\mathrm{dB}) \tag{4.1.14}$$

文献[40]讨论过，电场是可以在任意一对正交极化基上分解的，因此，一个天线辐射的远场也可以做如下分解：

$$\boldsymbol{E}_{\mathrm{far}} = E_1\hat{\boldsymbol{e}}_1 + E_2\hat{\boldsymbol{e}}_2 \tag{4.1.15}$$

理论上讲，正交极化基$(\hat{\boldsymbol{e}}_1,\hat{\boldsymbol{e}}_2)$的选择可以是任意的。例如，式(4.1.10)中极化比的定义就是在极化基$(\hat{\varphi}, -\hat{\theta})$下进行的，在球坐标系中，这是最自然也是应用最为广泛的一种分解方法。但是，根据式(2.2.10)定义的极化比$\boldsymbol{\rho}$所求得的交叉极化鉴别量XPD并不能直观地表征在不同空间角位置处天线极化偏离期望极化的程度。因此，可针对具体情况选择不同的极化基，在极化基$(\hat{\boldsymbol{e}}_{\mathrm{co}},\hat{\boldsymbol{e}}_{\mathrm{cross}})$下，远场$\boldsymbol{E}_{\mathrm{far}}$可表示为

$$\boldsymbol{E}_{\mathrm{far}} = E_{\mathrm{co}}\hat{\boldsymbol{e}}_{\mathrm{co}} + E_{\mathrm{cross}}\hat{\boldsymbol{e}}_{\mathrm{cross}} \tag{4.1.16}$$

式中：$\hat{\boldsymbol{e}}_{\mathrm{co}}$为天线的期望极化方向；$\hat{\boldsymbol{e}}_{\mathrm{cross}}$为与其正交的极化（或称寄生极化）。

进而，推得天线的空域交叉极化鉴别量XPD$(\boldsymbol{P})$可由下式表示：

$$\mathrm{XPD}(\boldsymbol{P}) = 10\lg\left(\frac{P_{\mathrm{cross}}}{P_{\mathrm{co}}}\right) = 20\lg\left(\left|\frac{E_{\mathrm{cross}}}{E_{\mathrm{co}}}\right|\right)(\mathrm{dB}) \tag{4.1.17}$$

式中：P_{cross}和P_{co}分别表示寄生极化和期望极化的功率；E_{cross}和E_{co}分别表示寄生极化和期望极化的电压幅度。

由上式可见，XPD的值越小，说明天线的交叉极化分量越少，“极化纯度”越高，从这个意义上说，也可以用上式来定义天线的“空域极化纯度Purity$(\boldsymbol{P})$”，此时，空域极化纯度Purity$(\boldsymbol{P})$与空域极化鉴别量XPD$(\boldsymbol{P})$的表达式一致，可以非常直观地表征天线的交叉极化特性。

当天线的期望极化（主极化）为水平极化$E_H = E_\varphi$，寄生极化为垂直极化$E_V = -E_\theta$时，式(4.1.17)定义的交叉极化鉴别量与式(4.1.14)相同。当天线的期望极化为不同极化状态时，可以选择不同的极化基来定义天线的空域交叉极化鉴别量XPD$(\boldsymbol{P})$。例如，当天线的期望极化为水平/垂直线极化时，可选择极化基$(\hat{\boldsymbol{h}},\hat{\boldsymbol{v}})$；当天线的期望极化为45°/135°线极化时，可选择极化基$(\hat{\boldsymbol{e}}_{45},\hat{\boldsymbol{e}}_{135})$；当天线的期望极化为左旋/右旋圆极化时，可选择极化基$(\hat{\boldsymbol{l}},\hat{\boldsymbol{r}})$。

为了更加形象地描述相控阵天线在空域扫描时，天线极化状态变化的分布情况，包括各极化态的整体分布态势、极化分布的中心位置、各点在空间分布的离散疏密程度以及空间各极化态的变化快慢程度等，可参考文献[3]中天线空域瞬态极化特性的表征方式与非时谐电磁波的空域瞬态极化的定义，此时不同空间点可转换为相控阵扫描时主波瓣相对阵面法线方向的角函数。实际上，两者在表述方式上完全一致，可以用空域瞬态极化投影集、空域极化聚类中心以及空域极化散度等参量表征。

4.2 相控阵天线的空域极化特性建模与仿真分析

4.2.1 天线单元的极化特性

4.2.1.1 对称振子单元的极化特性

对称振子的辐射场可用叠加原理求得[139]。当观测点 P 距离对称振子很远时，可将对称振子上的电流视为位于轴线上的线电流，而且由于两内端点间距 $d \ll l$，可认为由 $z=-l$ 到 $z=l$ 该线电流连续分布。

将对称振子分成无数个长为 dz 的微分段，每一个微分段等效为一个电流元，整个对称振子就可看作是由无数个首尾相连的电流元的组合。按照叠加原理，对称阵子在空间 P 点的场就是这些电流元在该点的场的叠加。

当 $r \to \infty$ 时：

$$R = |r - z| \approx r - z\cos\theta \tag{4.2.1}$$

在 z 处电流源的辐射场为

$$\mathrm{d}E_0 = \mathrm{j}\,\frac{W_0 I(z)\,\mathrm{d}z}{2\lambda r}\sin\theta \mathrm{e}^{-\mathrm{j}kr}\mathrm{e}^{\mathrm{j}kz\cos\theta} \tag{4.2.2}$$

由此可求得对称振子的辐射场[43]为

$$\begin{cases} E_\theta = \int \mathrm{d}E_0 = \mathrm{j}\,\dfrac{W_0 I_m}{2\lambda r}\sin\theta \mathrm{e}^{-\mathrm{j}kr}\displaystyle\int_{-l}^{l}\sin k(l - |z|)\,\mathrm{e}^{\mathrm{j}kz\cos\theta}\mathrm{d}z \\ \quad = \mathrm{j}\,\dfrac{60 I_m}{r}\sin\theta \mathrm{e}^{-\mathrm{j}kr}\left[\dfrac{\cos(kl\cos\theta) - \cos kl}{\sin^2\theta}\right] \\ H_\phi = \dfrac{E_\theta}{W_0} \end{cases} \tag{4.2.3}$$

当对称振子的轴线沿 x 轴放置时，辐射场将有 E_θ，E_φ 两分量，计算时用 x 轴上电流元的方向性函数（$-\hat{\theta}\cos\theta\cos\varphi + \hat{\varphi}\sin\varphi$）替换上式中的 $\sin\theta$，以 $x \cdot \hat{r} = x\sin\theta\cos\varphi$ 代换 $z \cdot \hat{r} = z\cos\theta$ 后求得，即

$$\begin{aligned} E &= \mathrm{j}\,\frac{60\pi I_m}{\lambda\pi}\mathrm{e}^{-\mathrm{j}kr}(-\hat{\theta}\cos\theta\cos\varphi + \hat{\varphi}\sin\varphi)\int_{-l}^{l}\sin k(l - |x|)\,\mathrm{e}^{\mathrm{j}kx\sin\theta\cos\varphi}\mathrm{d}x \\ &= \mathrm{j}\,\frac{60\pi I_m}{\lambda\pi}\mathrm{e}^{-\mathrm{j}kr}(-\hat{\theta}\cos\theta\cos\varphi + \hat{\varphi}\sin\varphi) \times \left[\frac{\cos(kl\sin\theta\cos\varphi) - \cos kl}{\sqrt{1 - \sin^2\theta\cos^2\varphi}}\right] \end{aligned} \tag{4.2.4}$$

则

$$|E| = \sqrt{|E_\theta|^2 + |E_\varphi|^2} = \frac{60 I_m}{r}\left[\frac{\cos(kl\sin\theta\cos\varphi) - \cos kl}{\sqrt{1 - \sin^2\theta\cos^2\varphi}}\right] \tag{4.2.5}$$

式中：

$$E_\theta = \mathrm{j}\frac{60\pi I_m}{\lambda\pi}\mathrm{e}^{-\mathrm{j}kr}\cos\theta\cos\varphi\left[\frac{\cos(kl\sin\theta\cos\varphi) - \cos kl}{\sqrt{1 - \sin^2\theta\cos^2\varphi}}\right]$$

$$E_\varphi = \mathrm{j}\frac{60\pi I_m\sin\varphi}{\lambda\pi}\mathrm{e}^{-\mathrm{j}kr}\left[\frac{\cos(kl\sin\theta\cos\varphi) - \cos kl}{\sqrt{1 - \sin^2\theta\cos^2\varphi}}\right]$$

4.2.1.2 波导缝隙单元的极化特性

实际的缝隙天线都是开在有限大的导电面上的,图 4.2 所示是开在一矩形导电平板上的窄长缝隙,缝隙中心线与矩形平板两边的距离分别为 d_1 和 d_2,窄缝中存在 x 方向极化的电场,电场沿 x 方向均匀分布,沿 y 方向按余弦分布,缝隙的长度通常为半个波长。

缝隙的最大辐射方向在 xz 平面内,轴向的辐射为零,求解缝隙辐射场的问题可近似简化为求解图 4.3 所示的无穷长条带上缝隙的二维辐射问题。根据几何绕射理论,除缝隙的直接辐射外,还有与缝隙平行的两条边缘的绕射[123]。因此,对于上半空间的远区场点而言,总场是缝隙发出的直接射线和两条边缘发出的绕射射线之和,忽略经过一条边缘绕射后再经过第二条边缘的二次绕射场及更高阶的绕射场。

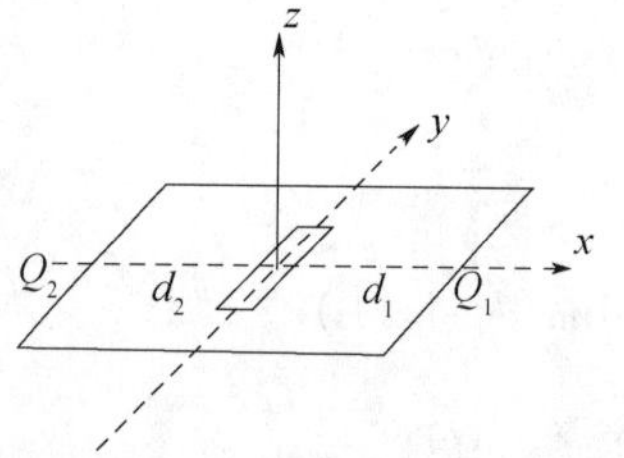

图 4.2 矩形导电平板上的缝隙

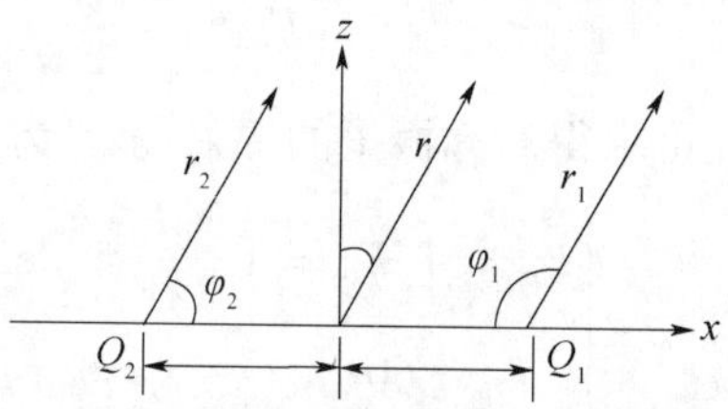

图 4.3 矩形导电平板上的缝隙

通过傅里叶变换法求解,任意缝隙的辐射场电场切向分量的傅里叶变换为

$$\widetilde{E}_z(n,w) = \frac{1}{2\pi}\int_0^{2\pi}\mathrm{d}\varphi\int_{-\infty}^{\infty}E_z(a,\varphi,z)\mathrm{e}^{-\mathrm{j}n\varphi}\mathrm{e}^{-\mathrm{j}wz}\mathrm{d}z \tag{4.2.6}$$

$$\widetilde{E}_\varphi(n,w) = \frac{1}{2\pi}\int_0^{2\pi}\mathrm{d}\varphi\int_{-\infty}^{\infty}E_\varphi(a,\varphi,z)\mathrm{e}^{-\mathrm{j}n\varphi}\mathrm{e}^{-\mathrm{j}wz}\mathrm{d}z \tag{4.2.7}$$

其逆变换为

$$E_z(a,\varphi,z) = \frac{1}{2\pi}\sum_{n=-\infty}^{\infty}\mathrm{e}^{\mathrm{j}n\varphi}\int_{-\infty}^{\infty}\widetilde{E}_z(n,w)\mathrm{e}^{\mathrm{j}wz}\mathrm{d}w \tag{4.2.8}$$

$$E_\varphi(a,\varphi,z) = \frac{1}{2\pi}\sum_{n=-\infty}^{\infty}\mathrm{e}^{\mathrm{j}n\varphi}\int_{-\infty}^{\infty}\widetilde{E}_\varphi(n,w)\mathrm{e}^{\mathrm{j}wz}\mathrm{d}w \tag{4.2.9}$$

在任意观测点 P 的场可表示为 TE 波和 TM 波的和。TE 波和 TM 波可分别由磁矢量位和电矢量位的 z 分量 A_z,A_{mz}来计算。球坐标系中,A_z,A_{mz}可表示成如下波函数叠加的形式:

$$A_z(\rho,\varphi,z) = \frac{1}{2\pi}\sum_{n=-\infty}^{\infty}\mathrm{e}^{\mathrm{j}n\varphi}\int_{-\infty}^{\infty}f_n(w)H_n^{(2)}(\rho\sqrt{k_0^2 - w^2})\mathrm{e}^{\mathrm{j}wz}\mathrm{d}w \tag{4.2.10}$$

$$A_{mz}(\rho,\varphi,z)=\frac{1}{2\pi}\sum_{n=-\infty}^{\infty}e^{jn\varphi}\int_{-\infty}^{\infty}g_n(w)H_n^{(2)}(\rho\sqrt{k_0^2-w^2})e^{jwz}dw \quad (4.2.11)$$

选择柱函数为第二类汉克尔函数 $H_n^{(2)}$ 代表外向行波。$f_n(w)$ 和 $g_n(w)$ 为待定系数,有

$$f_n(\omega)=\frac{j\omega\varepsilon_0\hat{E}_z(n,\omega)}{(k_0^2-\omega^2)H_n^{(2)}(a\sqrt{k_0^2-\omega^2})} \quad (4.2.12)$$

$$g_n(\omega)=\frac{\varepsilon_0\left[\hat{E}_\varphi(n,\omega)+\frac{n\omega}{a(k_0^2-\omega^2)}\hat{E}_z(n,\omega)\right]}{\sqrt{k_0^2-\omega^2}H_n^{(2)\prime}(a\sqrt{k_0^2-\omega^2})} \quad (4.2.13)$$

可用如下方法确定:由 A_z 和 A_{mz} 根据非其次亥姆霍兹方程求解电磁场任意点的场分量,计算一个无穷积分,得到近似解为

$$E_\theta=jw\mu_0\frac{e^{-jk_0r}}{\pi r}\sin\theta\sum_{n=-\infty}^{\infty}e^{jn\varphi}j^{n+1}f_n(-k_0\cos\theta) \quad (4.2.14)$$

$$E_\varphi=-jk_0\frac{e^{-jk_0r}}{\pi r}\sin\theta\sum_{n=-\infty}^{\infty}e^{jn\varphi}j^{n+1}g_n(-k_0\cos\theta) \quad (4.2.15)$$

4.2.2 相控阵天线的空域极化特性建模

考虑一个二维 $M\times N$ 的平面阵[140],每个阵元具有相同的方向图,θ_i',φ_i'为各阵元局部坐标系中的俯仰角和方位角,为了考察该型阵列的交叉极化特性,需计算每个阵元在阵元局部坐标系中给定极化基下的极化分量,然后通过坐标变换,对阵元局部坐标系中的极化分量转换到全局坐标系中进行叠加,在建立阵列的时候,阵元所在的坐标系可在球坐标系下赋予不同的位置,三维的坐标变换可以通过欧拉矩阵变换来实现,因此建模的关键是各单元极化分量的旋转变换,流程如下:

(1) 建立阵元单位矢量在全局坐标系中的坐标;

(2) 根据平面阵列天线的具体几何结构以及各阵元的位置关系,建立各阵元局部坐标系在全局坐标中的坐标;

(3) 建立阵元方向单位矢量在个阵元局部笛卡儿坐标系中的坐标;

(4) 在全局坐标系中计算阵元的单位矢量在其局部坐标轴上的投影;

(5) 利用阵元方向单位矢量在各阵元局部笛卡儿坐标系中的坐标,和阵元的单位矢量在各阵元局部坐标轴上的投影的关系,求解俯仰角和方位角在全局坐标系与各阵元局部坐标系中的转换关系,完成阵元的极化分量在全局坐标系中的转换。

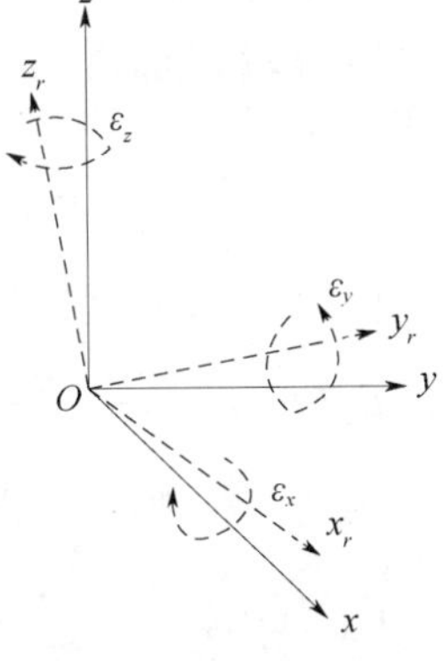

图 4.4 坐标系旋转和旋转矩阵的定义

如图 4.4 所示,ε_x,ε_y,ε_z 为三维空间笛卡儿坐标变

换的三个旋转角，也称欧拉角。对 x 轴进行旋转 ε_x 角时，旋转矩阵定义为 $[R_1]$；对 y 轴进行旋转 ε_y 角时，旋转矩阵定义为 $[R_2]$；对 z 轴进行旋转 ε_z 时，旋转矩阵定义为 $[R_3]$。

因此旋转矩阵可表示为 $\boldsymbol{R}_0=[R_3][R_2][R_1]$，展开，有

$$\boldsymbol{R}_0=\begin{bmatrix}\cos\varepsilon_z & \sin\varepsilon_z & 0\\ -\sin\varepsilon_z & \cos\varepsilon_z & 0\\ 0 & 0 & 1\end{bmatrix}\begin{bmatrix}\cos\varepsilon_y & 0 & -\sin\varepsilon_y\\ 0 & 1 & 0\\ \sin\varepsilon_y & 0 & \cos\varepsilon_y\end{bmatrix}\begin{bmatrix}1 & 0 & 0\\ 0 & \cos\varepsilon_x & \sin\varepsilon_x\\ 0 & -\sin\varepsilon_x & \cos\varepsilon_x\end{bmatrix}$$

$$=\begin{bmatrix}\cos\varepsilon_y\cos\varepsilon_z & \cos\varepsilon_y\sin\varepsilon_z & -\sin\varepsilon_y\\ -\cos\varepsilon_x\sin\varepsilon_z+\sin\varepsilon_x\sin\varepsilon_y\cos\varepsilon_z & \cos\varepsilon_x\cos\varepsilon_z+\sin\varepsilon_x\sin\varepsilon_y\sin\varepsilon_z & \sin\varepsilon_x\cos\varepsilon_y\\ \sin\varepsilon_x\sin\varepsilon_z+\cos\varepsilon_x\sin\varepsilon_y\cos\varepsilon_z & -\sin\varepsilon_x\cos\varepsilon_z+\cos\varepsilon_x\sin\varepsilon_y\sin\varepsilon_z & \cos\varepsilon_x\cos\varepsilon_Y\end{bmatrix} \tag{4.2.16}$$

球坐标系下 $[\theta,\varphi]$ 的单位矢量为 $\hat{\boldsymbol{n}}=(\sin\theta\cos\varphi,\sin\theta\sin\varphi,\cos\theta)$，因此由全局坐标系变换到阵元局部坐标系的笛卡儿坐标表示：

$$[\tilde{x},\tilde{y},\tilde{z}]^{\mathrm{T}}=\boldsymbol{R}_0\,(\sin\theta\cos\varphi,\sin\theta\sin\varphi,\cos\theta)^{\mathrm{T}} \tag{4.2.17}$$

$$\tilde{\theta}=\arccos(\tilde{z}) \tag{4.2.18}$$

$$\tilde{\varphi}=\arctan\left(\frac{\tilde{y}}{\tilde{x}}\right) \tag{4.2.19}$$

因此当阵元的电场在球坐标系下表示为 $\overline{E}_i(\theta,\varphi)$，两个正交极化分量分别为 $\overline{E}_{i\theta},\overline{E}_{i\varphi}$ 时，在阵元局部笛卡儿坐标系 $(\tilde{x},\tilde{y},\tilde{z})$ 下可表示为

$$\begin{cases}\overline{E}_{i\tilde{x}}=\overline{E}_{i\theta}\cos\tilde{\theta}\cos\tilde{\varphi}-\overline{E}_{i\varphi}\sin\tilde{\varphi}\\ \overline{E}_{i\tilde{y}}=\overline{E}_{i\theta}\cos\tilde{\theta}\sin\tilde{\varphi}-\overline{E}_{i\varphi}\cos\tilde{\varphi}\\ \overline{E}_{i\tilde{z}}=-\overline{E}_{i\theta}\sin\tilde{\theta}\end{cases} \tag{4.2.20}$$

将各分量在局部笛卡儿坐标系 $(\tilde{x},\tilde{y},\tilde{z})$ 表示转换为全局笛卡儿坐标系下表示[141]，即

$$[E_{ix}\quad E_{iy}\quad E_{iz}]^{\mathrm{T}}=\boldsymbol{R}_0^{-1}(\varepsilon_X,\varepsilon_Y,\varepsilon_Z)\cdot[\overline{E}_{i\tilde{x}}\quad \overline{E}_{i\tilde{y}}\quad \overline{E}_{i\tilde{z}}] \tag{4.2.21}$$

就可以确定各阵元在全局坐标系 (θ,φ) 极化基下的两个极化分量：

$$E_{i\theta}(\theta,\varphi)=\frac{E_{ix}\cos\varphi+E_{iy}\sin\varphi}{\cos\theta},\ E_{i\varphi}(\theta,\varphi)=-E_{ix}\sin\varphi+E_{iy}\cos\varphi \tag{4.2.22}$$

因此，平面阵列天线的远区辐射场可以表示为

$$\begin{aligned}E_{\mathrm{Array}}(\theta,\varphi)&=\sum_i^N G_i(\theta,\varphi)E_i(\theta,\varphi)=\sum A_i\mathrm{e}^{\mathrm{j}P_i(\theta,\varphi)}\cdot E_i(\theta,\varphi)\\ &=\sum A_i\mathrm{e}^{\mathrm{j}k_0\bar{r}_i\cdot\hat{n}}\cdot E_i(\theta,\varphi)\end{aligned} \tag{4.2.23}$$

式中：$\bar{r}_i=(x_i,y_i,z_i)$为第 i 个阵元在全局坐标系下的位置；A_i 表示对第 i 个阵元的激励电流；$\bar{E}_i(\theta,\varphi)$表示第 i 个阵元的方向图。

为简化分析，这里设平面阵在 xOy 平面等间距 $M\times N$ 排列，单元间距分别为 d_x,d_y 并且天线口径电场为均匀分布时，横向和纵向电场的阵因子和在极化基$[\theta,\varphi]$下的场表示：

$$\begin{aligned}F_\theta(\theta,\varphi)&=\frac{1}{\sqrt{M}}\sum_{i=0}^{M-1}E_{i\theta}(\theta,\varphi)\mathrm{e}^{\mathrm{j}k_0\left(i-\frac{M-1}{2}\right)d_x\cos\varphi\sin\theta}\frac{1}{\sqrt{N}}\sum_{i=0}^{N-1}E_{i\theta}(\theta,\varphi)\mathrm{e}^{\mathrm{j}k_0\left(i-\frac{N-1}{2}\right)d_y\cos\varphi\sin\theta}\\&=\frac{E_\theta(\theta,\varphi)}{\sqrt{MN}}\frac{\sin\frac{M}{2}\left(k_0d_x\cos\varphi\sin\theta-\frac{2\pi}{\lambda}d_x\sin\theta_B\right)}{\sin\frac{1}{2}\left(k_0d_x\cos\varphi\sin\theta-\frac{2\pi}{\lambda}d_x\sin\theta_B\right)}\\&\quad\frac{\sin\frac{N}{2}\left(k_0d_y\sin\varphi\sin\theta-\frac{2\pi}{\lambda}d_y\cos\varphi_B\sin\theta_B\right)}{\sin\frac{1}{2}\left(k_0d_y\sin\varphi\sin\theta-\frac{2\pi}{\lambda}d_y\cos\varphi_B\sin\theta_B\right)}\end{aligned}\tag{4.2.24}$$

$$\begin{aligned}F_\varphi(\theta,\varphi)&=\frac{1}{\sqrt{M}}\sum_{i=0}^{M-1}E_{i\varphi}(\theta,\varphi)\mathrm{e}^{\mathrm{j}k_0\left(i-\frac{M-1}{2}\right)d_x\cos\varphi\sin\theta}\frac{1}{\sqrt{N}}\sum_{i=0}^{N-1}E_{i\varphi}(\theta,\varphi)\mathrm{e}^{\mathrm{j}k_0\left(i-\frac{N-1}{2}\right)d_y\cos\varphi\sin\theta}\\&=\frac{E_\varphi(\theta,\varphi)}{\sqrt{MN}}\frac{\sin\frac{M}{2}\left(k_0d_x\cos\varphi\sin\theta-\frac{2\pi}{\lambda}d_x\sin\theta_B\right)}{\sin\frac{1}{2}\left(k_0d_x\cos\varphi\sin\theta-\frac{2\pi}{\lambda}d_x\sin\theta_B\right)}\\&\quad\frac{\sin\frac{N}{2}\left(k_0d_y\sin\varphi\sin\theta-\frac{2\pi}{\lambda}d_y\cos\varphi_B\sin\theta_B\right)}{\sin\frac{1}{2}\left(k_0d_y\sin\varphi\sin\theta-\frac{2\pi}{\lambda}d_y\cos\varphi_B\sin\theta_B\right)}\end{aligned}\tag{4.2.25}$$

式中：$\beta=\frac{2\pi}{\lambda}d_x\sin\theta_B$ 是波束空域指向为 θ_B 时的横向相位差；$\alpha=\frac{2\pi}{\lambda}d_y\cos\varphi_B\sin\theta_B$ 是波束空域指向为 φ_B 时的纵向相位差。

因此，$\boldsymbol{T}(\theta)=\begin{bmatrix}F_\theta(\theta,\varphi)\\F_\varphi(\theta,\varphi)\end{bmatrix}$是阵列单元上的电流分布（幅度和相位）在远区产生的方向图矢量，能反映辐射场的极化特性。当 M,N 足够大时，阵列天线的主瓣宽度、副瓣电平等辐射特性主要取决于阵列因子。

由上式可以得出该型平面阵列天线的空域极化比，可以看出，如果用极化比或交叉极化鉴别量来表征一个等幅分布相控阵天线的空域极化特性，其表达式是一个关于阵元辐射场的函数，和阵元数目、排列方式以及阵元间距关系不大，这些因素（主要是阵因子）会影响波束宽度、天线方向图的形状，而不会影响在不同扫描空域上的交叉极化分量关于主极化分量的相对变化率，阵列的极化特性主要取决于阵元的极化特性和扫描的极化状态。对于任意一个阵列天线，主极化和交叉极化在任意扫描角下的辐射场都需要乘以阵列因子,因此整个阵列的极化特性的问题可以等效用单个阵元的极化特性来描述。对于密度加权,幅度加权和共形阵列天线,考虑多阵元间的互耦时的理论分析要更加复杂,本书将就该问题进行较为深入的计算和分析。

4.2.3 相控阵天线空域极化特性的仿真分析

1. 均匀分布矩形偶极子阵

以平面偶极子阵列天线为例进行了仿真计算[141]。其中,阵列布局为 5×5 等间距排列,单元取向均平行于 x 轴,如图 4.5 所示,xy 向间距 0.7λ,谐振频率为 10GHz,偶极子长度为 1.5cm,距离地面高度 0.75cm,考虑如下四种情况:

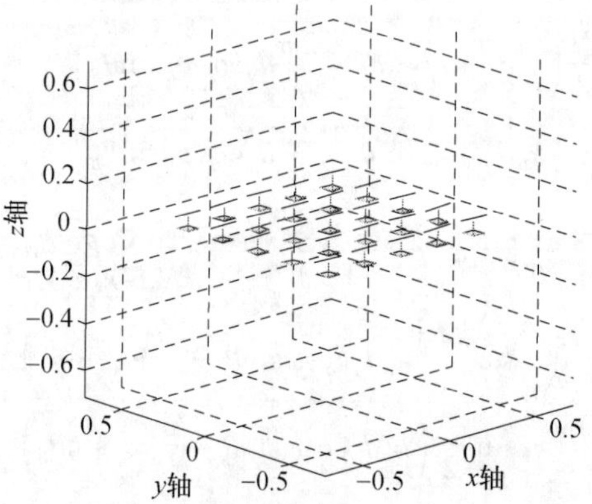

图 4.5 均匀分布矩形偶极子阵的几何布局

(1) 相控阵的主波束在法线方向时,不同方位观测角度下的极化特性分析;
(2) 相控阵的主波束在法线方向时,不同俯仰观测角度下的极化特性分析;
(3) 相控阵的主波束在方位面上扫描时,主瓣附近的极化特性分析;
(4) 相控阵的主波束在俯仰面上扫描时,主瓣附近的极化特性分析。

通过计算和仿真分析,得到了一些比较有意义的结论,相控阵天线的极化特性和三个量密切相关。

(1) 天线机械结构所决定的最大辐射方向,即法线方向;

(2) 空域扫描时最大辐射的波束指向,通常认为这就是主波束中心指向,也称为电轴方向;

(3) 前两者的差值,这里定义为“波束控向角度”(IEEE 定义为 beam steering),下文简称“波控角”,指的是波束在空域扫描时偏离法线方向的角度。

表 4.1 列举了天线波束在阵面的法线方向时,观测点在方位、俯仰向进行扫描时极化特性的变化规律,下面给出具体的分析结果。

表 4.1 法线方向观测点扫描时的极化特性定量描述

波束在法线方向观测点偏离仰角一定角度	方位向极化纯度	备注
观测点偏离电轴仰角 10°	-18dB	Copol = 15dB, Cxpol = -3dB
观测点偏离电轴仰角 20°	-18dB	Copol = 5.5dB, Cxpol = -14dB
观测点偏离电轴仰角 30°	-16dB	Copol = 3.7dB, Cxpol = -13dB
观测点偏离电轴仰角 45°	-20dB	Copol = 2.6dB, Cxpol = -19dB
波束在法线方向观测点偏离方位一定角度	俯仰向极化纯度	备注
观测点偏离电轴方位 0°	-∞	主极化 V 极化，交叉极化 H 极化
观测点偏离电轴方位 2°	-44dB	Co-pol = 21dB, Cx-pol = -23dB
观测点偏离电轴方位 20°	-24dB	Co-pol = 21dB, Cx-pol = -3dB
观测点偏离电轴方位 45°	-16dB	Co-pol = 19dB, Cx-pol = 3dB
观测点偏离电轴方位 90°	仅有交叉极化	—

1）方位和俯仰方向的极化特性

当天线波束指向在阵面的法线方向时，图 4.6 给出了多个俯仰切面上天线的方位向极化方向图，可以看出，在波束的方位中心指向上，交叉极化辐射最小，共极化辐射最大，当观测方向偏离方位中心，此时在天线的主瓣区域内有明显上升的交叉极化分量，极化纯度降低，说明所接收到的电波极化状态将随着偏离的方向而改变，多个俯仰角切面下的天线方位极化特性均具有这个特性。随着观测点的俯仰角度（E_z）增大，波束宽度越窄，天线增益降低；图 4.7 给出了多个方位切面下的天线俯仰向极化方向图，可以看出：俯仰向的主极化方向图和交叉极化方向

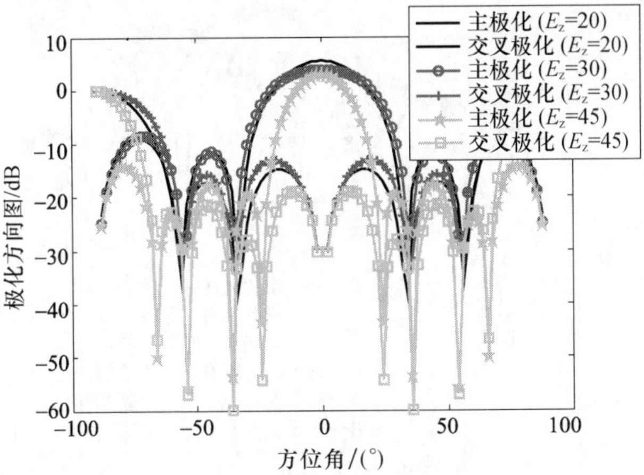

图 4.6 法线方向方位方向图

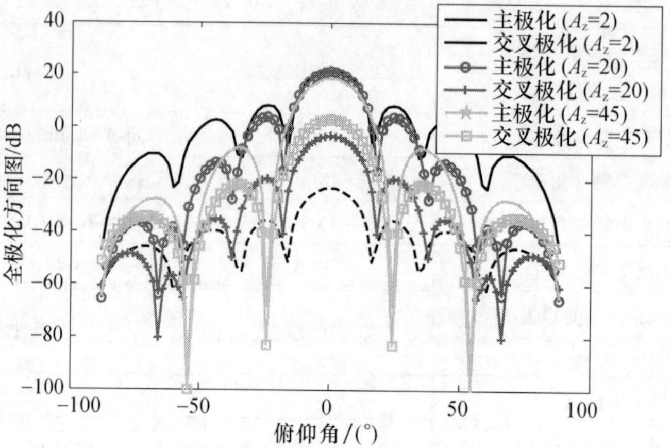

图 4.7　法线方向俯仰方向图

图形状是相似的,在俯仰中心指向上,共极化辐射最大,交叉极化也最强,但是当观测方位偏离中心角度增大时,方向图的形状波束宽度、辐射增益均没有较大变化,此时交叉极化分量显著增大,极化纯度降低。

2）主波束在空域方位面和俯仰面上扫描时,方位向的极化特性和俯仰向的极化特性

当天线波束在空域扫描,电轴的指向会偏离阵面的法线方向,使得两者存在一定的波控角,此时相控阵天线辐射方向图结构将发生改变。在不同的方位波控角和俯仰波控角下,天线主瓣方向辐射或接收到的电磁波的极化纯度将降低,此时在天线的主瓣区域内不仅有主极化分量,而且还有升高的交叉极化分量。由图 4.8 可以看出,当俯仰角度和观测角度固定,方位扫描的波控角度增大时,交叉极

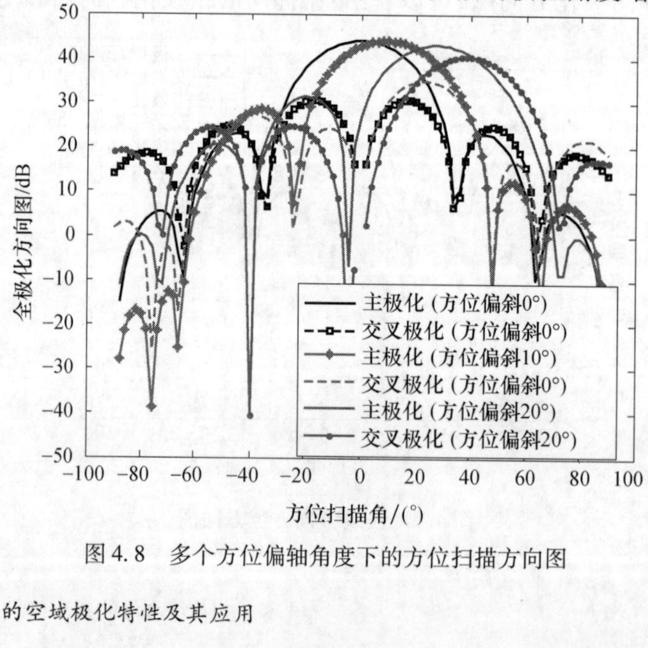

图 4.8　多个方位偏轴角度下的方位扫描方向图

化电平显著升高，方位扫描的极化纯度降低。特别是当俯仰波控角度为30°，方位波控角度为45°时，天线的正交极化分量接近相等。

图4.9给出了当方位波控角和观测角度固定，波束在俯仰方向扫描的极化特性。可以看出，俯仰方向的极化特性变化不明显，天线方向图结构发生较大变化，副瓣电平升高且相对主瓣不对称，主瓣增益略有下降。表4.2比较详细地给出了空域波控扫描时的极化特性定量描述。

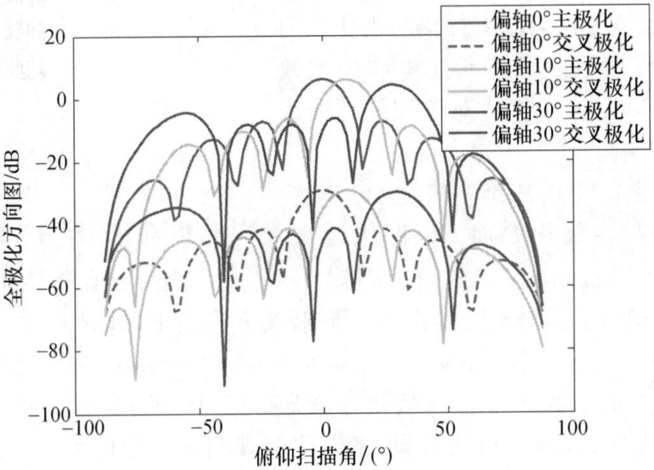

图4.9 多个俯仰偏轴角度下俯仰扫描方向图

表4.2 空域波控扫描时的极化特性定量描述

波束在空域扫描，偏离法线方向 方位波控角固定，俯仰波控角增大	俯仰方向 极化纯度	备注
方位角1°，俯仰角0°	−35dB	交叉极化方向图和主极化方向图结构相似
方位角1°，俯仰角10°	−35dB	
方位角1°，俯仰角20°	−35dB	俯仰扫描的极化纯度没有变化
方位角1°，俯仰角30°	−35dB	
波束在空域扫描，偏离法线方向 俯仰波控角度固定，方位扫描增大	方位扫描 极化纯度	备注
方位角0°，俯仰角30°	−15dB	增大波束方位扫描角度， 交叉极化分量增大， 方位扫描极化纯度降低
方位角10°，俯仰角30°	−10dB	
方位角20°，俯仰角30°	−7dB	
方位角30°，俯仰角30°	−5dB	

2. 波导缝隙相控阵

下面以25个单元的缝隙阵列为例，分析该型天线的空域极化特性，其中，天线的工作频率为1GHz,缝隙的长度和宽度分别为0.1λ 和0.5λ,在矩形平板上的缝隙间距分别为0.25λ 和0.8λ,图4.10给出了仿真的缝隙阵列的三维几何结构图。按下面三种情况进行数值仿真,先后给出了等幅同向馈电、扫描角度为0°时,不同观测方位和俯仰的极化方向图,在小角度范围内波束扫描和宽角度方位内波束扫描的极化方向图。上述计算均不考虑阵元互耦和失配效应,目的在于确定波束扫描对缝隙阵列天线极化特性的影响。

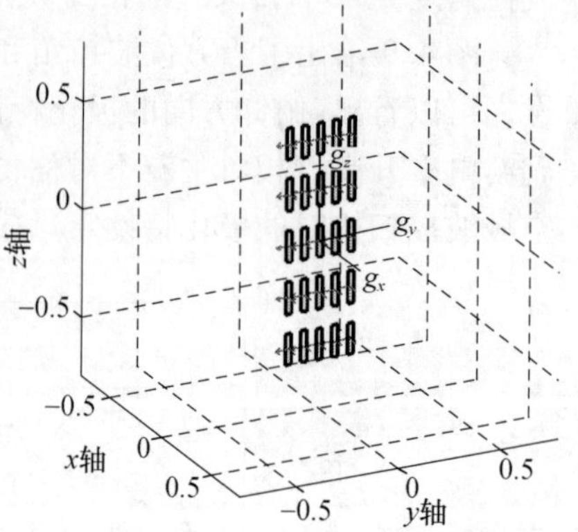

图4.10 缝隙阵列的三维几何结构图

从分析图4.11的三维主极化和交叉极化方向图可见,主极化E面方向图比较宽,覆盖了较大的方位角,方位方向图副瓣在-20dB以下,形成漏斗状的方向图结构。图4.12给出了扫描角度为0°时不同观测方位角下的俯仰方向图,在观测方位为0°时,仅有主极化分量,没有交叉极化分量,当观测方位分别偏离30°和60°时,主极化分量的增益下降,交叉极化分量升高。同样的,如图4.13所示,当俯仰观测角度为0°时,仅有主极化分量,随着俯仰观测角度的增大,交叉极化分量增大,波束宽度变窄。这说明,当波束没有扫描时,此时天线辐射效率最大,当测量目标方向偏离天线电轴方向时,所接收到的电波极化状态将随着偏离电轴的方向和仰角而改变。图4.14(a)给出了在方位扫描1°,俯仰分别扫描0°、10°、25°的俯仰方向图,可以看出,当俯仰未扫描时,交叉极化在-50dB一下,但是当俯仰扫描到10°时,交叉极化方向图的结构发生了变化,和主极化方向图结构类似,并且上升了10dB以上,并且随着俯仰扫描角的增大,副瓣电平升高,交叉极化增益也变大。当增大方位扫描角到10°(图4.14(b)),俯仰小角度扫描时(0°、2°、4°),交叉极化水平增大很多,交叉极化鉴别量(XPD)升高到-30dB左右。当增大方位扫描角到30°时(图4.15(a)),XPD升高到近-20dB。为了考察方位面上扫描的极化特性,也进行了仿真分析。图4.16(b)给出当俯仰扫描到2°,方位扫描20°的方位方向图,副瓣电平由-25dB升高到-15dB,方向图的形状也发生了畸变,副瓣电平不对称,交叉极化电平由-42dB上升到-35dB。由图4.16可以看出,当波束扫描到俯仰角为30°、方位20°的区域,主瓣内的交叉极化电平上升到-12dB。综上分析,当缝隙阵的主极化为水平极化时,方位和俯仰方向上的宽角扫描较大程度的改变了波束的极化特性,除了影响天线的辐射特性外(波束展宽,增益下降),主瓣内的极化特性也发生较大的变化,由于交叉极化电平的升高使得主瓣内两个正交极化分量比值增大,极化纯度降低。通过统计多组仿真结果,表4.3给出了该天线在波束空域扫描时的极化特性的变化规律。

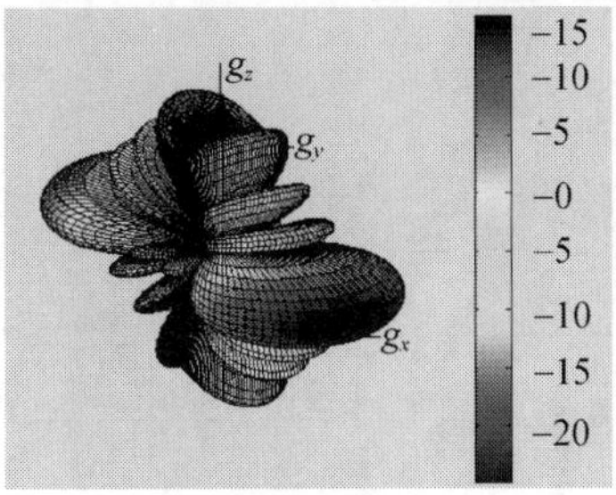

(a) 主极化方向图

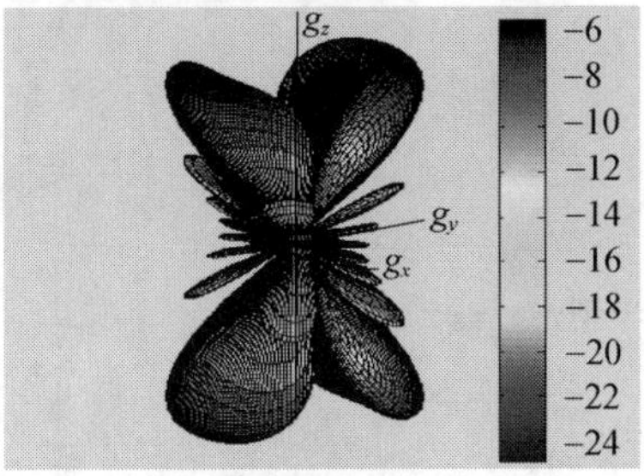

(b) 交叉极化方向图

图 4.11　缝隙阵列的极化方向图

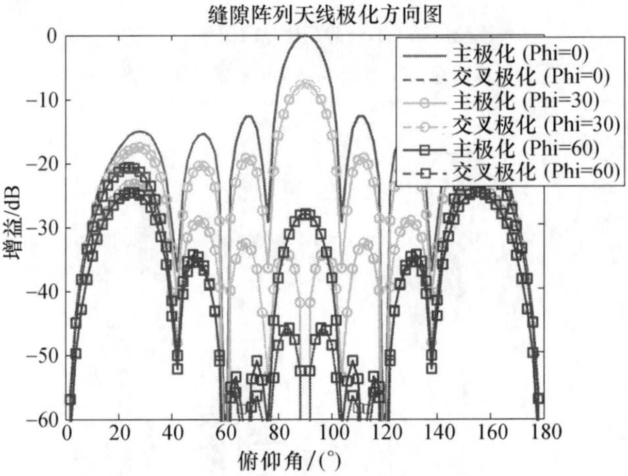

图 4.12　不同方位切面下的极化方向图

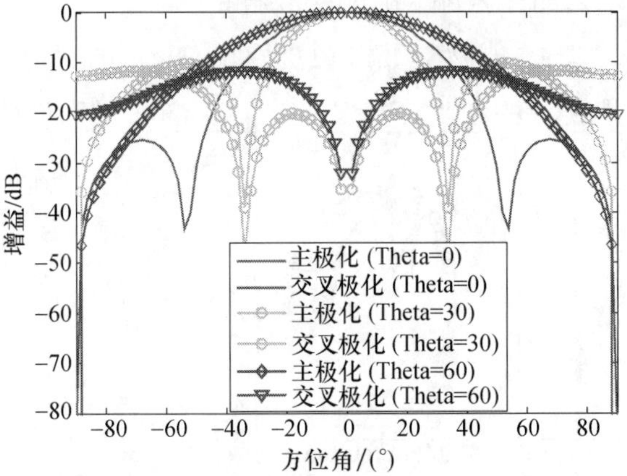

图 4.13　不同俯仰切面下的极化方向图

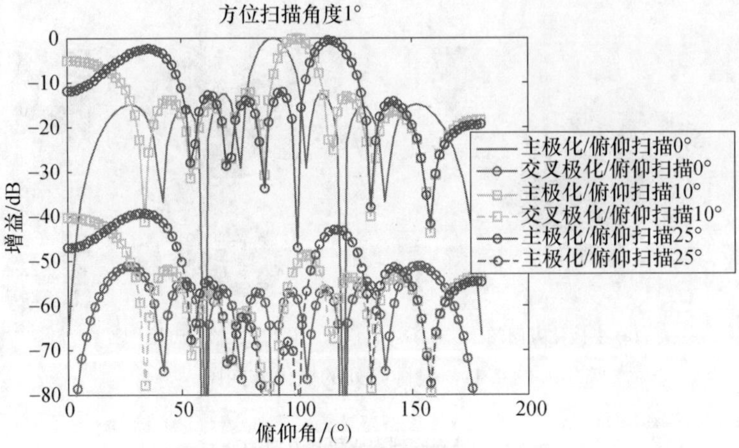

(a) 波控扫描下的俯仰极化方向图

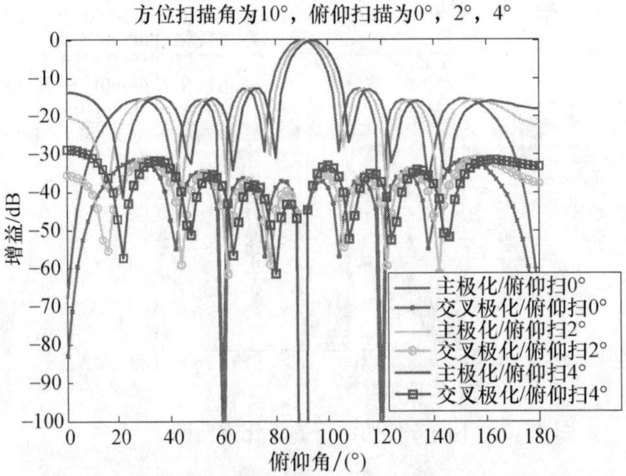

(b) 波控扫描下的俯仰极化方向图

图 4. 14　波控扫描下的方位和俯仰极化方向图

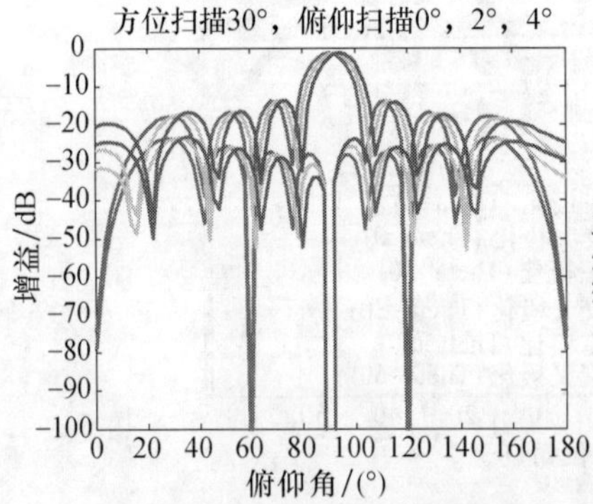

(a) 波控扫描下的俯仰极化方向图

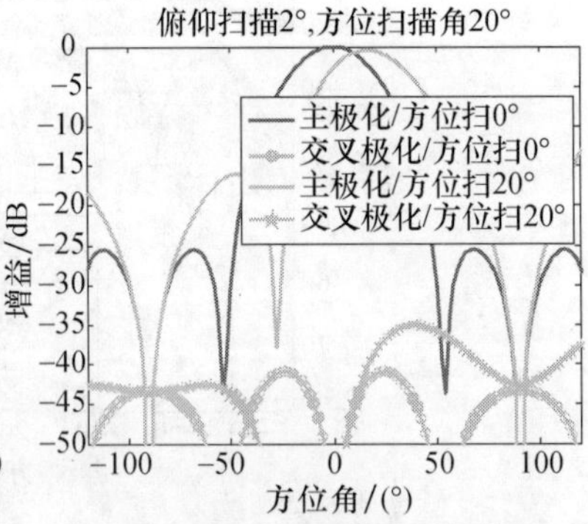

(b) 波控扫描下的方位极化方向图

图 4. 15　波控扫描下的俯仰极化方向图和方位极化方向图

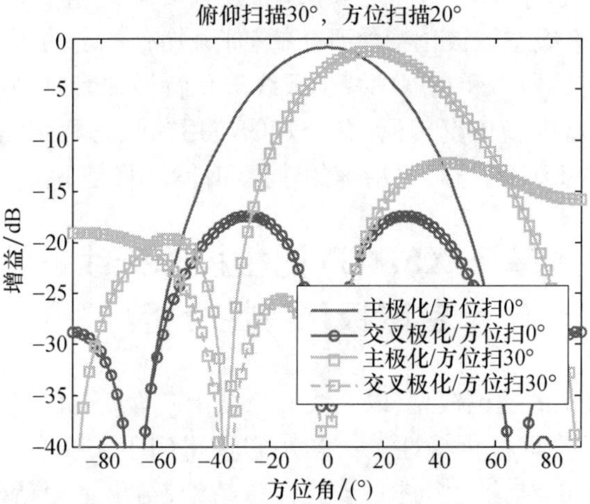

图 4.16　波控扫描下的方位极化方向图

表 4.3　波束空域扫描时的极化特性定量分析

波束在空域方位扫描,俯仰扫描	极化纯度
波束方位扫描 1°,俯仰扫描 0°	-58dB
波束方位扫描 1°,俯仰扫描 10°	-48dB
波束方位扫描 1°,俯仰扫描 25°	-40dB
波束方位扫描 10°,俯仰扫描 0°	-37dB
波束方位扫描 10°,俯仰扫描 2°	-35dB
波束方位扫描 10°,俯仰扫描 4°	-33dB
波束方位扫描 30°,俯仰扫描 0°	-28dB
波束方位扫描 30°,俯仰扫描 2°	-25.8dB
波束方位扫描 30°,俯仰扫描 4°	-23.9dB
波束方位扫描 20°,俯仰扫描 0°	-41dB
波束方位扫描 20°,俯仰扫描 2°	-35dB
波束方位扫描 0°,俯仰扫描 30°	-18dB
波束方位扫描 20°,俯仰扫描 30°	-12dB
波束方位扫描 30°,俯仰扫描 30°	-8dB

本节从不同的角度对均匀分布偶极子阵列、波导缝隙阵列的空域极化特性进行了分析,并给出了相应的分析结果。而在实际应用中,阵元形式种类繁多,口径电场的幅度和相位加权、馈电方式、共形阵的各单元具有不同的指向等因素,必然

会给极化特性的分析带来新的问题和影响,还需要做更进一步的研究。尽管如此,作为对相控阵天线空域极化特性研究的初探,具有一定的理论和实际意义,对于外场试验评估雷达威力和精度中减少天线极化特性的影响,修正相控阵雷达天线的仿真模型,丰富内场仿真理论,有较好的应用前景。利用先进的时域有限差分电磁计算方法(XFDTD)进行更精确的建模和计算,将是下一步研究的内容。

4.3 基于 XFDTD 的相控阵天线设计与空域极化特性分析

4.2 节基于简化的理论模型,以天线的空域指向为变化因素,详细分析研究了两种相控阵天线的空域极化特性[142],初步定性得到了天线在空域波束扫描时的极化特性发生变化的结论。为进一步验证该结论,给出更为精确的分析,本节采用全波三维时域有限差分法电磁场仿真分析软件——XFDTD 设计了具有 625 个单元的平面矩形相控阵天线,通过电磁计算得到了天线远场的主极化和交叉极化分量数据,进而利用空域极化描述子得到了不同波束指向下,典型相控阵天线极化特性的变化规律。结果表明,相控阵天线的极化特性分析较机械扫描体制复杂,指出了相控阵天线与机械扫描天线之间空域极化特性的差异,其极化状态的改变取决于扫描角、阵元特性以及阵元耦合等非理想因素,并随扫描角近似线性变化。该结论和理论分析的结果相吻合,为相控阵天线空域极化特性的应用提供了理论基础和实践依据。

4.3.1 均匀分布相控阵天线的设计与仿真

4.3.1.1 几何建模

XFDTD 是由美国 REMCOM 公司开发的一款基于时域有限差分法(FDTD)的全波三维高频电磁场仿真分析软件,主要应用于天线分析设计、微波电路设计、生物电磁学、电磁兼容分析、电磁散射计算、光子学研究等领域[174-178]。XFDTD 作为一种高端天线仿真和计算工具已经被许多国际知名的天线研发中心和学者所广泛认可,其计算结果的精度已经近似达到了实际测量结果,本节借助于该工具设计了一种典型相控阵天线,重点对多个空域扫描方向上极化特性进行分析。

如图 4.17(a)所示,天线单元贴片为方形,边长为 64mm,馈电点距中心位置为 12mm,厚度为 3mm,基片材料为介电常数 2.6 的聚四氟乙烯材料,地板为 90mm × 90mm。以该天线为阵元,图 4.17(b)给出了设计的 25 × 25 方形阵列,其中,阵元间距为 112mm,服从均匀分布,各单元关于中心单元轴对称。地板为边长为 2832mm × 2832mm 的正方形,单元边缘与地平面的边缘相距 40mm。为得到该阵列波束指向为阵面法向的主极化和交叉极化方向图特性,分别对该阵列设置各单元同幅同相激励。为得到波束指向偏离阵面法向,沿方位轴扫描不同空域指向下的极化特性，各个阵元激励信号的幅度不变，分别改变 25×25 方形阵列的列相位差为 90°、127.3°、155.9°、178.9°，比较主波瓣在不同空间位置偏移下的极化特性。

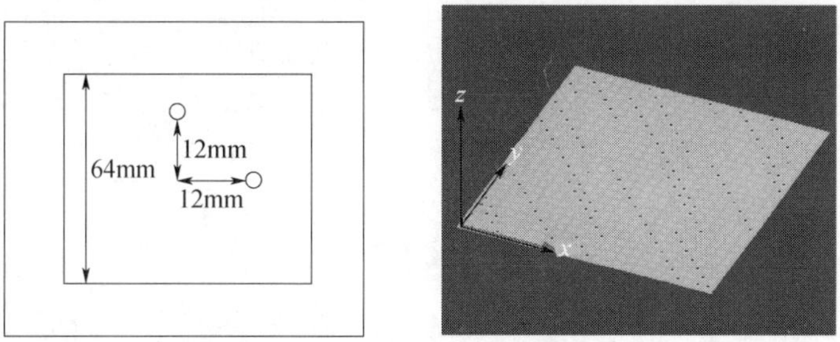

(a) XFDTD设计的阵元模型　　(b) XFDTD设计的阵列模型

图 4.17　XFDTD 设计的阵元和阵列模型

仿真激励源使用脉冲宽度为 32（基本时间步长）的高斯脉冲[174]，使用 Liao 氏边界条件。仿真波形使用 1362MHz 的正弦波。

然后利用上述单元天线组成 25×25 方形阵列，单元间距为 112mm，地板为边长 2832mm 的正方形。仿真阵列中心单元的方向图及轴比特性，并给出各单元之间的互耦曲线（可在 1300～1400MHz 之间扫频）。

计算 25×25 方形阵列的特性（方向图）。改变每列的相位差，使得主波瓣空间扫描指向分别为 0°、5°、10°、15°、30°、45°、60°、75°。

仿真使用的计算机配置如下：

CPU：Intel(R) Pentium(R) 4, 2.40GHz

内存：2048MB(DDR SDRAM)

4.3.1.2　网格剖分

如图 4.18 所示，x、y、z 方向的单元网格均为 1mm，需要 29.80MB 的内存[174]。

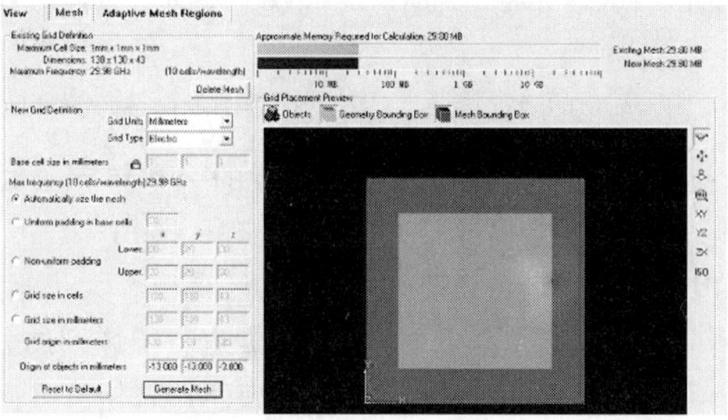

图 4.18　单元天线的网格剖分

图 4.19 所示为阵列天线的网格划分，基本单元网格为(4,4,4)单位 mm，并在 z 方向上(－3,0)处使用 4∶1 自适应网格。仿真共需要 716.22MB 的内存。

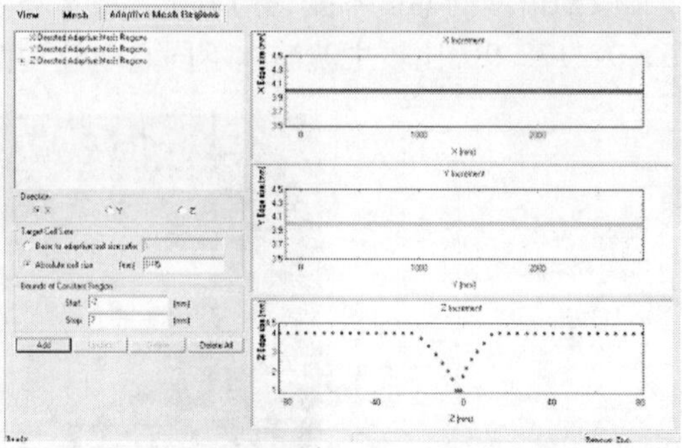

图 4.19　在 z 方向上使用自适应网格

4.3.2　基于 XFDTD 计算数据的空域极化特性分析

图 4.20 所示为线极化中心单元输入端口的阻抗特性，当电抗为 0 时，天线发生谐振，谐振频率为 1332MHz。在谐振频点电阻的最大值为 100Ω。如图 4.21 所示，比较阵列中心单元和单元天线的回波损耗，发现阵列中心单元天线的谐振频点偏移了 30MHz，并且谐振点的插入损耗也增大了将近 6dB。

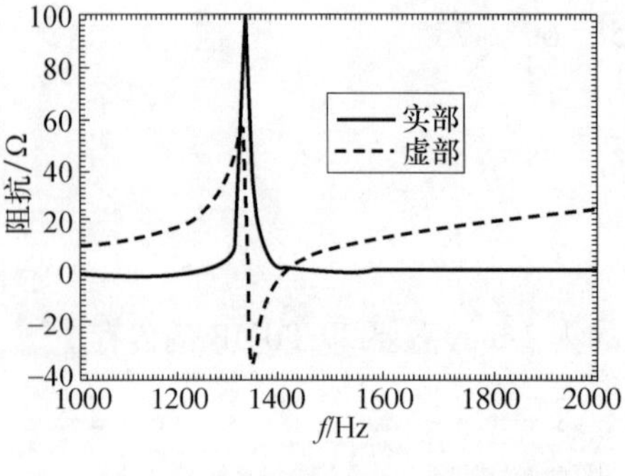

图 4.20　中心单元输入端口的阻抗特性

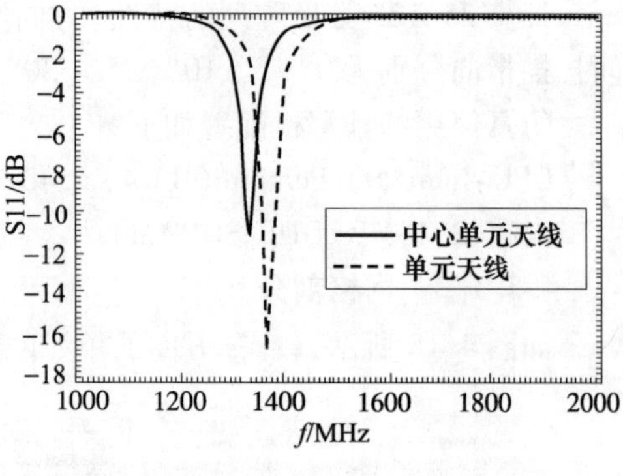

图 4.21　输入端口的回波损耗

图 4.22 给出了中心单元天线与和它相接近的一些单元天线的耦合曲线，可以看出，在谐振频点附近，耦合度非常大（最大处有 −14dB）。

通过对上述相控阵天线进行建模和电磁计算，得出了大量辐射场数据。利用 4.2 节天线空域极化特性的描述方法，对计算数据进行了详细的分析和处理，得到了在不同主波束扫描方向下的相控阵天线极化方向图，相位方向图，复极化比的分布，交叉极化鉴别量的变化曲线，极化描述子的分布情况，瞬态极化投影矢量（IPPV）分布结果。下面给出一些典型的处理结果。

图 4.23 ~ 图 4.28 给出了相控阵天线在空域扫描 0°和 60°时三维极化方向图，图 4.29 直观地给出了相控阵天线扫描多个角度时的极化方向图，可以很明显地

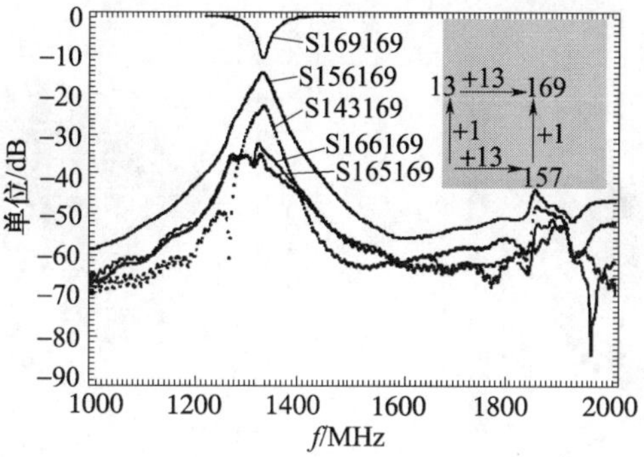

图 4.22　线极化中心单元与其他单元天线的耦合曲线

看出，主极化即垂直极化方向图随扫描角的增大逐渐展宽，天线增益略有所下降，副瓣呈现不对称的结构，同时，交叉极化电平逐渐增大，从电轴方向的 $-\infty$ 增大到约 30dB 的水平。

图 4.23　电磁计算得到的法线方向的主极化方向图

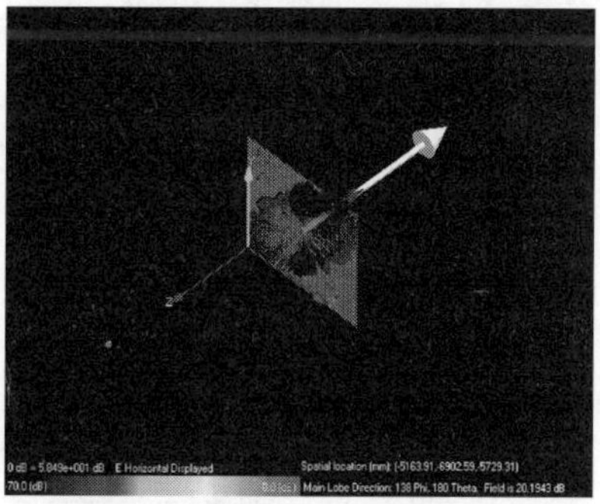

图 4.24　电磁计算得到的法线方向的交叉极化方向图

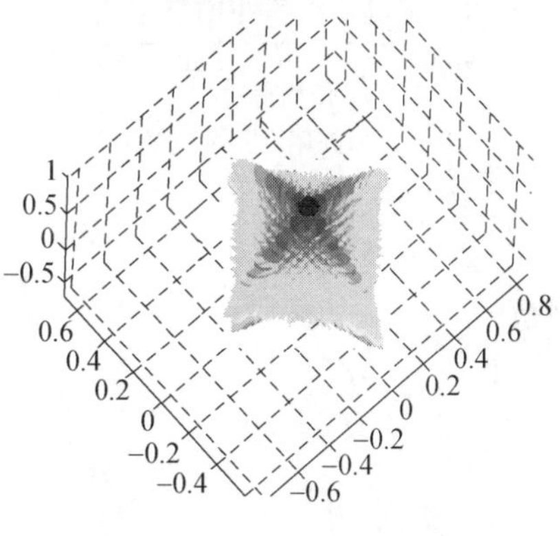

图 4.25　主波束在法线方向的主极化方向图

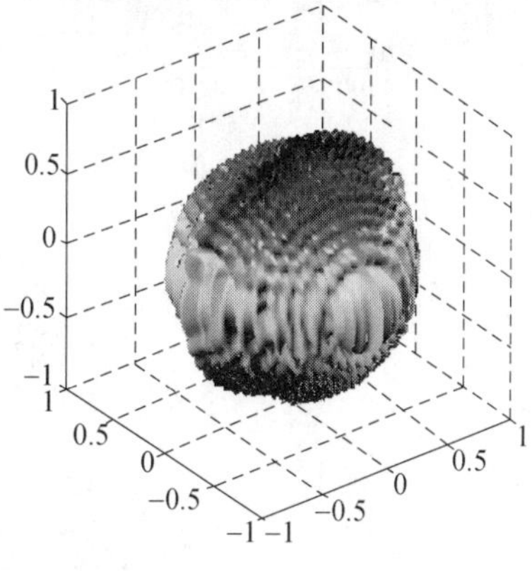

图 4.26　主波束在法线方向的交叉极化方向图

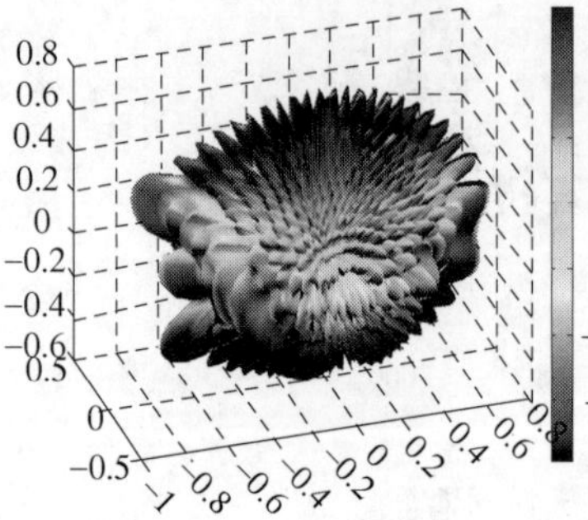

图 4.27　主波束扫描 60°时的主极化方向图

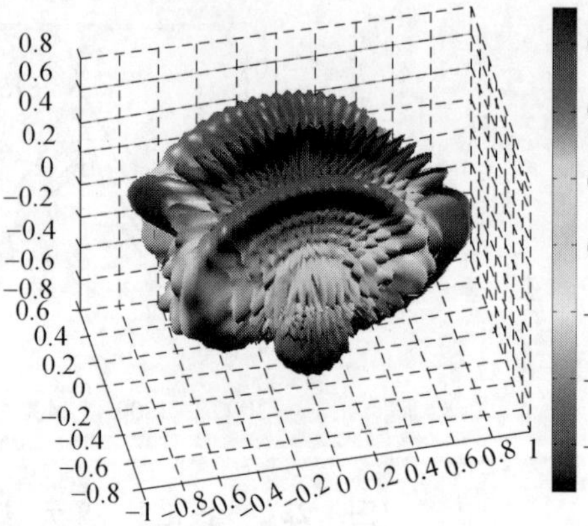

图 4.28　主波束扫描 60°时的交叉极化方向图

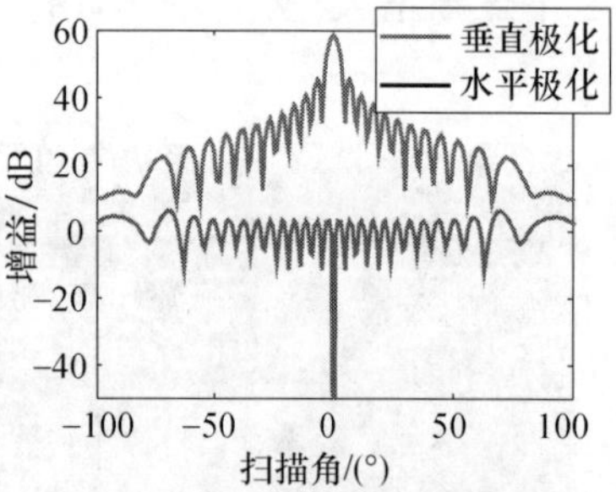

(a) 主波束在阵面法线方向

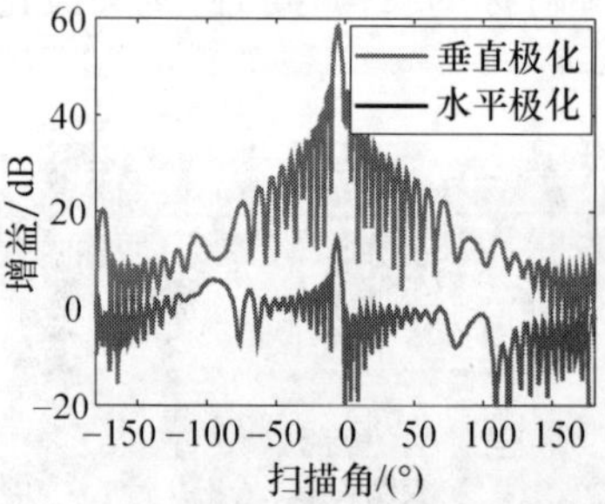

(b) 主波束在偏离阵面5°方向

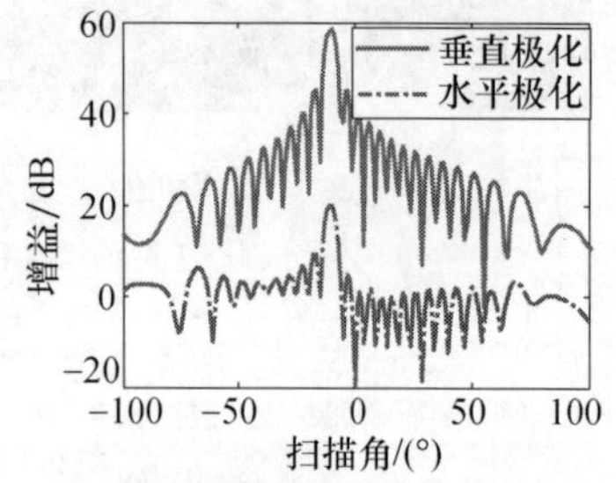

(c) 主波束在偏离阵面10°方向

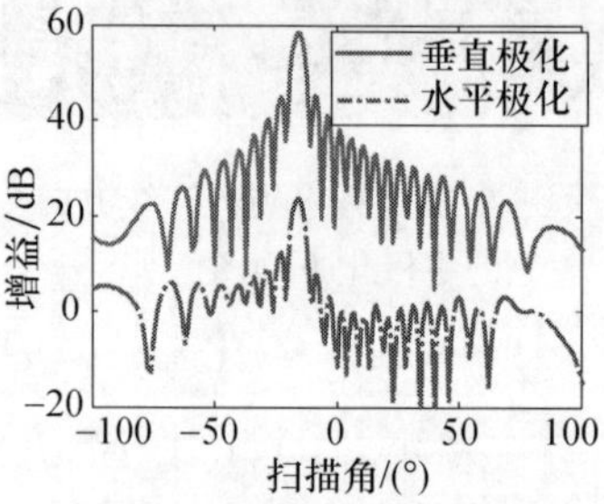

(d) 主波束在偏离阵面15°方向

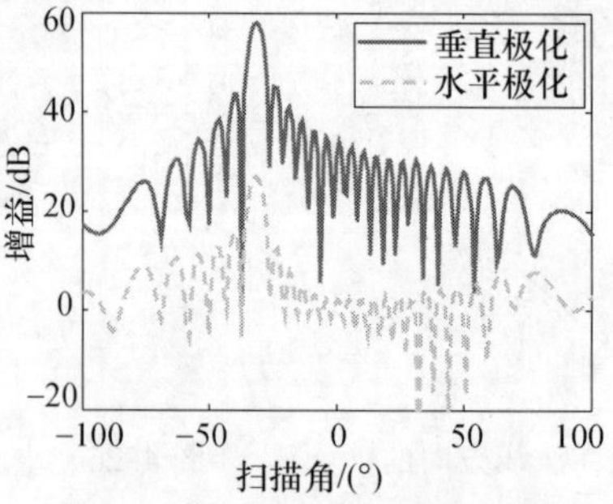

(e) 主波束在偏离阵面30°方向

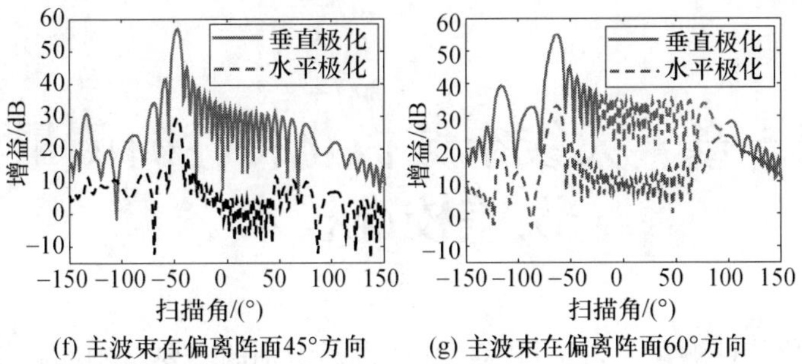

(f) 主波束在偏离阵面45°方向　(g) 主波束在偏离阵面60°方向

图 4.29　相控阵天线波束在多个扫描角下的极化方向图

由于相控阵天线的扫描特性会发生变化，单一指向的极化方向图难以描述完整的空域极化特性，因此通过计算多个波位，然后通过插值拟合可以得到波束在空域 0°～60°扫描时，极化特性重构的结果，如图 4.30 所示。可见，相控阵天线波束扫描时，在多个波位下的极化特性近似线性变化。图 4.31 给出了波束在阵面法线方向时的相位方向图，和常规的抛物反射面天线特性有明显区别。图 4.32 给出了天线扫描时的空域 Stokes 矢量的分布，上述分析结果均表明，当波束在空域连续扫描的同时，相控阵天线的极化特性服从一定规律变化，天线极化状态偏移了所期望的状态，极化状态的改变取决于扫描角、扫描轴、阵元特性以及阵元耦合等非理想因素。该结论和理论分析的结果比较吻合。

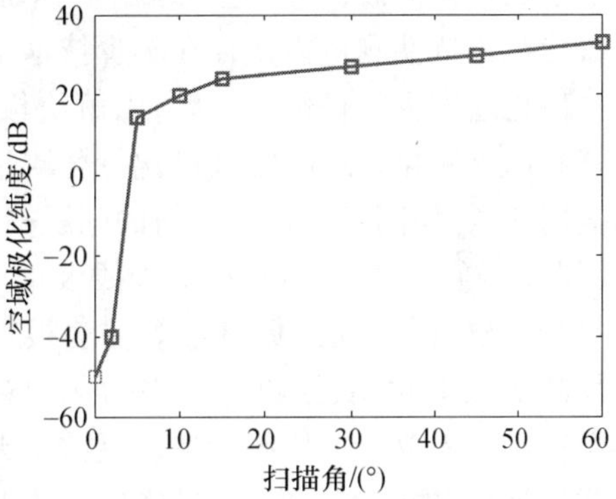

图 4.30　空域极化纯度随扫描角变化曲线

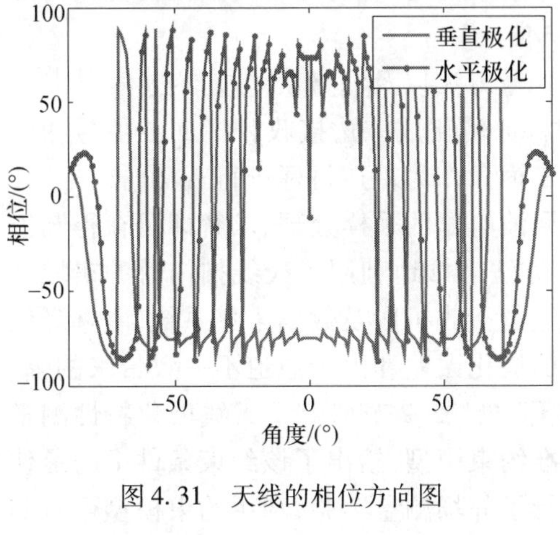

图 4.31　天线的相位方向图

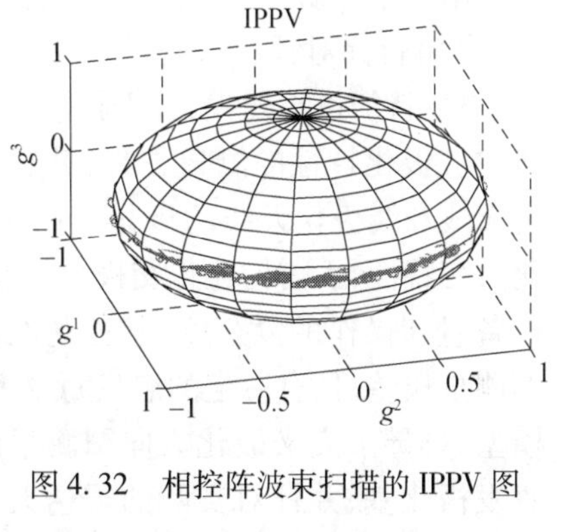

图 4.32　相控阵波束扫描的 IPPV 图

第5章 天线空域极化特性的测量与误差校准技术

目标极化特性测量是雷达目标特性和目标识别的重要基础问题,长期以来一直受到广泛关注。雷达目标可视为一个极化变换器,通常用一个二阶复矩阵表示,通过“在两个正交极化基上同时或者分时地接收并测量两个正交极化电磁波激励下的目标回波信号”进行求解。但是,从工程实现角度来看,实际上开发专门的目标极化特性测量雷达存在不少技术难点,如:提高正交极化通道隔离度,保持多个极化通道幅度相位的一致性,解决极化测量系统的标校等问题。文献[7]提出了利用单极化天线的空域极化特性测量目标极化散射矩阵的新方法,具有一定的应用前景,但同时也带来了新的问题——实际雷达天线空域极化特性的外场测量问题。文献[143-149]针对天线极化特性的获取问题提出了一些解决办法,但是复杂电磁计算、紧凑场测量等方法很难真实模拟雷达天线的实际使用环境,难以反映级联射频端、接收通道中的非理想因素对天线极化特性的影响,难以满足实际应用的需要。外场测量最接近雷达天线的实际工作状态,更直观地反映了天线收发波束的极化特性,是调整和衡量天线特性、描述天线空域极化特性的最有效的手段和途径。另外,在外场测量中,由于非理想条件以及人为操作等因素的影响,使得“检验天线”的极化基和“待测天线”所在的两组正交极化基未能完全对准,即存在一定的偏差,使得主极化分量在偏差角上能量的投影泄漏到交叉极化分量上,造成一定的测量误差,同时,天线测量数据的采集频率,信号源频率的漂移,相位中心偏移的影响也会带来测量误差。因此,要获得天线极化特性较为准确的描述,需要对测量数据进行后期的校准。

本章主要研究天线空域极化特性的测量方法以及测量误差校准技术[150-152]。5.1节将目标对雷达入射波的极化调制特征转化成雷达接收目标回波信号的时变、空变特征进行建模,分别将金属球和二面角作为雷达目标进行观测,推导了天线空域极化特性的测量方程,并通过对回波电压的采样处理、求解即可获得圆极化天线和线极化天线的极化方向图。该方法巧妙地利用了天线扫描时的空域极化时变特性,无需构建正交极化天线、双通道接收机以及数据采集系统,能够降低设备量和操作的复杂度,避免基准天线的极化误差和由于通道不一致带来的幅、相测量误差,具有一定的启发意义和应用前景。5.2节研究了天线极化特性测量模型,推导了交叉极化方向图测量的校准约束模型,给出了该约束条件下的最佳收发极化基,并针对实际的雷达天线进行了外场测量实验,利用约束模型可对实测的极化方向图实现有效的校准。5.3 节以雷达天线极化方向图的实测数据为基础，分析了实测结果和理想天线辐射场的主要区别，讨论了实测中天线相位方向图测量误差产生的原因，指出了数据采集频率、信号源频率漂移、相位中心偏移是制约测量精度的主要因素。针对上述误差结合实测数据对测量误差进行了校正，结果证明了理论分析的正确性和修正方法的有效性，具有一定的参考价值。

5.1 基于标准体散射特性的天线空域极化特性的测量方法

5.1.1 极化散射矩阵的变基计算

雷达散射截面是一个用于描述目标电磁波散射效率的量，它只表征雷达目标散射的幅度特性，缺乏对于诸如极化和相位特性之类的目标特征的表征。极化散射矩阵(PSM)表征了雷达目标电磁散射的全部信息。一般来说，散射矩阵具有复数形式，并且随着工作频率和目标姿态而变化[2]。目标在任意姿态下，对不同的极化波的散射是不同的，使得散射场的极化不同于入射场的极化。因此，本节试图利用极化散射特性已知的标准体目标，通过对雷达照射标准目标的复回波电压进行测量，反演出雷达天线的极化特性，算法的推导如下。

已知标准金属圆球在$(\hat{h},\hat{v})$极化基下的散射矩阵为$\boldsymbol{S}_{HV}=\begin{bmatrix}1 & 0\\ 0 & 1\end{bmatrix}$，工程中常用作共极化分量的定标[192,193]。0°二面角的极化散射矩阵为$\boldsymbol{S}_2=\begin{bmatrix}-1 & 0\\ 0 & 1\end{bmatrix}$，旋转45°二面角的极化散射矩阵为$\boldsymbol{S}_3=\begin{bmatrix}0 & 1\\ 1 & 0\end{bmatrix}$，可以用作散射矩阵交叉极化分量的定标。

二面角由两个金属平面折叠而成，其反射分量包括平板一次反射分量、二次反射分量，两类定标体的几何关系如图 5.1 所示。

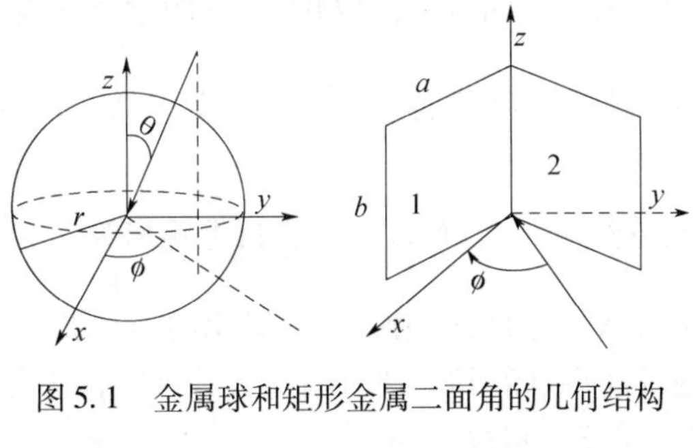

图 5.1 金属球和矩形金属二面角的几何结构

根据水平垂直极化$(\hat{h},\hat{v})$极化基和左旋、右旋圆极化基$(\hat{l},\hat{r})$的变换关系可知

$$(\hat{l},\hat{r})=(\hat{h},\hat{v})\cdot\boldsymbol{U}\tag{5.1.1}$$

式中：

$$\boldsymbol{U}=\frac{1}{\sqrt{2}}\begin{bmatrix}1 & 1\\ \mathrm{j} & -\mathrm{j}\end{bmatrix}$$

目标在极化基变换的电压方程为

$$\boldsymbol{S}_V(\hat{l},\hat{r})=\boldsymbol{U}^{\mathrm{T}}\cdot\boldsymbol{S}_{HV}\cdot\boldsymbol{U} \tag{5.1.2}$$

来自目标的散射波是按左手系传播的，为了变换回右手系且保证矩阵运算正确，引入附加矩阵，得到

$$\boldsymbol{S}_V(\hat{l},\hat{r})=U^{\mathrm{T}}\cdot\begin{bmatrix}1 & 0\\ 0 & -1\end{bmatrix}\cdot\boldsymbol{S}_{HV}\cdot\boldsymbol{U} \tag{5.1.3}$$

则金属球在左、右旋圆极化基$(\hat{l},\hat{r})$下的散射矩阵可写为

$$\boldsymbol{S}_{V1}(\hat{l},\hat{r})=\frac{1}{2}\begin{bmatrix}S_{HH}+\mathrm{j}S_{HV}+\mathrm{j}S_{VH}-S_{VV} & S_{HH}-\mathrm{j}S_{HV}+\mathrm{j}S_{VH}+S_{VV}\\ S_{HH}+\mathrm{j}S_{HV}-\mathrm{j}S_{VH}+S_{VV} & S_{HH}-\mathrm{j}S_{HV}-\mathrm{j}S_{VH}-S_{VV}\end{bmatrix}=\begin{bmatrix}0 & 1\\ 1 & 0\end{bmatrix} \tag{5.1.4}$$

已知45°二面角的极化散射矩阵的理论值为$\boldsymbol{S}_2=\beta\begin{bmatrix}0 & 1\\ 1 & 0\end{bmatrix}$，同样地，45°旋转金属二面角在$(\hat{l},\hat{r})$极化基下的散射矩阵为

$$\boldsymbol{S}_{V2}(\hat{l},\hat{r})=\frac{1}{2}\begin{bmatrix}S_{HH}+\mathrm{j}S_{HV}+\mathrm{j}S_{VH}-S_{VV} & S_{HH}-\mathrm{j}S_{HV}+\mathrm{j}S_{VH}+S_{VV}\\ S_{HH}+\mathrm{j}S_{HV}-\mathrm{j}S_{VH}+S_{VV} & S_{HH}-\mathrm{j}S_{HV}-\mathrm{j}S_{VH}-S_{VV}\end{bmatrix}=\begin{bmatrix}\mathrm{j} & 0\\ 0 & -\mathrm{j}\end{bmatrix} \tag{5.1.5}$$

综上，金属球的极化散射矩阵的理论值为$\boldsymbol{S}_{V1}=\alpha\begin{bmatrix}0 & 1\\ 1 & 0\end{bmatrix}$，45°二面角的极化散射矩阵的理论值为$\boldsymbol{S}_{V2}=\beta\begin{bmatrix}\mathrm{j} & 0\\ 0 & -\mathrm{j}\end{bmatrix}$，其中，$\alpha$，$\beta$分别是两个定标体各自的后向散射截面积(RCS)的平方根值。

5.1.2 圆极化天线的测量算法

设圆极化雷达天线在俯仰角θ_i、方位角φ_i下的空域极化特性为$\boldsymbol{h}(\varphi_i,\theta_k)=\begin{bmatrix}h_{\mathrm{R}}(\varphi_i,\theta_k)\\ h_{\mathrm{L}}(\varphi_i,\theta_k)\end{bmatrix}$，由前文可知，标准目标在$(\hat{l},\hat{r})$极化基下的极化散射矩阵为$\boldsymbol{S}=\begin{bmatrix}s_{\mathrm{RR}} & s_{\mathrm{RL}}\\ s_{\mathrm{LR}} & s_{\mathrm{LL}}\end{bmatrix}$，在满足互易性条件下，有$s_{\mathrm{RL}}=s_{\mathrm{LR}}$，目标距离为$r_0$。

当高塔上放置金属球目标时，利用右旋圆极化的连续波信号激励该目标，并使得天线在方位上扫描，接收目标回波，那么雷达天线在不同方位角φ_k，$k=-N,\cdots,0,\cdots,N$的回波复电压采样值可表示为

$$V_1(\theta_i,\varphi_k)=\boldsymbol{h}^{\mathrm{T}}(\theta_i,\varphi_k)\cdot\boldsymbol{S}_{V1}\cdot\boldsymbol{h}(\theta_i,\varphi_k)=A\cdot\frac{\alpha\cdot\mathrm{e}^{-\mathrm{j}2kr_0}}{4\pi r_0^2}\cdot[h_{\mathrm{R}}\quad h_{\mathrm{L}}]\begin{bmatrix}0 & 1\\ 1 & 0\end{bmatrix}\begin{bmatrix}h_{\mathrm{R}}\\ h_{\mathrm{L}}\end{bmatrix}$$

$$=A\cdot\frac{\alpha\cdot e^{-j2kr_0}}{4\pi r_0^2}\cdot 2h_R(\theta_i,\varphi_k)h_L(\theta_i,\varphi_k) \tag{5.1.6}$$

式中:A 为雷达方程中各元素的函数(包括发射天线的最大增益、距离、发射功率、发射损耗、传输损耗等)等参数决定的增益系数。

理论上来说,天线的正交极化分量内积$\langle h_R,h_L\rangle=0$,则 $V_1(\theta_i,\varphi_k)=0$。这表明圆极化信号经过金属球散射后,会产生旋向相反的圆极化回波,使得天线感应的接收电压为0,这和不少气象雷达中用圆极化信号去除雨杂波的原理相符合。但实际上,不存在绝对理想的圆极化,并且,随着观测方位即扫描方位角的增大,天线交叉极化分量上升,去极化效应也显著增大,电磁波会偏离圆极化呈现一定的椭圆极化的现象,这在文献[58-60]中也有过论述,因此,可以采集到回波信号。

同样地,当高塔上放置45°旋转二面角时,利用左旋圆极化的连续波信号激励该二面角,并使得天线在方位上扫描,接收目标回波,那么雷达天线在不同方位角$\varphi_k,k=-N,\cdots,0,\cdots,N$ 的回波电压采样值可表示为

$$\begin{aligned}V_2(\theta_i,\varphi_k)&=\boldsymbol{h}^T(\theta_i,\varphi_k)\cdot\boldsymbol{S}_{V2}\cdot\boldsymbol{h}(\theta_i,\varphi_k)\\&=A\cdot\frac{\beta\cdot e^{-j2kr_0}}{4\pi r_0^2}\cdot[h_R\quad h_L]\begin{bmatrix}j&0\\0&-j\end{bmatrix}\begin{bmatrix}h_R\\h_L\end{bmatrix}\\&=A\cdot\frac{\beta\cdot e^{-j2kr_0}}{4\pi r_0^2}\cdot[j\cdot {h_R}^2(\theta_i,\varphi_k)-j\cdot {h_L}^2(\theta_i,\varphi_k)]\end{aligned} \tag{5.1.7}$$

天线在方向图主轴方向的交叉极化分量很低($\leqslant -20$dB),可以忽略不计,则标准目标在$\varphi_0=0°$的电压采样值为

$$V_{2,\max}(\theta_i,\varphi_0)=A\cdot\frac{\beta\cdot e^{-j2kr_0}}{4\pi r_0^2}\cdot j\cdot {h_R}^2(\theta_i,\varphi_k) \tag{5.1.8}$$

以式(5.1.8)对雷达接收机两次采集的复电压采样序列(5.1.6)和(5.1.7)归一化,可分别得到

$$V_{2,\mathrm{norm}}(\theta_i,\varphi_k)=j\cdot {h_{R,\mathrm{norm}}}^2(\theta_i,\varphi_k)-j\cdot {h_{L,\mathrm{norm}}}^2(\theta_i,\varphi_k) \tag{5.1.9}$$

$$V_{1,\mathrm{norm}}(\theta_i,\varphi_k)=\frac{\alpha}{\beta}2h_R(\theta_i,\varphi_k)h_L(\theta_i,\varphi_k) \tag{5.1.10}$$

为简化计算和操作方便,可以令金属球和金属二面角的散射截面相等,则

$$V_{1,\mathrm{norm}}(\theta_i,\varphi_k)=2h_R(\theta_i,\varphi_k)h_L(\theta_i,\varphi_k) \tag{5.1.11}$$

联立式(5.1.9)、(5.1.10),并解模糊处理后,可求解出圆极化天线的归一化空域极化特性:

$$h_{R,\mathrm{norm}}^2(\theta_i,\varphi_k)=\frac{-j\cdot V_2(\theta_i,\varphi_k)-\sqrt{V_2^2(\theta_i,\varphi_k)-V_1^2(\theta_i,\varphi_k)}}{2j} \tag{5.1.12}$$

$$h_{L,\mathrm{norm}}^2(\theta_i,\varphi_k)=\frac{-V_2(\theta_i,\varphi_k)+\sqrt{V_2^2(\theta_i,\varphi_k)-V_1^2(\theta_i,\varphi_k)}}{2j} \tag{5.1.13}$$

圆极化天线是椭圆极化天线的一种特例,经推导发现,上述处理方法对椭圆

极化天线的特性测量也同样适用,这里不多叙述。

5.1.3 线极化天线的测量算法

5.1.3.1 联合金属球与0°二面角的测量算法

设雷达天线在俯仰角 φ_i、方位角 θ_i 下的空域极化特性为 $\boldsymbol{h}(\theta_i,\varphi_k)=\begin{bmatrix}h_H(\theta_i,\varphi_k)\\h_V(\theta_i,\varphi_k)\end{bmatrix}$,标准目标在$(\hat{h},\hat{v})$极化基下的极化散射矩阵为$\boldsymbol{S}=\begin{bmatrix}s_{HH}&s_{HV}\\s_{VH}&s_{VV}\end{bmatrix}$,在满足互易性条件[10]下,有 $s_{HV}=s_{VH}$,目标距离为 r_0,散射场在接收天线感应电流的复电压测量值为

$$v(\theta_i,\varphi_k)=A\cdot\frac{\mathrm{e}^{-\mathrm{j}2kr_0}}{4\pi r_0^2}\cdot\boldsymbol{h}^{\mathrm{T}}(\theta_i,\varphi_k)\cdot\boldsymbol{S}\cdot\boldsymbol{h}(\theta_i,\varphi_k)\tag{5.1.14}$$

把参数代入,得到具体表达式为

$$v(\theta_i,\varphi_k)=A\cdot\frac{\mathrm{e}^{-\mathrm{j}2kr_0}}{4\pi r_0^2}\cdot[s_{HH}h_H^2(\theta_i,\varphi_k)+2s_{HV}h_H(\theta_i,\varphi_k)h_V(\theta_i,\varphi_k)+s_{VV}h_V^2(\theta_i,\varphi_k)]\tag{5.1.15}$$

式中:A 为雷达方程中各元素的函数(包括发射天线的最大增益、距离、发射功率、发射损耗、传输损耗等)等参数决定的增益系数。

设已知金属球的极化散射矩阵为 $\boldsymbol{S}_1=\alpha\begin{bmatrix}1&0\\0&1\end{bmatrix}$,0°二面角的极化散射矩阵为 $\boldsymbol{S}_2=\beta\begin{bmatrix}-1&0\\0&1\end{bmatrix}$,测量距离为 r_0。

待测天线在不同俯仰角 θ_i 和方位扫描角 $\varphi_k(k=-N,\cdots,0,\cdots,N)$ 下对目标回波的电压序列采样值表示为

$$v_1(\theta_i,\varphi_k)=\boldsymbol{h}^{\mathrm{T}}(\theta_i,\varphi_k)\cdot\boldsymbol{S}_1\cdot\boldsymbol{h}(\theta_i,\varphi_k)=A\cdot\frac{\alpha\cdot\mathrm{e}^{-\mathrm{j}2kr_0}}{4\pi r_0^2}\cdot[h_H^2(\theta_i,\varphi_k)+h_V^2(\theta_i,\varphi_k)]\tag{5.1.16}$$

特别地,当天线在电轴方向 $\theta_0=0°$时,主极化分量比交叉极化分量大得多(大于20dB,这里设天线的主极化为水平极化),所以在该方向上,可以忽略交叉极化分量的影响,上式的测量结果可写为

$$v_1(\theta_i,\varphi_0)\approx A\cdot\frac{\alpha\cdot\mathrm{e}^{-\mathrm{j}2kr_0}}{4\pi r_0^2}\cdot h_H^2(\theta_i,\varphi_0)\tag{5.1.17}$$

用式(5.1.17)对式(5.1.16)的测量结果进行归一化处理,可以消除未知参数的影响。

$$\begin{aligned}v_{1,\mathrm{norm}}(\theta_i,\varphi_k)&=\frac{v_1(\theta_i,\varphi_k)}{v_1(\theta_i,\varphi_0)}=\left(\frac{h_H(\theta_i,\varphi_k)}{h_H(\theta_i,\varphi_0)}\right)^2+\left(\frac{h_V(\theta_i,\varphi_k)}{h_H(\theta_i,\varphi_0)}\right)^2\\&=h_{H,\mathrm{norm}}^2(\theta_i,\varphi_k)+h_{V,\mathrm{norm}}^2(\theta_i,\varphi_k)\end{aligned}\tag{5.1.18}$$

式中：$h_{H,\mathrm{norm}}(\theta_i,\varphi_k)=\dfrac{h_H(\theta_i,\varphi_k)}{h_H(\theta_i,\varphi_0)}$；$h_{V,\mathrm{norm}}(\theta_i,\varphi_k)=\dfrac{h_V(\theta_i,\varphi_k)}{h_H(\theta_i,\varphi_0)}$。

下一步，将雷达照射目标更换为0°二面角，重复上述过程，接收天线测得不同俯仰角 θ_i 和方位扫描角 $\varphi_k(k=-N,\cdots,0,\cdots,N)$ 下的电压采样值，表示为

$$v_2(\theta_i,\varphi_k)=A\cdot\frac{\beta\cdot \mathrm{e}^{-\mathrm{j}2kr_0}}{4\pi r_0^2}\cdot[-h_H^2(\theta_i,\varphi_k)+h_V^2(\theta_i,\varphi_k)] \tag{5.1.19}$$

同理，在 $\varphi_k=0$ 的方向忽略掉交叉极化分量，测量结果简化成

$$v_2(\theta_i,\varphi_0)=-A\cdot\frac{\beta\cdot \mathrm{e}^{-\mathrm{j}2kr_0}}{4\pi r_0^2}\cdot h_H^2(\theta_i,\varphi_0) \tag{5.1.20}$$

用式(5.1.20)对式(5.1.19)的测量值作归一化处理，得到

$$v_{2,\mathrm{norm}}(\theta_i,\varphi_k)=h_{H,\mathrm{norm}}^2(\theta_i,\varphi_k)-h_{V,\mathrm{norm}}^2(\theta_i,\varphi_k) \tag{5.1.21}$$

将式(5.1.18)、式(5.1.21)联立，可以推导出雷达天线在角度(θ_i,φ_k)下的归一化空域极化特性为

$$h_{H,\mathrm{norm}}^2(\theta_i,\varphi_k)=\frac{v_{1,\mathrm{norm}}(\theta_i,\varphi_k)+v_{2,\mathrm{norm}}(\theta_i,\varphi_k)}{2} \tag{5.1.22}$$

$$h_{V,\mathrm{norm}}^2(\theta_i,\varphi_k)=\frac{v_{1,\mathrm{norm}}(\theta_i,\varphi_k)-v_{2,\mathrm{norm}}(\theta_i,\varphi_k)}{2} \tag{5.1.23}$$

由于金属球 RCS 的理论值、标准目标距离 r_0 为已知量，则由方程可以解算出在电轴方向即(θ_i,φ_0)角度下的天线主极化增益，即

$$A\cdot h_H^2(\theta_i,\varphi_0)=B\cdot v_1(\theta_i,\varphi_0) \tag{5.1.24}$$

式中：B 为增益补偿因子。

同样地，改变俯仰角度 θ_i，重复上述步骤，测量其在方位向极化特性，从而获得雷达天线在不同俯仰角度下 $\theta_{\min}\leqslant\theta_i\leqslant\theta_{\max}$ 的空域极化特性。

算法步骤框图如图 5.2 所示。

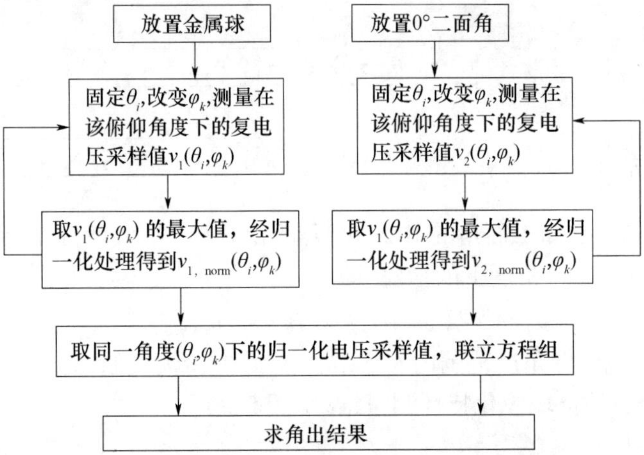

图 5.2　天线空域极化特性的无源测量步骤框图

5.1.3.2 联合0°/45°二面角的测量算法

已知0°二面角的极化散射矩阵矩阵的理论值为 $\boldsymbol{S}_1=\beta\begin{bmatrix}-1 & 0\\ 0 & 1\end{bmatrix}$,45°二面角的极化散射矩阵的理论值为 $\boldsymbol{S}_2=\beta\begin{bmatrix}0 & 1\\ 1 & 0\end{bmatrix}$,待测天线到标准体的通视距离为 r_0。

步骤1:放置0°二面角,固定俯仰角 θ_i,测量其在不同方位角 $\varphi_k,k=-N,\cdots,0,\cdots,N$ 的回波电压采样值。

$$\begin{aligned}v_1(\theta_i,\varphi_k)&=\boldsymbol{h}^{\mathrm{T}}(\theta_i,\varphi_k)\cdot\boldsymbol{S}_1\cdot\boldsymbol{h}(\theta_i,\varphi_k)\\&=A\cdot\frac{\beta\cdot\mathrm{e}^{-\mathrm{j}2kr_0}}{4\pi r_0^2}\cdot\left[-h_H^2(\theta_i,\varphi_k)+h_V^2(\theta_i,\varphi_k)\right]\end{aligned}\tag{5.1.25}$$

同理,假设天线在方向图主轴方向的交叉极化分量很低,可以忽略不计,则标准目标在 $\varphi_0=0^{\circ}$ 的电压采样值为

$$v_1(\theta_i,\varphi_0)=-A\cdot\frac{\beta\cdot\mathrm{e}^{-\mathrm{j}2kr_0}}{4\pi r_0^2}h_H^2(\theta_i,\varphi_0)\tag{5.1.26}$$

以该量对复电压采样序列归一化,得到

$$v_{1,\mathrm{norm}}(\theta_i,\varphi_k)=h_{H,\mathrm{norm}}^2(\theta_i,\varphi_k)-h_{V,\mathrm{norm}}^2(\theta_i,\varphi_k)\tag{5.1.27}$$

步骤2:放置45°旋转二面角,固定俯仰角 θ_i,测量其在不同方位角下的回波电压采样值为

$$\begin{aligned}v_2(\theta_i,\varphi_k)&=\boldsymbol{h}^{\mathrm{T}}(\theta_i,\varphi_k)\cdot\boldsymbol{S}_2\cdot\boldsymbol{h}(\theta_i,\varphi_k)\\&=A\cdot\frac{\beta\cdot\mathrm{e}^{-\mathrm{j}2kr_0}}{4\pi r_0^2}\cdot\left[2h_H(\theta_i,\varphi_k)h_V(\theta_i,\varphi_k)\right]\end{aligned}\tag{5.1.28}$$

将式(3.2.26) 对式(3.2.28) 进行归一化处理,得到

$$v_{2,\mathrm{norm}}(\theta_i,\varphi_k)=-2h_{H,\mathrm{norm}}(\theta_i,\varphi_k)\cdot h_{V,\mathrm{norm}}(\theta_i,\varphi_k)\tag{5.1.29}$$

步骤3: 联立式(5.1.26)和式(5.1.29),解模糊处理后,求出天线的归一化空域极化特性为

$$h_{H,\mathrm{norm}}^2(\theta_i,\varphi_k)=\frac{v_1(\theta_i,\varphi_k)+\sqrt{v_1^2(\theta_i,\varphi_k)+v_2^2(\theta_i,\varphi_k)}}{2}\tag{5.1.30}$$

$$h_{V,\mathrm{norm}}^2(\theta_i,\varphi_k)=\frac{-v_1(\theta_i,\varphi_k)+\sqrt{v_1^2(\theta_i,\varphi_k)+v_2^2(\theta_i,\varphi_k)}}{2}\tag{5.1.31}$$

步骤4: 如果已知二面角的 RCS 和距离,由式(5.3.26)可以得到主极化分量在电轴方向即(θ_i,φ_0)角度下的增益,即

$$A\cdot h_H^2(\theta_i,\varphi_0)=B\cdot v_1(\theta_i,\varphi_0)\tag{5.1.32}$$

步骤5:在宽俯仰角度范围内 $\theta_{\min}\leqslant\theta_i\leqslant\theta_{\max}$,改变天线俯仰角,重复步骤1~4,得到雷达天线总的空域极化特性测量结果(图5.3)。

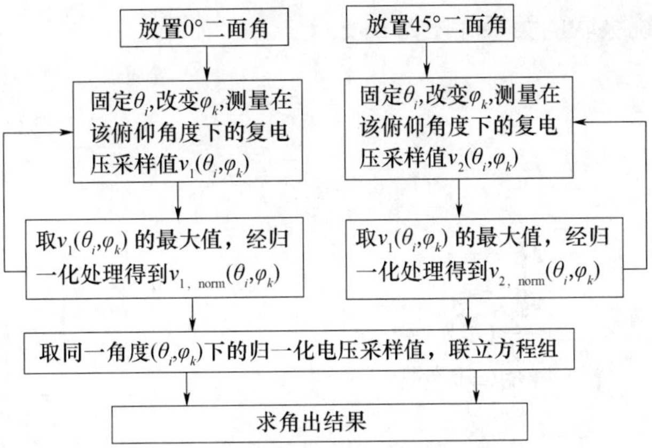

图 5.3　天线空域极化特性的无源测量步骤框图

5.1.4　外场实验设计

1. 外场实验布局

实验布局主要由平坦的试验场地和定标测试塔组成。其中,待测雷达布置在场地某开阔位置,与定标测试塔的量测距离 l 满足远场公式($l \geqslant \dfrac{2D^2}{\lambda}$,$D$ 为天线口径纵向距离,λ 为工作波长),定标体放在测试塔顶部,并且定标体的姿态角可以比较准确地控制,实验布局如图 5.4 所示。雷达天线在方位向上对目标进行圆周扫描照射,利用数据采集系统对回波信号进行高速数据采集。

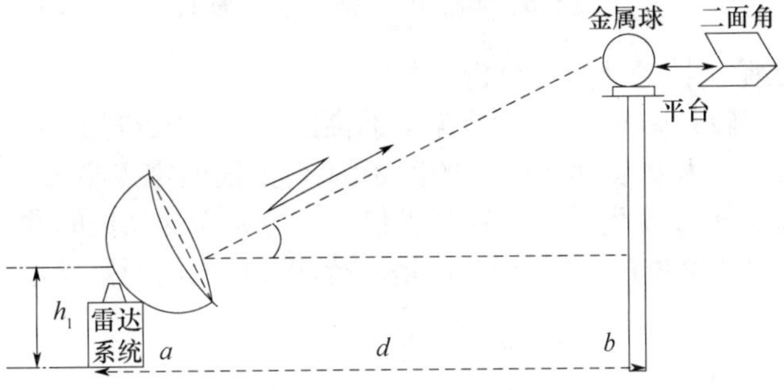

图 5.4　实验布局图

还可以考虑另外一种实验布局,如图 5.5 所示。设雷达天线(通常置于雷达车上)的高度(等效为雷达车高度加天线伺服座的高度)为 h_1,信号源连接标准发射天线位于雷达天线旁边,架设高度和雷达天线基本一致。

实验中,标准信号源发射连续波信号,频率和雷达的工作频率保持一致,将发射天线对准标准目标进行连续的照射。同时,使雷达发射机关闭,仅工作在接收状态,天线在方位向上进行圆周扫描,关闭雷达的自动增益控制,将雷达的中频输出两路 I,Q 信号连接数据采集系统,采集经过下变频和 I,Q 处理后的中频信号。

实验中各个系统级联的关系如图 5.6 所示。

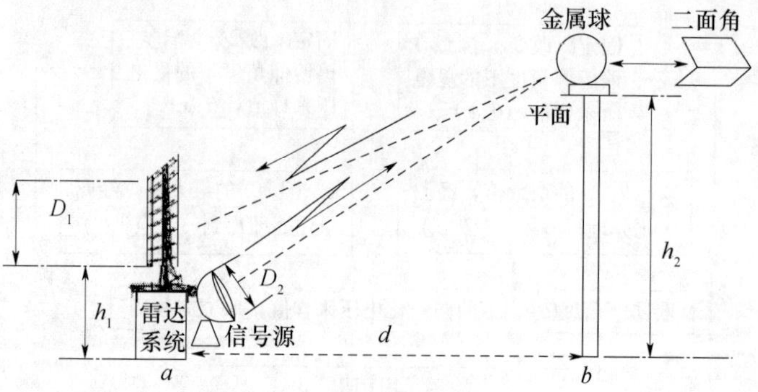

图 5.5　实验布局图

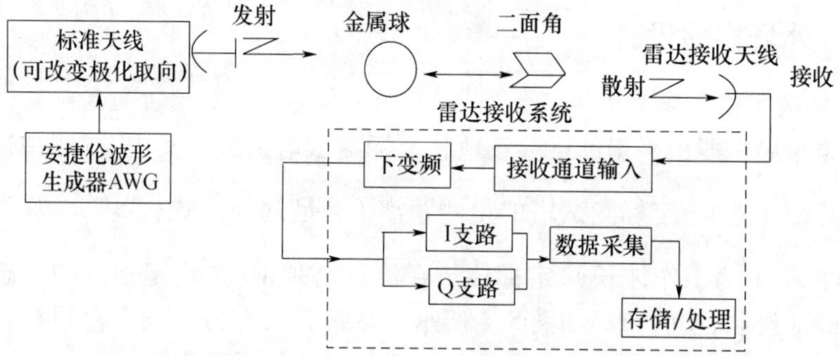

图 5.6　实验中各系统连接示意图

2. 外场实验条件的计算与分析

根据外场实验布局图,可假设高架塔的高度为 h_2,将标准目标放置在塔顶,此时雷达天线的仰角为 θ,雷达到高塔的间距为 d,天线的零点主瓣宽度为 B_w,天线口径的最大尺寸分别为 D_1 和 D_2,雷达工作波长为 λ,k 为任选的常数。

(1) 为满足实验中的远场条件,高塔和待测天线的间距需满足

$$d \geqslant k\frac{(D_1+D_2)^2}{\lambda} \tag{5.1.33}$$

通常,若容许在待测天线口面上相位偏差为 $\pi/8$,则 k 取 2,测试场强的相对误差为 2.5%,k 值越大,则相位测量精度越高,满足了这一条件,就可忽略感应场的影响。

(2) 为了避免多径效应,雷达天线的仰角 θ 必须满足

$$\theta \geqslant B_w/2 + \arctan(h_1/d) \tag{5.1.34}$$

(3) 当天线电轴方向和定标体所在位置的相位中心对准时,天线的仰角需满足如下条件:

$$\theta_1 = \arctan\left(\frac{h_2-h_1}{d}\right) \text{即 } h_2 = d\cdot\tan\theta_1 + h_1 \tag{5.1.35}$$

(4) 考虑测量天线主瓣区域内方位扫描和俯仰扫描的空域极化特性,天线的仰角需要限制在如下测量区间:

$$\arctan\left(\frac{h_2 - h_1}{d}\right) \leqslant \theta < \frac{B_w}{2} + \arctan\left(\frac{h_2 - h_1}{d}\right) \tag{5.1.36}$$

综上所述,为了使天线满足远场条件,而且能够满足主瓣内俯仰方向的测量范围和电场的相位测量精度,并保证天线的主瓣辐射不会造成多径效应,可以推算出天线和高塔间距的取值范围为

$$k\frac{(D_1 + D_2)^2}{\lambda} \leqslant d < \frac{h_2 - h_1}{\tan\theta} \tag{5.1.37}$$

此时 θ 的取值需满足 $\theta = B_w/2 + \arctan(h_1/d)$。

待测天线架高尺寸为3m,高塔为120m,待测天线口径为4m,信号源天线口径为0.5m,待测天线波束宽度为4°×4°,根据上述测量条件可以推算待测天线到高塔的距离的范围关于雷达频率的变化曲线,如图5.7和图5.8所示,可以看出天线到高塔的最远距离不大于3150m。同时也可以推算出在该波束宽度条件下目标对准时天线的仰角变化范围,测量主瓣宽度内空域极化特性时最大仰角的变化范围,以及为避免多径效应时天线的最低仰角。

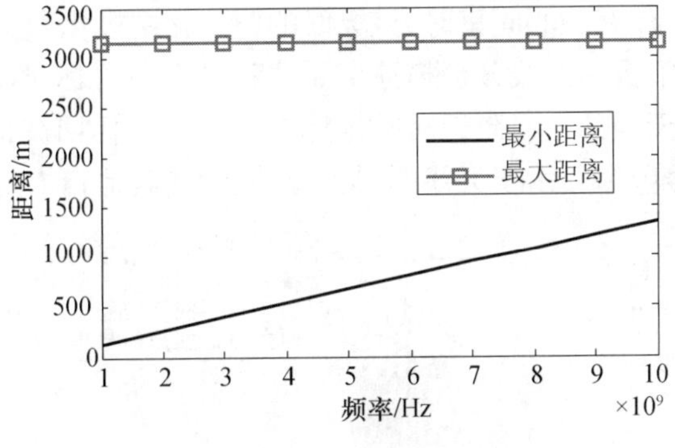

图5.7 外场测量布局的距离等效推算曲线

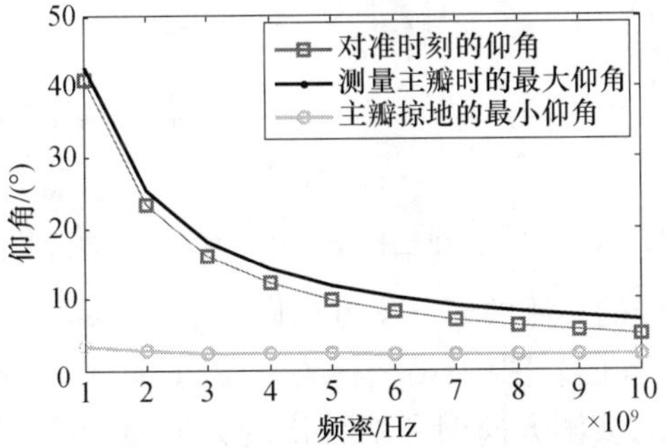

图5.8 外场测量布局天线仰角的取值区间

方位采样的间隔是影响天线特性测量性能的因素之一。如图 5.9 所示，测试时，雷达天线的扫描周期可以人工干预，即按最慢转速进行；同时，尽量提高采集卡重频(PRF)设置，这样可以保证方位采样间隔尽可能小。

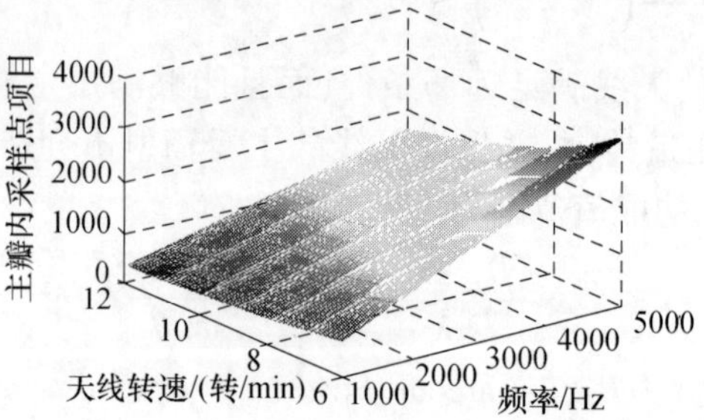

图 5.9　采样频率(PRF)、天线转速和方位采样间隔的关系

5.1.5　天线特性测量实验与分析

1. 基于雷达天线数据的测量实验

为了验证算法的有效性，本节针对某雷达系统的阵列天线，利用其方位上机械扫描时接收到的信号源辐射信号，模拟产生了目标回波，进而利用提出的算法反演出了当天线工作在中心频率时，该天线的归一化主极化和交叉极化方向图。

图 5.10 给出了雷达天线分别扫掠金属球和二面角目标时回波信号复电压的分布，可以看出当天线的主瓣附近对准定标体且接收目标回波信号时，信号较强，有明显的回波信号包络。由于天线副瓣很低，因此在其他扫描角度上回波很弱。

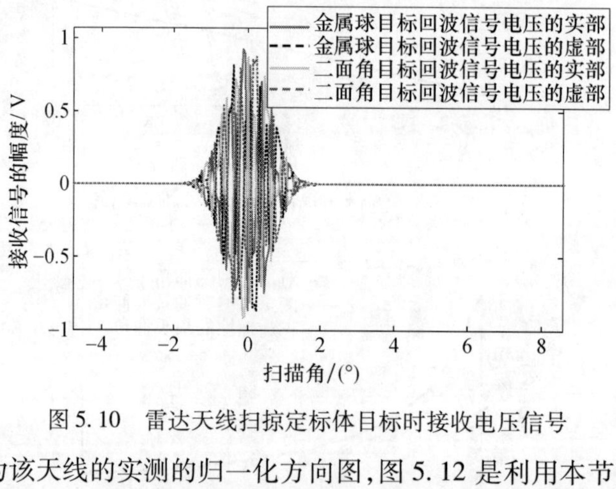

图 5.10　雷达天线扫掠定标体目标时接收电压信号

图 5.11 为该天线的实测的归一化方向图，图 5.12 是利用本节所提的方法估计得到的天线极化方向图。图中，横坐标为方位角，纵坐标表示天线增益，单位为 dB。从图中可以看出，实测方向图和估计出的方向图吻合得比较好，能够较为准确地估计出天线真实的空域极化特性，说明所提的方法估计性能较好，反演的结

果证明该天线为一窄波束天线。在波束中心指向,天线的交叉极化分量较高,交叉极化鉴别量达到 -30dB 左右。

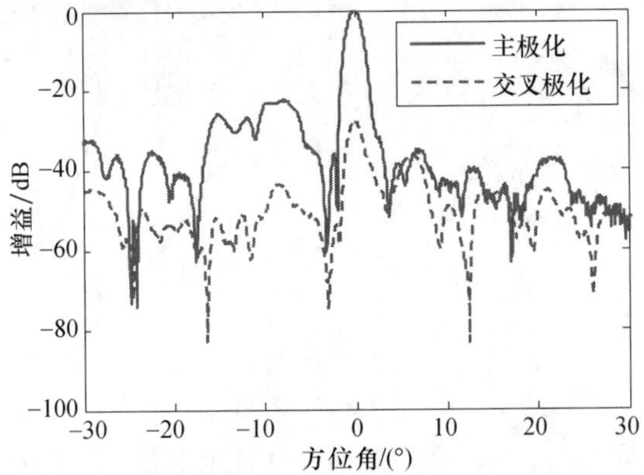

图 5.11　实际天线空域极化特性

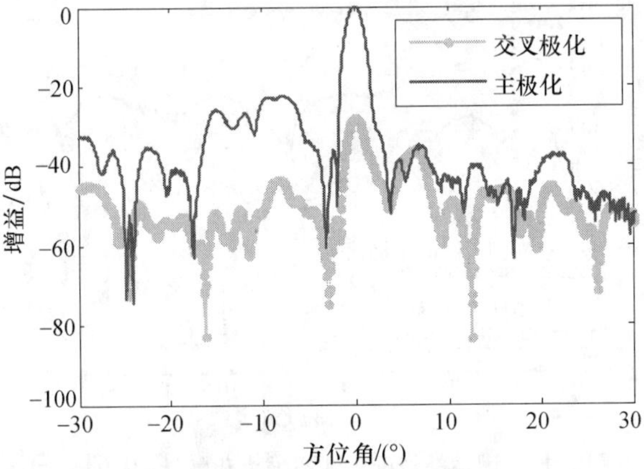

图 5.12　天线空域极化特性的估计结果

2. 基于微波暗室测量数据的测量实验

针对某 C 波段实际干扰机天线的暗室实测数据,模拟产生目标回波。暗室测量模式如下:①方位向扫描范围: -60° ~ +60°,扫描间隔 0.5°;②俯仰向扫描范围: -45° ~ +45°,扫描间隔 5°;③工作频率范围:3.9 ~6.2GHz。

图 5.13 给出了雷达天线分别扫掠金属球和二面角目标时回波信号复电压的分布。图 5.14 给出了利用提出的算法估计出的天线的一维方位扫描极化方向图。此时,天线工作在中心频段 f = 5.05GHz ± 12.2MHz,增益补偿前估计的天线主极化和交叉极化方向图和真实的极化特性有一定差距。图 5.15 给出了经过增益补偿后估计出的天线极化方向图,横坐标为方位角,纵坐标表示天线的电压幅度,两条曲线吻合得比较好,能够较为准确地估计出天线真实的空域极化特性。

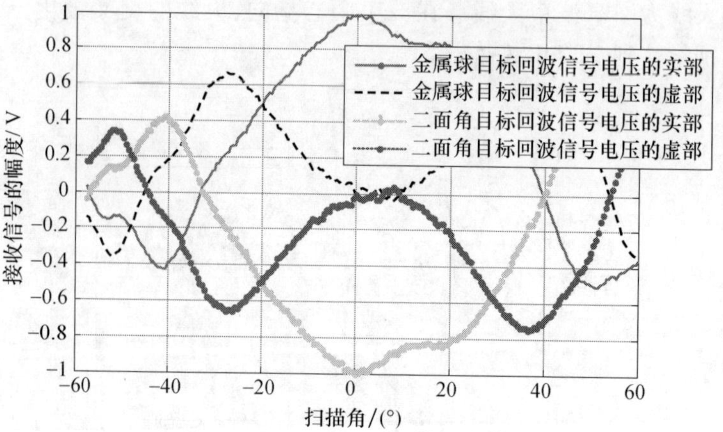

图 5.13　雷达天线扫掠定标体目标时接收电压信号

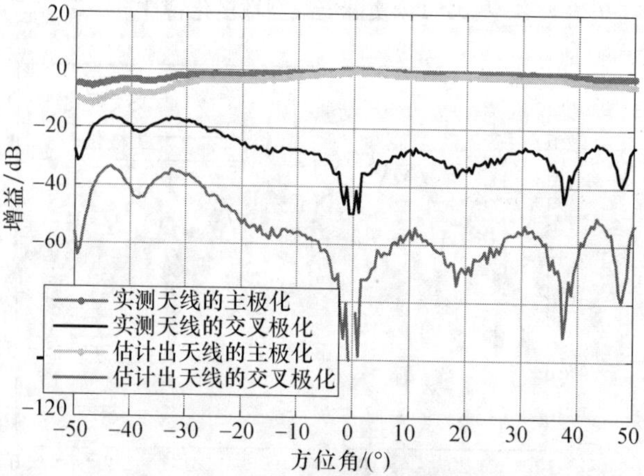

图 5.14　增益补偿前天线空域极化特性的估计结果

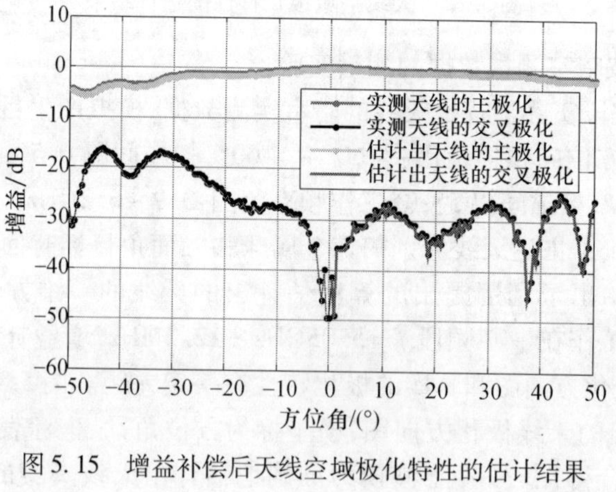

图 5.15　增益补偿后天线空域极化特性的估计结果

同时,反演的结果证明该干扰机天线为一宽波束天线,当天线在方位和俯仰方向扫描时,极化特性按照一定规律发生明显变化。在方向图的零点位置,天线极化纯度很高,交叉极化鉴别量低至 -50dB。由图 5.16可以看出,随着天线波束的指向偏离中心位置,其交叉极化分量逐渐增大,极化纯度降低。当天线平放和仰角5°时,交叉极化鉴别量关于方位的变化曲线差别不大,说明较小的俯仰测量误差不会影响天线交叉极化分量的测量,那么两天线的垂直(V)极化基的对准误差不会给方位扫描极化特性测量数据带来很大影响。需要注意的是,由于天线的极化取向以及天线形式的不同,极化纯度关于方位和俯仰的敏感程度会有不同的规律,实际测量时要加以考虑。

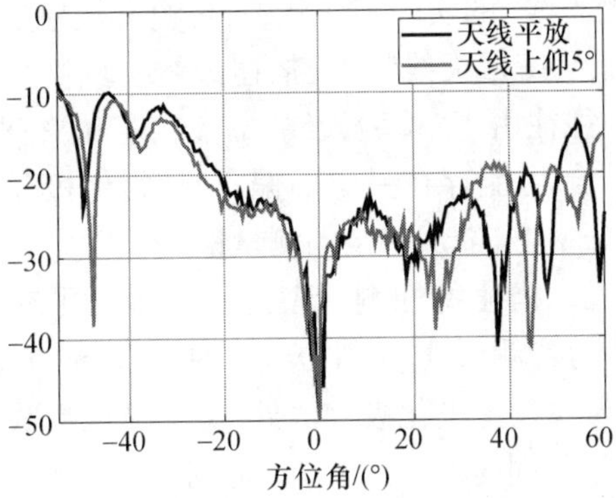

图 5.16　实测干扰机天线极化纯度的空域分布图(dB)

就测量数据的可靠性、可信度而言,本节所提出的方法需要目标的极化散射矩阵在雷达观测姿态下和理论值一致,然而,实际 PSM 关于姿态的变化是很敏感的,利用 5.1.3.1 节算法可以减小由姿态控制误差所带来的极化特性测量误差。但是,定标体位于波束所指的相当大的一个立体空域区域内,使待测天线的中心和标准目标的几何中心对准比较困难,会导致一定的测量误差。因此,最大限度地减小该误差并提出改进方法,将是下一步的研究工作。尽管如此,该方法能够接近雷达天线的实际工作状态,更直观地反映天线发射接收波束的指向特性,具有一定的实际意义。

在天线极化特性的测量中,分析可能发生的误差,要比极化问题本身复杂得多,这包括:①基准天线的极化误差;②幅度测量误差;③相位测量误差;④外来干扰信号带来的测量误差;⑤天线相位中心未对准、极化基未对准而产生的极化特性的测量误差;⑥副瓣辐射产生多径带来的测量误差。5.3 节和 5.4 节将重点讨论天线极化特性测量中的误差和校准技术,并给出实际的处理结果。

5.2　天线特性测量中极化基失配的影响及校准

天线的极化特性是描述天线性能的重要参数,是雷达目标特性测量领域的基础性问题。对于机械扫描天线和有源相控阵天线而言,其极化特性的外场测量是一项复杂而又艰巨的工作。对雷达而言,天线可视为一个空间极化滤波器,可以在空间、频率、幅度、相位和极化等五个定义域中被完整地描述和定义[34,35]。通常,天线可用一个二阶复矢量表示,其极化特性通常可通过“在两个正交极化基上通过接收信号”从而求解出其在方位、频率下的幅度和相位响应。对于天线的“标称”极化,即感兴趣的、有用的极化,往往称为“主极化”,与主极化正交不需要的极化分量称为“交叉极化”。若在指定的感兴趣空域内测出天线的主极化、交叉极化方向图,实际上就是测得了各指向角上的天线有效极化矢量,就可以提出若干准则来评估“待测天线”的交叉极化特性,相应地确定极化基。在实际应用中,外场测量最能够接近“待测天线”的实际工作状态,也更直观地反映天线在固定波束指向下的极化特性,因此是衡量天线特性、描述天线空域极化特性的最有效手段和途径。但是,在操作上往往由于“检验天线”的极化基和“待测天线”所在的两组正交极化基未能完全对准,可能存在一定的偏角,使得主极化分量在偏角上能量的投影泄漏到交叉极化分量上,造成一定的测量误差。

本节首先建立了天线极化特性测量模型[153],推导了交叉极化测量校准的两个约束条件。其一,使得待测天线端“主极化”的电压(或功率)达到最大的最佳极化基;其二,使得待测天线在主极化极大值处,交叉极化接收功率达到最小值或局部极小值的最佳极化基。同时,对于零方位向对称的天线,交叉极化特性也应对称。本节重点对实际的雷达天线进行了外场测量实验,实测处理结果验证了上述结论,利用约束模型对实测的极化方向图进行了校准,得到了在最佳收发极化基下该式雷达天线的极化方向图。

5.2.1 雷达天线空域极化特性测量模型

设雷达天线以转速 ω_s 在方位向扫描,对连续波信号的采集重频为 f_r,在每个采样重复周期 PRI 内,雷达对目标的方位采样间隔记为 $\Delta\varphi_s$,其中 $\Delta\varphi_s=\omega_s/f_r$。“检验天线”连接信号源,发射信号经采样后,得到接收电压序列 $v_{\varphi_i}(t)$。

设“待测天线”峰值增益为 G_r,主极化为水平极化(H),交叉极化为垂直极化(V),在方位扫描空域$[-\varphi_{\max},\varphi_{\max}]$内,共有 $2M+1$ 个方位采样点,分别是 $\varphi_{-M},\cdots,\varphi_0,\cdots,\varphi_M$。设天线的主极化归一化方向图采样为 $g_H(\varphi_i)$,交叉极化归一化方向图采样为 $g_V(\varphi_i)$,则天线空域极化矢量记作

$$\boldsymbol{g}(\varphi_i)=G_r\cdot\begin{bmatrix}g_H(\varphi_i)\\g_V(\varphi_i)\end{bmatrix},i=-M,\cdots,0,\cdots,M \tag{5.2.1}$$

由于“检验天线”的极化状态在雷达天线扫描期间保持不变,记作 $\boldsymbol{S}=[s_H\ s_V]^{\mathrm{T}}$,且 $\|\boldsymbol{S}\|^2=1$,设检验天线增益为 G_t,发射信号功率为 P_s,信号模型为 $s(t)$,则在每个空域扫描方位角 φ_i 下接收的信号通过下变频,得到中频信号为

$$
\begin{aligned}
v_{\varphi_i}(t) &= m_{\mathrm{A}}[G_t \cdot P_{\mathrm{S}} \cdot G_r \cdot \boldsymbol{g}^{\mathrm{T}}(\varphi_i) \cdot \boldsymbol{S}] \cdot s(t) + n_{\varphi_i}(t) \\
&= m_{\mathrm{A}}[G_t \cdot P_{\mathrm{S}} \cdot G_r \cdot (g_H(\varphi_i) \cdot s_H + g_V(\varphi_i) \cdot s_V)] \\
&\quad \exp(\mathrm{j}2\pi f_0 t + \mathrm{j}2\pi f_0/f_r + \varphi_0) + n_{\varphi_i}(t)
\end{aligned} \tag{5.2.2}
$$

式中：f_0 为中频频率；f_r 为采集设备对该中频信号采集的重频；φ_0 为发射信号的初相；$n_{\varphi_i}(t)$ 是接收机通道噪声，方差为 δ_n^2，峰值信噪比定义为 $\mathrm{SNR}_{\max} = \frac{G_r \cdot P_{\mathrm{S}}}{\delta_n^2}$；$m_{\mathrm{A}} = \frac{\lambda^2}{(4\pi R)^2 \cdot 10^L}$ 是考虑电磁波空间传播以及测量系统天线馈线和装置损耗等因素带来的损耗系数[195]，在分别接收信号源辐射的水平极化和垂直极化信号时，该参数是一样的，在下面的分析中可省略。

对接收信号进行采样，设采样点数为 N，得到电压采样序列为 $v_{\varphi_i}(k)$，$k=1,\cdots,N$，k 主要取决于采集卡的采样深度，把上式写成线性方程组的形式为

$$
\begin{cases}
v_{\varphi_{-M}}(k) = [G_t \cdot P_{\mathrm{S}} \cdot G_r \cdot (g_H(\varphi_{-M}) \cdot s_H + g_V(\varphi_{-M}) \cdot s_V)]s(t) + n_{\varphi_{-M}}(k) \\
\cdots \\
v_{\varphi_0}(k) = [G_t \cdot P_{\mathrm{S}} \cdot G_r \cdot (g_H(\varphi_0) \cdot s_H + g_V(\varphi_0) \cdot s_V)]s(t) + n_{\varphi_0}(k) \\
\cdots \\
v_{\varphi_M}(k) = [G_t \cdot P_{\mathrm{S}} \cdot G_r \cdot (g_H(\varphi_M) \cdot s_H + g_V(\varphi_M) \cdot s_V)]s(t) + n_{\varphi_M}(k)
\end{cases} \tag{5.2.3}
$$

将式(5.2.3)写成矩阵运算的形式，则有

$$
G_t \cdot P_{\mathrm{S}} \cdot \boldsymbol{G}(\varphi) \cdot \boldsymbol{S} + \boldsymbol{n}_{\varphi}(k) = \boldsymbol{V}_{\varphi}(k) \tag{5.2.4}
$$

式中

$$
\boldsymbol{G}(\varphi) = G_r \begin{bmatrix} g_H(\varphi_{-M}) & g_V(\varphi_{-M}) \\ \cdots & \\ g_H(\varphi_0) & g_V(\varphi_0) \\ \cdots & \\ g_H(\varphi_M) & g_V(\varphi_M) \end{bmatrix}
$$

$$
\boldsymbol{V}_{\varphi}(k) = [v_{\varphi_{-M}}(k) \quad \cdots v_{\varphi_0}(k) \cdots \quad v_{\varphi_M}(k)]^{\mathrm{T}}
$$

$$
\boldsymbol{n}_{\varphi}(k) = [n_{\varphi_{-M}}(k) \quad \cdots n_{\varphi_0}(k) \cdots \quad v_{\varphi_M}(k)]^{\mathrm{T}}
$$

因此，对于“检验天线”和信号源发射的单频连续波信号，雷达“待测天线”和接收机对每个扫描方位角度下接收到的信号进行处理，利用采集系统以一定的采样频率、采样重频、采样深度对接收机的中频信号进行采集，对采集的数据即采样的电压信号进行频谱分析，即对每个方位采样间隔下的快时间采样序列 $v_{\varphi_i}(k_0)$ 作傅里叶变换，得其空域频谱为

$$V_{\varphi_i}(f) = \text{FFT}[v_{\varphi_i}(k)] \tag{5.2.5}$$

提取每个方位频点下的幅度和相位，即可在天线扫描周期内得到天线的极化方向图。

5.2.2 天线极化测量的最优化及校准模型

理想情况下，雷达天线在接收一个极化纯度高且极化完全匹配的水平极化信号时，式(5.2.2)可改写为

$$\begin{aligned} v_{\varphi_i}(t) &= m_A[G_t \cdot P_S \cdot G_r \cdot \boldsymbol{g}^T(\varphi_i) \cdot \boldsymbol{S}] \cdot s(t) + n_{\varphi_i}(t) \\ &= m_A[G_t \cdot P_S \cdot G_r \cdot g_H(\varphi_i)]\exp(j2\pi f_0 t + j2\pi f_0/f_r + \varphi_0) + n_{\varphi_i}(t) \end{aligned} \tag{5.2.6}$$

此时，按照式(5.2.2)~(5.2.5)进行处理，则可得到天线的水平极化方向图。

同理，当雷达天线在接收一个极化纯度高并且极化正交的垂直极化信号时，有

$$\begin{aligned} v_{\varphi_i}(t) &= m_A[G_t \cdot P_S \cdot G_r \cdot \boldsymbol{g}^T(\varphi_i) \cdot \boldsymbol{S}] \cdot s(t) + n_{\varphi_i}(t) \\ &= m_A[G_t \cdot P_S \cdot G_r \cdot g_V(\varphi_i)]\exp(j2\pi f_0 t + j2\pi f_0/f_r + \varphi_0) + n_{\varphi_i}(t) \end{aligned} \tag{5.2.7}$$

重复式(5.2.2)~(5.2.5)的处理过程，则可以测量得到天线的垂直极化方向图。通过归一化，式(5.2.1)的天线空域极化矢量即可求得。

但是在实际操作中，由于高塔和雷达相对距离比较远，视在误差比较大，同时“待测雷达天线”与“检验天线”两者的辐射方向乃至极化指向存在偏差，使得两者的极化基未能完全对准，即存在一定的偏转误差 τ，如图 5.17 所示。设待测天线的主极化为水平(H)极化，那么在该误差的影响下，检验天线所在极化基的 H 极化分量在待测天线极化基的 H 极化方向上的投影是我们实际测得的 H 极化方向图，而检验天线所在极化基在 V 极化方向的投影和待测天线本身的 V 极化分量组合为实际测得的 V 极化方向图，即由于极化基对准误差的存在，导致主极化分量泄漏到交叉极化分量上，产生一定的测量误差。

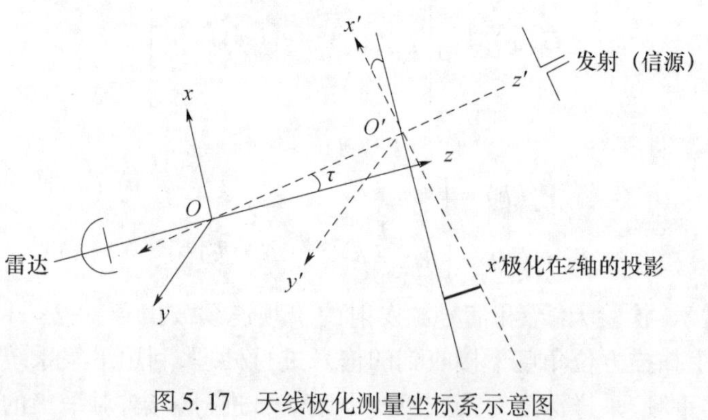

图 5.17　天线极化测量坐标系示意图

为修正该测量误差，给出了最佳极化基的定义。根据雷达极化最优理论[8]，使得接收天线端的目标回波功率或信号功率密度达到最大或最小，这样的天线发

射或接收极化就称为“最佳极化”，而这对最佳极化又恰恰使回波与待测雷达天线极化匹配，求最佳极化的过程可简化为确定共极化、交叉极化的极值点的过程。当“发射天线”的极化为交叉极化零点或共极化零点时，“待测天线”的交叉极化接收功率最小，接收功率达到最大值或局部极值。

因此，最佳极化基具备两个约束条件：其一，使得待测天线端“主极化”的电压（或功率）达到最大的最佳极化基；其二，使得待测天线在主极化极大值处，交叉极化接收功率达到最小值或局部极小值的最佳极化基。即在波束的中心指向，主极化 $\boldsymbol{h}_m$ 最大，交叉极化分量 $\boldsymbol{h}_c$ 最小。满足上述约束条件，可使天线获得最优的接收极化特性，该约束和雷达极化理论中的目标最佳极化[1]类似。

设极化基失配误差角度为 τ，在该误差下，极化基的过渡矩阵可表示为

$$\boldsymbol{R}(\tau)=\begin{bmatrix}\cos\tau & -\sin\tau\\ \sin\tau & \cos\tau\end{bmatrix} \tag{5.2.8}$$

设天线在水平、垂直极化基下测量得到的归一化极化方向图记为 $\boldsymbol{J}_{HV}(\varphi_i)=G\cdot\begin{bmatrix}g_H(\varphi_i)\\ g_V(\varphi_i)\end{bmatrix}$，天线主极化的有效极化矢量写为 $\boldsymbol{h}_m=\begin{bmatrix}\cos\gamma_m\\ \sin\gamma_m \mathrm{e}^{\mathrm{j}\phi_m}\end{bmatrix}$，交叉极化的有效极化矢量可写为

$$\boldsymbol{h}_c=\begin{bmatrix}\cos\gamma_c\\ \sin\gamma_c\mathrm{e}^{\mathrm{j}\phi_c}\end{bmatrix}=\begin{bmatrix}\cos\left(\dfrac{\pi}{2}-\gamma_m\right)\\ \sin\left(\dfrac{\pi}{2}-\gamma_m\right)\mathrm{e}^{\mathrm{j}(\pi-\phi_m)}\end{bmatrix}=\begin{bmatrix}\sin\gamma_m\\ -\cos\gamma_m\mathrm{e}^{-\mathrm{j}\phi_m}\end{bmatrix} \tag{5.2.9}$$

在上述约束条件下，天线极化特性的测量值和真实值存在如下数学关系：

$$\begin{bmatrix}\boldsymbol{h}_m\\ \boldsymbol{h}_c\end{bmatrix}^{\mathrm{T}}=\boldsymbol{R}(\tau)\cdot\boldsymbol{J}_{HV}(\varphi_i) \tag{5.2.10}$$

即

$$\begin{bmatrix}\boldsymbol{h}_m\\ \boldsymbol{h}_c\end{bmatrix}^{\mathrm{T}}=\begin{bmatrix}\cos\tau & -\sin\tau\\ \sin\tau & \cos\tau\end{bmatrix}\cdot\boldsymbol{J}_{HV}(\varphi_i) \tag{5.2.11}$$

上式可详细写为

$$\begin{cases}\cos\tau\cdot J_H-\sin\tau\cdot J_V=\boldsymbol{h}_m\\ \sin\tau\cdot J_H+\cos\tau\cdot J_V=\boldsymbol{h}_c\end{cases} \tag{5.2.12}$$

由最佳极化基具备两个约束条件可求解得到

$$\frac{J_V(0)}{J_H(0)}=-\tan(\tau) \tag{5.2.13}$$

即 $\tau=\arctan\left(\dfrac{J_V(0)}{J_H(0)}\right)$，通过上式求得 τ，然后用计算出的旋转矩阵修正每个方位角度下实测的方向图，即可得到最佳接收极化基定义下的天线极化特性。

测量交叉极化特性的过程也可以用另一种描述方法来说明。由前面分析可

知，天线的主交叉极化描述模型可表示为

$$\boldsymbol{H}_{MC}(\varphi)=\begin{bmatrix}G_M(\varphi)\\G_C(\varphi)\exp(\mathrm{j}\phi)\end{bmatrix}=\begin{bmatrix}\boldsymbol{h}_M^{\mathrm{T}}J_{HV}(\varphi)\\\boldsymbol{h}_C^{\mathrm{T}}J_{HV}(\varphi)\end{bmatrix}\tag{5.2.14}$$

式中：ϕ 为主极化分量、交叉极化分量之间的相位差。

上式可详细写为

$$\begin{cases}G_M(\varphi)=\cos\gamma_m\sqrt{G_H(\varphi)}+\sin\gamma_m\sqrt{G_V(\varphi)}\exp(\mathrm{j}(\phi_m+\varphi))\\G_C(\varphi)=\sin\gamma_m\sqrt{G_H(\varphi)}+\cos\gamma_m\sqrt{G_V(\varphi)}\exp(\mathrm{j}(\phi_m+\pi-\varphi))\end{cases}\tag{5.2.15}$$

那么，测量交叉极化特性的过程本质上是寻找最优的 γ_m 和 ϕ_m，使得 $G_M(\varphi)$、$G_C(\varphi)$ 以及 ϕ 满足天线的最优交叉极化特性。天线的最优交叉极化特性本身具有如下特性：在主极化最大处，交叉极化为最小。即波束主瓣方向 φ_0，只存在主极化回波的功率，该约束条件可表示为

$$\begin{cases}\max\limits_{\theta,\gamma_m,\phi_m}G_M(\varphi_0)\\\text{s. t.}\quad G_C(\varphi_0)=0\end{cases}\tag{5.2.16}$$

展开，可得

$$\begin{cases}\max\limits_{\theta,\gamma_m,\varphi_m}\left|\cos\gamma_m\sqrt{G_H(\varphi)}+\sin\gamma_m\sqrt{G_V(\varphi)}\exp(\mathrm{j}(\varphi+\phi_m))\right|\\\text{s. t.}\quad\begin{cases}\sin\gamma_m\sqrt{G_H(\varphi)}+\cos\gamma_m\sqrt{G_V(\varphi)}\cos(\pi+\varphi-\phi_m)=0\\\cos\gamma_m\sqrt{G_V(\varphi)}\sin(\pi+\varphi-\phi_m)=0\end{cases}\end{cases}\tag{5.2.17}$$

求解可得

$$\begin{cases}\pi+\phi-\varphi_m=0\\\gamma_m=-\arctan\left(\dfrac{\sqrt{G_V(\varphi_0)}}{\sqrt{G_H(\varphi_0)}}\right)\end{cases}\tag{5.2.18}$$

$$或\begin{cases}\varphi_m=\phi\\\gamma_m=\arctan\left(\dfrac{\sqrt{G_V(\varphi_0)}}{\sqrt{G_H(\varphi_0)}}\right)\end{cases}\tag{5.2.19}$$

其中，式(5.2.18)和式(5.2.13)得到的结果是一致的。

5.2.3 天线测量实验及处理结果

5.2.3.1 天线特性测量实验布局

外场试验采用斜天线测试场，即“待测天线”和“检验天线”架设高度不等的一种测试场。我们把标准天线架设在比较高的非金属测试高塔上，且该标准天线的姿态可精确控制，可通过调节天线的取向来改变发射极化。试验场景如图 5.18 所示。将天线连接标准信号源，发射点频连续波信号。待测雷达布置在地面，待测天线相对测试塔的检验天线有一定仰角，以 4 转/min 的速度在方位向上 360°旋

转。适当调整检验天线的方位角和俯仰角，使待测天线俯仰面波瓣最大值应指向检验天线的相位中心。在此基础上，将雷达发射机关闭，仅工作在接收状态。为能够准确测得每个方位角下的信号的幅度响应，关闭雷达接收机的自动增益控制（AGC）。

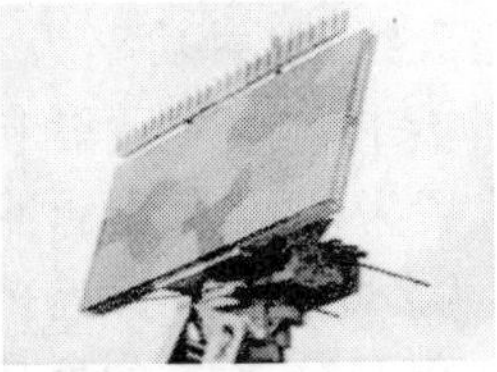

(a) 待测雷达天线示意图

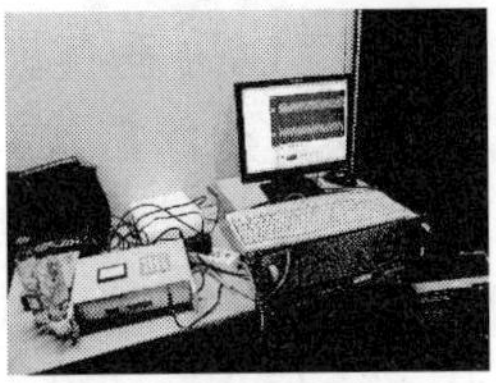

(b) 自研数据采集系统

(c) 测试塔上标准天线

图 5.18　天线极化特性测量试验布局图

5.2.3.2　天线特性测量实验步骤

步骤 1：如图 5.19 所示，待测雷达天线在方位向上机械扫描，首先将高塔上的检验天线的最大增益方向通过高倍望远镜瞄准地面上雷达天线的口径方向，使得待测天线俯仰面波瓣最大值应指向检验天线的相位中心。连接信号源，使得信号源发射频率对准雷达接收机的工作频点，信号功率调整到满足采集卡动态范围，且能够测得各个方位下信号响应的大小，检验天线发射和雷达极化匹配和正交的信号。

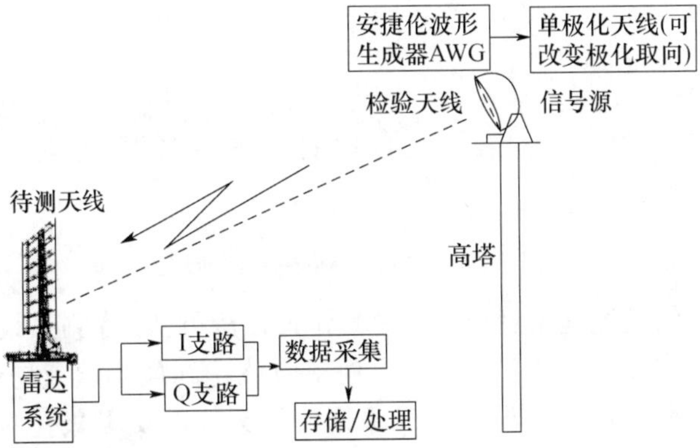

图 5.19　天线极化特性测量的实验布局图

步骤 2：通过天线伺服系统控制天线波束扫描，使天线波束按预定扫描速度进行扫描。将自研的采集卡连接雷达接收机，使之能够采集到 I、Q 两路中频正交信号（I、Q 信号具有通道高增益，信噪比更高）。由于高塔上发射的两种极化信号进入同一个接收通道，因此输出信号的幅相一致性很好，可以保证信号极化状态测量的准确性。

步骤 3：每个方位扫描角度下的快时间采样有 4000 个点，方位采样间隔小于 0.1°，采样频率 20MHz。对每个 PRI 的采样信号做傅里叶变换处理，可以得到天线的复极化方向图。复方向图取模，可得到极化幅度方向图，计算出复方向图虚部对实部的反正切，可得到相位方向图。

5.2.3.3 天线特性实测数据的校准结果

测量天线的主极化方向图时，信号源连接水平极化天线，发射功率为 -10dBm。测量天线的交叉极化分量时，信号源连接垂直极化天线，发射功率为 14dBm。信号源发射的是点频连续波信号，与雷达的工作频率保持一致。采集卡采样频率为 20MHz，用于采集中频信号，采集卡动态方位设置为最大，每个脉冲的采样点数为 2000，存储深度为 4000，采集卡采样频率 PRF 为 280，采集卡动态范围设置为 ±200mV。天线是3 转/min，因此方位采样间隔为 0.0643°。前文的处理方法得到天线的极化方向图如图 5.20 所示。从图中可以看出，天线的半功率波束宽度约为 2°，第一副瓣在 -40dB 左右，由于存在不理想因素，方向图呈现不对称的结构，天线的交叉极化鉴别量约 -30dB，交叉极化和主极化方向图的形状相似。

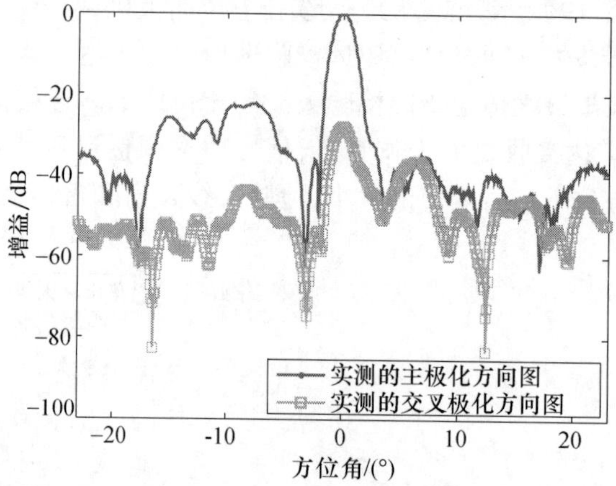

图 5.20 实测的天线极化方向图

根据雷达极化最优理论，结合 5.2.2 节的分析可知：待测天线接收主极化回波功率极大值处，理论上交叉极化接收功率应该达到最小值或局部极小值，这和实际测量结果存在一定的差异。该现象证明了天线的交叉极化特性测量依赖极化基的选取，在不同极化基上，得到的交叉极化性能是有差异的。另外，非理想条件下的极化基失配，使得实际测量条件不能满足理论计算条件，也就造成了工程实际的结果和理论计算得到结果的不同。

按照 5.2.2 节的方法，计算出极化基对准误差 τ 约为 2.3262°，在最佳接收极化基的约束下，可得到校准后的方向图如图 5.21 所示。可看出，实测的主极化方向图和校正后的主极化方向图很接近，而交叉极化方向图的形状在校正前、后差别较大。校正后，交叉极化方向图在主轴方向的交叉极化鉴别量低于 -50dB，并且满足在主瓣中心位置，主极化功率最大，交叉极化功率最小。同时，随着观测方位的增大，交叉极化分量升高，极化纯度也随之降低，天线的极化特性服从一定规律变化,这和文献[49,155]中的结论是相吻合的。

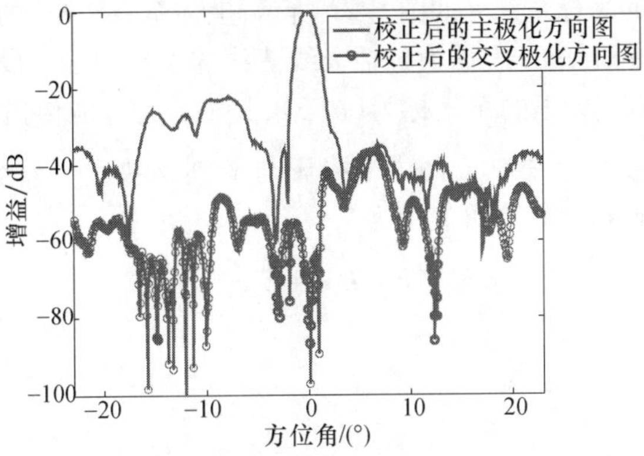

图 5.21 校正后的天线极化方向图

通过分析天线极化特性测量中存在的误差,定义并推导了天线的最佳收发极化基,以及在该极化基定义下的极化测量约束条件,即使天线"主极化"增益最大、"交叉极化"最低的最佳极化基。通过对实际的雷达天线的外场测量,实测处理结果验证了理论分析的正确性,证明了在不同极化基上,天线极化特性性能评估结果是不一样的。利用所提的约束模型对实测的极化方向图进行了校准,得到了在最佳收发极化基下该式雷达天线的极化方向图。这对于修正天线极化特性测量中可能存在的误差,以及待测天线极化特性的评估具有一定的启发和应用价值。

5.3 实测雷达天线的空域极化特性测量及校正

5.2 节建立了天线极化特性测量模型[154],为后续的外场测量数据处理提供了理论依据。本节首先分析了抛物面天线主极化和交叉极化幅度方向图和相位方向图的理论特性;其次,通过雷达天线的外场测量实验,分析了实测数据中的辐射特性和理想天线辐射场的主要区别,讨论了实测的天线相位方向图测量误差产生的原因,指出了数据采集频率、信号源频率漂移、相位中心偏移影响相位方向图测量的主要因素;最后,针对上述误差进行补偿可消除非理想因素的影响,校正后的实测天线特性测量结果和理论值吻合得较好,证明了误差分析和修正方法的正确性。

5.3.1 抛物面天线空域极化特性的先验信息

为了获得抛物面天线空域极化特性的先验知识,我们采用丹麦 TICRA 公司开发的用于分析反射面天线的专用软件 GRASP9,针对某 C 波段,焦径比 $F/D=0.5$、偏置角 $\psi_0=44°$的反射面天线,计算得到了主、交叉极化的远区辐射场数据。通过数据分析,得到了该形式天线主极化和交叉极化三维空间辐射场的幅度特性和相位特性。

计算中天线的坐标系建立如图 5.22 所示，坐标系 $O_rx_ry_rz_r$ 的原点在天线的相位中心，x 轴垂直向上，xOz 平面为包括天线法线的垂直切面。设天线的电波传播方向在坐标系 $O_rx_ry_rz_r$ 里的角坐标为(θ,φ)，其中 θ 为电波传播方向与 z_r 轴的夹角，φ 为电波传播方向在 $x_rO_ry_r$ 面内的投影与 x_r 轴的夹角，极化基分别取为 $\hat{\theta}$ 和 $\hat{\varphi}$，电波的极化在此极化基下可表示为

$$\boldsymbol{E}=E_1\hat{\theta}+E_2\hat{\varphi} \tag{5.3.1}$$

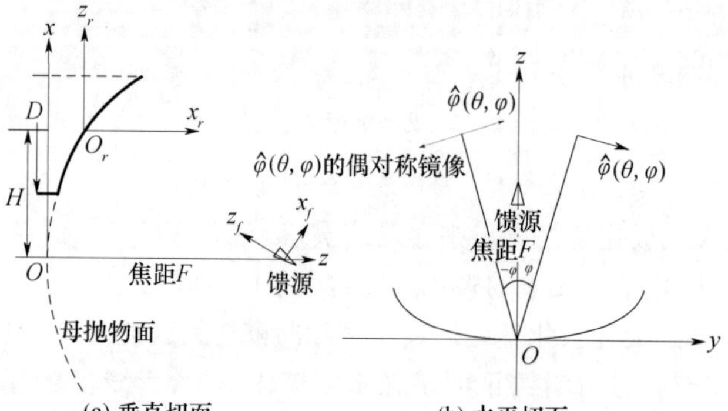

(a) 垂直切面　　(b) 水平切面

图 5.22　偏馈抛物面天线示意图

通常电波的极化用极化比表示，即

$$\rho=|\rho|\mathrm{e}^{\mathrm{j}\phi}=\tan\gamma\mathrm{e}^{\mathrm{j}\phi} \tag{5.3.2}$$

对于绝大多数机械扫描雷达，其天线都满足关于包含天线法线的垂直切面对称，即天线关于平面 $\varphi=0$ 成镜像对称，那么其辐射场的极化也满足关于平面 $\varphi=0$ 呈镜像对称。由于

$$\hat{\phi}(\theta,-\varphi)=-\mathrm{Mirror}[\hat{\phi}(\theta,\varphi)] \tag{5.3.3}$$

式中：Mirror 表示求镜像。利用对称性易知，只要天线关于 xOz 平面对称，那么其辐射场的极化必然满足

$$\begin{cases}E_1(\theta,\varphi)=E_1(\theta,-\varphi)\\E_2(\theta,\varphi)=-E_2(\theta,-\varphi)\end{cases} \tag{5.3.4}$$

电磁计算中，天线的主极化为 $\hat{\theta}$ 极化，交叉极化为 $\hat{\varphi}$ 极化，E_1 和 E_2 是(θ,φ)的函数。天线极化特性分析的计算结果如图 5.23 所示。

从图 5.23 可以看出，主极化的幅度和相位都关于 $\varphi=0$ 对称，即 $E_V(\varphi)=E_V(-\varphi)$，对交叉极化其幅度关于 $\varphi=0°$对称，其相位关于$\varphi=0$跳变了 180°，即 $E_H(\varphi)=-E_H(-\varphi)$。对极化比，其幅度关于$\varphi=0$对称，即 $\gamma(\varphi)=\gamma(-\varphi)$，其相位满足 $\phi(-\varphi)=\phi(\varphi)+\pi$。在主瓣内时近似满足

$$\phi\approx\begin{cases}90°,0<\varphi<\varphi_0\\-90°,-\varphi_0<\varphi<0\end{cases}$$

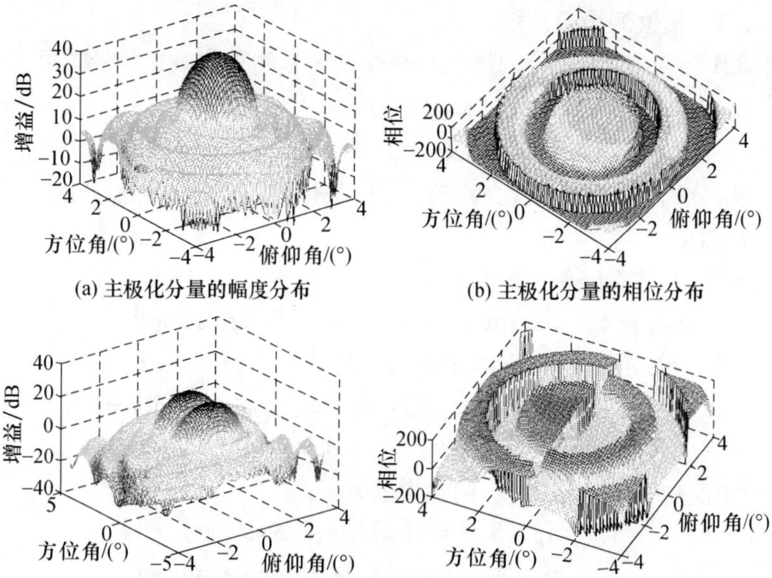

(a) 主极化分量的幅度分布　(b) 主极化分量的相位分布

(c) 交叉极化分量的幅度分布　(d) 交叉极化分量的相位分布

图 5.23　偏馈抛物面天线空域极化特性

5.3.2　实测雷达天线空域极化特性分析及误差校正

5.3.2.1　天线特性测量实验场景

外场实验采用的是斜天线测试场,即收发天线架设高度不等的一种测试场。将标准线极化天线架设在比较高的非金属测试高塔上,且该标准天线的姿态可精确控制,可通过调节天线的取向来改变发射极化。将天线连接标准信号源,发射点频连续波信号。待测雷达布置在地面,天线相对测试塔有一定仰角,以 4 转/min 的速度在方位向上 360°旋转。适当调整测试塔上发射天线的方位和俯仰角度,使其自由空间方向图的最大辐射方向对准待测雷达天线的口面中心。将雷达发射机关闭,仅工作在接收状态。为能够准确测得每个方位角下的信号的幅度响应,关闭雷达接收机的自动增益控制(AGC)。

(a) 自研数据采集系统　(b) 测试塔上标准天线

图 5.24　天线极化特性测量实验布局图

5.3.2.2 相位测量误差模型

由 5.2.1 节可知,天线分别接收水平极化信号和垂直极化信号时可表示为

$$v_{rm}=\beta G_{rm}\begin{bmatrix}A_H\cdot\exp(\theta_{AH})\\A_V\cdot\exp(\theta_{AV})\end{bmatrix}^{\mathrm{T}}\cdot\begin{bmatrix}S_H\cdot\exp(\theta_{sh})\\S_V\cdot\exp(\theta_{sV})\end{bmatrix}\tag{5.3.5}$$

式中:θ_{AH}、θ_{AV}分别为天线主极化和交叉极化的相位方向图;θ_{sH}、θ_{sV}分别为信源发射信号的初始相位。

矢量运算后,并忽略幅度因素影响可得

$$v_{rm}=A_H\cdot S_H\exp(\theta_{AH}+\theta_{sH})+A_V\cdot S_V\exp(\theta_{AV}+\theta_{sV})\tag{5.3.6}$$

为提取信号的幅度和相位,将上式写作复数形式,有

$$\begin{aligned}v_{rm}=&A_H\cdot S_H\cdot\cos(\theta_{AH}+\theta_{sH})+\mathrm{j}\cdot A_H\cdot S_H\cdot\sin(\theta_{AH}+\theta_{sH})\\&+A_V\cdot S_V\cos(\theta_{AV}+\theta_{sV})+\mathrm{j}\cdot A_V\cdot S_V\sin(\theta_{AV}+\theta_{sV})\end{aligned}\tag{5.3.7}$$

令 $\alpha=\theta_{AH}+\theta_{sH}$,$\beta=\theta_{AV}+\theta_{sV}$,简化得

$$\begin{aligned}v_{rm}=&A_H\cdot S_H\cdot\cos(\alpha)+A_V\cdot S_V\cos(\beta)+\\&\mathrm{j}\cdot[A_V\cdot S_V\sin(\beta)+A_H\cdot S_H\cdot\sin(\alpha)]\end{aligned}\tag{5.3.8}$$

提取幅度项为

$$|v_{rm}|=\sqrt{[A_H\cdot S_H\cdot\cos(\alpha)+A_V\cdot S_V\cos(\beta)]^2+[A_V\cdot S_V\sin(\beta)+A_H\cdot S_H\cdot\sin(\alpha)]^2}\tag{5.3.9}$$

提取相位项为

$$\xi=\arctan\left(\frac{A_V\cdot S_V\sin(\beta)+A_H\cdot S_H\cdot\sin(\alpha)}{A_H\cdot S_H\cdot\cos(\alpha)+A_V\cdot S_V\cos(\beta)}\right)\tag{5.3.10}$$

由上式可以看出,接收信号的幅度和相位都调制了天线主极化和交叉极化的幅度特性和相位特性,得到的测量结果是叠加天线特性后的发射信号的相对幅度 $|v_{rm}|$ 和相对相位 ξ。

同时,实际测量中接收机输出的中频信号相当于对信源发射信号 S 混频和 I、Q 正交处理后的两路信号,中频为 f_m,则中频信号经采集后可表示为

$$\begin{aligned}I(t)=&A_H\cdot S_H\cdot\cos(\alpha+2\pi\cdot f_m\cdot\mathrm{PRI}+\varphi_0)+\\&A_V\cdot S_V\cos(\beta+2\pi\cdot f_m\cdot\mathrm{PRI}+\varphi_0)\end{aligned}\tag{5.3.11}$$

$$\begin{aligned}Q(t)=&A_V\cdot S_V\cdot\sin(\beta+2\pi\cdot f_m\cdot\mathrm{PRI}+\varphi_0)+\\&A_H\cdot S_H\sin(\alpha+2\pi\cdot f_m\cdot\mathrm{PRI}+\varphi_0)\end{aligned}\tag{5.3.12}$$

式中:数据采集系统的采样周期为 PRI;φ 为信号初相;S_H 为信号的水平极化分量;S_V 为信号的垂直极化分量。

由上式可以看出,接收信号经采集后会叠加一个相位项,使测得的相位方向图失真,引起相位突变,根据上式,图 5.25(a)是仿真的由数据采集引起的相位突变结果,跳变区间为 ±180°。图 5.25(b)给出了实测的交叉极化相位方向图,可见主瓣内 100 个方位间隔上都存在较大的相位跳变,和分析结论相吻合。

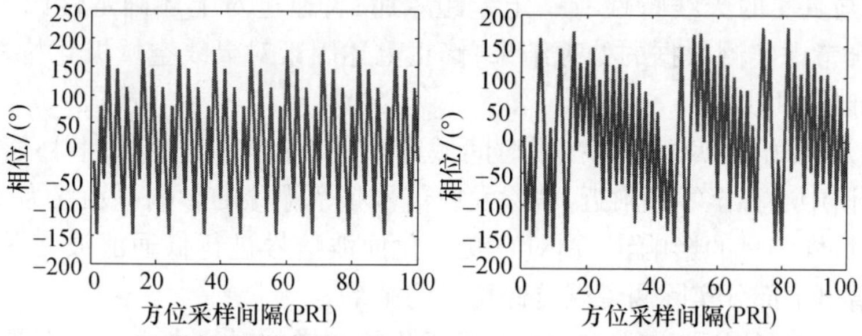

(a) 仿真的相位特性　　(b) 实测相位方向图

图 5.25　数据采集引起的相位突变

5.3.2.3　非理想因素的测量误差及修正

利用 5.3.1 节的测量方法,我们对某雷达天线进行了外场测量,得到的处理结果和电磁计算结果有一定差异。通过分析知道,其主要原因在于实际外场测量条件和电磁计算条件是不同的:电磁计算的方法等效于雷达发射单频的信号,在同等距离 r 的不同(θ,ϕ),同时地测量接收电场的极化状态,这种方法在外场实际操作时是无法实现的,在实测方案中的实验方法是在特定高塔上对雷达发射一个单频连续波信号,雷达发射机不工作、只接收,雷达天线连续扫描记录在不同方位下的接收信号。

除此之外,外场测量中还存在的许多非理想因素:

(1) 天线扫描过程中,天线的相位中心与天线的旋转中心不重合,引起天线相位中心的变化可表示为

$$\Delta\varphi = 2\pi \frac{r(1-\cos\psi)}{\lambda} \tag{5.3.13}$$

式中:r 为由于旋转中心不重合而引起的投射到抛物面顶点的路程差;ψ 为焦点到抛物面顶点连接的直线与对称面形成的夹角。

因此,图 5.27(a)给出的实测相位方向图中方位角 0°附近主极化的相位变化有个余弦的形状,其频率为

$$f = \frac{r\sin\psi}{\lambda} \tag{5.3.14}$$

(2) 雷达的接收信号是在不同时刻接收的,发射信号的绝对相位在不同时刻是不同的,由于采集卡的重复频率 PRF = 410Hz,中频信号频率为 f_0 = 1MHz,并不满足采样定理,因此,频率的模糊数达到 2000 以上,信号的频率变化和采样时钟的不准确等因素,都将引起回波中杂散的频率分量。

(3) 主极化和交叉极化并不是同时测量的,两次观测时,发射信号的频率以及脉冲采集回波时对应的 θ,φ 不完全相同。

上述非理想因素会给天线的相位特性测量及分析带来误差,使得实测的天线

相位特性与真实的天线特性有一定差距。那么,通过对上述确定性因素进行建模,并综合考虑实测数据的处理结果,修正上述因素对天线空域极化特性的影响主要分为以下几步:

首先,对原始的实测回波在慢时间域进行分析;然后,进行频率补偿,将接收信号的频谱中心移至零频附近,消除发射信号频率漂移的影响;最后,为了抑制杂散频率对特性测量的影响,分别对正交极化回波信号进行低通滤波。图 5.26 和图 5.27 给出了部分实际测量误差修正后的结果。

由图 5.26 可以看出,主极化和交叉极化的频谱的对称中心并不在零频附近,且主极化和交叉极化的频谱中心的位置也不相同,这是由发射信号频率漂移造成的,也正因为此,干扰了天线相位特性的测量结果,使得主极化和交叉极化的相位特性呈现剧烈的快起伏。

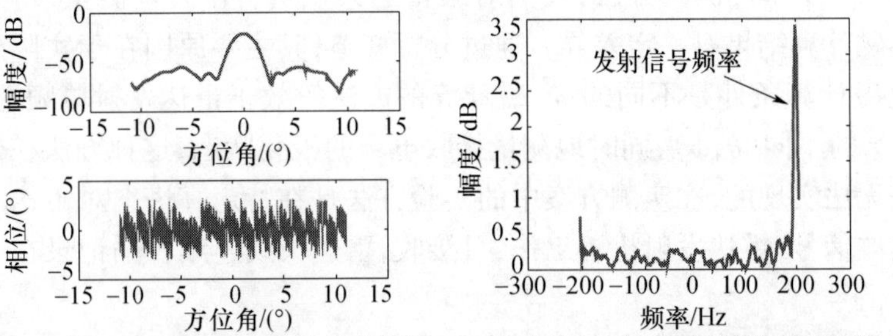

(a) 原始回波主极化的幅度和相位特性　(b) 原始回波主极化实测回波的频谱

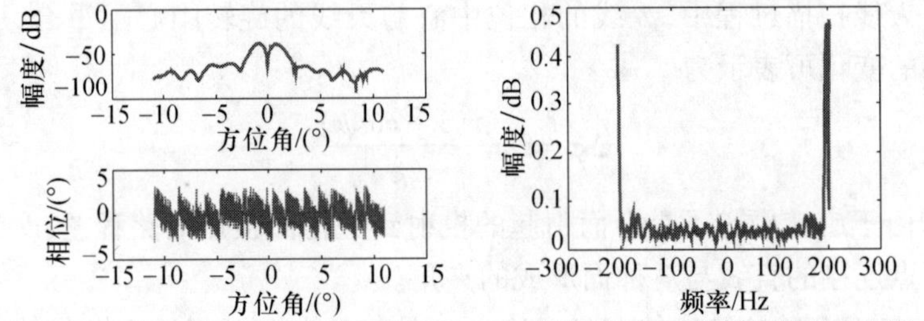

(c) 原始回波交叉极化的幅度和相位特性　(d) 原始回波交叉极化实测回波的频谱

图 5.26　实测数据的处理结果

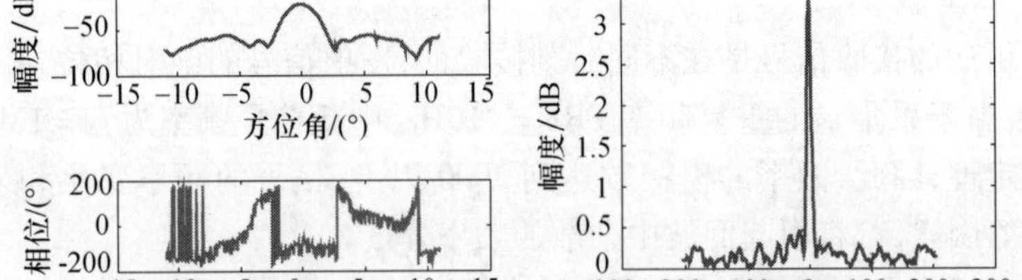

(a) 频率补偿后主极化的幅度和相位特性　(b) 频率补偿后主极化回波的频谱

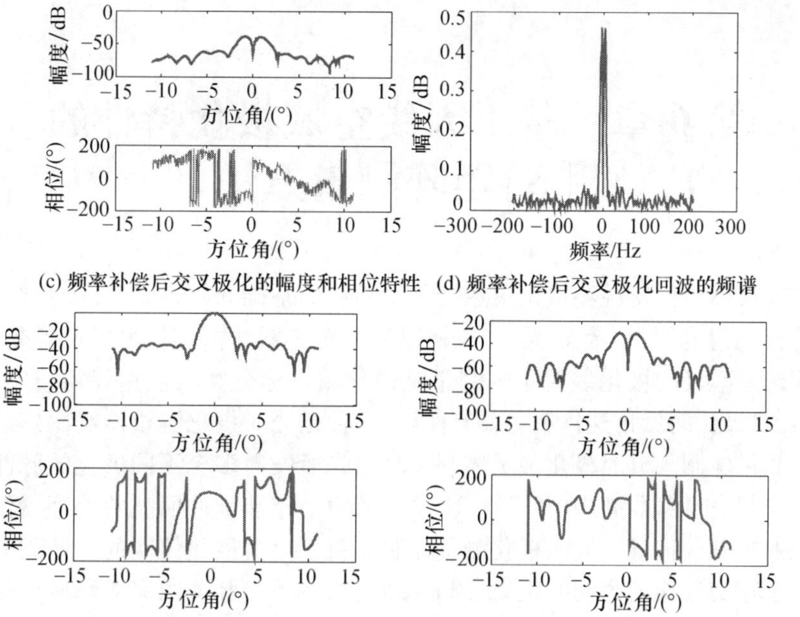

(c) 频率补偿后交叉极化的幅度和相位特性　(d) 频率补偿后交叉极化回波的频谱

(e) 低通滤波后主极化的幅度和相位特性　(f) 低通滤波后交叉极化的幅度和相位特性

图 5.27　实测数据经过频率补偿和低通滤波后的处理结果

如图 5.27 所示，经频率补偿后，接收信号的频谱中心移至零频附近，主极化和交叉极化的相位特性的快起伏现象被消除。另外，信号的频谱除了零频外还有一些杂散频率，为了抑制杂散频率对天线空域极化特性的影响，将回波信号再通过一个低通滤波器，滤波输出后的幅度特性和相位特性如图 5.27 所示。可以看出，经过误差修正后，测量的主极化和交叉极化的相位方向图得到了有效的平滑，在主瓣内，主极化相位方向图呈现了一定的偶对称性，交叉极化方向图表现为奇对称。这和理论分析得到的结果是相吻合的。

本节首先分析了抛物面天线的主极化和交叉极化辐射场的幅度、相位特性，根据天线极化特性测量模型，通过外场实验对某抛物面天线进行了实际的测量和处理。处理结果表明，受非理想因素的限制，实际的外场测量结果和理论计算具有较大差异，指出了实测中天线相位方向图测量误差产生的原因。通过对非理想因素造成的误差进行补偿和修正，可较好地还原真实的天线极化相位特性。经校正后的结果和理论值吻合得较好，证明了误差分析和修正方法的正确性。

第6章 基于天线空域极化特性的[S]矩阵测量方法

雷达目标极化特性测量是雷达极化学领域的基础问题,如何准确获取目标的极化特性信息,并加以有效利用,长期以来一直是雷达探测技术领域备受关注的前沿问题。准确的极化散射矩阵测量是极化域目标分类与识别等领域应用的基础。目前,极化测量雷达体制主要有两种,一种是分时极化测量体制,另一种是同时极化测量体制。分时极化测量体制按时间先后发射多个不同极化的脉冲,接收时两正交极化天线同时接收信号,这样经过两个相邻脉冲回波的处理,就可得到目标散射矩阵的估计。同时极化测量体制克服了分时极化体制的一些固有缺点,采用两个正交极化通道同时发射、同时接收,可在单个脉冲内完成瞬时极化测量。但是,这两种极化测量方法存在一个共同特点,即均需要两个极化通道。

利用天线的空域极化特性,本章在6.1节和6.2节中提出了两种目标极化散射矩阵测量的新方法[156],将其分别命名为"时域测量法"和"频域测量法",介绍了算法原理,并对算法性能进行了理论分析和计算机仿真。虽然这两种方法在对接收回波信号的处理方法上有所差别,但其实质是相同的,即不再是一味片面追求把一对极化测量天线变成两个理想的"正交极化基",而是反过来利用天线极化"不纯"这一"缺陷"及其在空域变化的固有属性,突破了传统极化测量体制利用两个正交极化通道进行处理的思路,仅需一个极化通道即可实现目标极化特性测量。

6.1 基于天线空域极化特性的目标极化散射矩阵时域测量

6.1.1 算法原理

设雷达为相参体制雷达,由 N 个间距均为 T 的脉冲调制信号 $S(t)$,调制一个频率为 f_0 的连续波信号 $\mathrm{e}^{\mathrm{j}2\pi f_0 t}$,得到一个相参的射频脉冲串,再通过雷达天线发射出去,天线在空域扫描,如果每隔一个脉冲重复周期 T 就取一个空间值,则对应的空域扫描间隔为 $\Delta\varphi_s = \omega_s / f_r$。假设 $m=1$ 对应 $t=0$ 时刻,那么,第 m 个发射脉冲矢量信号(2×1 矢量)形式可表示为

$$\boldsymbol{x}_m(t) = A\cdot \mathrm{e}^{\mathrm{j}2\pi f_0 t}\cdot \boldsymbol{v}(t_m)\cdot G_{tm}(\boldsymbol{P})\cdot \boldsymbol{h}_{tm}(\boldsymbol{P}) \tag{6.1.1}$$

式中：$t_m = t-(m-1)T, m=1,2,\cdots,M$，表示距本次脉冲起点的延时；$A$ 表示幅度；天线的归一化电压方向图 $G_{tm}(\boldsymbol{P})$ 和天线的极化矢量 $\boldsymbol{h}_{tm}(\boldsymbol{P})$ 均是空间角度 $\boldsymbol{P}(\theta,\varphi)$ 的函数，以下简记为 G_{tm}、$\boldsymbol{h}_{tm}$；$\boldsymbol{v}(t)$ 为发射信号的脉冲调制函数，一般常采用矩形脉冲、线性调频脉冲或相位编码脉冲形式。

设目标散射矩阵在相干时间内（NT）、信号带宽内是恒定的，记为

$$\boldsymbol{S}=\begin{bmatrix} S_{11} & S_{12} \\ S_{21} & S_{22} \end{bmatrix}$$

在单静态条件下线性目标的散射具有互易性[180]，其散射矩阵为对称阵，即有 $S_{12} = S_{21}$。

径向速度在相干时间内可看作是恒定的，记为 V_r，则多普勒频率 $f_d = \frac{-2V_r f_0}{c}$，$c$ 为光速。经目标散射后，第 m 个发射脉冲对应的回波矢量信号为

$$\boldsymbol{y}_m(t) = B \cdot e^{j2\pi(f_0+f_d)(t-\tau_m)} \cdot \boldsymbol{v}(t_m - \tau_m) \cdot G_{tm} \cdot \boldsymbol{S}\boldsymbol{h}_{tm} \tag{6.1.2}$$

式中：B 为幅度；$\tau_m = \tau + \frac{2V_r(m-1)T}{c}$ 为第 m 个脉冲的回波时延，$\tau = \frac{2R}{c}$ 为第一个脉冲的回波时延。由于一般都有 $\frac{2V_r\tau_p}{c} \ll \frac{1}{\Delta f}$（$\tau_p$ 为脉冲宽度，Δf 为 $\boldsymbol{v}(t)$ 的带宽），因此可以不考虑由于多普勒效应引起的脉冲展宽或压缩。

雷达天线接收到的回波信号为

$$v_{rm}(t) = \beta \cdot e^{j2\pi(f_0+f_d)(t-\tau_m)} \cdot \boldsymbol{v}(t_m - \tau_m) \cdot G_{rm} \cdot G_{tm} \cdot \boldsymbol{h}_{rm}{}^{T}\boldsymbol{S}\boldsymbol{h}_{tm} \tag{6.1.3}$$

式中：β 为幅度，不包含天线极化和方向图（$\beta = \frac{k_{RF}}{16\pi^2 R^4 L_R} \cdot \sqrt{\frac{P_t}{4\pi L_t}} \cdot G_{max}^2$，$k_{RF}$ 为射频放大系数；R 为雷达与目标间的距离；P_t 为发射峰值功率；L_t 为发射综合损耗；L_R 为接收综合损耗；g_{max} 为天线的最大增益）；G_m 和 $\boldsymbol{h}_m$ 分别对应不同空域扫描点处，天线的归一化电压增益和天线的极化状态矢量。

由于天线具有互易性，而且在 $2R/c$ 极短的时间间隔内，可认为 $G_{rm} = G_{tm} = G_m$，$\boldsymbol{h}_{tm} = \boldsymbol{h}_{rm} = \boldsymbol{h}_m$，上式可写为

$$v_{rm}(t) = \beta \cdot e^{j2\pi(f_0+f_d)(t-\tau_m)} \cdot \boldsymbol{v}(t_m - \tau_m) \cdot G_m{}^2 \cdot \boldsymbol{h}_m{}^{T}\boldsymbol{S}\boldsymbol{h}_m \tag{6.1.4}$$

设天线在方位向上 $[-\varphi_0/2, +\varphi_0/2]$ 范围内扫描，$\Delta\varphi_s = \omega_s/f_r = \omega_s T$，$\omega_s$ 是天线扫描角速度；T 是脉冲重复周期；脉冲数（采样点数）$M = \varphi_0/\Delta\varphi_s$。则在该扫描范围内，雷达实质上接收的是回波脉冲串：

$$v_r(t) = \sum_{m=1}^{M} v_{rm}(t) \tag{6.1.5}$$

首先对接收信号混频，将射频信号变为中频信号或零中频信号，得到

$$Z(t) = v_r(t) \cdot (q(t))^* = \sum_{m=1}^{M} \beta \cdot e^{j2\pi f_d(t-\tau_m)} \cdot e^{-j2\pi f_0\tau_m - j\phi} \cdot \boldsymbol{v}(t_m - \tau_m) \cdot G_m{}^2 \cdot \boldsymbol{h}_m^{T}\boldsymbol{S}\boldsymbol{h}_m \tag{6.1.6}$$

式中:$q(t)=\mathrm{e}^{\mathrm{j}(2\pi f_0 t+\phi)}$表示混频信号,$\phi$为初相。

记$\Delta\phi_m=-2\pi f_0\tau_m-\phi$,则有

$$Z(t)=\sum_{m=1}^{M}\beta\cdot\mathrm{e}^{\mathrm{j}\Delta\phi_m}\cdot\mathrm{e}^{\mathrm{j}2\pi f_{\mathrm{d}}(t-\tau_m)}\cdot\boldsymbol{v}(t_m-\tau_m)\cdot G_m^2\cdot\boldsymbol{h}_m^{\mathrm{T}}\boldsymbol{S}\boldsymbol{h}_m \tag{6.1.7}$$

设匹配接收冲激响应函数为$h(t)=\boldsymbol{v}^*(\tau_{\mathrm{p}}-t)$,则匹配接收过程为

$$R(t)=\int_{-\infty}^{+\infty}h(t-\lambda)Z(\lambda)\mathrm{d}\lambda \tag{6.1.8}$$

记第m个脉冲匹配滤波后的结果为$R_m(t)$,则

$$R(t)=\sum_{m=1}^{M}R_m(t) \tag{6.1.9}$$

对第m个脉冲来说

$$\begin{aligned}R_m(t)&=\int_{-\infty}^{+\infty}h(t-\lambda)Z_m(\lambda)\mathrm{d}\lambda\\&=\beta\cdot G_m^2\boldsymbol{h}_m^{\mathrm{T}}\boldsymbol{S}\boldsymbol{h}_m\cdot\mathrm{e}^{\mathrm{j}\Delta\phi_m}\cdot\mathrm{e}^{\mathrm{j}2\pi f_{\mathrm{d}}(t-\tau_m-\tau_{\mathrm{p}})}\\&\quad\int_{-\infty}^{+\infty}\boldsymbol{v}^*(g)\cdot\boldsymbol{v}(g+t-\tau_{\mathrm{p}}-\tau_m)\cdot\mathrm{e}^{\mathrm{j}2\pi f_{\mathrm{d}}g}\mathrm{d}g\end{aligned} \tag{6.1.10}$$

设雷达发射信号为矩形脉冲信号,在$t=(m-1)T+\tau_{\mathrm{p}}+\tau_m$处,会出现$M$个峰值点,对应的峰值为

$$R_m=\beta\cdot G_m^2\boldsymbol{h}_m^{\mathrm{T}}\boldsymbol{S}\boldsymbol{h}_m\cdot\mathrm{e}^{\mathrm{j}2\pi f_{\mathrm{d}}(m-1)T}\cdot\mathrm{e}^{\mathrm{j}(-2\pi f_0\tau_m-\phi)}\cdot\int_{-\infty}^{+\infty}|\boldsymbol{v}(g)|^2\cdot\mathrm{e}^{\mathrm{j}2\pi f_{\mathrm{d}}g}\mathrm{d}g,m=1,2\cdots,M \tag{6.1.11}$$

由于经常有$\frac{2R}{c}\gg\frac{2v_{\mathrm{r}}T}{c}$,可记$\tau_m=\tau=\frac{2R}{c}$,则上式可写为

$$R_m=\beta\cdot\left[\int_{-\infty}^{+\infty}|\boldsymbol{v}(g)|^2\cdot\mathrm{e}^{\mathrm{j}2\pi f_{\mathrm{d}}g}\mathrm{d}g\right]\cdot\mathrm{e}^{-\mathrm{j}(2\pi f_0\tau+\phi)}\cdot\mathrm{e}^{\mathrm{j}2\pi f_{\mathrm{d}}(m-1)T}\cdot G_m^2\boldsymbol{h}_m^{\mathrm{T}}\boldsymbol{S}\boldsymbol{h}_m \tag{6.1.12}$$

由于$\beta\cdot\left[\int_{-\infty}^{+\infty}|\boldsymbol{v}(g)|^2\cdot\mathrm{e}^{\mathrm{j}2\pi f_{\mathrm{d}}g}\mathrm{d}g\right]\cdot\mathrm{e}^{-\mathrm{j}(2\pi f_0\tau+\phi)}$是常数,记为$K$,即

$$K=\beta\cdot\left[\int_{-\infty}^{+\infty}|\boldsymbol{v}(g)|^2\cdot\mathrm{e}^{\mathrm{j}2\pi f_{\mathrm{d}}g}\mathrm{d}g\right]\cdot\mathrm{e}^{-\mathrm{j}(2\pi f_0\tau+\phi)} \tag{6.1.13}$$

则式(6.1.12)可写为

$$R_m=K\cdot\mathrm{e}^{\mathrm{j}2\pi f_{\mathrm{d}}(m-1)T}\cdot G_m^2\boldsymbol{h}_m^{\mathrm{T}}\boldsymbol{S}\boldsymbol{h}_m \tag{6.1.14}$$

在$(\hat{\boldsymbol{h}},\hat{\boldsymbol{v}})$极化基下,记第$m$个扫描点处天线的电场为

$$\boldsymbol{e}_m=\begin{bmatrix}e_{mH}\\e_{mV}\end{bmatrix}=G_m\boldsymbol{h}_m=\begin{bmatrix}G_m h_{mH}\\G_m h_{mV}\end{bmatrix} \tag{6.1.15}$$

由于天线方向图及天线极化特性是空域的函数,因此,经过混频和匹配滤波后,回波信号各个峰值的幅度是目标散射矩阵的函数,即

$$R_m=K\cdot\mathrm{e}^{\mathrm{j}2\pi f_{\mathrm{d}}(m-1)T}\cdot G_m^2(\boldsymbol{P})\boldsymbol{h}_m(\boldsymbol{P})^{\mathrm{T}}\boldsymbol{S}\boldsymbol{h}_m(\boldsymbol{P}) \tag{6.1.16}$$

式中：$K=\beta\cdot\left[\int_{-\infty}^{+\infty}|\boldsymbol{v}(g)|^2\cdot e^{j2\pi f_d g}dg\right]\cdot e^{-j(2\pi f_0\tau+\phi)}$ 为常数。记信噪比为 $\mathrm{SNR}=\frac{|K|^2}{\sigma^2}$，它反映了目标回波接收功率，但不包括目标散射强度和极化。

将 $\boldsymbol{S}=\begin{bmatrix}S_{11} & S_{12}\\ S_{12} & S_{22}\end{bmatrix}$ 拉伸成三维列矢量 $\boldsymbol{S}=[S_{11}\quad 2S_{12}\quad S_{22}]^{\mathrm{T}}$，则有

$$\boldsymbol{h}^{\mathrm{T}}\boldsymbol{S}\boldsymbol{h}=h_H^2S_{11}+2h_Hh_VS_{12}+h_V^2S_{22} \tag{6.1.17}$$

1. 当目标静止时，$f_d=0$ 时

可构造方程

$$\boldsymbol{R}=K\cdot\boldsymbol{GH}\cdot\boldsymbol{S} \tag{6.1.18}$$

式中：$\boldsymbol{R}=[R_1\quad R_2\quad\cdots\quad R_M]^{\mathrm{T}}$，$R_1$、$R_2$、…、$R_M$ 为各个峰值点处的幅度；

$$\boldsymbol{S}=[S_{11}\quad 2S_{12}\quad S_{22}]^{\mathrm{T}};$$

$$\boldsymbol{G}=\begin{bmatrix}G_1^2 & 0 & \cdots & 0\\ 0 & G_2^2 & \cdots & 0\\ \vdots & \vdots & \ddots & \vdots\\ 0 & 0 & \cdots & G_M^2\end{bmatrix};$$

$$\boldsymbol{H}=\begin{bmatrix}h_{H1}^2 & h_{H1}h_{V1} & h_{V1}^2\\ h_{H2}^2 & h_{H2}h_{V2} & h_{V2}^2\\ \vdots & \vdots & \vdots\\ h_{HM}^2 & h_{HM}h_{VM} & h_{VM}^2\end{bmatrix}$$

记电场矩阵 $\boldsymbol{E}=\boldsymbol{GH}$，则式(6.1.18)可写为

$$\boldsymbol{R}=K\cdot\boldsymbol{ES} \tag{6.1.19}$$

2. 当目标运动时，$f_d\neq0$ 时

此时，应该考虑多普勒频移的影响，可构造方程

$$\boldsymbol{R}=K\cdot\boldsymbol{P}\cdot\boldsymbol{ES} \tag{6.1.20}$$

其中

$$\boldsymbol{P}=\begin{bmatrix}1 & 0 & \cdots & 0\\ 0 & e^{j2\pi f_d T} & \cdots & 0\\ \vdots & \vdots & \ddots & \vdots\\ 0 & 0 & \cdots & e^{j2\pi f_d(M-1)T}\end{bmatrix} \tag{6.1.21}$$

不管是目标静止或运动的情况，都可以统一用式 $\boldsymbol{R}=K\cdot\boldsymbol{P}\cdot\boldsymbol{ES}$ 表示：当目标静止时，系数矩阵 $\boldsymbol{P}=\boldsymbol{I}_{M\times M}$，当目标运动时，系数矩阵 $\boldsymbol{P}$ 即为式(6.1.21)。

考虑到接收系统的噪声，则上式可写为

$$\boldsymbol{R}=K\cdot\boldsymbol{P}\cdot\boldsymbol{ES}+\boldsymbol{n} \tag{6.1.22}$$

式中：$\boldsymbol{n}$ 为复高斯白噪声矢量，$\boldsymbol{n} \sim N(0, \boldsymbol{R}_n)$，其中 $\boldsymbol{R}_n = \sigma^2 \cdot \boldsymbol{I}_{M\times M}$，$\sigma^2$ 为观测噪声方差。

基于方程(6.1.22)，可以对目标的极化散射矩阵进行最小二乘估计。考虑两种情形：①目标确实静止或者在测量过程中，并不知道目标是否运动而把它当作静看待，此时，均依据式 $\boldsymbol{R} = K\cdot \boldsymbol{ES} + \boldsymbol{n}$ 估计目标的极化散射矩阵 $\boldsymbol{S}$，这样，当目标实际上静止时，得到的是无偏估计；而当目标实际上在运动时，得到的是有偏估计。②假设雷达具有多普勒测量能力，并可以得到目标多普勒频率的估计值 $\hat{f}_{\mathrm{d}}$，这时，首先进行“多普勒补偿”，再依据下式估计目标的极化散射矩阵：

$$\boldsymbol{R} = K\cdot \boldsymbol{P}'\cdot \boldsymbol{ES} + \boldsymbol{n} \tag{6.1.23}$$

式中

$$\boldsymbol{P}' = \begin{bmatrix} 1 & 0 & \cdots & 0 \\ 0 & \mathrm{e}^{\mathrm{j}2\pi \hat{f}_{\mathrm{d}} T} & \cdots & 0 \\ \vdots & \vdots & \ddots & \vdots \\ 0 & 0 & \cdots & \mathrm{e}^{\mathrm{j}2\pi \hat{f}_{\mathrm{d}}(M-1)T} \end{bmatrix} \tag{6.1.24}$$

如果无法精确获知系数 $K = \beta\cdot\left[\int_{-\infty}^{+\infty} |\upsilon(g)|^2 \cdot \mathrm{e}^{\mathrm{j}2\pi f_{\mathrm{d}} g}\mathrm{d}g\right]\cdot \mathrm{e}^{-\mathrm{j}(2\pi f_0 \tau + \phi)}$，在根据式 $\hat{\boldsymbol{S}} = \frac{1}{K}(\boldsymbol{E}^{\mathrm{H}}\boldsymbol{E})^{-1}\boldsymbol{E}^{\mathrm{H}}\boldsymbol{R}$ 估计目标的极化散射矩阵时，系数 K 的获取是一个难题。这时，可以先由 $(\boldsymbol{E}^{\mathrm{H}}\boldsymbol{E})^{-1}\boldsymbol{E}^{\mathrm{H}}\boldsymbol{R}$ 对 S 进行估计，然后求取 S_{12}/S_{11}、S_{12}/S_{22} 等相对量。即使无法求取全极化散射矩阵，目标 PSM 各相对分量的获取对于利用天线的空域极化特性鉴别有源假目标也是非常有意义的，这将在 6.1.3 节中给出详细仿真分析。

由于本节所讨论的目标极化散射矩阵估计方法是在时域上进行的，在后续的 6.2 节中将要讨论通过将接收回波信号进行离散傅里叶变换获得目标极化散射矩阵的估计方法。作为两种并列地利用雷达天线空域极化特性获得目标极化散射矩阵的估计方法，将本节讨论的方法称为“时域测量法”，而将 6.2 节将要讨论的算法命名为“频域测量法”。

6.1.2 算法性能的理论分析

雷达在接收到目标的回波序列以后，首先对接收信号混频处理，将射频信号变为中频信号或零中频信号，再对混频后的接收信号进行匹配滤波，提取各脉冲匹配滤波后的幅度峰值 $\{R_m\}$，$m = 1, 2, \cdots, M$，并由此构造回波信号幅度峰值矢量 $\boldsymbol{R} = [R_1 \quad R_2 \quad \cdots \quad R_M]^{\mathrm{T}}$，由 6.1.1 节的分析可知，$\boldsymbol{R}$ 实质上是目标散射矩阵 $\boldsymbol{S}$ 各分量的函数，进而可以求得目标散射矩阵列矢量的最小二乘估计：

$$\hat{\boldsymbol{S}} = \frac{1}{K}(\boldsymbol{E}^{\mathrm{H}}\boldsymbol{E})^{-1}\boldsymbol{E}^{\mathrm{H}}\boldsymbol{R} \tag{6.1.25}$$

当目标静止或者目标运动但能准确估计其多普勒频率，即对目标多普勒频率的估计误差 $\tilde{f}_d = f_d - \hat{f}_d$ 等于零时，由式(6.1.25)得到的 $\hat{\boldsymbol{S}}$ 为无偏估计。

记目标极化散射矩阵估计误差为

$$\tilde{\boldsymbol{S}} = \boldsymbol{S} - \hat{\boldsymbol{S}} \tag{6.1.26}$$

则 $\tilde{\boldsymbol{S}}$ 服从复高斯分布，即 $\tilde{\boldsymbol{S}} \sim \boldsymbol{N}(0, \boldsymbol{R}_{\tilde{S}})$，而且，估计误差方差为

$$\boldsymbol{R}_{\tilde{S}} = \mathrm{var}[\tilde{\boldsymbol{S}}] = \frac{\sigma^2}{K^2}(\boldsymbol{E}^{\mathrm{H}}\boldsymbol{E})^{-1} \tag{6.1.27}$$

当目标运动且存在多普勒估计误差时，仍然可按公式 $\hat{\boldsymbol{S}} = (1/K) \cdot (\boldsymbol{E}^{\mathrm{H}}\boldsymbol{E})^{-1} \boldsymbol{E}^{\mathrm{H}}\boldsymbol{R}$ 对目标极化散射矩阵矢量进行估计，此时的估计误差 $\tilde{\boldsymbol{S}} = \boldsymbol{S} - \hat{\boldsymbol{S}}$ 仍然服从复高斯分布，$\tilde{\boldsymbol{S}} \sim \boldsymbol{N}(\boldsymbol{E}\tilde{\boldsymbol{S}}, \boldsymbol{R}_{\tilde{S}})$，但为有偏估计，而且

$$\boldsymbol{E}\tilde{\boldsymbol{S}} = \boldsymbol{E}[\tilde{\boldsymbol{S}}] = (\boldsymbol{E}^{\mathrm{H}}\boldsymbol{E})^{-1}\boldsymbol{E}^{\mathrm{H}}(\boldsymbol{P}'' - \boldsymbol{I}_{M\times M})\boldsymbol{E}\boldsymbol{S} \tag{6.1.28}$$

式中:矩阵 $\boldsymbol{P}''$ 的表达式如下:

$$\boldsymbol{P}'' = \begin{bmatrix} 1 & 0 & \cdots & 0 \\ 0 & \mathrm{e}^{\mathrm{j}2\pi\tilde{f}_d T} & \cdots & 0 \\ \vdots & \vdots & \ddots & \vdots \\ 0 & 0 & \cdots & \mathrm{e}^{\mathrm{j}2\pi\tilde{f}_d (M-1)T} \end{bmatrix} \tag{6.1.29}$$

$\hat{\boldsymbol{S}}$ 的估计误差方差仍然为

$$\boldsymbol{R}_{\tilde{S}} = \mathrm{var}[\tilde{\boldsymbol{S}}] = \frac{\sigma^2}{K^2}(\boldsymbol{E}^{\mathrm{H}}\boldsymbol{E})^{-1} \tag{6.1.30}$$

由于估计误差 $\tilde{\boldsymbol{S}}$ 服从复高斯分布 $\tilde{\boldsymbol{S}} \sim \boldsymbol{N}(\boldsymbol{E}\tilde{\boldsymbol{S}}, \boldsymbol{R}_{\tilde{S}})$，其概率密度函数表达式为

$$f(\tilde{\boldsymbol{S}}) = \frac{1}{(2\pi)^{3/2}|\boldsymbol{R}_{\tilde{S}}|^{\frac{1}{2}}}\exp\left\{-\frac{1}{2}(\tilde{\boldsymbol{S}} - \boldsymbol{E}\tilde{\boldsymbol{S}})^{\mathrm{H}}\boldsymbol{R}_{\tilde{S}}^{-1}(\tilde{\boldsymbol{S}} - \boldsymbol{E}\tilde{\boldsymbol{S}})\right\} \tag{6.1.31}$$

概率密度等高线 $(\tilde{\boldsymbol{S}} - \boldsymbol{E}\tilde{\boldsymbol{S}})^{\mathrm{H}}\boldsymbol{R}_{\tilde{S}}^{-1}(\tilde{\boldsymbol{S}} - \boldsymbol{E}\tilde{\boldsymbol{S}})$ 是由 $\tilde{\boldsymbol{S}}$ 所确定的椭球[195]:

$$(\tilde{\boldsymbol{S}} - \boldsymbol{E}\tilde{\boldsymbol{S}})^{\mathrm{H}}\boldsymbol{R}_{\tilde{S}}^{-1}(\tilde{\boldsymbol{S}} - \boldsymbol{E}\tilde{\boldsymbol{S}}) = c^2 \tag{6.1.32}$$

这些椭球的中心在 $\boldsymbol{E}\tilde{\boldsymbol{S}}$，且其轴为 $\pm c\sqrt{\lambda_i \boldsymbol{e}_i}$，其中

$$\boldsymbol{R}_{\tilde{S}}\boldsymbol{e}_i = \lambda_i \boldsymbol{e}_i, i = 1,2,3 \tag{6.1.33}$$

同时，根据实用多元统计分析理论可知，满足

$$(\tilde{\boldsymbol{S}} - \boldsymbol{E}\tilde{\boldsymbol{S}})^{\mathrm{H}}\boldsymbol{R}_{\tilde{S}}^{-1}(\tilde{\boldsymbol{S}} - \boldsymbol{E}\tilde{\boldsymbol{S}}) \leqslant d^2 = \chi_3^{\ 2}(\alpha) \tag{6.1.34}$$

的圆内的 $\tilde{\boldsymbol{S}}$ 的概率为 $1-\alpha$（其中 $\chi_3^{\ 2}(\alpha)$ 为自由度为 3 的 χ^2 分布的第 100α 百分位数），即 $\tilde{\boldsymbol{S}}$ 落在式(6.1.32)及式(6.1.33)所示椭球内的概率为 $1-\alpha$。

目标静止情况下，概率密度等高线是以坐标中心 O 为圆心的椭球，若要求 $\tilde{\boldsymbol{S}}$ 在椭球内概率为 $P_0 = 1 - \alpha_0$，则由 χ^2 分布表以及式(6.1.33)、式(6.1.34)算得椭

球的各轴，设该椭球的最长轴为 R_0，该椭球所包含区域称为“容许区域”。在目标运动情况下，椭球以 $E\tilde{S}$ 为中心，若 $E\tilde{S}$ 偏离目标静止情况下概率密度等高线所围椭球的圆心 O 的距离相对于 R_0 很小，则 $\tilde{S}$ 在容许区域内的概率 P 仍然非常大，在工程意义上，$\tilde{S}$ 仍然是可以接收的。

在目标运动情况下，椭球的最长轴 R_1 满足 $R_1 = R_0 - \| E\tilde{S} \|$ 时，该椭球内切于目标静止时的椭球，设其所包含区域的概率为 P_1，则显然有 $P_1 \leqslant P \leqslant P_0$。因此，若要求 $P \geqslant 1-\alpha_1$，则要求当椭球的各轴长等于 $\sqrt{\chi_3{}^2(\alpha_1)} \cdot \sqrt{\lambda_i}$，$i=1,2,3$（其中，$\lambda_i$ 由式(6.1.33)确定）时，满足 $P \geqslant P_1 = 1-\alpha_1$。

因此，在目标运动情况下，估计误差 $\tilde{S}$ 在容许区域内的概率 $P \geqslant 1-\alpha_1$ 成立的一个充分条件是

$$\| E\tilde{S} \| \leqslant \left(\sqrt{\chi_3{}^2(\alpha_0)} - \sqrt{\chi_3{}^2(\alpha_1)} \right) \lambda_{\max} \tag{6.1.35}$$

式中：$\lambda_{\max}$ 为由式(6.1.33)确定的 λ_i，$i=1,2,3$ 中的最长轴。

由式(6.1.28)和式(6.1.35)可见，只要多普勒估计精度足够高，$\| E\tilde{S} \|$ 就会足够小，这时，即使不能准确测量目标的多普勒频率，矢量估计误差 $\tilde{S}$ 仍然是可接受的，不影响算法性能。

6.1.3 计算机仿真与结果分析

目前，散射矩阵测量性能主要以“测量误差函数”为衡量标准，测量误差函数定义为真实散射矩阵 $\boldsymbol{S}$ 与测量矩阵 $\hat{\boldsymbol{S}}$ 之差，即 $\boldsymbol{e} = \boldsymbol{S} - \hat{\boldsymbol{S}}$，由于误差 $\boldsymbol{e}$ 是一个矢量，而且仅能表示目标极化散射矩阵 $\boldsymbol{S}$ 与估计值 $\hat{\boldsymbol{S}}$ 之差的绝对大小，无法表示两矢量在结构上的相对差异，因此，本文结合使用目标极化散射矩阵的“测量误差”、“各分量的相对测量误差”以及“矢量间的相似测度 ξ”这几个指标来衡量算法性能。

结合使用“各分量的相对测量误差”这一指标是为了分析目标极化散射矩阵各分量的相对测量精度，这种表示方法能从相对关系上表示目标散射矩阵各分量的测量值与真实值之间的差距。其中，各分量的相对测量误差分别定义为

$$e_{S_{11}} = \left| \frac{S_{11} - \hat{S}_{11}}{S_{11}} \right|, e_{S_{12}} = \left| \frac{S_{12} - \hat{S}_{12}}{S_{12}} \right|, e_{S_{22}} = \left| \frac{S_{22} - \hat{S}_{22}}{S_{22}} \right| \tag{6.1.36}$$

特别地，如果 $S_{11}=0$，则定义

$$e_{S_{11}} = | S_{11} - \hat{S}_{11} | \tag{6.1.37}$$

如果 $S_{12}=0$，则定义

$$e_{S_{12}} = | S_{12} - \hat{S}_{12} | \tag{6.1.38}$$

如果 $S_{22}=0$，则定义

$$e_{S_{22}} = | S_{22} - \hat{S}_{22} | \tag{6.1.39}$$

将矢量间的“相似测度 ξ”作为算法性能的一个总体衡量指标，是为了更好地表征测量矩阵与真实矩阵在结构上的相近程度。若将目标极化散射矩阵的测量值 $\hat{\boldsymbol{S}}$ 和真实值 $\boldsymbol{S}$ 分别拉伸为四维矢量 $\hat{\boldsymbol{X}}$ 和 $\boldsymbol{X}$，$\hat{\boldsymbol{X}}$ 和 $\boldsymbol{X}$ 间夹角余弦的绝对值为

$$\xi = \frac{|\boldsymbol{X}^{\mathrm{H}}\hat{\boldsymbol{X}}|}{\|\boldsymbol{X}\| \cdot \|\hat{\boldsymbol{X}}\|} \tag{6.1.40}$$

式中：$\|\cdot\|$ 为矢量的 Frobenius 范数。由于 $\hat{\boldsymbol{X}}$ 和 $\boldsymbol{X}$ 均为 4 维复矢量，在计算矢量夹角余弦时可等效拉伸为 8 维实矢量，并代入式(6.1.40)计算。将 ξ 称为“测量的相似度”，易知，$0 \leqslant \xi \leqslant 1$，而且，$\xi$ 的值越接近于 1，测量性能越好。由于 ξ 的分子和分母是相关的，难以推出 ξ 均值和方差的精确解析表达式，故在讨论测量的相似度 ξ 的性能时，采用数值方法获得。下面对算法性能进行计算机仿真分析。

设雷达系统参数设置如下：雷达工作在 C 波段，工作频率 $f = 5\text{GHz}$，发射功率 $P_t = 100\text{W}$，采用 3.3.2.1 节中讨论的偏置抛物面天线，该天线的口径波长比 $D/\lambda = 50$，焦径比 $F/D = 0.5$，偏置角 $\psi_0 = 44°$，半功率波束宽度 $\varphi_{3\text{dB}} = 1.4°$，天线主极化为“垂直极化”，天线转速为 6 转/min，最大增益 $G_t = 30\text{dB}$；脉冲重复频率 $f_r = 1\text{kHz}$；接收机带宽 $B_n = 0.5\text{MHz}$，噪声系数 $F_n = 3\text{dB}$，系统损耗约为 $L_r = 10\text{dB}$。

微波暗室测得某配试目标模型的极化散射矩阵为

$$\boldsymbol{S} = \begin{bmatrix} 1 & 0.2 - 0.1\mathrm{j} \\ 0.2 - 0.1\mathrm{j} & 1 + 0.3\mathrm{j} \end{bmatrix}$$

另取一标准金属球目标(散射矩阵为 2 阶单位阵)，目标位于距离雷达 $R = 5\text{km}$ 处。对于配试目标，根据雷达方程可估算出各通道的信噪比为：HH 通道约 22.6dB，VV 通道约 22.8dB，HV 通道约 16.1dB。

设在水平面上半功率波束宽度范围$[-\varphi_{3\text{dB}}/2, +\varphi_{3\text{dB}}/2]$内扫描，仿真次数为 300，得到配试目标散射矩阵元素估计值复平面分布如图 6.1所示。

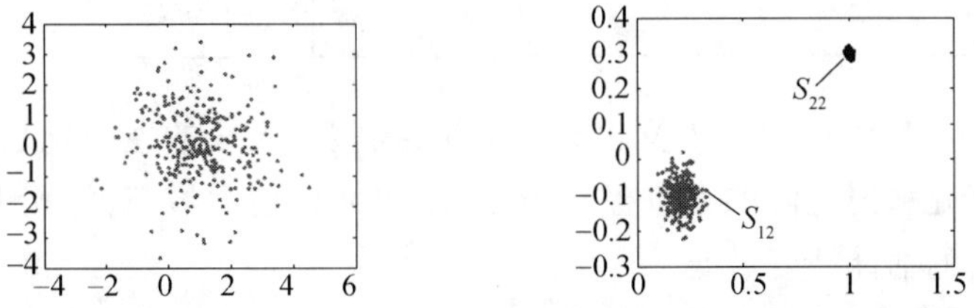

(a) S_{11}分量估计值的复平面分布图　　(b) S_{12}和S_{22}分量估计值的复平面分布图

图 6.1　配试目标 PSM 元素估计值的复平面分布图(主极化垂直极化)

将目标极化散射矩阵的估计值记为 $\hat{\boldsymbol{S}}$，并记各分量的测量误差分别为 $\tilde{S}_{11} = \hat{S}_{11} - S_{11}$、$\tilde{S}_{12} = \hat{S}_{12} - S_{12}$ 和 $\tilde{S}_{22} = \hat{S}_{22} - S_{22}$，仿真结果如表 6.1 所示。

表 6.1　配试目标 PSM 测量误差统计特性表(主极化垂直极化)

目标极化散射矩阵的估计值 $\hat{S}$	$\tilde{S}_{11}$统计特性	$\tilde{S}_{12}$统计特性	$\tilde{S}_{22}$统计特性
$\begin{bmatrix} 0.9263-0.0322\mathrm{j} & 0.1986-0.0916\mathrm{j} \\ 0.1986-0.0916\mathrm{j} & 1.0000+0.3000\mathrm{j} \end{bmatrix}$	均值： −0.0737 −0.0322j	均值： −0.0014 +0.0084j	均值： (0.5588 + 2.8623j) ×10^{-5}
	标准差： 1.7249	标准差： 0.0600	标准差： 0.0098

标准金属球目标的极化散射矩阵各元素估计值的复平面分布和估计误差的统计特性分别如图 6.2 和表 6.2 所示。

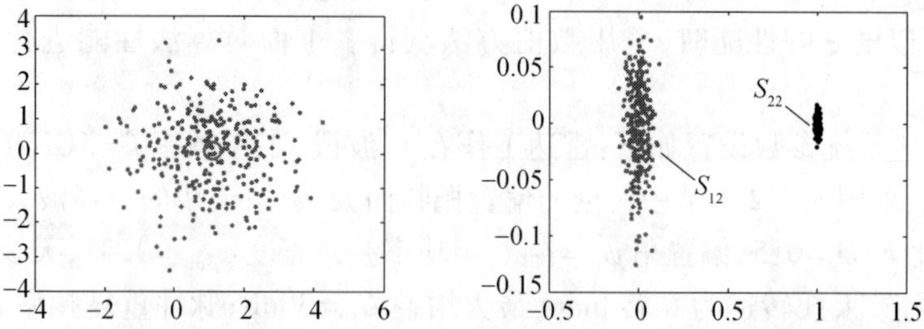

(a) S_{11}分量估计值的复平面分布图　(b) S_{12}和S_{22}分量估计值的复平面分布图

图 6.2　标准金属球 PSM 元素估计值的复平面分布图(主极化为垂直极化)

表 6.2　标准金属球目标 PSM 测量误差统计特性表(主极化垂直极化)

目标极化散射矩阵的估计值 $\hat{S}$	$\tilde{S}_{11}$统计特性	$\tilde{S}_{12}$统计特性	$\tilde{S}_{22}$统计特性
$\begin{bmatrix} 1.0531+0.0520\mathrm{j} & -0.0067+0.0001\mathrm{j} \\ -0.0067+0.0001\mathrm{j} & 0.9996+0.0003\mathrm{j} \end{bmatrix}$	均值： 0.0531 +0.05j	均值： −0.0067 +0.0001j	均值： (−3.7618 + 3.4455j) ×10^{-4}
	标准差： 1.6926	标准差： 0.0549	标准差： 0.0094

由图 6.1、表 6.1、图 6.2 及表 6.2 可见，当雷达天线的主极化是“垂直极化”时，对目标极化散射矩阵的垂直极化分量 S_{22} 的估计精度最高，S_{22} 分量次之，水平极化分量 S_{11} 的估计精度最低。

采用主极化为“水平极化”的雷达天线，其他参数设置同前，图 6.3给出了配试目标极化散射矩阵各元素估计值的复平面分布，表 6.3给出了目标 PSM 各元素估计误差的统计特性。

类似地，图 6.4 和表 6.4 分别为标准金属球目标 PSM 各分量估计值的复平面分布图和测量误差统计特性表。

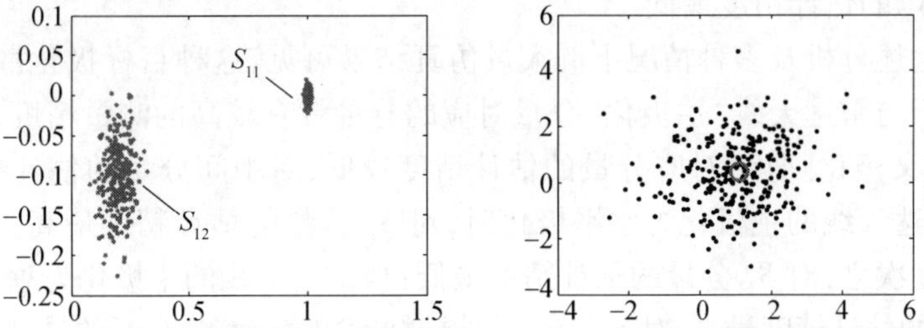

(a) S_{11}和S_{12}分量估计值的复平面分布图　　(b) S_{22}分量估计值的复平面分布图

图 6.3　配试目标 PSM 元素估计值的复平面分布图(主极化水平极化)

表 6.3　配试目标 PSM 元素测量误差统计特性表(主极化为水平极化)

目标极化散射矩阵的估计值 $\hat{\boldsymbol{S}}$	$\tilde{S}_{11}$统计特性	$\tilde{S}_{12}$统计特性	$\tilde{S}_{22}$统计特性
$\begin{bmatrix} 1.0000-0.0003j & 0.1996-0.1001j \\ 0.1996-0.1001j & 1.0679+0.2946j \end{bmatrix}$	均值：(0.4585 + 3.4642j) ×10^{-4}	均值：(−4.01 + 0.9805j) ×10^{-4}	均值：0.0679 −0.0054j
	标准差：0.0096	标准差：0.0563	标准差：1.6635

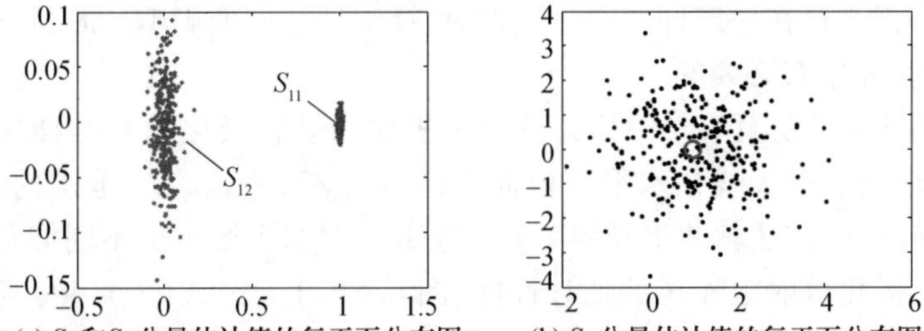

(a) S_{11}和S_{12}分量估计值的复平面分布图　　(b) S_{22}分量估计值的复平面分布图

图 6.4　标准金属球 PSM 元素估计值的复平面分布图(主极化为水平极化)

表 6.4　标准金属球 PSM 测量误差统计特性表(主极化水平极化)

目标极化散射矩阵的估计值 $\hat{\boldsymbol{S}}$	$\tilde{S}_{11}$统计特性	$\tilde{S}_{12}$统计特性	$\tilde{S}_{22}$统计特性
$\begin{bmatrix} 1.0000-0.0005j & -0.0005+0.0055j \\ -0.0005+0.0055j & 1.0527-0.0231j \end{bmatrix}$	均值：(0.4816 −4.6580j) ×10^{-4}	均值：−0.0005 + 0.0055j	均值：0.0527 −0.0231j
	标准差：0.0095	标准差：0.0590	标准差：1.6470

由图 6.3、表 6.3、图 6.4 以及表 6.4 可见，当雷达天线的主极化是“水平极化”时，对目标极化散射矩阵的水平极化分量 S_{11} 的估计精度最高，S_{12} 分量次之，垂直

极化分量S_{22}的估计精度最低。

综合上述分析及多种情况下的大量仿真结果可见，这种目标极化散射矩阵估计方法对于与雷达天线“主极化”分量对应的分量具有较高的测量精度，而对与雷达天线“交叉极化”分量对应分量的估计精度较低，对中间分量的估计精度居中。例如，当雷达天线的主极化为水平极化时，对S_{11}分量的估计精度最高，对S_{12}分量的估计精度次之，对S_{22}分量的估计精度最低；当雷达天线的主极化为垂直极化时，对S_{22}分量的估计精度最高，对S_{12}分量的估计精度次之，对S_{11}分量的估计精度最低。这个结果是比较容易理解的，因为天线的主极化信息比较丰富，所以在利用天线的空域极化特性对目标极化散射矩阵进行估计时，对天线主极化对应分量的估计精度较其他分量高；而且，算法的估计精度基本与目标真实极化散射矩阵无关。

6.1.4 时域测量法的适用性分析

前面对算法性能进行了初步理论探讨和计算机仿真，下面将首先简要分析算法的容错性，在此基础上，探讨系统信噪比、观测范围大小、天线空域极化特性的明显程序、目标多普勒频移测量误差等主要因素对算法性能的影响。

1. 算法容错性分析

对于在方位向精确扫描的二坐标雷达，其获得的仰角数据并不一定完全准确，因此，分析当存在一定仰角测量误差时，算法性能有何影响，即对算法进行“容错性”分析是非常有必要的。

采用图6.1的仿真场景中所讨论的主极化为垂直极化的C波段偏置抛物面天线和配试目标，设天线在水平方位面上$[-\varphi_{3dB}/2, +\varphi_{3dB}/2]$范围内扫描，天线转速为6转/min，雷达脉冲重复频率$f_r = 1\text{kHz}$。图6.5给出了不同仰角测量误差条件下目标极化散射矩阵$\boldsymbol{S}$的估计性能，图6.5(a)为由式(6.1.40)求得的夹角余弦绝对值的均值分布图，图6.5(b)~(d)分别为由式(6.1.36)求得的S_{11}、S_{12}以及S_{22}分量的相对估计精度均值分布图。其中，横轴为信噪比，每根曲线代表不同仰角测量误差的情况，每种情况下的蒙特卡罗仿真次数均为300。

由图6.5可见，当系统获得的仰角数据存在一定的测量误差时，虽然目标极化散射矩阵的估计性能会略有下降，但影响并不明显；同时，在多种条件下的大量计算机仿真结果均表明，算法具有较好的容错性。

同时还可以看出，主极化是垂直极化的雷达天线，S_{22}分量的估计精度最好，S_{11}分量的估计精度较差，随着信噪比的增大，$|\xi|$逐渐趋于1，目标极化散射矩阵各元素的相对估计误差逐渐趋于0，也就是说，信噪比越大，算法的估计性能越好；同时，由图6.5(b)~(d)可见，即使在低信噪比条件下，S_{22}分量也能获得较好的估计精度，但只有在高信噪比条件下，S_{12}和S_{11}分量才能获得较好的估计精度。

针对雷达天线主极化是水平极化的情况，通过进行了类似仿真，其仿真结果证明：此时，算法仍然具有较好的容错性；当天线的主极化是水平极化时，S_{11}分量

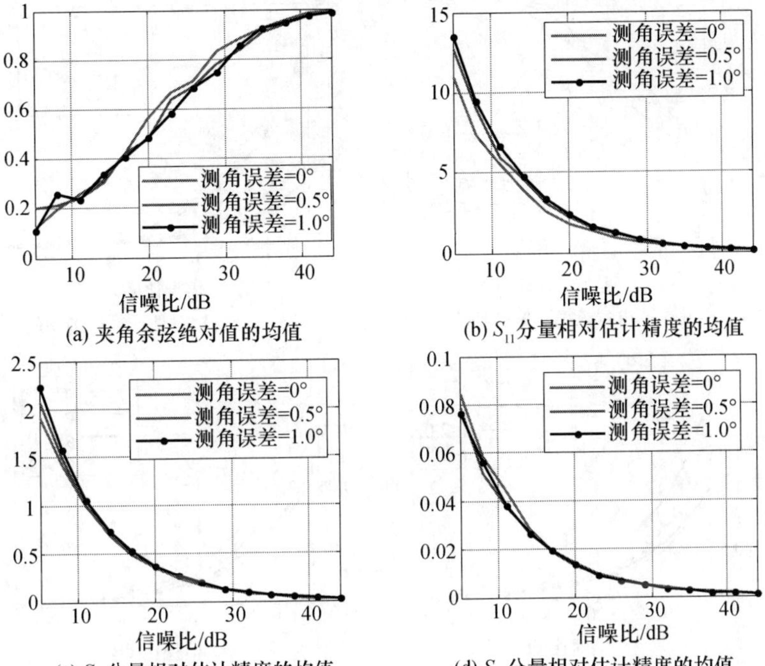

(a) 夹角余弦绝对值的均值

(b) S_{11}分量相对估计精度的均值

(c) S_{12}分量相对估计精度的均值

(d) S_{22}分量相对估计精度的均值

图 6.5　不同仰角测量精度条件下 $\boldsymbol{S}$ 的估计性能

的估计精度最好，S_{22}分量的估计精度较差，而且，即使在低信噪比条件下，S_{11}分量也能获得较好的估计精度，但只有在高信噪比条件下，S_{12}和 S_{22}分量才能获得较好的估计精度。

2. 观测范围的影响

令观测范围比 $a=\varphi_0/\varphi_{3\text{dB}}$，表示观测范围 φ_0 与半功率波束宽度 $\varphi_{3\text{dB}}$的比，仍然采用图 6.1 中的仿真场景，探讨算法性能与观测范围大小的关系。图 6.6 示出了在观测范围比 $a=1,1.5,2,2.5$ 这几种典型情况下，目标极化散射矩阵的估计性能，其中，每条曲线代表不同观测范围的情况。图 6.6(a)为夹角余弦绝对值的均值分布图，图 6.6 (b) ~ (d)分别为 S_{11}、S_{12}和 S_{22}分量的相对估计精度均值分布图。

由图 6.6 可见，同样的信噪比 SNR 条件下，$|\xi|$随观测范围增大而增大，目标极化散射矩阵各元素的相对估计误差减小，同时，还可以看出，当观测范围从$[-\varphi_{3\text{dB}}/2,+\varphi_{3\text{dB}}/2]\to[-0.75\varphi_{3\text{dB}},+0.75\varphi_{3\text{dB}}]$变化(即 $a=1\to a=1.5$)时，观测范围的增大对算法性能的改善效果非常明显，当观测范围从$[-0.75\varphi_{3\text{dB}},+0.75\varphi_{3\text{dB}}]\to[-\varphi_{3\text{dB}},+\varphi_{3\text{dB}}]$变化(即 $a=1.5\to 2$)时，观测范围的增大对算法的改善效果比较明显；而当观测范围从$[-\varphi_{3\text{dB}},+\varphi_{3\text{dB}}]\to[-1.25\varphi_{3\text{dB}},+1.25\varphi_{3\text{dB}}]$(即$a=2\to 2.5$)变化时，虽然观测范围的增大对算法性能也有所改善，但已远不如前两种情况明显。

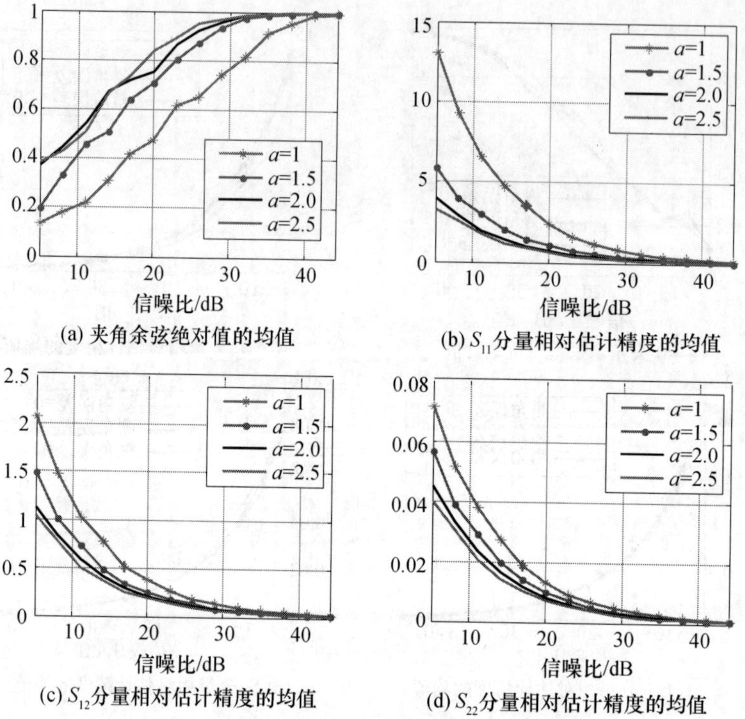

(a) 夹角余弦绝对值的均值

(b) S_{11}分量相对估计精度的均值

(c) S_{12}分量相对估计精度的均值

(d) S_{22}分量相对估计精度的均值

图 6.6　不同观测范围条件下 **S** 的估计性能

从本质上讲，观测范围增大的实质是丰富了利用的天线空域极化信息，但并不是说一味地增大观测范围就是最优的，因为，偏离天线波束中心越远，系统接收信号的信噪比会逐渐降低，在天线主瓣及其附近区域还不是很明显，但当扫描范围偏离波束中心较远时，例如，在天线的旁瓣区域，接收信噪比就会下降得比较厉害，这也是为什么观测范围比 $a=\varphi_0/\varphi_{3\text{dB}}$ 从 1→1.5 时，算法性能的改善非常明显，而当 a 从 2→2.5 变化时，算法性能改善甚微。综合考虑，一方面尽可能充分利用天线的空域极化信息，另一方面防止由于随着观测范围的增大、偏离波束中心较远而导致的接收信噪比降低两方面的因素，一般来讲，2 倍或者 2.5 倍半功率波束宽度是观测范围 φ_0 的较好选择（即 $\varphi_0=2\varphi_{3\text{dB}}$ 或者 $\varphi_0=2.5\varphi_{3\text{dB}}$）。

3. 多普勒频移的影响

由 6.1.2 节的分析可知，当存在多普勒频率测量误差时，对目标散射矩阵的测量是有偏估计。前面的讨论都是基于多普勒频率测量误差 $\tilde{f}_{\text{d}}=0$ 的假设进行的。下面以分别满足前述四种空域极化特性模型的雷达天线为例，讨论当天线在水平方位面上半功率波束宽度范围 $[-\varphi_{3\text{dB}}/2, +\varphi_{3\text{dB}}/2]$ 内扫描时，在不同的多普勒频率测量精度条件下，目标极化散射矩阵的估计性能。

仍然以前述配试目标为例，图 6.7 示出了目标极化散射矩阵的估计值 $\hat{\boldsymbol{S}}$ 与真

值 $\boldsymbol{S}$ 间夹角余弦绝对值 $|\xi|$ 的均值随多普勒频率测量误差 $\tilde{f}_{\mathrm{d}}$ 的变化曲线。图 6.7(a) 为天线满足空域极化特性“模型 1”，且 $K_{\text{polar}}=14$ 时的情况；图 6.7(b) 为天线满足空域极化特性“模型 2”，且 $K_{\text{polar}}=22$ 时的情况；图 6.7(c) 为天线满足空域极化特性“模型 3”，且 $K_{\text{polar}}=14$ 时的情况；图 6.7(d) 为天线满足空域极化特性“模型 4”，且 $K_{\text{polar}}=22$ 时的情况。

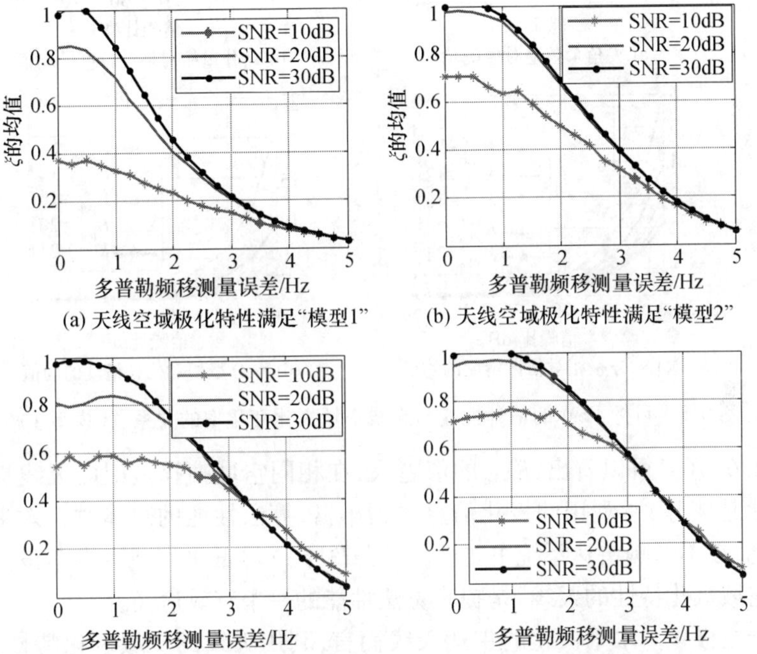

(a) 天线空域极化特性满足“模型1”　(b) 天线空域极化特性满足“模型2”

(c) 天线空域极化特性满足“模型3”　(d) 天线空域极化特性满足“模型4”

图 6.7　不同多普勒频率测量误差情况下 $\boldsymbol{S}$ 的估计性能

由图 6.7 可见，当多普勒频率的测量误差增大时，算法的估计性能急剧下降，即使可采用提高系统性噪比、增大观测范围等措施适当改善算法性能，但总体来说，算法对动目标的测量性能较差，这也是算法的局限性。

4. 天线空域极化特性显程度的影响

讨论当天线的极化特性在空间变化的明显程度不同时，算法估计性能的差异。设雷达天线的主极化是水平极化，且其空域极化特性满足“模型 1”，天线半功率波束宽度 $\varphi_{3\text{dB}}=1.4°$，且在方位面上 $[-\varphi_{3\text{dB}}, +\varphi_{3\text{dB}}]$ 范围内扫描，目标仍设为前述配试目标，在天线极化角的空域变化率 K_{polar} 取不同典型值的情况下，图 6.8 给出了目标 PSM 的估计性能随 SNR 的变化关系曲线。其中，图 6.8(a) 为夹角余弦绝对值的均值分布曲线；图 6.8(b) ~ (d) 分别为 S_{11}、S_{12}、S_{22} 分量相对估计精度的均值随 SNR 的变化关系曲线；横轴代表信噪比 SNR，每根曲线表示不同的典型 K_{polar} 值；每种情况下的仿真次数均为 300。

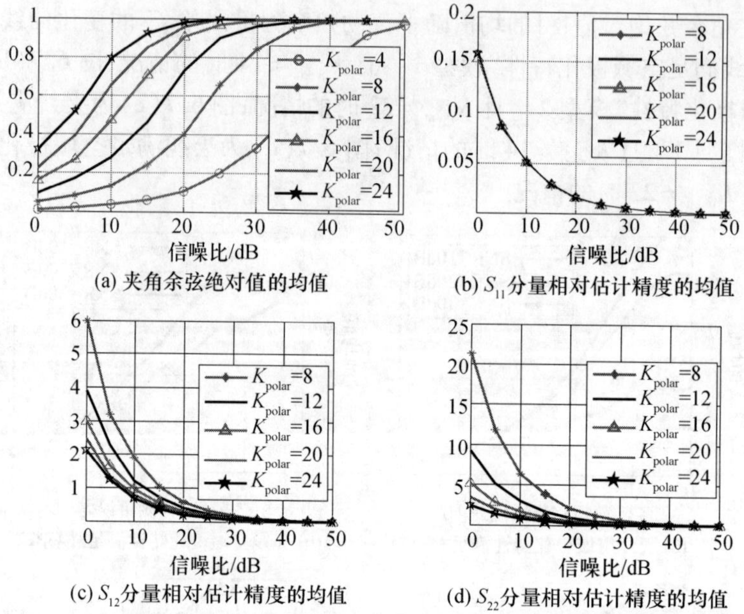

(a) 夹角余弦绝对值的均值　(b) S_{11}分量相对估计精度的均值

(c) S_{12}分量相对估计精度的均值　(d) S_{22}分量相对估计精度的均值

图 6.8　目标 PSM 的估计性能与天线空域极化变化率的关系图(模型 1)

从图 6.8(a)可以看出，K_{polar}的值越大，在相同空域扫描范围内天线极化在空域的变化越明显，所利用的极化信息更为丰富，算法性能的总体改善效果非常明显。因此，在不影响雷达系统主要性能的条件下，“尽量采用或者专门设计研发具有显著空域极化特性的天线”是提高算法性能的一条有效途径。

对于主极化为水平极化的雷达天线而言，利用天线的空域极化特性，对目标极化散射矩阵 S_{11} 分量的估计精度最高，由图 6.8(b)～(d)可见，K_{polar}增大，可明显提高 S_{22}分量的测量精度，对 S_{12} 分量的改善次之，而 S_{11} 分量估计精度的变化并不明显；结合图 6.8 以及各种情况下的大量仿真结果，可知：采用具有更为显著空域极化特性的雷达天线能够明显改善估计性能较差分量的测量效果，而对于本身就具有较高估计精度分量的测量精度影响并不大。

当雷达天线空域极化特性满足“模型 4”时，天线极化角空域变化率 K_{polar} 取不同典型值时，目标 PSM 的估计性能随时信噪比的变化关系曲线如图 6.9 所示。

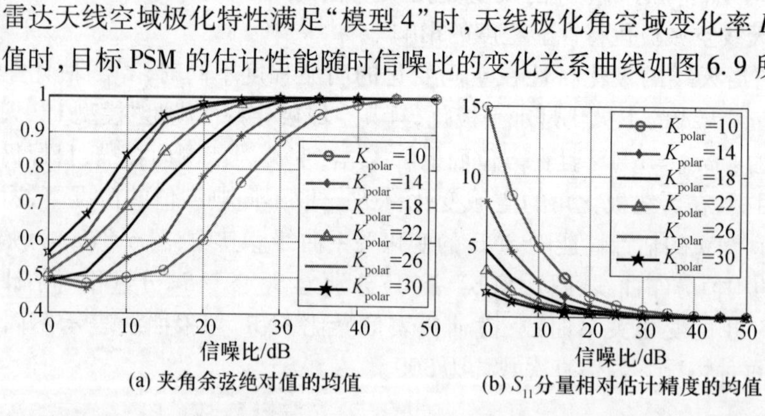

(a) 夹角余弦绝对值的均值　(b) S_{11}分量相对估计精度的均值

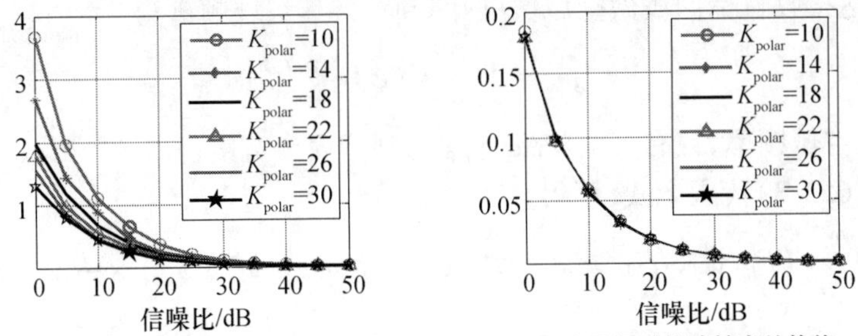

(c) S_{12}分量相对估计精度的均值　　(d) S_{22}分量相对估计精度的均值

图 6.9　目标 PSM 的估计性能与天线空域极化变化率的关系图(模型 4)

由图 6.9 可见,当雷达天线的主极化是垂直极化时,S_{11}分量的估计精度最低,S_{22}分量的估计精度最高;天线极化特性在空域变化明显程度的提高对S_{11}分量估计精度的改善非常显著,而对S_{22}分量的估计精度改善甚微。

6.2　基于天线空域极化特性的目标极化散射矩阵频域测量

6.2.1　算法原理

根据雷达极化理论,在水平垂直极化基$(\hat{\boldsymbol{h}},\hat{\boldsymbol{v}})$下,天线对目标的接收电压可表示为

$$v_r(\varphi)=\beta_1\cdot G_t(\varphi)G_r(\varphi)\cdot\boldsymbol{h}_r^T(\varphi)\boldsymbol{S}\boldsymbol{h}_t(\varphi)\tag{6.2.1}$$

式中:β_1为幅度,它是雷达方程中各元素的函数(包括发射天线的最大增益、距离、发射功率、发射损耗、传输损耗等);目标的极化散射矩阵为$\boldsymbol{S}$;$\boldsymbol{h}_t=[h_{tH},h_{tV}]^T$和$\boldsymbol{h}_r=[h_{rH},h_{rV}]^T$分别为雷达发射和接收天线的极化矢量;$G_t$和$G_r$分别为雷达发射和接收天线方向图。天线的极化矢量和增益均是空间角坐标的函数,设雷达天线在方位面上扫描,且其方位角坐标为φ,则各变量可写为$\boldsymbol{h}_t(\varphi)$、$\boldsymbol{h}_r(\varphi)$、$G_t(\varphi)$、$G_r(\varphi)$。

当雷达的发射天线亦作为接收之用时,根据互易原理可知接收极化矢量满足$\boldsymbol{h}_r(\varphi)=\boldsymbol{h}_t(\varphi)$,$G_t(\varphi)=G_r(\varphi)$,代入上式可得

$$v_r(\varphi)=\beta\cdot G_t^2(\varphi)\cdot\boldsymbol{h}_t^T(\varphi)\boldsymbol{S}\boldsymbol{h}_t(\varphi)\tag{6.2.2}$$

式中:β为信号幅度,是由雷达接收机处理增益以及雷达方程中各元素(除散射截面积外)共同决定的值,但与雷达极化以及目标散射矩阵无关。

为简化起见,将接收电压信号做幅度归一化处理,即令式(6.2.2)中$\beta=1$。此时,天线对目标的接收电压可写为

$$\begin{aligned}v_r(\varphi)&=G_t^2(\varphi)\cdot\boldsymbol{h}_t^T(\varphi)\boldsymbol{S}\boldsymbol{h}_t(\varphi)\\&=F_H^2(\varphi)\cdot S_{11}+2F_H(\varphi)F_V(\varphi)\cdot S_{12}+F_V^2(\varphi)\cdot S_{22}\end{aligned}\tag{6.2.3}$$

对雷达接收目标回波做空域傅里叶变换，得其空域频谱为

$$V_{\mathrm{r}}(f_{\varphi}) = \int_{-\varphi_0/2}^{+\varphi_0/2} v_{\mathrm{r}}(\varphi)\mathrm{e}^{-\mathrm{j}2\pi f_{\varphi}\varphi}\mathrm{d}\varphi \tag{6.2.4}$$

式中：f_{φ} 为空域频率，且有 $f_{\varphi}=1/\Delta\varphi_{\mathrm{s}}$；$\varphi_0$ 为观测窗口宽度。

将式(6.2.3)代入上式，可得

$$\begin{aligned}
V_{\mathrm{r}}(f_{\varphi}) &= \int_{-\varphi_0/2}^{\varphi_0/2} (F_H^2(\varphi)S_{11} + 2F_H(\varphi)F_V(\varphi)\cdot S_{12} + F_V^2(\varphi)\cdot S_{22}) \times \exp(-\mathrm{j}2\pi f_{\varphi}\varphi)\mathrm{d}\varphi \\
&= S_{11}\cdot\int_{-\varphi_0/2}^{\varphi_0/2} F_H^2(\varphi)\times\exp(-\mathrm{j}2\pi f_{\varphi}\varphi)\mathrm{d}\varphi + 2S_{12}\cdot\int_{-\varphi_0/2}^{\varphi_0/2} F_H(\varphi)F_V(\varphi)\times \\
&\quad \exp(-\mathrm{j}2\pi f_{\varphi}\varphi)\mathrm{d}\varphi + S_{22}\cdot\int_{-\varphi_0/2}^{\varphi_0/2} F_V^2(\varphi)\times\exp(-\mathrm{j}2\pi f_{\varphi}\varphi)\mathrm{d}\varphi \\
&= k_{11}(f_{\varphi})\cdot S_{11} + k_{12}(f_{\varphi})\cdot 2S_{12} + k_{22}(f_{\varphi})\cdot S_{22}
\end{aligned} \tag{6.2.5}$$

式中

$$k_{11}(f_{\varphi}) = \int_{-\varphi_0/2}^{\varphi_0/2} F_H^2(\varphi)\times\exp(-\mathrm{j}2\pi f_{\varphi}\varphi)\mathrm{d}\varphi$$

$$k_{12}(f_{\varphi}) = \int_{-\varphi_0/2}^{\varphi_0/2} F_H(\varphi)F_V(\varphi)\times\exp(-\mathrm{j}2\pi f_{\varphi}\varphi)\mathrm{d}\varphi$$

$$k_{22}(f_{\varphi}) = \int_{-\varphi_0/2}^{\varphi_0/2} F_V^2(\varphi)\times\exp(-\mathrm{j}2\pi f_{\varphi}\varphi)\mathrm{d}\varphi$$

由式(6.2.5)可见，雷达天线接收电压的频谱 $V_{\mathrm{r}}(f_{\varphi})$ 是目标极化散射矩阵各元素的函数，而且各系数均具有相应的物理含义。其中，$k_{11}(f_{\varphi})$ 表示天线水平极化分量功率方向图的频谱，$k_{12}(f_{\varphi})$ 表示垂直极化方向图与水平极化方向图耦合部分的功率方向图频谱，$k_{22}(f_{\varphi})$ 表示天线垂直极化分量功率方向图的频谱。特别地，当 $f_{\varphi}=0$ 时，$k_{11}(0)$ 表示天线的水平极化场在 $[-\varphi_0/2, +\varphi_0/2]$ 空域范围内的接收功率；$k_{12}(0)$ 表示天线水平极化与垂直极化的耦合场在 $[-\varphi_0/2, +\varphi_0/2]$ 范围内的接收功率；$k_{22}(0)$ 表示天线的垂直极化场在 $[-\varphi_0/2, +\varphi_0/2]$ 范围内的接收功率。

工程上，通常用"主极化方向图 $F_{\mathrm{m}}(\varphi)$"和"交叉极化方向图 $F_{\mathrm{c}}(\varphi)$"来表征天线的极化不纯。例如，当雷达天线的主极化是水平极化时，天线的空域电场矢量可表示为

$$\begin{bmatrix} F_{\mathrm{m}}(\varphi) \\ F_{\mathrm{c}}(\varphi) \end{bmatrix} = G(\varphi)\cdot\boldsymbol{h}(\varphi) = \begin{bmatrix} G(\varphi)\cdot h_H(\varphi) \\ G(\varphi)\cdot h_V(\varphi) \end{bmatrix} = \begin{bmatrix} F_H(\varphi) \\ F_V(\varphi) \end{bmatrix} \tag{6.2.6}$$

同样地，当天线的主极化是垂直极化时，天线的空域电场矢量可表示为

$$\begin{bmatrix} F_{\mathrm{m}}(\varphi) \\ F_{\mathrm{c}}(\varphi) \end{bmatrix} = G(\varphi)\cdot\boldsymbol{h}(\varphi) = \begin{bmatrix} G(\varphi)\cdot h_V(\varphi) \\ G(\varphi)\cdot h_H(\varphi) \end{bmatrix} = \begin{bmatrix} F_V(\varphi) \\ F_H(\varphi) \end{bmatrix} \tag{6.2.7}$$

根据天线原理，天线的主极化和交叉极化方向图是可以经过测量或计算得到的，这为利用天线的空域极化特性进行目标极化散射矩阵测量提供了可能。

设雷达为脉冲信号体制，发射脉冲重频为f_r，雷达天线以转速ω_s做圆周扫描。雷达对目标的采样间隔记为$\Delta\varphi_s$，则有$\Delta\varphi_s=\omega_s/f_r$。目标回波信号$v_r(\varphi)$经采样后，得到接收电压序列$\{v_r(\varphi_n)\}$，其中$\varphi_n=-\varphi_0/2+n\Delta\varphi_s, n=1,2,\cdots,N_s=[\varphi_0/\Delta\varphi_s]$，这里$[\cdot]$表示取整算符。对接收电压序列做离散傅里叶变换，得其空域频谱为

$$\hat{V}_r(f_\varphi)=\sum_{n=1}^{N_s}v_r(\varphi_n)e^{-j2\pi f_\varphi\varphi_n}\Delta\varphi_s \tag{6.2.8}$$

式中：$\hat{V}_r(f_\varphi)$为$V_r(f_\varphi)$的离散化近似公式，当采样间隔$\Delta\varphi_s$足够小时，可认为两式近似相等。

由前面所讨论的$V_r(f_\varphi)$的结构可知，$V_r(f_\varphi)$为目标极化散射矩阵各元素的联合表征量，各个系数是关于天线主极化方向图和交叉极化方向图的函数。因此，可以选取几个感兴趣的关键空域频率点，通过计算各频点对应的接收回波电压频谱$V_r(f_\varphi)$及散射矩阵各元素的相应系数，构建线性方程组并联立求解，得出目标极化散射矩阵。

设各感兴趣频率点为$f_\varphi=f_{\varphi1},f_{\varphi2},\cdots,f_{\varphi N}$，可构造如下线性方程组：

$$\boldsymbol{V}_r=\boldsymbol{KS} \tag{6.2.9}$$

式中：将目标极化散射矩阵记为列矢量的形式，有

$$\boldsymbol{S}=[S_{11}\quad 2S_{12}\quad S_{22}]^T \tag{6.2.10}$$

$$\boldsymbol{V}_r=[V_r(f_{\varphi1})\quad V_r(f_{\varphi2})\quad\cdots\quad V_r(f_{\varphi N})]^T \tag{6.2.11}$$

$$\boldsymbol{K}=\begin{bmatrix}k_{11}(f_{\varphi1}) & k_{12}(f_{\varphi1}) & k_{22}(f_{\varphi1})\\ k_{11}(f_{\varphi2}) & k_{12}(f_{\varphi2}) & k_{22}(f_{\varphi2})\\ \vdots & \vdots & \vdots\\ k_{11}(f_{\varphi N}) & k_{12}(f_{\varphi N}) & k_{22}(f_{\varphi N})\end{bmatrix}=\begin{bmatrix}\boldsymbol{K}(f_{\varphi1})\\ \boldsymbol{K}(f_{\varphi2})\\ \vdots\\ \boldsymbol{K}(f_{\varphi N})\end{bmatrix} \tag{6.2.12}$$

式中：$\boldsymbol{K}$称为“频谱系数矩阵”，$\boldsymbol{K}(f_{\varphi1}),\boldsymbol{K}(f_{\varphi2}),\cdots,\boldsymbol{K}(f_{\varphi N})$表示矩阵$\boldsymbol{K}$的各行矢量，简称为“频谱系数行矢量”。

因此，问题转化为：能否找到三个线性无关的频谱系数行矢量$\boldsymbol{K}_1$、$\boldsymbol{K}_2$、$\boldsymbol{K}_3$，构成3×3的可逆矩阵$\boldsymbol{K}_{3\times3}$，从而反推出方程组的解，即

$$\boldsymbol{S}=\boldsymbol{K}_{3\times3}^{-1}\boldsymbol{V}_{r(3\times1)} \tag{6.2.13}$$

这是一个构造并求解一致线性方程组的问题，却又有着本质的区别。我们试图寻求一个答案：可逆矩阵$\boldsymbol{K}_{3\times3}$是否存在？如果存在，是否唯一？如果不唯一，那么由各个可逆矩阵$\boldsymbol{K}_{3\times3}$所求得的解是否一致？在这种情况下，将如何看待？是简单地将线性方程组$\boldsymbol{V}_r=\boldsymbol{KS}$视为无解还是挖掘其物理涵义而加以利用？针对具体问题，存在如下几种可能情况：

(1) 当所有感兴趣频率点对应的频谱系数行矢量的秩$\text{rank}(\boldsymbol{K}_{\text{row}})\geqslant3$时，必然存在三个线性无关的典型频谱系数行矢量$\boldsymbol{K}_1$、$\boldsymbol{K}_2$、$\boldsymbol{K}_3$，构成$3\times3$的非奇异阵$\boldsymbol{K}_{3\times3}$，可由$\boldsymbol{S}=\boldsymbol{K}_{3\times3}^{-1}\boldsymbol{V}_{r(3\times1)}$反推得到目标的极化散射矩阵。如果矩阵$\boldsymbol{K}_{3\times3}$存在且

唯一,则时对应着方程组 $\boldsymbol{V}_{\mathrm{r}}=\boldsymbol{KS}$ 存在唯一解的情况。

(2) 当 $\mathrm{rank}(\boldsymbol{K}_{\mathrm{row}})\geqslant 3$ 时,还可能存在另外一种情况:即矩阵 $\boldsymbol{K}_{3\times3}$ 的构造方法并不唯一,这时,由 $\boldsymbol{S}=\boldsymbol{K}_{3\times3}^{-1}\boldsymbol{V}_{\mathrm{r}(3\times1)}$ 导出的解也不是唯一的。这对应着方程组 $\boldsymbol{V}_{\mathrm{r}}=\boldsymbol{KS}$ 无解的情况,在这种情况下,是否就认为无法求解目标的极化散射矩阵呢?答案是否定的。由于雷达和目标均处在复杂的电磁环境中(例如,噪声、杂波、无源或有源干扰等客观因素的存在),导致实际接收电压序列偏离了真实值,当选取不同典型频率点 f_{φ} 构造频谱系数矩阵 $\boldsymbol{K}$ 时,很可能出现解出的目标散射矩阵不一致的情况,但这并不代表算法无解。有两种最常用的求解方法:方法一是选取一组(3 个)最具代表性(物理意义最强)的频谱系数行矢量,构造可逆矩阵 $\boldsymbol{K}_{3\times3}$,以其解 $\boldsymbol{S}=\boldsymbol{K}_{3\times3}^{-1}\boldsymbol{V}_{\mathrm{r}(3\times1)}$ 作为目标极化散射矩阵的估计;方法二是选取多组频谱系数行矢量,得到目标散射矩阵 $\boldsymbol{S}$ 的多个估计值,并按一定规则(例如"求取平均值"等)获得最终估计。

(3) 当所有感兴趣频率点对应的"频谱系数行矢量"所构成的频谱系数矩阵 $\boldsymbol{K}$ 的秩 $\mathrm{rank}(\boldsymbol{K})<3$ 时,表示矩阵 $\boldsymbol{K}$ 的所有行矢量和列矢量中线性无关矢量的最大数目小于 3,此时,线性无关方程的数目小于变量的个数,这对应着方程组 $\boldsymbol{V}_{\mathrm{r}}=\boldsymbol{KS}$ 有无穷多个解的情况。但是,在求解目标的极化散射矩阵这个实际问题时,并不代表可以得出无穷多个解,相反地,此时不能获得目标的全极化散射矩阵,但可能求出目标散射矩阵中的一至两个元素。

由于雷达天线种类繁多,不同天线的方向特性和极化特性差别很大,导致关键频率点的选择以及所构造的线性方程组的结构各异。这里,在不涉及具体天线形式的情况下构造了一个"通用"方程组,通过讨论线性方程组解的情况,探讨了利用天线空域极化特性求解目标极化散射矩阵的基本原理,并指出了算法的可行性和可能存在的局限性。

6.2.2 算法性能的理论分析

雷达接收到目标回波序列以后,以 φ_0 作为方位窗口对观测序列进行截取,然后对窗内序列在频点 $f_{\varphi}=f_{\varphi1},f_{\varphi2},f_{\varphi3}$ 上做 DFFT,构造频谱系数矩阵 $\boldsymbol{K}$,从而求得目标的 PSM,流程如图 6.10 所示。

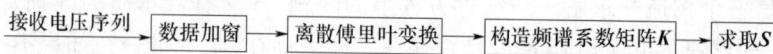

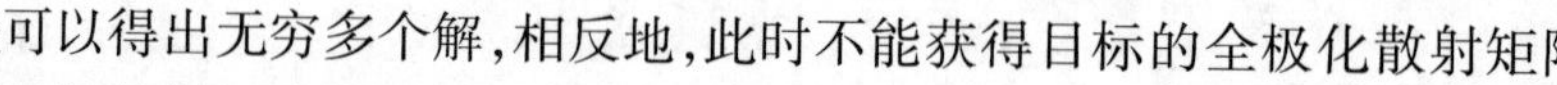

图 6.10 目标 PSM 的估计流程图

由于雷达接收回波除了目标回波信号 $v_{\mathrm{r}}(\varphi_n)$ 外,还混杂着噪声及杂波信息,因此,将雷达在扫描角 φ_n 上接收到的目标实际回波记为 $\hat{v}_{\mathrm{r}}(\varphi_n)$,$\varepsilon_n$ 为接收机噪声(这里暂不考虑杂波和干扰的影响),则有

$$\hat{v}_{\mathrm{r}}(\varphi_n)=v_{\mathrm{r}}(\varphi_n)+\varepsilon_n \tag{6.2.14}$$

设接收机带宽为 B_n，噪声温度为 F_n，则有 $\varepsilon_n \sim N(0,\sigma_\varepsilon^2)$，即噪声服从复高斯分布，噪声的方差或平均功率为 $\sigma_\varepsilon^2 = k_B T_0 B_n F_n$，其中 $k_B = 1.38 \times 10^{-23}$ J/K 为玻耳兹曼常数，$T_0 = 290$K 为标准温度。

在获得了目标的空域回波序列 $\{\hat{v}_r(\varphi_n)\}$ 后，以 φ_0 作为空域窗口对观测序列进行截取，然后对窗内序列做典型频点上的傅里叶变换，即计算

$$\hat{V}_r(f_\varphi) = \sum_{n=1}^{N_s} \hat{v}_r(\varphi_n) e^{-j2\pi f_\varphi \varphi_n} \Delta\varphi_s = V_r(f_\varphi) + \sum_{n=1}^{N_s} \varepsilon_n e^{-j2\pi f_\varphi \varphi_n} \Delta\varphi_s \quad (6.2.15)$$

式(6.2.15)中，当 $\Delta\varphi_s$ 足够小时，有 $\hat{V}_r(f_\varphi) \approx V_r(f_\varphi)$，则上式可写为

$$\delta_f = \hat{V}_r(f_\varphi) - V_r(f_\varphi) = \sum_{n=1}^{N_s} \varepsilon_n e^{-j2\pi f_\varphi \varphi_n} \Delta\varphi_s \quad (6.2.16)$$

式中：δ_f 为雷达根据实际获得的目标空域回波序列计算其空域频谱时的误差。

由上式可见，δ_f 是雷达在各个空域角度上观测噪声 ε_n 的线性加权和，通常情况下，ε_n 是彼此独立的，因此有

$$\delta_f \sim N(0,\sigma_\delta^2), \sigma_\delta^2 = \sigma_\varepsilon^2 \varphi_0 \Delta\varphi_s \quad (6.2.17)$$

当 $\Delta\varphi_s$ 足够小时，可计算 $f_\varphi = f_{\varphi p}$ 和 $f_\varphi = f_{\varphi q}$ 两频点上的互相关为

$$\begin{aligned}\langle \delta_{fp}\delta_{fq}^* \rangle &= \sigma_\varepsilon^2 \sum_{n=1}^{N_s} e^{-j2\pi(f_p - f_q)\varphi_n} \Delta\varphi_s^2 = \sigma_\varepsilon^2 \Delta\varphi_s \int_{-\varphi_0/2}^{\varphi_0/2} e^{-j2\pi(f_p - f_q)\varphi} d\varphi \\ &= \sigma_\delta^2 \mathrm{sa}\{\pi(f_p - f_q)\varphi_0\}\end{aligned} \quad (6.2.18)$$

由式(6.2.18)可见，$f_\varphi = f_{\varphi 1}, f_{\varphi 2}, f_{\varphi 3}$ 各频点上对应误差 δ_{f_1}、δ_{f_2}、δ_{f_3} 之间的相关性与各频点之间的距离 $(f_p - f_q)$ 有关。当 f_p 和 f_q 相隔较近时，δ_{f_1}、δ_{f_2}、δ_{f_3} 为彼此相关的正态变量；当 f_p 和 f_q 相隔较远，使满足 $|\mathrm{sa}\{\pi(f_p - f_q)\varphi_0\}| \ll 1$ 时，可视 δ_{f_1}、δ_{f_2}、δ_{f_3} 为独立同分布的正态变量。

设目标 PSM 矢量测量值、真实值及测量误差分别记为 $\hat{\boldsymbol{S}} = [\hat{S}_{11} \quad 2\hat{S}_{12} \quad \hat{S}_{22}]^T$、$\boldsymbol{S} = [S_{11} \quad 2S_{12} \quad S_{22}]^T$ 和 $\Delta S = [\Delta S_{11} \quad 2\Delta S_{12} \quad \Delta S_{22}]^T$；记频谱矢量测量值、真实值和测量误差分别为 $\hat{\boldsymbol{V}}_r = [\hat{V}_r(f_1) \quad \hat{V}_r(f_2) \quad \hat{V}_r(f_3)]^T$、$\boldsymbol{V}_r = [V_r(f_1) \quad V_r(f_2) \quad V_r(f_3)]^T$ 和 $\Delta\boldsymbol{V}_r = [\delta_{f1} \quad \delta_{f2} \quad \delta_{f3}]^T$；由前述分析可知 $\Delta\boldsymbol{V}_r \sim N(0,\sigma_\delta^2 \boldsymbol{I}_3)$。根据式(6.2.13)可得

$$\hat{\boldsymbol{S}} = \boldsymbol{K}^{-1}\hat{\boldsymbol{V}}_r \quad (6.2.19)$$

因此，目标极化散射矩阵的测量误差可表示为

$$\Delta\boldsymbol{S} = \hat{\boldsymbol{S}} - \boldsymbol{S} = \boldsymbol{K}^{-1}(\hat{\boldsymbol{V}}_r - \boldsymbol{V}_r) = \boldsymbol{K}^{-1}\Delta\boldsymbol{V}_r \quad (6.2.20)$$

由式(6.2.20)可见，$\Delta\boldsymbol{S}$ 是 $\Delta\boldsymbol{V}_r$ 的线性变换，因此，$\Delta\boldsymbol{S}$ 仍然为正态随机向量，可记作 $\Delta\boldsymbol{S} \sim N(\mu_{\Delta S}\boldsymbol{\Gamma}_{\Delta S})$，易得 $\mu_{\Delta S} = \boldsymbol{K}^{-1}\mu_{\Delta V_r} = 0$，$\boldsymbol{\Gamma}_{\Delta S} = \boldsymbol{K}^{-1}R_{\Delta V_r}(\boldsymbol{K}^{-1})^H$，其中 $\mu_{\Delta V_r}$ 和 $R_{\Delta V_r}$ 分别为矢量 $\Delta\boldsymbol{V}_r$ 的均值和方差，则有

$$\Delta\boldsymbol{S} \sim N(0,\sigma_\delta^2(\boldsymbol{K}^H\boldsymbol{K})^{-1}) \quad (6.2.21)$$

式(6.2.21)表明,目标 PSM 三个元素的估计误差皆服从零均值正态分布,其估计方差是 σ_δ^2 和频谱系数矩阵 $\boldsymbol{K}$ 的函数。

由式(6.2.17)~式(6.2.21)可见,提高接收机灵敏度以及减小空域采样间隔 $\Delta\varphi_s$(可通过提高雷达脉冲重频或降低天线机械扫描转速实现)是提高目标极化测量精度的有效途径,从更准确的意义上说,前一句话应为:"提高信噪比和减小空域采样间隔 $\Delta\varphi_s$"是提高目标极化测量精度的有效途径。然而目标 PSM 元素的测量精度还与天线方向图的形式、天线空域极化特性以及空域观测窗口宽度 φ_0 的选取密切相关。对于不同类型的雷达天线和不同类型目标,算法性能不能一概而论,由于篇幅有限,下面仅以典型雷达天线为例,对算法性能进行仿真分析。

6.2.3 算法性能的仿真分析

雷达系统参数设置如下:雷达工作在 C 波段,工作频率 $f = 5\text{GHz}$,发射功率 $f = 100\text{W}$,仍然采用 3.3.2.1 节中讨论的主极化为垂直极化的偏置抛物面天线和前述配试目标,天线半功率波束宽度 $\varphi_{3\text{dB}} = 1.4°$,转速为 6 转/min,雷达脉冲重复频率 $f_r = 1\text{kHz}$。仍然采用前述配试目标,当天线分别在水平方位面上 $[-\varphi_{3\text{dB}}/2, +\varphi_{3\text{dB}}/2]$、$[-3\varphi_{3\text{dB}}/4, +3\varphi_{3\text{dB}}/4]$、$[-\varphi_{3\text{dB}}, +\varphi_{3\text{dB}}]$ 范围内扫描时,目标 PSM 的估计值 $\hat{\boldsymbol{S}}$ 与真实值 $\boldsymbol{S}$ 间夹角余弦绝对值 $|\xi|$ 的一、二阶矩随信噪比 SNR 的变化关系曲线如图 6.11 所示,其中,每根曲线代表观测范围比 $a = \varphi_0/\varphi_{3\text{dB}}$ 取不同典型值的情况,每种情况下的蒙特卡罗仿真次数为 300。

由图 6.11 可见,提高系统的信噪比水平和增大观测范围能较大程度地提高算法性能。图 6.12 给出了在不同仰角测量精度条件下,目标 PSM 的估计矢量与真实值间夹角余弦绝对值的均值和方差随信噪比 SNR 的变化曲线。其他参数设置不变,图 6.13 示出了当雷达天线主极化为水平极化时,在不同仰角测量误差条件下,目标 PSM 的估计性能。

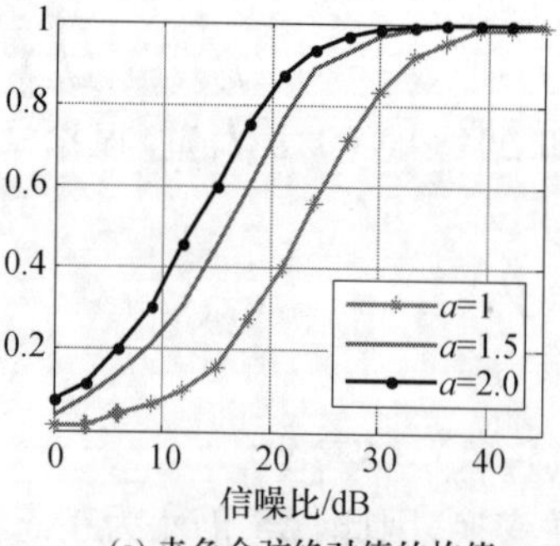

(a) 夹角余弦绝对值的均值

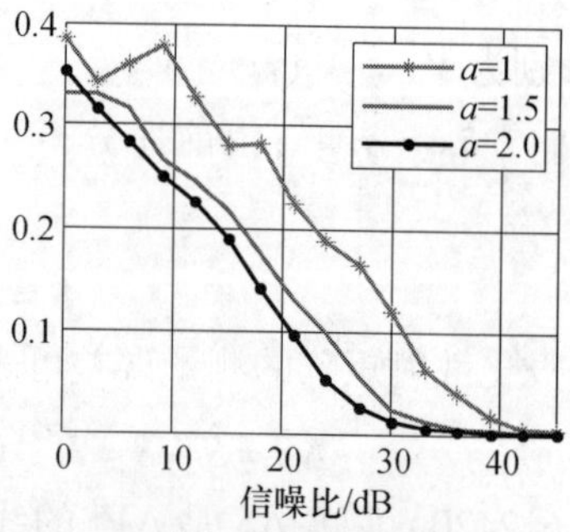

(b) 夹角余弦绝对值的方差

图 6.11 不同观测范围条件下 $\boldsymbol{S}$ 的估计性能

由图 6.12 和图 6.13 可见,当获得的仰角数据存在稍许测量误差时,虽然对目

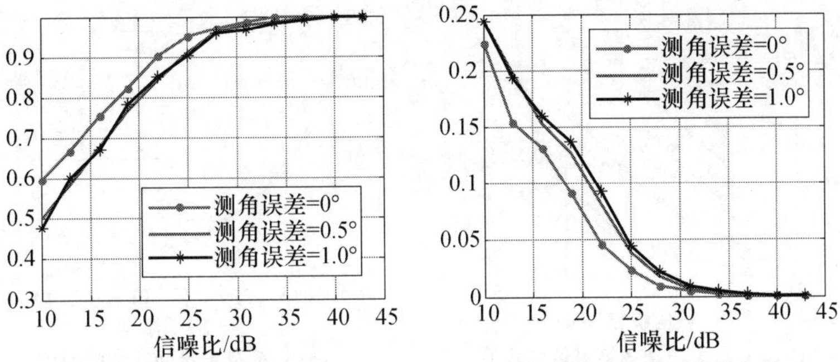

(a) 夹角余弦绝对值的均值　　(b) 夹角余弦绝对值的方差

图 6.12　不同仰角测量误差条件下 **S** 的估计性能(天线主极化为垂直极化)

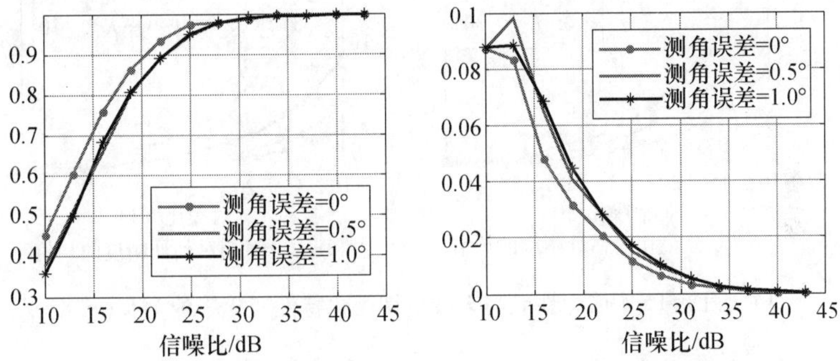

(a) 夹角余弦绝对值的均值　　(b) 夹角余弦绝对值的方差

图 6.13　不同仰角测量误差条件下 **S** 的估计性能(天线主极化为水平极化)

标 PSM 的估计性能会略有下降,但变化并不明显;同时,求得频谱系数矩阵 $\boldsymbol{K}$ 的条件数 $\mathrm{cond}(\boldsymbol{K})=102.5$。各种条件下的大量仿真结果均说明:算法具有较好的容错性。

设天线满足"模型 1"所示的空域极化特性,天线的半功率波束宽度 $\varphi_{3\mathrm{dB}}=1.4°$,在方位面上$[-\varphi_{3\mathrm{dB}},+\varphi_{3\mathrm{dB}}]$范围内扫描,目标仍为前述配试目标,在天线的空域极化特性变化率为不同典型值的情况下,目标 PSM 的估计性能随 SNR 的变化关系曲线如图 6.14 所示。其中,图 6.14(a)为夹角余弦绝对值的均值随信噪比的变化曲线,图 6.14(b)~(d)分别为目标 PSM 的 S_{11}、S_{12}、S_{22} 分量幅度相对估计精度随 SNR 的变化曲线;图中每根曲线代表天线极化角空域变化率 K_{polar} 取不同值的情况,各种情况下的仿真次数均为 500。

其他参数设置不变,图 6.15 示出了雷达天线主极化为垂直极化时,在天线极化空变特性明显程度不同的条件下,目标极化散射矩阵的估计性能。

由图 6.14 和图 6.15 均可看出,K_{polar} 的值越大,在相同的空域扫描范围内,雷达天线的极化变化越明显,利用的极化信息越丰富,算法的估计性能越好;而且,天线极化特性在空域变化的明显程度对测量精度较差分量的估计效果影响更为显著。

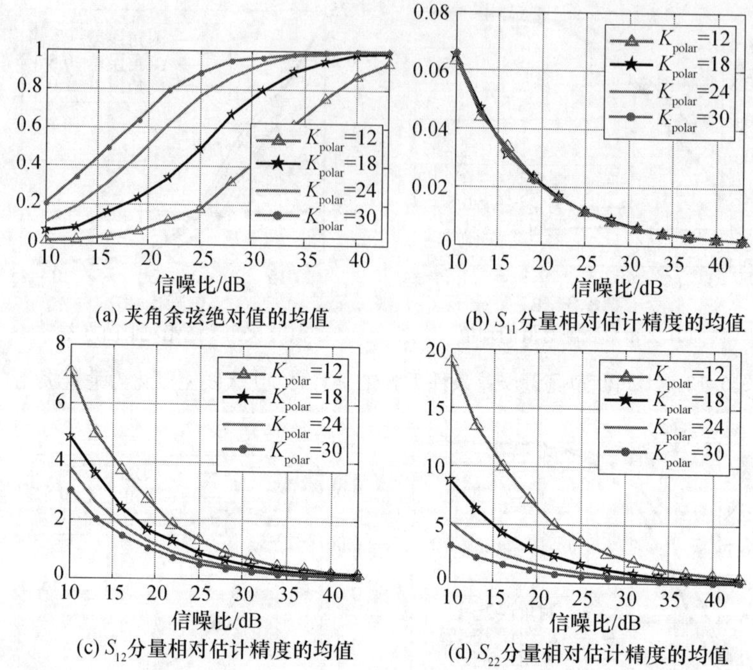

(a) 夹角余弦绝对值的均值

(b) S_{11}分量相对估计精度的均值

(c) S_{12}分量相对估计精度的均值

(d) S_{22}分量相对估计精度的均值

图 6.14 目标 PSM 估计性能与天线空域极化特性变化率的关系(模型 1)

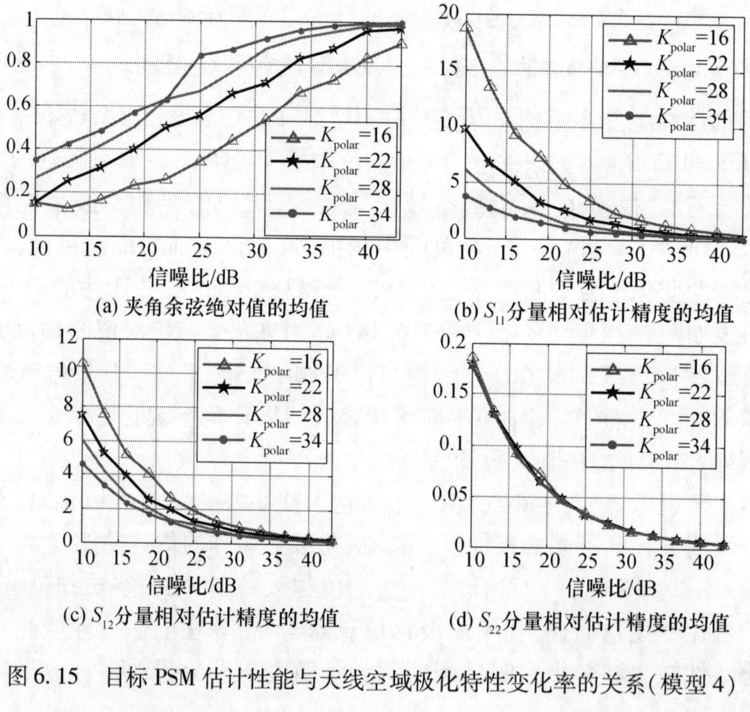

(a) 夹角余弦绝对值的均值

(b) S_{11}分量相对估计精度的均值

(c) S_{12}分量相对估计精度的均值

(d) S_{22}分量相对估计精度的均值

图 6.15 目标 PSM 估计性能与天线空域极化特性变化率的关系(模型 4)

利用本节所讨论的“频域测量法”,可以得到与6.1节中的“时域测量法”相同的结论和相比拟的估计精度。但是,作为“从不同的角度分析问题以及通过多条途径寻找解决问题的新方法”来讲,本节的讨论是非常有意义的。

第7章 基于天线空域极化特性的压制干扰对抗方法

在日趋复杂恶劣的战场电磁环境下，现代雷达、通信、导航、侦察等各类的电子信息系统的生存能力、工作性能面临着日益严峻的挑战，亟需提高抗干扰能力，改善信号的接收质量，最大限度地挖掘有用信息。现有条件下，针对常规雷达的干扰与抗干扰措施大多在时域、频域和空域进行，如抗距离波门拖引、重频捷变、脉宽识别、频率捷变、旁瓣匿影、旁瓣对消等，对极化信息的利用不够充分。针对这一难题，本章讨论利用天线的空域极化特性进行干扰极化估计、干扰抑制滤波、假目标干扰鉴别的理论方法和实验结果。

基于前面形成的理论框架，本章在7.1节研究基于天线空域极化特性的回波信号极化分解和极化参数估计的算法原理[157,158]，指出了AGC电路对算法性能的影响，并给出了相应的补偿算法；7.2节首先讨论空域虚拟极化接收技术的设计方法[159]，然后研究极化滤波对输出信号幅度和相位特性的影响，提出一种空域零相移干扰抑制极化滤波器（SNPS－ISPF），利用该技术不仅可以有效抑制干扰、提高信干比（SIR），而且可以保证输出信号的相参性，消除极化滤波对信号幅相特性的影响，实现相参处理和极化信息处理的兼容[160]；7.3节研究仰角测量误差对极化估计和抗干扰性能的不利影响，提出空域虚拟多通道并行极化滤波处理方法，从而保证仰角盲估计条件下干扰抑制性能的稳健性和有效性；7.4节基于极化滤波的开环理论模型，针对极化滤波中的极化估计环节，从天线极化特性、通道幅相误差、通道噪声影响、极化测量算法四个角度解析极化滤波的性能，给出在极化估值误差条件下极化滤波有效性的证明。研究表明，在评估和验证极化滤波的有效性时，或者在雷达传感器中增加极化滤波环节以实现抗干扰的目的时，优化极化通道的输出和处理才是关键环节，极化估计器的精度并不直接制约整个极化滤波器的滤波效果。这是因为正交极化双通道输出数据以及时频域测量的极化已经包含了极化误差，极化滤波矢量是建立在极化估计误差上的，但是该误差在极化滤波时一并被补偿了，不会影响极化滤波的有效性。该结论对于改进常规雷达信号处理方法、增加极化测量和抗干扰能力具有重要意义。

有源假目标干扰不仅能够起到传统欺骗的干扰效果，随着微波技术、数字射频存储技术（DRFM）以及微电子技术的快速发展，现代有源干扰系统已经发展到可以自主产生在能量、波形和相位调制等方面与目标回波高度逼近的假目标[168－175]，因此，大量的逼真假目标还能够起到压制性的干扰效果。尽管防御方也能够在硬件层和信号处理层采取一些相应的对抗措施,例如发射正交或近似正交的随机相位干扰信号,利用极化散射特性差异进行极化鉴别的方法等,但这些方法易受雷达信号形式和极化测量能力约束,在工程应用上还存在较大障碍。对于现代大多数反导雷达系统而言,由于设备和技术的限制,在硬件层和信号处理层的抗干扰能力是很有限的。雷达信号处理无法鉴别的假目标干扰会形成点迹,进入雷达数据处理器,乃至形成多个稳定的航迹,使得雷达处理机饱和,从而达到掩护真实目标的目的,这些具有高度欺骗性的假目标对现代雷达防御系统无疑是一个巨大的威胁。

现有的极化鉴别算法主要利用有源假目标和雷达目标在极化特征上的差异[107-109,110,111],利用分时极化测量雷达或同时极化测量雷达发射极化调制的信号,测得真实目标的极化散射矩阵,同时对干扰信号进行正交极化接收测得干扰信号的等效散射矩阵。但在实际中,受各种因素限制,现有的雷达传感器无法精确获得目标或干扰信号完整的、准确无误的极化散射信息,即极化测量信息是有偏估计,误差较大。因此,通过极化散射矩阵的互易性、奇异性等性质对目标和干扰进行识别和抑制的方法有一定局限性,单极化雷达不具备极化测量和极化抗干扰能力。7.5 节巧妙利用了单脉冲雷达振幅和-差波束的极化特性差异,研究了一种估计目标回波极化和假目标干扰极化的处理方法,设计了基于极化相似度的用于真、假目标识别的稳健特征参量,给出了假目标干扰识别方法和处理流程。该方法无需利用真假目标的散射矩阵特性来判断,降低了计算和处理难度,更易实现。

7.1 回波信号极化分解与极化参数估计方法

7.1.1 雷达观测方程的建立

偏馈抛物面天线是最常见的雷达天线之一。以典型的偏馈抛物面天线为例,图 7.1 给出了偏馈抛物面天线在垂直切面内的示意图。其中,坐标系 $Oxzy$ 的原点在抛物面的顶点,坐标系 $O_rx_ry_rz_r$ 的原点在反射面的中心,各坐标系相应的 y 轴在图中没有给出。在坐标系 $O_rx_ry_rz_r$ 里对天线的极化特性进行分析和计算:设天线的电波传播方向在坐标系 $O_rx_ry_rz_r$ 里的角坐标为(θ,φ),其中 θ 为电波传播方向与 z_r 轴的夹角,φ 为电波传播方向在 $x_rO_ry_r$ 面内的投影与 x_r 轴的夹角,极化基分别取为 $\hat{\theta}$ 和 $\hat{\varphi}$,电波的极化在此极化基下可表示为

$$\boldsymbol{E} = E_1\hat{\theta} + E_2\hat{\varphi} \tag{7.1.1}$$

假设该天线在方位向上进行机械扫描,雷达目标在 $O_rx_ry_rz_r$ 内的角坐标 θ 不变,φ 线性变化,当目标落在指定波束宽度内时,雷达发射的脉冲数为

$$N = \mathrm{PRF} \cdot \mathrm{BW}/f \tag{7.1.2}$$

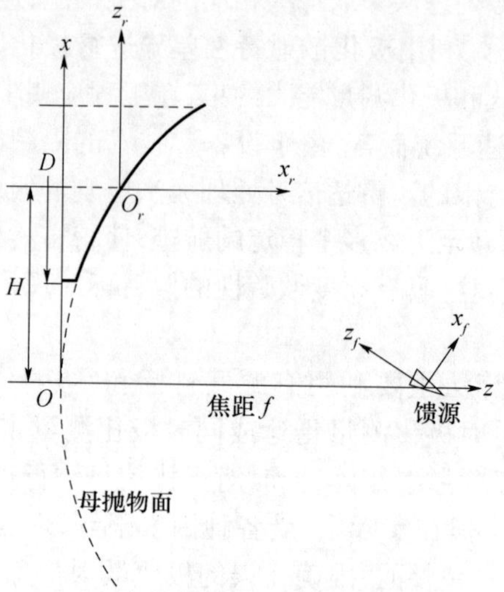

图 7.1　偏馈抛物面示意图

式中:PRF 为脉冲重复频率,单位为 Hz;BW 为天线的指定波束宽度,单位为度;f 为天线机械扫描的速率,单位为°/s。对于典型的机械扫描雷达,N 值一般为十几。

在水平垂直极化基下,假设天线的主极化分量为水平极化 g_H,交叉极化分量是垂直极化 g_V,通过雷达天线在空域扫描所接收的电压序列,建立雷达观测方程[159]为

$$\begin{bmatrix} v_1 \\ v_2 \\ \vdots \\ v_N \end{bmatrix} = \begin{bmatrix} g_H(\varphi_1) & g_V(\varphi_1) \\ g_H(\varphi_2) & g_V(\varphi_2) \\ \vdots & \vdots \\ g_H(\varphi_N) & g_V(\varphi_N) \end{bmatrix} \begin{bmatrix} J_H \\ J_V \end{bmatrix} + N \tag{7.1.3}$$

式中:v_N 为第 N 个脉冲回波接收机测量所得到的复电压;$g_H(\varphi_N)$ 和 $g_V(\varphi_N)$ 分别为天线在(θ,φ_n)方向上辐射场的主极化分量和交叉极化分量;J_H 和 J_V 分别为目标回波 Jones 矢量的 H 分量和 V 分量。上式可以简记为

$$\boldsymbol{V} = \boldsymbol{AJ} + \boldsymbol{N} \tag{7.1.4}$$

式中:$\boldsymbol{A}$ 称为观测矩阵;假设 $\boldsymbol{N} \sim (0, \sigma^2 \boldsymbol{I}_N)$,$\boldsymbol{I}_N$ 为 N 阶单位矩阵。上述观测方程是线性的。

7.1.2　回波信号极化分解与极化参数估计方法

由式(7.1.4)可以看出,天线在扫描周期内接收的电压信号不仅是天线空域极化特性 $\boldsymbol{A}$ 的函数,还是时间 t 的函数。因此,利用天线扫描所得的电压序列估计正交极化通道回波的过程,实际上就是对来波极化状态估计的过程。由于任意两次观测时天线的极化构成了极化空间的一组完备基,那么通过扫描中的任意两次

观测值对时间序列进行极化分解,设计相应的处理方法,就可以估计得到正交极化通道回波,下面给出具体的数学推导。

7.1.2.1 干扰信号模型

设干扰机天线的峰值增益为 G_J,其极化方式在雷达天线扫描期间可近似视为固定的,在雷达极化基(H, V)下记作 $\boldsymbol{J}_{HV}=\begin{bmatrix}J_H\\J_V\end{bmatrix}$,且 $\|\boldsymbol{J}_{HV}\|^2=1$。干扰机发射功率为 P_J,干扰信号波形为 $j(t)$。对于由主瓣方向附近进入的干扰,雷达接收到的干扰信号将受到天线空域极化调制。在特定方位角 φ_k 下,雷达接收干扰信号为

$$\begin{aligned}V_{r,J}(\varphi_k,t)&=\sqrt{\frac{P_JG_JG\lambda^2}{(4\pi)^2r_J^2}\cdot\frac{B_r}{B_J}}\cdot \mathrm{e}^{-\mathrm{j}\frac{2\pi r_J}{\lambda}}\cdot\boldsymbol{g}^{\mathrm{T}}(\varphi_k)\cdot\boldsymbol{J}_{HV}\cdot j(\varphi_k,t)\\&=K_J\cdot[g_H(\varphi_k)J_H+g_V(\varphi_k)J_V]\cdot j(\varphi_k,t)\end{aligned}\tag{7.1.5}$$

式中:r_J 为干扰机距离;$K_J=\sqrt{\frac{P_JG_JG\lambda^2}{(4\pi)^2r_J^2}\cdot\frac{B_r}{B_J}}\cdot \mathrm{e}^{-\mathrm{j}\frac{2\pi r_J}{\lambda}}$;$j(\varphi_k,t)$ 为该方位角下的干扰信号;B_r 为雷达接收机带宽;B_J 为噪声干扰信号的频率带宽。

一般情况下,有源压制干扰覆盖整个搜索距离范围,占据多个距离单元。将搜索距离划分为 M 个距离分辨单元,分别记作 $\tau_m,m=1,2,\cdots,M$。将包含干扰的距离分辨单元记作 τ_J,雷达在方位角 φ_k 的接收干扰信号记为 $V_{r,J}(\varphi_k,t)$,$\varphi_k=\varphi_{-K},\cdots,\varphi_K$。同时,设干扰信号在同一距离单元,不同方位角下围绕均值 $j(\tau_J)$ 是随机变化的,变化量为 $\Delta j(\theta_k,\tau_J)$,服从零均值高斯分布,方差为 δ_J^2。这样,在干扰距离单元 τ_J,各方位角下的接收电压可以写成如下线性方程组形式:

$$\begin{cases}V_J(\varphi_{-K},\tau_J)=K_J\cdot[g_H(\varphi_{-K})J_H+g_V(\varphi_{-K})J_V]\cdot j(\tau_J)+\Delta j(\varphi_{-K},\tau_J)\\ \cdots\\ V_J(\varphi_0,\tau_J)=K_J\cdot[g_H(\varphi_0)J_H+g_V(\varphi_0)J_V]\cdot j(\tau_J)+\Delta j(\varphi_0,\tau_J)\\ \cdots\\ V_J(\varphi_K,\tau_J)=K_J\cdot[g_H(\varphi_K)J_H+g_V(\varphi_K)J_V]\cdot j(\tau_J)+\Delta j(\varphi_K,\tau_J)\end{cases}\tag{7.1.6}$$

上式写成矩阵形式为

$$\boldsymbol{V}_J(\varphi,\tau_J)=K_J\cdot\boldsymbol{G}(\varphi)\cdot\boldsymbol{J}\cdot j(\tau_J)+\Delta\boldsymbol{j}(\varphi,\tau_J)\tag{7.1.7}$$

式中

$$\boldsymbol{V}_J(\varphi,\tau_J)=\begin{bmatrix}V_J(\varphi_{-K},\tau_J)\\ \cdots\\ V_J(\varphi_0,\tau_J)\\ \cdots\\ V_J(\varphi_K,\tau_J)\end{bmatrix}\qquad \boldsymbol{G}(\varphi)=\begin{bmatrix}g_H(\varphi_{-K}) & g_V(\varphi_{-K})\\ & \cdots\\ g_H(\varphi_0) & g_V(\varphi_0)\\ & \cdots\\ g_H(\varphi_K) & g_V(\varphi_K)\end{bmatrix}$$

$$\Delta \boldsymbol{j}(\theta,\tau_J)=\begin{bmatrix}\Delta j(\theta_{-K},\tau_J)\\ \cdots \\ \Delta j(\theta_0,\tau_J)\\ \cdots \\ \Delta j(\theta_K,\tau_J)\end{bmatrix}$$，且 $\Delta j(\varphi,\tau_J)\sim N(0,\delta_J^2\cdot \boldsymbol{I})$，$\boldsymbol{I}$ 是单位阵。

令 $\boldsymbol{x}(\tau_J)=\begin{bmatrix}x_H(\tau_J)\\ x_V(\tau_J)\end{bmatrix}=K_J\cdot j(\tau_J)\cdot \boldsymbol{J}$，则式(7.1.7)可以简化成

$$\boldsymbol{V}_J(\varphi,\tau_J)=\boldsymbol{G}(\varphi)\cdot x(\tau_J)+\Delta \boldsymbol{j}(\varphi,\tau_J) \tag{7.1.8}$$

7.1.2.2 目标信号模型

设雷达发射功率为 P_t，发射窄带脉冲信号为 $e(t)$，脉冲宽度为 τ_p，在天线扫描范围内有一点目标，距离为 r_T，对应的双程延时 $\tau_0=\dfrac{2r_T}{c}$。假定目标极化散射矩阵在天线扫描期间保持不变，在极化基(H,V)下记作 $\boldsymbol{S}=\begin{bmatrix}s_{11} & s_{12}\\ s_{21} & s_{22}\end{bmatrix}$，且在单静态条件下，满足互易性$(s_{12}=s_{21})$。这样，雷达在方位角 φ_k 接收到的目标回波信号为

$$\begin{aligned}v_T(\varphi_k,t)&=\sqrt{\frac{P_tG^2\lambda}{(4\pi)^3r_T^4}}\cdot \mathrm{e}^{-\frac{4\pi r_T}{\lambda}}\cdot \boldsymbol{g}^{\mathrm{T}}(\varphi_k)\cdot \boldsymbol{S}\cdot \boldsymbol{g}(\varphi_k)\cdot e(t-\tau_0)\\ &=K_T\cdot \boldsymbol{g}^{\mathrm{T}}(\varphi_k)\cdot \boldsymbol{E}_a(\varphi_k)\cdot e(t-\tau_0)\end{aligned} \tag{7.1.9}$$

其中，$\boldsymbol{E}_a(\varphi_k)=\begin{bmatrix}E_{a,H}(\varphi_k)\\ E_{a,V}(\varphi_k)\end{bmatrix}=\boldsymbol{S}\cdot \boldsymbol{g}(\varphi_k)$ 是目标散射回波的极化矢量，$\varphi_k=\varphi_{-K},\cdots,\varphi_K$，$K_T=\sqrt{\dfrac{P_tG^2\lambda}{(4\pi)^3r_T^4}}\cdot \mathrm{e}^{-\frac{4\pi r_T}{\lambda}}$。

对于窄带雷达，将目标回波占据的距离分辨单元记作 τ_T，在目标距离单元雷达接收到的回波信号记为 $v_T(\varphi_k,\tau_T)$。在 $\varphi_{-K}\sim\varphi_K$ 方位角范围内，目标散射回波的极化矢量记作

$$\boldsymbol{E}_a(\varphi)=\begin{bmatrix}E_{a,H}(\varphi_{-K})\cdots E_{a,H}(\varphi_0)\cdots E_{a,H}(\varphi_K)\\ E_{a,V}(\varphi_{-K})\cdots E_{a,V}(\varphi_0)\cdots E_{a,V}(\varphi_K)\end{bmatrix}=\boldsymbol{S}\cdot \boldsymbol{G}^{\mathrm{T}}(\varphi) \tag{7.1.10}$$

对于目标距离单元，雷达在各方位角下的接收目标回波信号可写成如下矩阵形式：

$$v_T(\varphi,\tau_T)=K_T\cdot D\{\boldsymbol{G}(\varphi)\cdot \boldsymbol{E}_a(\varphi)\}\cdot e(\tau_T) \tag{7.1.11}$$

式中：$D\{\cdot\}$表示取矩阵主对角元素运算。

7.1.2.3 雷达接收信号模型

考虑到接收信号还受通道噪声影响，因此在干扰距离单元，雷达接收信号为

$$\begin{aligned}r(\varphi,\tau_m)&=V_J(\varphi,\tau_m)+n(\varphi,\tau_m)\\ &=\boldsymbol{G}(\varphi)\cdot x(\tau_m)+\Delta j(\varphi,\tau_m)+\boldsymbol{n}(\varphi,\tau_m),\ \tau_m=\tau_J\end{aligned} \tag{7.1.12}$$

而在目标距离单元，雷达接收信号是干扰信号和目标回波信号的叠加，表达式为

$$
\begin{aligned}
r(\varphi,\tau_m) &= V_J(\varphi,\tau_m) + V_T(\varphi,\tau_m) + \boldsymbol{n}(\varphi,\tau_m) \\
&= \boldsymbol{G}(\varphi)\cdot\boldsymbol{x}(\tau_m) + \Delta\boldsymbol{j}(\varphi,\tau_m) + \boldsymbol{s}(\varphi,\tau_m) + \boldsymbol{n}(\varphi,\tau_m),\tau_m = \tau_T
\end{aligned}
\quad (7.1.13)
$$

式中：$n(\varphi,\tau_m)=\begin{bmatrix} n(\varphi_{-K},\tau_m) \\ \cdots \\ n(\varphi_0,\tau_m) \\ \cdots \\ n(\varphi_K,\tau_m) \end{bmatrix}$是通道噪声矢量，$\boldsymbol{n}(\varphi,\tau_m)\sim N(0,\delta_n^2\cdot\boldsymbol{I})$；$\boldsymbol{s}(\varphi,\tau_m)=V_T(\varphi,\tau_m)$。

7.1.2.4 极化估计与虚拟极化分解算法

由前面分析可知，雷达天线波束扫描过某一空间区域，有 $2K+1$ 个方位角离散采样，分别是 $\varphi_{-K},\cdots,\varphi_0,\cdots,\varphi_K$，雷达在每个方位角 φ_k 的接收电压信号为 $r(\varphi_k,t)$，把该电压信号划分成 M 个距离分辨单元，并将同一距离单元的 $2K+1$ 个电压组成矢量 $\boldsymbol{r}(\varphi,\tau_m)$。信号极化分解就是利用已知天线空域极化特性 $\boldsymbol{G}(\varphi)$，对每一距离单元的电压矢量 $\boldsymbol{r}(\varphi,\tau_m)$ 应用最小二乘算法进行分解，估计得到两路正交极化信号 $\boldsymbol{v}(\tau_m)$，用公式表示为

$$\boldsymbol{v}(\tau_m) = \arg\min_{v(\tau_m)} \|\boldsymbol{r}(\theta,\tau_m) - \boldsymbol{G}(\varphi)\cdot\boldsymbol{v}(\tau_m)\|^2 \quad (7.1.14)$$

将式(7.1.14)展开可以求出

$$\boldsymbol{v}(\tau_m) = [\boldsymbol{G}^{\mathrm{H}}(\varphi)\boldsymbol{G}(\varphi)]^{-1}\cdot\boldsymbol{G}^{\mathrm{H}}(\varphi)\cdot\boldsymbol{r}(\varphi,\tau_m) \quad (7.1.15)$$

式中

$$\boldsymbol{v}(\tau_m) = \begin{bmatrix} v_H(\tau_m) \\ v_V(\tau_m) \end{bmatrix},\tau_m = \tau_1,\cdots,\tau_M$$

将式(7.1.15)中 $\boldsymbol{G}(\varphi)$ 具体写为

$$\boldsymbol{G} = \begin{bmatrix} g_H(\varphi_1) & g_V(\theta_1) \\ \vdots & \vdots \\ g_H(\theta_N) & g_V(\theta_N) \end{bmatrix} \quad (7.1.16)$$

则

$$\boldsymbol{G}^{\mathrm{H}} = \begin{bmatrix} g_H(\varphi_1)^* & \cdots & g_H(\varphi_N)^* \\ g_V(\varphi_1)^* & \cdots & g_V(\varphi_N)^* \end{bmatrix} \quad (7.1.17)$$

因此有

$$[\boldsymbol{G}^{\mathrm{H}}\boldsymbol{G}]^{-1}\boldsymbol{G}^{\mathrm{H}} = \begin{bmatrix} \sum_{n=1}^{N} g_H{}^2(\varphi_n) & \sum_{n=1}^{N} g_H(\varphi_n)g_V(\varphi_n) \\ \sum_{n=1}^{N} g_V(\varphi_n)g_H(\varphi_n) & \sum_{n=1}^{N} g_V{}^2(\varphi_n) \end{bmatrix}^{-1}\cdot$$

$$\begin{bmatrix} g_H(\varphi_1)^* & \cdots & g_H(\varphi_N)^* \\ g_V(\varphi_1)^* & \cdots & g_V(\varphi_N)^* \end{bmatrix} \tag{7.1.18}$$

由于$g_H(\varphi_n)$和$g_V(\varphi_n)$在辐射场球坐标系下处处正交,因此上式可简化为

$$[\boldsymbol{G}^{\mathrm{H}}\boldsymbol{G}]^{-1}\boldsymbol{G}^{\mathrm{H}} = \begin{bmatrix} \sum_{n=1}^{N} g_H{}^2(\varphi_n) & 0 \\ 0 & \sum_{n=1}^{N} g_V{}^2(\varphi_n) \end{bmatrix}^{-1} \cdot \begin{bmatrix} g_H(\varphi_1)^* & \cdots & g_H(\varphi_N)^* \\ g_V(\varphi_1)^* & \cdots & g_V(\varphi_N)^* \end{bmatrix}$$

$$= \begin{bmatrix} \dfrac{g_H(\varphi_1)^*}{\sum_{n=1}^{N} g_H{}^2(\varphi_n)} & \dfrac{g_H(\varphi_2)^*}{\sum_{n=1}^{N} g_H{}^2(\varphi_n)} & \cdots & \cdots & \dfrac{g_H(\varphi_N)^*}{\sum_{n=1}^{N} g_H{}^2(\varphi_n)} \\ \dfrac{g_V(\varphi_1)^*}{\sum_{n=1}^{N} g_V{}^2(\varphi_n)} & \dfrac{g_V(\varphi_2)^*}{\sum_{n=1}^{N} g_V{}^2(\varphi_n)} & \cdots & \cdots & \dfrac{g_V(\varphi_N)^*}{\sum_{n=1}^{N} g_V{}^2(\varphi_n)} \end{bmatrix}^{2\times N} \tag{7.1.19}$$

式(7.1.15)可进一步改写为

$$\begin{aligned} \boldsymbol{v}(\tau_m) &= [\boldsymbol{G}^{\mathrm{H}}(\varphi)\boldsymbol{G}(\varphi)]^{-1} \cdot \boldsymbol{G}^{\mathrm{H}}(\varphi) \cdot \boldsymbol{r}(\varphi,\tau_m) \\ &= [\boldsymbol{G}^{\mathrm{H}}(\varphi)\boldsymbol{G}(\varphi)]^{-1} \cdot \boldsymbol{G}^{\mathrm{H}}(\varphi) \cdot [v_J(\varphi_1,\tau_J) \quad \cdots \quad v_J(\varphi_{n-m},\tau_J) \quad \cdots \quad v_J(\varphi_N,\tau_J)]^{\mathrm{T}} \\ &= \begin{bmatrix} \dfrac{g_H(\varphi_1)^*}{\sum_{n=1}^{N} g_H{}^2(\varphi_n)} & \dfrac{g_H(\varphi_2)^*}{\sum_{n=1}^{N} g_H{}^2(\varphi_n)} & \cdots & \cdots & \dfrac{g_H(\varphi_N)^*}{\sum_{n=1}^{N} g_H{}^2(\varphi_n)} \\ \dfrac{g_V(\varphi_1)^*}{\sum_{n=1}^{N} g_V{}^2(\varphi_n)} & \dfrac{g_V(\varphi_2)^*}{\sum_{n=1}^{N} g_V{}^2(\varphi_n)} & \cdots & \cdots & \dfrac{g_V(\varphi_N)^*}{\sum_{n=1}^{N} g_V{}^2(\varphi_n)} \end{bmatrix}^{2\times N} \cdot \\ &\quad \begin{bmatrix} K_J \cdot [g_H(\varphi_1)J_H + g_V(\varphi_1)J_V] \\ K_J \cdot [g_H(\varphi_2)J_H + g_V(\varphi_2)J_V] \\ \vdots \\ K_J \cdot [g_H(\varphi_N)J_H + g_V(\varphi_N)J_V] \end{bmatrix}^{N\times M} \\ &= \begin{bmatrix} \dfrac{g_H(\varphi_1)^*}{\sum_{n=1}^{N} g_H{}^2(\varphi_n)} & \dfrac{g_H(\varphi_2)^*}{\sum_{n=1}^{N} g_H{}^2(\varphi_n)} & \cdots & \cdots & \dfrac{g_H(\varphi_N)^*}{\sum_{n=1}^{N} g_H{}^2(\varphi_n)} \\ \dfrac{g_V(\varphi_1)^*}{\sum_{n=1}^{N} g_V{}^2(\varphi_n)} & \dfrac{g_V(\varphi_2)^*}{\sum_{n=1}^{N} g_V{}^2(\varphi_n)} & \cdots & \cdots & \dfrac{g_V(\varphi_N)^*}{\sum_{n=1}^{N} g_V{}^2(\varphi_n)} \end{bmatrix}^{2\times N} \cdot \end{aligned}$$

$$K_{\mathrm{J}}\begin{bmatrix} g_H(\varphi_1) & g_V(\varphi_1) \\ g_H(\varphi_2) & g_V(\varphi_2) \\ \vdots & \vdots \\ g_H(\varphi_N) & g_V(\varphi_N) \end{bmatrix}^{N\times 2} \cdot \begin{bmatrix} J_H(\tau_1) & J_H(\tau_1) & \cdots & J_H(\tau_M) \\ J_V(\tau_1) & J_V(\tau_2) & \cdots & J_V(\tau_M) \end{bmatrix}^{2\times M}$$

$$= K_J\begin{bmatrix} J_H(\tau_1) & J_H(\tau_1) & \cdots & J_H(\tau_M) \\ J_V(\tau_1) & J_V(\tau_2) & \cdots & J_V(\tau_M) \end{bmatrix}^{2\times M} \tag{7.1.20}$$

经上述信号的极化分解处理后,每一距离单元的接收信号被分解为两路正交极化信号。在不考虑接收机噪声的条件下,对于干扰距离单元,接收信号仅包括干扰信号,由参数估计理论可知,式(7.1.15)的分解结果就是$\boldsymbol{x}(\tau_J)$的最小二乘估计,即$\hat{\boldsymbol{x}}_{\mathrm{LS}}(\tau_J)=\boldsymbol{v}(\tau_J)$,进行能量归一化,得到干扰信号的极化状态估计$\hat{\boldsymbol{J}}=\dfrac{\hat{\boldsymbol{x}}_{\mathrm{LS}}(\tau_J)}{\|\hat{\boldsymbol{x}}_{\mathrm{LS}}(\tau_J)\|}$。

由最小二乘算法的性质可知,干扰的极化估计满足以下性质:估计结果是干扰极化状态的无偏估计,即满足

$$\boldsymbol{E}\{\hat{\boldsymbol{x}}(\tau_J)\}=\boldsymbol{x}(\tau_J) \tag{7.1.21}$$

估计结果的方差为

$$\boldsymbol{V}\{\hat{\boldsymbol{x}}(\tau_J)\} = [\boldsymbol{G}^{\mathrm{H}}(\varphi)\boldsymbol{G}(\varphi)]^{-1}\cdot(\delta_n^2+\delta_J^2) \tag{7.1.22}$$

而对于目标距离单元τ_T,接收信号是干扰信号和目标信号的叠加,极化分解的结果是干扰极化状态的有偏估计,把式(7.1.13)代入式(7.1.15),有$\boldsymbol{E}\{v(\tau_T)\}=\boldsymbol{x}(\tau_T)+[\boldsymbol{G}^{\mathrm{H}}(\varphi)\boldsymbol{G}(\varphi)]^{-1}\cdot\boldsymbol{G}^{\mathrm{H}}(\varphi)\cdot\boldsymbol{s}(\varphi,\tau_T)$。这表明在目标距离单元,分解得到的正交极化信号与干扰极化状态存在偏差,偏差量与天线的空域极化状态$\boldsymbol{G}(\varphi)$及目标极化散射矩阵[S]有关。因此,极化分解得到的两路正交极化信号在不同距离单元具有不同特征,这为后续的极化抗干扰技术的设计与应用奠定了基础。

为了分析信噪比对干扰极化估计的影响,根据式(7.1.15)可知,对干扰极化$\boldsymbol{J}$的最小二乘估计为

$$\hat{\boldsymbol{J}} = (\boldsymbol{G}^{\mathrm{H}}\boldsymbol{G})^{-1}\boldsymbol{G}^{\mathrm{H}}\boldsymbol{V} = \boldsymbol{J} + (\boldsymbol{G}^{\mathrm{H}}\boldsymbol{G})^{-1}\boldsymbol{G}^{\mathrm{H}}\boldsymbol{N} = \boldsymbol{J}+\boldsymbol{WN} \tag{7.1.23}$$

$\hat{\boldsymbol{J}}$的元素$\hat{J}_H$和$\hat{J}_V$就是正交极化通道H和V的回波,双正交极化通道回波$\hat{\boldsymbol{J}}$由两部分组成,一部分为来波$\boldsymbol{J}$,另一部分为噪声$\boldsymbol{WN}$。$\boldsymbol{WN}$服从正态分布,其均值为零,方差为$(\boldsymbol{G}^{\mathrm{H}}\boldsymbol{G})^{-1}\sigma^2$。任意两次观测时天线的极化构成了极化空间的一组完备基,那么通过扫描中的任意两次观测值就可以得到正交极化通道的回波。考虑到接收机的噪声对估计结果的影响,如果只利用两次观测值,那么正交极化通道回波的噪声电平尤其是V通道回波的噪声电平将比较高,利用多次观测,可以使$(\boldsymbol{G}^{\mathrm{H}}\boldsymbol{G})^{-1}\sigma^2$变小,降低噪声的电平,提高估计精度,这实际上等效于雷达通过多次观测进行相干积累,提高信噪比。

图7.2给出了SNR为30dB时，对来波极化的估计结果（蒙特卡罗次数为500），来波极化的真实值为[1,j]，方位扫描角 φ 的变化范围为[-5°,5°]，间隔0.1°。SNR定义为天线的最大辐射方向对准来波时，信号与噪声的能量之比。由于最大辐射方向交叉极化为零，即 $g_V(0)=0$，所以

$$\mathrm{SNR}=10\lg\left(\frac{|g_H(0)J_H|^2}{\sigma^2}\right) \tag{7.1.24}$$

由图7.2可以看出，J_V 的估计误差要远远大于 J_H，即两路正交极化通道回波具有不同的噪声电平，且噪声电平相差较大。交叉极化与主极化通道等效噪声功率相差约30dB。通常，关于虚拟极化接收的研究，都是假设正交通道的噪声电平相等，以虚拟极化接收时，噪声电平不变。但基于天线空域极化特性的虚拟变极化技术不再满足这一假设，H 和 V 通道的噪声电平相差30dB。

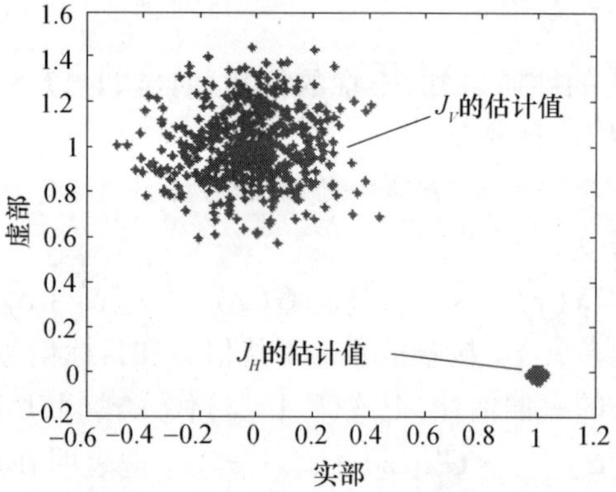

图7.2　对来波极化状态的估计结果

7.1.2.5　AGC电路影响下雷达观测方程的修正

跟踪雷达中必须要有自动增益控制（AGC）电路。为了保证对目标的自动方向跟踪，要求接收机输出的角误差信号的强度只与目标偏离天线轴线的夹角 θ（成为误差角）有关，而与目标的远近、反射面积大小等因素无关（即误差信号实现归一化）。假如在接收机中没有AGC，那么这样的要求是达不到的，因为在实际工作中，即使 θ 不变时，接收机输入信号的强度也会随着目标距离（和目标反射面积）的变化而变化，目标远，则输入信号弱，因此输出信号也弱，目标近，则输入信号强，因此输出信号也强。

为此，必须利用AGC使目标回波的平均值保持不变，即当回波增大时，相应地降低接收机的增益，使回波振幅不变，则同样的误差角 θ 时，其误差信号电压的振幅相等，就与目标的远近无关，能够保证对目标的正确跟踪。

考虑到自动增益的控制，由于目标偏离天线主瓣中心位置后，回波信号会减弱，为了保持目标信号的检测，AGC可能会工作，使得天线在空域扫描时所接收到

的电压序列关于扫描角不一定是线性变化的；另外，当干扰信号的幅度起伏比较剧烈，且干扰功率较大时，此时接收机的抗干扰电路为使其不饱和工作，必然启动自动增益控制电路，这使得主瓣或副瓣，甚至背瓣照射干扰机时，仍能接收较强的干扰信号，此时观测方程(5.2.3)可改写为如下表达式：

$$\begin{bmatrix} v_1 \\ v_2 \\ \vdots \\ v_N \end{bmatrix} = \begin{bmatrix} k_1 g_H(\varphi_1) J_H + k_1 g_V(\varphi_1) J_V \\ k_2 g_H(\varphi_2) J_H + k_2 g_V(\varphi_2) J_V \\ \vdots \\ k_n g_H(\varphi_N) J_H + k_n g_V(\varphi_N) J_V \end{bmatrix} = \begin{bmatrix} k_1 g_H(\varphi_1) & k_2 g_H(\varphi_2) \\ k_2 g_V(\varphi_2) & k_1 g_V(\varphi_1) \\ \vdots & \vdots \\ k_n g_H(\varphi_N) & k_n g_V(\varphi_N) \end{bmatrix} \cdot \begin{bmatrix} J_H \\ J_V \end{bmatrix}$$

$$= \begin{bmatrix} k_1 & 0 & \cdots & 0 \\ 0 & k_2 & \cdots & 0 \\ 0 & 0 & \ddots & 0 \\ 0 & 0 & \cdots & k_N \end{bmatrix} \cdot \begin{bmatrix} g_H(\varphi_1) & g_V(\varphi_1) \\ g_H(\varphi_2) & g_V(\varphi_1) \\ \vdots & \vdots \\ g_H(\varphi_N) & g_V(\varphi_N) \end{bmatrix} \cdot \begin{bmatrix} J_H \\ J_V \end{bmatrix} \tag{7.1.25}$$

由上式可以看出，AGC 环节的调整系数可写成对角阵的形式：

$$\begin{bmatrix} k_1 & 0 & \cdots & 0 \\ 0 & k_2 & \cdots & 0 \\ 0 & 0 & \ddots & 0 \\ 0 & 0 & \cdots & k_N \end{bmatrix}$$

当各个观测角度下的 AGC 控制系数可以准确或近似获得时，可以将 AGC 环路的影响对所接收的电压序列进行补偿，可表示为

$$\begin{bmatrix} k_1 & 0 & \cdots & 0 \\ 0 & k_2 & \cdots & 0 \\ 0 & 0 & \ddots & 0 \\ 0 & 0 & \cdots & k_N \end{bmatrix}^{-1} \cdot \begin{bmatrix} v_1 \\ v_2 \\ \vdots \\ v_N \end{bmatrix} = \begin{bmatrix} g_H(\varphi_1) & g_V(\varphi_1) \\ g_H(\varphi_2) & g_V(\varphi_1) \\ \vdots & \vdots \\ g_H(\varphi_N) & g_V(\varphi_N) \end{bmatrix} \cdot \begin{bmatrix} J_H \\ J_V \end{bmatrix} \tag{7.1.26}$$

因此，信号的极化估计可求解如下：

$$\begin{bmatrix} J_H \\ J_V \end{bmatrix} = \left(\begin{bmatrix} g_H(\varphi_1) & g_V(\varphi_1) \\ g_H(\varphi_2) & g_V(\varphi_1) \\ \vdots & \vdots \\ g_H(\varphi_N) & g_V(\varphi_N) \end{bmatrix}^{\mathrm{H}} \cdot \begin{bmatrix} g_H(\varphi_1) & g_V(\varphi_1) \\ g_H(\varphi_2) & g_V(\varphi_1) \\ \vdots & \vdots \\ g_H(\varphi_N) & g_V(\varphi_N) \end{bmatrix} \right)^{-1} \cdot$$

$$\begin{bmatrix} g_H(\varphi_1) & g_V(\varphi_1) \\ g_H(\varphi_2) & g_V(\varphi_1) \\ \vdots & \vdots \\ g_H(\varphi_N) & g_V(\varphi_N) \end{bmatrix} \cdot \begin{bmatrix} k_1 & 0 & \cdots & 0 \\ 0 & k_2 & \cdots & 0 \\ 0 & 0 & \ddots & 0 \\ 0 & 0 & \cdots & k_N \end{bmatrix}^{-1} \cdot \begin{bmatrix} v_1 \\ v_2 \\ \vdots \\ v_N \end{bmatrix} \tag{7.1.27}$$

设 $\boldsymbol{V}_r = [v_1 \quad v_2 \quad \cdots \quad v_N]^{\mathrm{T}}$，自动增益控制电路影响下极化分解与估计的修正表达式可简写为

$$\begin{bmatrix} J_H \\ J_V \end{bmatrix} = (\boldsymbol{G}^{\mathrm{H}}\boldsymbol{G})^{-1}\boldsymbol{G} \cdot [\mathrm{AGC}]^{-1}\boldsymbol{V}_{\mathrm{r}} \tag{7.1.28}$$

本节考虑了 AGC 电路对回波信号的调制影响,这种影响会导致雷达观测方程的畸变,使极化分解与估计方法失效。采用本节给出的修正方法,可以补偿 AGC 的影响,从而保证前面所讨论的极化估计方法的有效性,下面将重点讨论有源干扰抑制的处理方法。

7.2 空域零相移干扰抑制滤波设计

7.2.1 空域虚拟极化滤波技术

A. J. Poelman 在 1981 年首次提出了"虚拟极化"(Virtual Polarization)的概念[11-13],这对于而后设计和研制变极化雷达,特别是进行相应的数字信号处理,具有重要的意义。雷达接收系统极化状态的改变,除了可在天线和馈线中进行外,还可运用"虚拟极化"的方式在接收通道中完成。所谓"虚拟极化",就是并不实际改变雷达接收天线和馈线的极化状态,而是对正交双极化接收通道信号进行幅度相位加权,达到与改变接收天线极化状态相同的效果。利用虚拟极化,可以对天线接收下来的电波(包括目标回波、杂波和干扰等)作任意的变极化处理,以达到匹配(全功率接收期望信号)或正交(完全消除干扰信号)等目的。利用数字信号处理可以方便、灵活地实现虚拟极化所需的相关运算。

本书给出的空域虚拟极化滤波技术分为两步,首先根据 7.1 节给出的方法,利用天线扫描所得的电压序列估计出正交极化通道回波,然后用虚拟极化接收的方法,实现对来波的变极化接收,处理流程如图 7.3 所示。

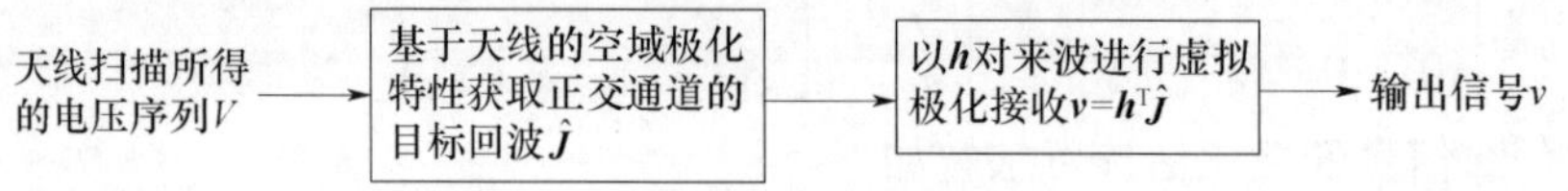

图 7.3 空域虚拟技术滤波的框图

假设雷达的虚拟接收极化矢量为 $\boldsymbol{h}$,那么在此接收极化下雷达接收机的接收电压为

$$v = \boldsymbol{h}^{\mathrm{T}}\hat{\boldsymbol{J}} = \boldsymbol{h}^{\mathrm{T}}\boldsymbol{J} + N_v \tag{7.2.1}$$

显然

$$E[v] = \boldsymbol{h}^{\mathrm{T}}\boldsymbol{J}, \mathrm{var}[v] = \boldsymbol{G}^{\mathrm{H}}(\boldsymbol{G}^{\mathrm{H}}\boldsymbol{G})^{-1}\boldsymbol{h}\boldsymbol{\sigma}^2 \tag{7.2.2}$$

虚拟极化接收的电压由两部分构成,即 $\boldsymbol{h}^{\mathrm{T}}\hat{\boldsymbol{J}}$ 和 N_v,N_v 可以看成是以 $\boldsymbol{h}$ 极化接收时对应的接收机噪声,其方差为 $\boldsymbol{h}^{\mathrm{H}}(\boldsymbol{G}^{\mathrm{H}}\boldsymbol{G})^{-1}\mathrm{h}\boldsymbol{\sigma}^2$。可以看出,天线的空域极化特性可以使雷达具有一定的虚拟变极化能力,但以不同极化对来波进行接收时,

接收机的等效噪声电平敏感于接收极化。

通过数学推导，可以得到以下结论：

(1) 令 $\boldsymbol{K}=(\boldsymbol{G}^{\mathrm{H}}\boldsymbol{G})^{-1}$，则 $\boldsymbol{K}$ 为 2×2 的 Hermit 矩阵，对角线元素为实数，其特征向量分别为 $\boldsymbol{x}_1$ 和 $\boldsymbol{x}_2$，对应的特征值分别设为 λ_1 和 λ_2（假设 $\lambda_1\leqslant\lambda_2$）。如果天线的接收极化是单位能量的，那么

$$\lambda_1\sigma^2\leqslant\boldsymbol{h}^{\mathrm{H}}(\boldsymbol{G}^{\mathrm{H}}\boldsymbol{G})^{-1}\boldsymbol{h}\sigma^2\leqslant\lambda_2\sigma^2 \tag{7.2.3}$$

即接收机以不同的虚拟极化对来波接收时，接收机的噪声功率将存在极大极小值。当以矩阵 $\boldsymbol{K}$ 的特征矢量为天线的虚拟接收极化时，接收机的噪声功率达到极大极小值。

(2) 对 $\boldsymbol{G}$ 做奇异值分解，有

$$\boldsymbol{G}=\boldsymbol{U\Sigma V}^{\mathrm{H}} \tag{7.2.4}$$

可以证明：

$$\boldsymbol{K}=\boldsymbol{V}(\boldsymbol{\Sigma}^2)^{-1}\boldsymbol{V}^{\mathrm{H}} \tag{7.2.5}$$

即方阵 $\boldsymbol{K}$ 的特征值为矩阵 $\boldsymbol{A}$ 的前两个奇异值的平方的倒数，特征矩阵为 $\boldsymbol{V}$，$\boldsymbol{x}_1=V(1)$，$\boldsymbol{x}_2=V(2)$，其中 $\boldsymbol{V}(1)$、$\boldsymbol{V}(2)$ 分别为矩阵 $\boldsymbol{V}$ 的第一列和第二列。当以任意的极化 $\cos\gamma\boldsymbol{x}_1+\sin\gamma\mathrm{e}^{\mathrm{j}\phi}\boldsymbol{x}_2$ 接收时，等效的噪声功率为 $(\lambda_1\cos^2\gamma+\lambda_2\sin^2\gamma)\sigma^2$。

(3) 当满足 $\boldsymbol{G}_1{}^{\mathrm{H}}\boldsymbol{G}_2=0$（$\boldsymbol{G}_1$ 和 $\boldsymbol{G}_2$ 分别为矩阵 $\boldsymbol{G}$ 的第一列和第二列）时，可以推导得到，$\lambda_1=(\boldsymbol{G}_1{}^{\mathrm{H}}\boldsymbol{G}_1)^{-1}$，$\lambda_2=(\boldsymbol{G}_2{}^{\mathrm{H}}\boldsymbol{G}_2)^{-1}$，$\boldsymbol{x}_1=[1,0]^{\mathrm{T}}$，$\boldsymbol{x}_2=[0,1]^{\mathrm{T}}$。

如果干扰的极化状态已知，噪声电平不随接收极化变化，那么极化滤波的准则可以选为使干扰能量 P_{I} 最小，即选择 $\boldsymbol{h}$ 使得

$$\boldsymbol{h}_{\mathrm{opt}}=\arg\min_{\boldsymbol{h}}\boldsymbol{h}^{\mathrm{T}}\boldsymbol{J} \tag{7.2.6}$$

基于天线空域极化特性的虚拟变极化[235]，可以使干扰进入接收机的能量变小，但也有可能使等效噪声电平提高了，其使用的范围适应于噪声能量远小于干扰能量的情况。根据本节的分析，噪声电平是敏感于接收极化的，因此还可提出另外一种准则，即使干扰加噪声能量之和 P_{IN} 最小，即选择 $\boldsymbol{h}$ 使得

$$\boldsymbol{h}_{\mathrm{opt}}=\arg\min_{\boldsymbol{h}}P_{\mathrm{IN}}=\arg\min_{\boldsymbol{h}}(|\boldsymbol{h}^{\mathrm{T}}\boldsymbol{J}|^2+\boldsymbol{h}^{\mathrm{H}}(\boldsymbol{A}^{\mathrm{H}}\boldsymbol{A})^{-1}\boldsymbol{h}\sigma^2) \tag{7.2.7}$$

定义基于虚拟极化的干扰抑制方法的改善因子为 $\dfrac{P_{\mathrm{IN}}|_{\boldsymbol{h}=[1,0]}}{P_{\mathrm{IN}}|_{\boldsymbol{h}}}$。假设干扰来波的极化为 $[1,\mathrm{j}]$，INR = 15dB 时，图 7.4 给出了等效噪声功率 P_{N}、干扰功率 P_{I}、干扰加噪声能量之和 P_{IN} 随虚拟接收极化（以相位描述子表征）的变化关系。

当 INR = 30dB 时，P_{I} 最小化和 P_{IN} 最小化准则下得到的最佳接收极化都为 $\dfrac{1}{\sqrt{2}}[1,\mathrm{j}]^{\mathrm{T}}$，改善因子为 15.64dB。当 INR = 15dB 时，P_{IN} 最小化准则下得到的最佳接收极化为 $[0.90,0.43\mathrm{j}]^{\mathrm{T}}$，获得的改善为 2.65dB，$P_{\mathrm{I}}$ 最小化准则下改善因子为 0.65dB。图 7.5 给出了两种准则下改善因子随 INR 的变化曲线。可以看出，INR

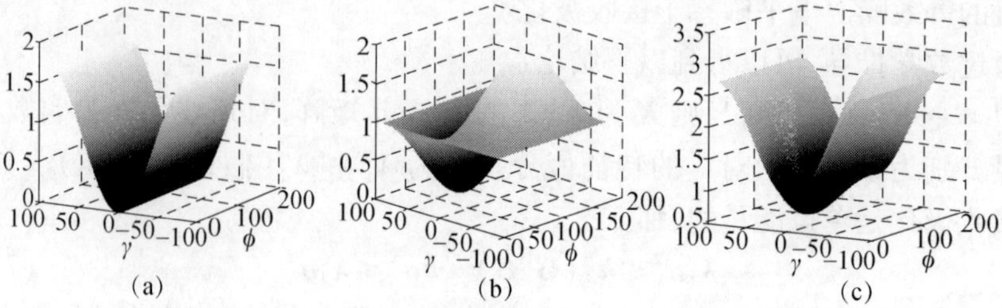

图 7.4　等效噪声功率、干扰能量、P_{IN}随接收极化（以相位描述子表征）的变化关系

越低，两种准则下改善因子的差别越大。理论上，当 INR 比较低时，P_{I} 和 P_{IN}最小化准则下得到的改善比较小，INR 较大时具有较好的抗干扰效果，这在实际对抗条件下是能够满足该条件的。

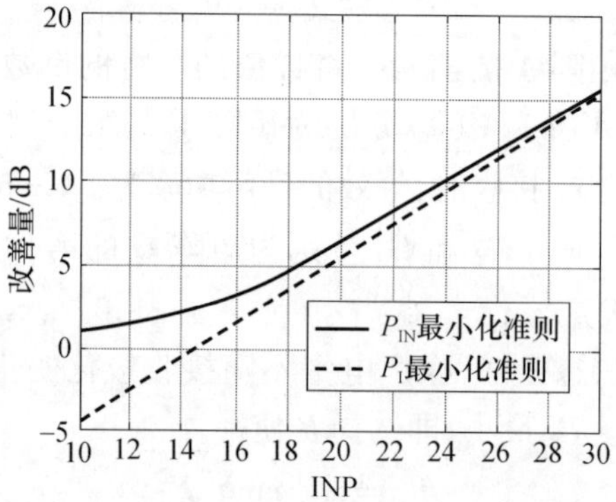

图 7.5　两种准则下改善因子随 INR 的变化曲线

7.2.2　空域零相移干扰抑制极化滤波器

现代雷达主要以相参体制为主，回波信号的相位在信号处理过程中起着重要作用。在使用虚拟极化滤波技术进行抗干扰的过程中，干扰信号的极化状态可能存在一定的起伏，这使得极化滤波的参数会产生变化，同时，极化滤波会给回波信号带来一定的极化损失，造成幅度偏差和相位失真。为了消除该影响，使极化滤波不至于影响雷达的相参处理，保证其兼容工作并提高其极化抗干扰能力，这里设计了一种空域零相移干扰抑制极化滤波器，下面给出具体设计思路。

雷达所接收到的回波信号中不仅包含了干扰信号，还包含了目标信号，对回波信号进行干扰抑制极化滤波后，所得到的输出信号等效于分别对干扰信号和目标信号滤波的标量和。

$$V_O(t)=(\boldsymbol{v}(\tau_m)+\boldsymbol{E}_S(t_m))^{\mathrm{T}}\cdot\boldsymbol{H}=\boldsymbol{v}(\tau_m)^{\mathrm{T}}\cdot\boldsymbol{H}+E_S(t_m)^{\mathrm{T}}\cdot\boldsymbol{H}\qquad(7.2.8)$$

用 ISPF 滤波器对输入信号中的干扰分量进行滤波，干扰分量可以被抑制掉：

$$V_O(t) = \boldsymbol{v}(\tau_m)^{\mathrm{T}} \cdot \boldsymbol{H} \approx 0 \tag{7.2.9}$$

当输入信号中的干扰分量被抑制掉后,或者说所占剩余信号分量很弱可忽略不计时,考虑到输入信号中的目标信号时,根据 7.1.2 节给出的方法和处理步骤可以估计出目标信号所占据的分辨单元的等效正交极化回波,可表示为

$$\boldsymbol{E}_S(t) = E_s\begin{bmatrix} \cos\varepsilon_s & ;i_H \\ \sin\varepsilon_s \exp\mathrm{j}(\delta_s) & ;i_V \end{bmatrix}\exp\mathrm{j}(\omega_s t + \theta_s) \tag{7.2.10}$$

式中:ε_s 为估计出的目标回波的极化角;δ_s 为估计出的目标回波的极化角相差;θ_s 为目标信号的初相;ω_s 为目标信号的角频率。

对输入信号中的目标回波分量进行极化滤波可表示为

$$\begin{aligned}
\boldsymbol{E}_S(t)^{\mathrm{T}} \cdot \boldsymbol{H} &= E_s\exp\mathrm{j}(\omega_s t + \theta_s)\begin{bmatrix} \cos\varepsilon_s & ;i_H \\ \sin\varepsilon_s \exp\mathrm{j}(\delta_s) & ;i_V \end{bmatrix}^{\mathrm{T}} \cdot \begin{bmatrix} \cos\varepsilon_r & ;i_H \\ \sin\varepsilon_r \exp(\mathrm{j}\delta_r) & ;i_V \end{bmatrix} \\
&\approx E_s\exp[\mathrm{j}(\omega_s t + \theta_s)] \cdot [\cos\varepsilon_s \cdot \cos\varepsilon_r + \sin\varepsilon_s \exp\mathrm{j}(\delta_s) \cdot \sin\varepsilon_r \exp(\mathrm{j}\delta_r)] \\
&= E_s\exp[\mathrm{j}(\omega_s t + \theta_s)] \cdot \\
&\sqrt{(\cos\varepsilon_s \cdot \cos\varepsilon_r + \sin\varepsilon_s \sin\varepsilon_r \cos(\delta_s + \delta_r))^2 + [\sin\varepsilon_s \sin\varepsilon_r \sin(\delta_s + \delta_r)]^2} \cdot \\
&\arctan\left(\frac{\sin\varepsilon_s \sin\varepsilon_r \sin(\delta_s + \delta_r)}{\cos\varepsilon_s \cdot \cos\varepsilon_r + \sin\varepsilon_s \sin\varepsilon_r \cos(\delta_s + \delta_r)}\right)
\end{aligned} \tag{7.2.11}$$

由上式可以看出,极化滤波引入了幅度和相位偏差,该偏差主要取决于目标信号的极化状态和虚拟极化滤波矢量。下面对三种特殊情况进行分析:

当雷达天线主极化为垂直极化时,目标回波主要以垂直极化分量为主,即目标回波接近于垂直极化,则 $\varepsilon_s = 90°$,式(7.2.11)可进一步写为

$$\boldsymbol{E}_S(t)^{\mathrm{T}} \cdot \boldsymbol{H} \approx E_s\exp[\mathrm{j}(\omega_s t + \theta_s)][\exp\mathrm{j}(\delta_s) \cdot \sin\varepsilon_r \exp(\mathrm{j}\delta_r)] \tag{7.2.12}$$

当雷达天线的主极化为水平极化时,目标回波主要以水平极化分量为主,即目标回波接近于水平极化,则 $\varepsilon_s = 0°$,那么上式可进一步写为

$$\boldsymbol{E}_S(t)^{\mathrm{T}} \cdot \boldsymbol{H} \approx E_s\exp[\mathrm{j}(\omega_s t + \theta_s)] \cdot \cos\varepsilon_r \tag{7.2.13}$$

当回波极化接近于 45°线极化时,则 $\varepsilon_s = 45°$。

$$\boldsymbol{E}_S(t)^{\mathrm{T}} \cdot \boldsymbol{H} \approx \frac{\sqrt{2}}{2}E_s\exp[\mathrm{j}(\omega_s t + \theta_s)][\cos\varepsilon_r + \sin\varepsilon_r \exp\mathrm{j}(\delta_s + \delta_r)] \tag{7.2.14}$$

式(7.2.12)~(7.2.14)说明,目标信号的极化不同,ISPF 滤波输出所引入的目标信号幅度失真和相位偏差也不同。

当回波信号的极化分量主要以垂直极化为主时,采用文献[161,162]中的极化滤波方法有效,可以获得较好的干扰抑制效果。然而在大多数雷达中,回波信号的极化存在不确定性,且表现为多种极化状态,主要取决于雷达本身的发射极化,以及目标的变极化效应。例如对空监视雷达多采用水平极化方式,此时如果仍然采用文献[161]的方法就会产生错误,不仅会造成目标信号的幅度失真,还会

给雷达后端的相参处理带来影响，因此文献中给出的零相移极化滤波器并不是完全的，有可能失效。下面建立了空域零相移极化滤波器的统一表达式，给出了详细的推导。

由式(7.2.14)可知，ISPF 滤波器对任意极化波滤波输出信号的幅度特性可表示为

$$\begin{aligned}|\boldsymbol{E}_S(t)^{\mathrm{T}}\cdot\boldsymbol{H}|_{\mathrm{AMP}} &= |E_s\exp[\mathrm{j}(\omega_s t+\theta_s)]|\cdot\\ &\quad\sqrt{\begin{aligned}&(\cos\varepsilon_s\cdot\cos\varepsilon_r+\sin\varepsilon_s\sin\varepsilon_r\cos(\delta_s+\delta_r))^2\\&+[\sin\varepsilon_s\sin\varepsilon_r\sin(\delta_s+\delta_r)]^2\end{aligned}}\\ &= |E_s|\cdot\sqrt{\begin{aligned}&\frac{\cos2\varepsilon_s+1}{2}\cdot\frac{\cos2\varepsilon_r+1}{2}+\frac{1-\cos2\varepsilon_s}{2}\cdot\frac{1-\cos2\varepsilon_r}{2}\\&+\frac{1}{2}\sin2\varepsilon_r\sin2\varepsilon_s\cos(\delta_s+\delta_r)\end{aligned}}\\ &= \frac{\sqrt{2}}{2}|E_s|\cdot\sqrt{\cos2\varepsilon_s\cdot\cos2\varepsilon_r+1+\sin2\varepsilon_r\sin2\varepsilon_s\cos(\delta_s+\delta_r)}\end{aligned}\tag{7.2.15}$$

根据球面三角形(图7.6)的边的余弦定理，可知

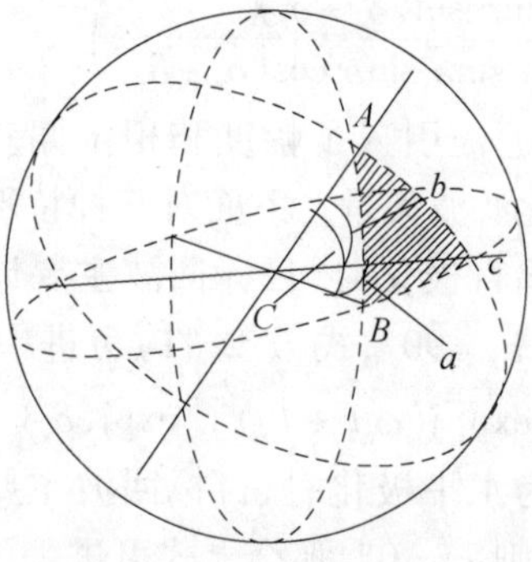

图7.6　球面三角形示意图

$$\cos2\varepsilon_s\cdot\cos2\varepsilon_r+\sin2\varepsilon_r\sin2\varepsilon_s\cos(\delta_s+\delta_r)=\cos a \tag{7.2.16}$$

式(7.2.15)可写为

$$|\boldsymbol{E}_S(t)^{\mathrm{T}}\cdot\boldsymbol{H}|=\frac{\sqrt{2}}{2}|E_s|\sqrt{1+\cos a} \tag{7.2.17}$$

上式说明了极化滤波后输出的目标信号的幅度为原来的$\frac{\sqrt{2}}{2}\sqrt{1+\cos a}$，可以通过级联一个幅度恢复滤波器，用该量对输出信号进行幅度特性的恢复，则幅度恢复的滤波函数可表示为

$$h_A=\sqrt{\frac{2}{1+\cos a}} \tag{7.2.18}$$

考虑 ISPF 对任意极化波滤波后输出的相位特性的影响：

$$\beta = \arg[\cos\varepsilon_s \cdot \cos\varepsilon_r + \sin\varepsilon_s\sin\varepsilon_r \cdot \exp(\delta_s + \delta_r)]$$
$$= \arctan^{-1}\left[\frac{\sin\varepsilon_s\sin\varepsilon_r\sin(\delta_s + \delta_r)}{\cos\varepsilon_s \cdot \cos\varepsilon_r + \sin\varepsilon_s\sin\varepsilon_r\cos(\delta_s + \delta_r)}\right] \tag{7.2.19}$$

即引入了一个相位项β,为消除该相位项,设计一个相位补偿函数表示为

$$h_p = [\cos\varepsilon_s \cdot \cos\varepsilon_r + \sin\varepsilon_s\sin\varepsilon_r \cdot \exp(\delta_s + \delta_r)]^{-1} \tag{7.2.20}$$

由式(7.2.18)、(7.2.20)可知,对任意极化波进行 ISPF 处理后,再进行幅相恢复处理的滤波器可统一记作

$$\boldsymbol{H}_h = h_A \cdot h_p = \frac{\sqrt{\frac{2}{1 + \cos a}}}{\cos\varepsilon_s \cdot \cos\varepsilon_r + \sin\varepsilon_s\sin\varepsilon_r \cdot \exp(\delta_s + \delta_r)} \tag{7.2.21}$$

将此滤波器和 ISPF 级联,构成空域零相移干扰抑制极化滤波器(Spatial Null Phase Shift - Interference Suppression Polarization Filter, SNPS - ISPF),其原理图如图 7.7 所示。

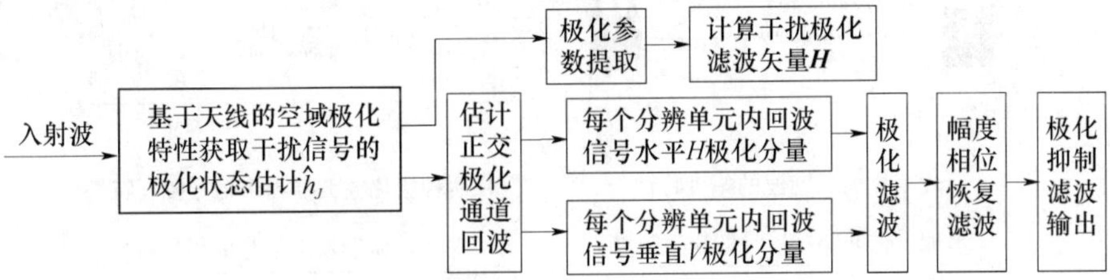

图 7.7 空域零相移干扰抑制极化滤波器处理原理图

综上所述,SNPS - ISPF 处理分为四步:首先,基于最小二乘的方法,利用天线扫描所得的电压序列分解得到正交极化通道的回波;其次,利用时域或频域的方法提取回波信号的极化参数;再次,利用虚拟极化接收的方法,对第一步得到的正交极化通道回波进行 ISPF 滤波;最后,对滤波输出后的信号进行幅度相位恢复滤波处理。

7.2.3 实验分析

为验证 SNPS - ISPF 的有效性,首先以窄带白噪声干扰为例进行仿真实验,验证了该算法的有效性及抗干扰性能;然后以雷达的实测数据为例,进一步验证了算法的有效性。

7.2.3.1 仿真实验分析

仿真实验结果如图 7.8 所示,仿真产生了 4 段脉冲数据,每个脉冲的极化状态、频率、幅度、相位均有所不同,第一个脉冲为水平极化(H),第二个脉冲为垂直极化(V),第三个脉冲为 45°线极化,第四个脉冲为 135°线极化。干扰信号为左旋圆极化(LCL),并且干扰信号叠加在第一个和第四个脉冲上,图 7.8(a)给出了受到干扰前后回波信号的幅度特性。估计出四个脉冲信号的极化参数以及正

交极化通道信号后，分别采用 ISPF 和 SNPS－ISPF 滤波后，输出信号的幅度特性如图 7.8(b)所示。可以看出经过 ISPF 滤波后，干扰信号被抑制掉了，但同时目标信号也存在幅度损失，目标信号减弱了。而经过 SNPS－ISPF 滤波后，目标信号的幅度特性和未受干扰时保持一致，SNPS－ISPF 增加了目标信号极化的幅相恢复环节，这使得极化滤波损失得到了有效的补偿。同时由图 7.8(c)和图 7.8(d)可知，ISPF 滤波输出目标信号的相位发生了改变，而 SNPS－ISPF 避免了极化滤波引入的相位偏移，保证了雷达在相参体制下正常工作。

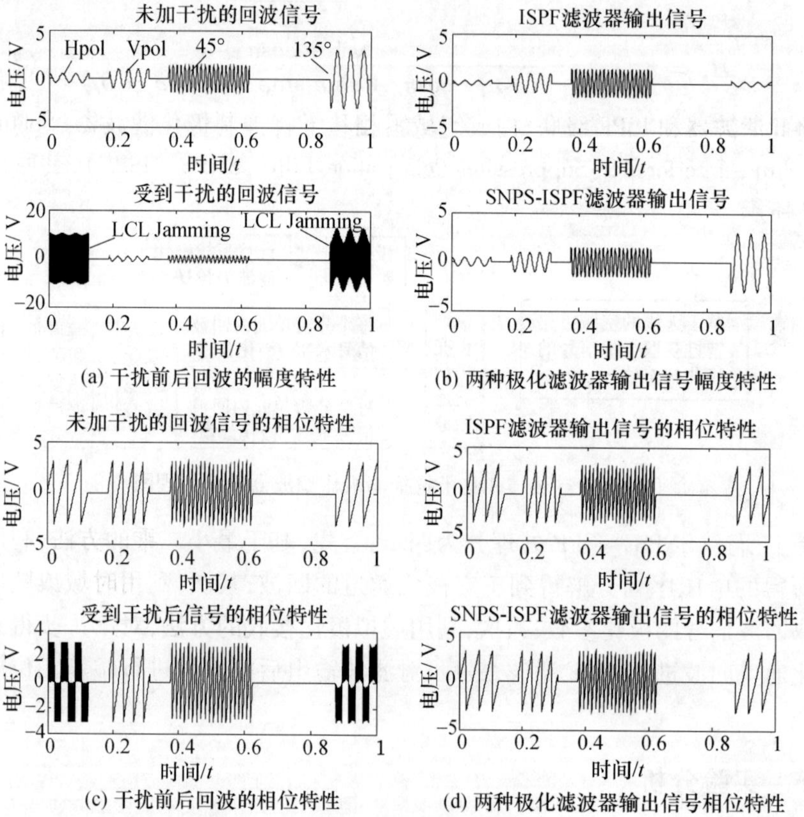

(a) 干扰前后回波的幅度特性 (b) 两种极化滤波器输出信号幅度特性

(c) 干扰前后回波的相位特性 (d) 两种极化滤波器输出信号相位特性

图 7.8 两种极化滤波器的性能比较

7.2.3.2 实测数据分析

为了验证书中提出方法的有效性，采集并分析了外场实验数据。实验中干扰设备固定在非金属测试高塔上，发射 45°线极化窄带噪声干扰，待测雷达天线为垂直极化，仅工作在接收状态，以 3 转/min 的速度在方位向上全方位扫描。使信号源发射垂直极化信号作为目标回波信号，叠加在干扰信号某分辨单元，调整干扰信号功率大于目标信号功率，估算出极化滤波前的信干比(SIR)为－35.9543dB。图 7.9(a)和图 7.9(b)分别给出了利用天线扫描的回波序列估计得到的极化参数分布，以及正交极化通道回波。可以看出，估计出的干扰信号极化比均值为 18，极化相角为 145°，存在较大的估值误差，这是因为两路正交极化通道回波具有不同的增益（V 极化通道较 H 极化通道强 30dB）。该误差反映了在天线极化特性调制下的固有属性，在极化滤波时会被补偿掉。同时，还能够看出，目标所在分辨单元与干扰的极化不同，这在极化估值和分解中会出现一个突变，说明了极化分解和估值方法的有效性。图 7.9(c) 和图 7.9(d) 分别给出了 ISPF、SNPS - ISPF 滤波前后的幅相位特性。可以看出，未处理前，目标信号都淹没在干扰信号中，不能有效检测出目标。ISPF 滤波后的信干比(SIR)达到 17.2077dB，各距离单元的干扰信号得到有效抑制，SNPS - ISPF 滤波后，信号幅度相位特性得到了有效补偿，在此 ISPF 基础上又改善了近 14dB，证明了所提方法的有效性。

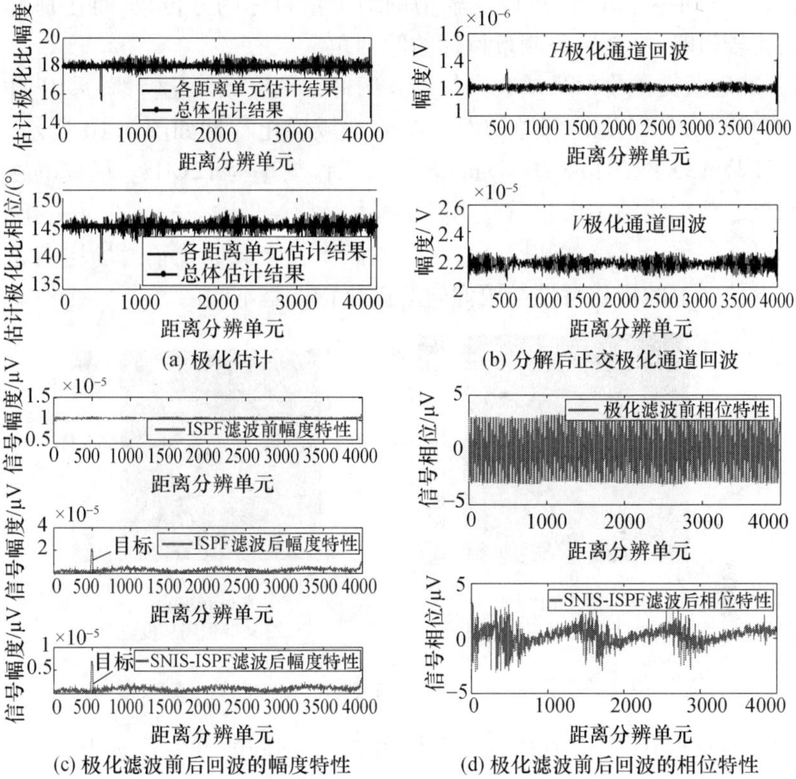

图 7.9　空域零相移极化滤波的实测数据验证

本节给出了利用天线空域极化特性获取干扰信号极化的数学原理，详细地分析了 ISPF 滤波对目标信号幅相特性影响的统一表达式，可以用于表示各种极化状态下目标回波的极化滤波效应，给出了标准的零相移空域瞬时极化滤波器(SNPS - ISPF)的表达式。通过仿真和实测数据，验证了算法分析的正确性以及有效性。这对于开发现有单极化雷达的极化信息处理的潜力提供了理论和实践依据。

7.3 仰角盲估计条件下的空域虚拟多通道并行极化滤波技术

通过上面的分析和处理可知，当目标或干扰的方位、仰角可以准确测得时，利用天线扫描时的一维（方位维）空域极化特性可以实现接收信号的正交极化分解、极化估计和极化滤波抑制。但在实际应用中，警戒雷达大多采用两坐标机械扫描体制雷达，即利用整个天线系统或其中一部分机械运动实现波束扫描，采用扇形波束实现圆周扫描是比较常见的一种扫描方式，天线在水平面上波束很窄，方位分辨力可以达到零点几度，可以比较精确地测量目标的方位角，而在垂直面上很宽，扫描比较粗略，不能精确测量目标的俯仰角。

为了准确获得抛物面天线在方位维和俯仰维的空域极化特性，采用 TICRA 公司开发的 GRASP9，计算得到抛物面天线的空域极化特性如图 7.10 所示。其中，焦距 $f=1.25\text{m}$，天线的口径 $D=1\text{m}$，天线的工作频率为 12GHz。根据电磁计算中馈源的定义，该天线的主极化分量 E_θ 为垂直极化，即 $E_\theta=E_V$。交叉极化分量 E_φ 为水平极化，即 $E_\varphi=E_H$。可以看出，天线主极化和交叉极化辐射场均满足对称特性，但是方位向上的极化特性与俯仰向的极化特性是不同的。

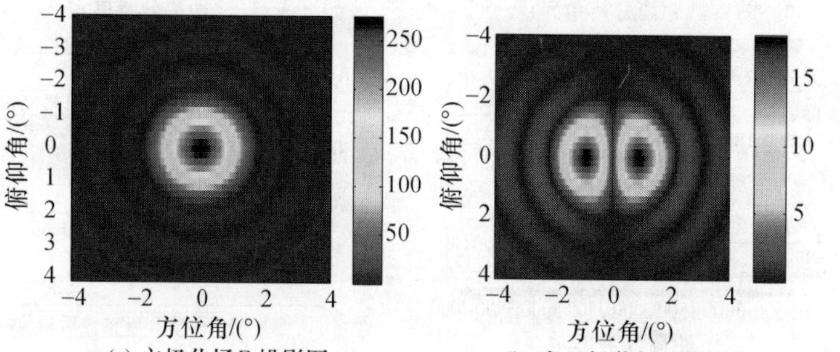

(a) 主极化场 E_θ 投影图　　(b) 交叉极化场 E_φ 投影图

图 7.10　某偏置抛物反射面天线空域极化特性的三维投影图

由图 7.11(a) 能看出，在固定的俯仰角 θ 下，不同的方位角 φ 上，主极化辐射场的幅度和相位都关于 $\varphi=0$ 偶对称，即 $E_V(\varphi)=E_V(-\varphi)$。在主瓣中心位置天线的交叉分量最弱，而在中心到第一零点的区间上，交叉极化分量变化明显且单调上升，天线的极化特性变化明显且规律性强。图 7.11(a) 还给出了在俯仰方向上偏离波束法线方向 0°、0.2°、0.6°、1.2°条件下的方位极化方向图，均服从上述规律，但是随着偏角的增大，辐射增益下降明显。

图 7.11(b) 给出了固定方位下的俯仰方向图，可以看出其主极化和交叉也满足对称特性。其中，交叉极化的幅度关于 $\varphi=0$ 偶对称，相位在 $\varphi=0$ 位置跳变了 180°，呈现奇对称，即 $E_H(\varphi)=-E_H(-\varphi)$。并且，其交叉极化的结构和主极化方

向图的结构相似，由于主极化和交叉极化分量在主瓣内变化趋势一致，此时天线的极化特性在俯仰方向变化不明显。

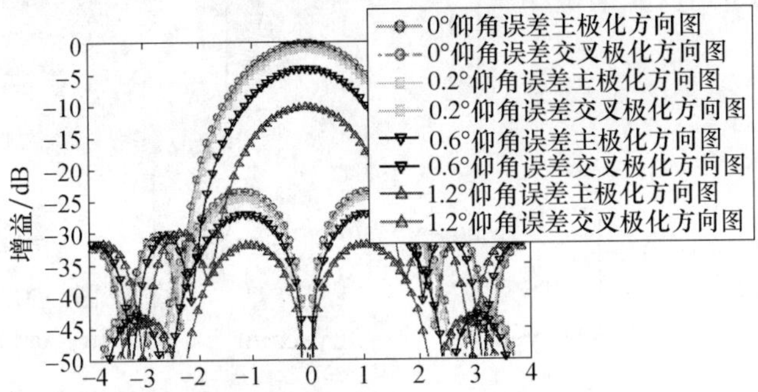

(a) 不同俯仰角下天线的方位极化方向图

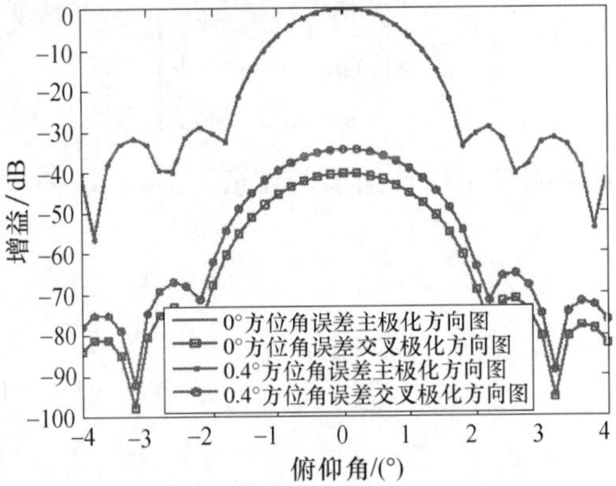

(b) 不同方位角下天线的俯仰极化方向图

图 7.11　某偏置抛物反射面天线空域极化特性的二维分布

由于不同仰角下的天线极化特性存在差异，因此当仰角测量存在误差时，利用 7.2 节给出的方法对接收信号序列进行极化估计会产生估计误差，此时的估计结果可表示为

$$v'(\tau_m) = [\boldsymbol{G}^{\mathrm{H}}(\varphi,\theta+\Delta\theta)G(\varphi,\theta+\Delta\theta)^{-1}\cdot\boldsymbol{G}^{\mathrm{H}}(\varphi,\theta+\Delta\theta)\cdot r(\varphi,\theta,\tau_m) \tag{7.3.1}$$

式中：$\Delta\theta$ 为仰角测量误差；$\boldsymbol{G}(\varphi,\theta+\Delta\theta)$ 表示仰角偏差 $\Delta\theta$ 下的方位向的空域极化特性。

若接收信号的真实极化表示为 $\boldsymbol{s}=[\cos\gamma \quad \sin\gamma e^{j\phi}]^{\mathrm{T}}$，Stokes 矢量表示为

$$\boldsymbol{J}_s = \boldsymbol{R}(s\otimes s^*) = \boldsymbol{R}\begin{bmatrix}\cos\gamma\\ \sin\gamma e^{j\phi}\end{bmatrix}\otimes\begin{bmatrix}\cos\gamma\\ \sin\gamma e^{-j\phi}\end{bmatrix} = \boldsymbol{R}\begin{bmatrix}\cos^2\gamma\\ \cos\gamma\sin\gamma e^{-j\phi}\\ \sin\gamma\cos\gamma e^{j\phi}\\ \sin^2\gamma\end{bmatrix} \tag{7.3.2}$$

式中：$\otimes$表示 Kronecker 乘积；$\boldsymbol{R}=\begin{bmatrix}1&0&0&1\\1&0&0&-1\\0&1&1&0\\0&\mathrm{j}&-\mathrm{j}&0\end{bmatrix}$。

因此

$$\boldsymbol{J}_s=R(\boldsymbol{s}\otimes\boldsymbol{s}^*)=\begin{bmatrix}1\\\cos^2\gamma-\sin^2\gamma\\\cos\gamma\sin\gamma\mathrm{e}^{-\mathrm{j}\phi}+\sin\gamma\cos\gamma\mathrm{e}^{\mathrm{j}\phi}\\\cos\gamma\sin\gamma\mathrm{e}^{-\mathrm{j}\phi}\mathrm{j}-\sin\gamma\cos\gamma\mathrm{e}^{\mathrm{j}\phi}\mathrm{j}\end{bmatrix}=\begin{bmatrix}1\\\cos^2\gamma-\sin^2\gamma\\2\sin\gamma\cos\gamma\cos\phi\\2\sin\gamma\cos\gamma\sin\phi\end{bmatrix}$$

(7.3.3)

上式可以简化为 $\boldsymbol{J}_s=[1\quad \boldsymbol{g}_s]$，其中

$$\boldsymbol{g}_s=\begin{bmatrix}\cos^2\gamma-\sin^2\gamma\\2\sin\gamma\cos\gamma\cos\phi\\2\sin\gamma\cos\gamma\sin\phi\end{bmatrix}$$

设存在仰角误差时的极化估计结果可表示为 $\hat{\boldsymbol{s}}=[\cos\tilde{\gamma}\quad \sin\tilde{\gamma}\mathrm{e}^{\mathrm{j}\tilde{\phi}}]^{\mathrm{T}}$。Stokes 矢量表示为

$$\tilde{\boldsymbol{J}}_s=\boldsymbol{R}(\tilde{\boldsymbol{s}}\otimes\tilde{\boldsymbol{s}}^*)=[1\quad \tilde{\boldsymbol{g}}_s],\ \boldsymbol{R}=\begin{bmatrix}1&0&0&1\\1&0&0&-1\\0&1&1&0\\0&\mathrm{j}&-\mathrm{j}&0\end{bmatrix}$$

极化滤波矢量 $\boldsymbol{H}_r=\begin{bmatrix}\cos\gamma_r\\\sin\gamma_r\mathrm{e}^{\mathrm{j}\phi_r}\end{bmatrix}$，极化滤波矢量是极化估计值的正交矢量，则

$$\begin{cases}\gamma_r=\gamma+\dfrac{\pi}{2}\\\phi_r=-\phi\end{cases}\tag{7.3.4}$$

即 $\boldsymbol{H}_r=\tilde{s}_{\perp}=[-\sin\tilde{\gamma}\quad \cos\tilde{\gamma}\mathrm{e}^{-\mathrm{j}\hat{\phi}}]^{\mathrm{T}}$。Stokes 矢量可表示为 $\tilde{\boldsymbol{J}}_{\perp}=R(\tilde{s}_{\perp}\otimes\tilde{s}_{\perp}^*)=[1\quad \tilde{\boldsymbol{g}}_{s\perp}{}^{\mathrm{T}}]^{\mathrm{T}}$，其中 $\tilde{\boldsymbol{g}}_{s\perp}=\boldsymbol{\Lambda}_{12}\tilde{\boldsymbol{g}}_s$，$\boldsymbol{\Lambda}_{12}=\mathrm{diag}\{-1,-1,1\}$。由于极化估计精度的限制，通常 $\boldsymbol{H}_r=\hat{\boldsymbol{s}}_{\perp}$ 与干扰真实极化 $\boldsymbol{s}$ 并非严格正交，因此，极化滤波后的干扰剩余功率[163]为

$$P_r=|\tilde{\boldsymbol{s}}_{\perp}{}^{\mathrm{T}}\boldsymbol{s}|^2=\frac{1}{2}\tilde{\boldsymbol{J}}_{\perp}{}^{\mathrm{T}}\boldsymbol{U}_4\boldsymbol{g}_s=\frac{1}{2}(1+\tilde{\boldsymbol{g}}_{s\perp}{}^{\mathrm{T}}\boldsymbol{\Lambda}_3\boldsymbol{g}_s)\tag{7.3.5}$$

式中：$\boldsymbol{U}_4=\mathrm{diag}\{1,1,1,-1\}$；$\boldsymbol{\Lambda}_3=\mathrm{diag}\{1,1,-1\}$。

设信号极化 $\boldsymbol{g}_s$ 和估计极化 $\tilde{\boldsymbol{g}}_s$ 之间的矢量夹角为 ϑ，因此上式可简化为

$$P_r=\frac{1}{2}(1-\tilde{\boldsymbol{g}}_s^{\mathrm{T}}\tilde{\boldsymbol{g}}_s)=\frac{1}{2}(1-\cos\vartheta)\tag{7.3.6}$$

可以看出，极化滤波后的干扰剩余功率取决于对干扰极化的估计误差，而干

扰极化估计取决于天线极化特性，因此仰角估计误差会影响干扰极化滤波的性能,如图 7.12 所示。

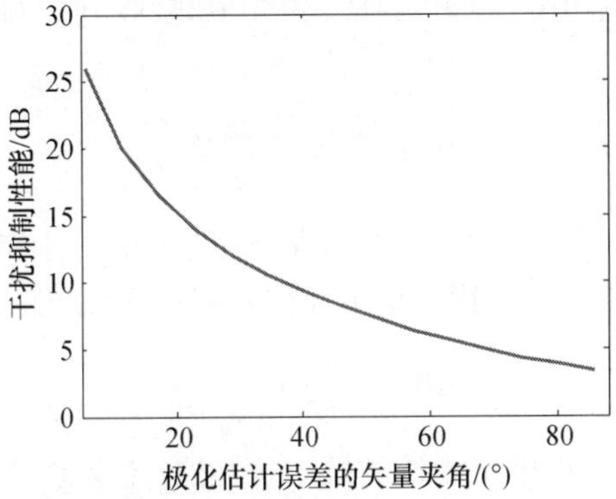

图 7.12　干扰抑制的理论性能曲线

7.3.1　空域虚拟多通道并行极化滤波技术

借助于 Poelman 的多凹口极化滤波[12]的思想,设计空域虚拟多通道并行极化滤波器。其基本思路是:利用多个俯仰角下的天线特性数据对接收信号进行分解,得到重构的多路正交极化信号输出,然后进行干扰抑制极化滤波,最后将滤波后信号的“逻辑积”输出作为最终的结果,提高滤波有效性。

设雷达仰角的分辨力为 δ_θ,雷达仰角测量值为 θ_t,天线俯仰波束宽度为 θ_e,由于仰角测量误差时未知的,因此可以采用多个仰角下的天线特性 $\boldsymbol{G}(\varphi,\theta_t\pm\delta_\theta)$,$\boldsymbol{G}(\varphi,\theta_t\pm2\delta_\theta)$,…,$\boldsymbol{G}(\varphi,\theta_t\pm n\delta_\theta)$(其中 $n\leqslant\left\lfloor\dfrac{\theta_e}{\delta_\theta}\right\rfloor$)来对回波序列进行极化估计,将得到 $2n$ 路的极化回波输出 $[\boldsymbol{v}_1(\tau_m)\quad\boldsymbol{v}_2(\tau_m)\quad\cdots\quad\boldsymbol{v}_n(\tau_m)]^{2\times1}$,针对 $2n$ 路的输出信号可建立 n 个极化滤波器 $\boldsymbol{H}_{r1}$,$\boldsymbol{H}_{r2}$,…,$\boldsymbol{H}_{rn}$,其极化滤波矢量均不同,将滤波后的 n 路输出进行如下逻辑运算:

$$O_f(\tau_m)=\min_{k=1}^{n}\{\boldsymbol{H}_{rk}{}^{\mathrm{T}}\cdot\boldsymbol{v}_k(\tau_m)\}\tag{7.3.7}$$

图 7.13 给出了空域虚拟多通道并行极化滤波处理的原理框图。

图 7.13　空域虚拟多通道并行极化滤波实现框图

7.3.2 仿真实验与结果分析

定义输入信干比(SIR_i)为雷达在方位角 θ_0 接收到的目标回波信号能量与干扰信号能量之比,即

$$SIR_i = \frac{|E\{v_{r,T}(\theta_0,t)^2\}|}{|E\{v_{r,J}(\theta_0,t)^2\}|} \tag{7.3.8}$$

定义输出信干比(SIR_o)为经正交极化分解、极化估计和空域虚拟极化滤波处理后,目标距离信号能量与干扰距离单元信号能量之比,即

$$SIR_o = \frac{|E\{o(\tau_T)^2\}|}{|E\{o(\tau_J)^2\}|} \tag{7.3.9}$$

为定量描述空域虚拟极化滤波的抗干扰性能,定义改善因子为

$$EIF = 10\lg\frac{SIR_o}{SIR_i} \tag{7.3.10}$$

在实验中,取方位扫描窗口宽度为 $-3° \sim 3°$,共有 79 个方位采样点。设干扰机采用左旋圆极化窄带白噪声干扰,干扰带宽为 8M,干扰信号为 $j(t) = P_J \cdot I_J(t) \cdot e^{j\phi_J(t)}$,$P_J$ 决定干扰功率,幅度 $I_J(t)$ 服从瑞利分布,而相位 $\varphi_J(t)$ 服从 $[0,2\pi]$ 的均匀分布,在天线主瓣方向的干噪比为 30dB。图 7.14 是仿真得到的干扰信号频谱,图 7.15 给出了干扰信号的空时域分布,干扰信号功率为 12.23dBw。目标回波位于第 3000 ~ 3200 个分辨单元中,脉冲宽度为 10μs,目标极化散射矩阵为 $\boldsymbol{S} = \begin{bmatrix} 1 & 0.3j \\ 0.3j & 0.9 \end{bmatrix}$,回波信号功率为 0dBw,输入信干比 $SIR_i = -12.23$dB,此时目标的距离信息完全被干扰压制,无法检测目标信息。

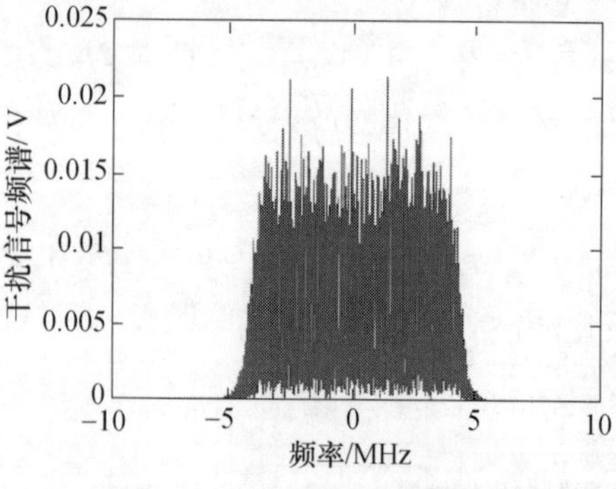

图 7.14 窄带压制干扰频谱

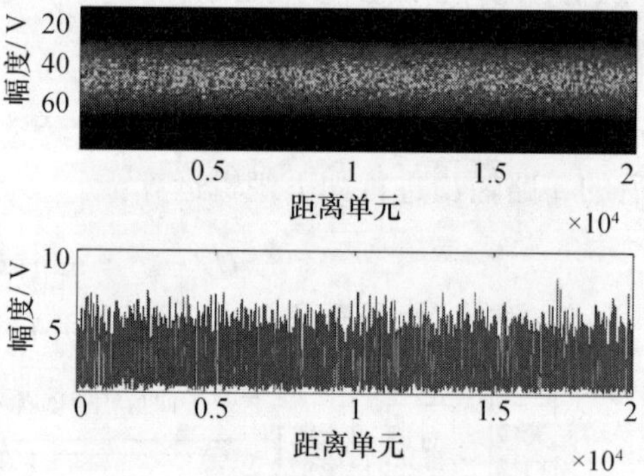

图 7.15 压制干扰的空时分布

图 7.16 给出的某一的距离单元,天线主瓣扫过干扰方向时接收信号幅度的空域分布,此时接收信号的包络是无规则的,但是近似服从高斯分布的形状。图 7.17 ~ 图 7.19 给出三个天线扫描位置下接收机的输出信号,图 7.20 是空域虚

拟极化滤波结果。可知，在虚拟极化滤波处理前，在各方位角下目标回波都淹没在干扰信号中，不能有效检测出目标，通过计算可知输入信干比 $SIR_{in} = -5.18dB$。经空域虚拟极化滤波后，各距离单元的干扰信号得到有效抑制，而目标信号凸显出来，输出信干比 $SIR_o = 8.72dB$，改善因子 EIF 达到 13.9037dB。通过数值计算，图 7.21 给出了极化滤波后干扰抑制改善因子随仰角误差的变化关系，当仰角测量误差增大到 0.8°时，改善因子下降了约 1.4dB，这说明仰角误差会降低干扰抑制的性能，通过采用空域虚拟多通道并行极化滤波器会改善这种情况，从而保证干扰抑制的有效性，消除仰角误差对干扰极化抑制的影响。

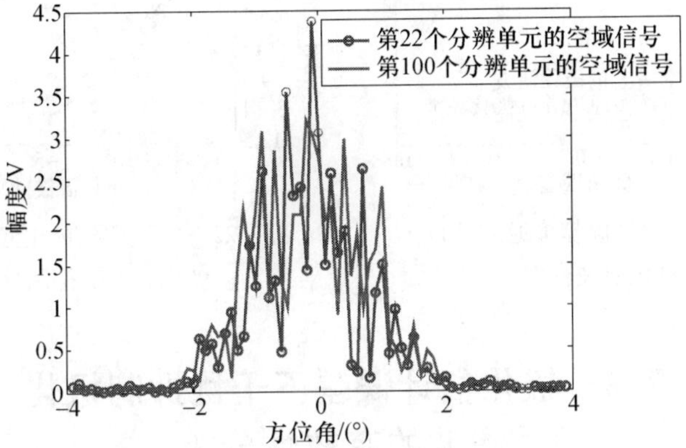

图 7.16　干扰信号的空域分布

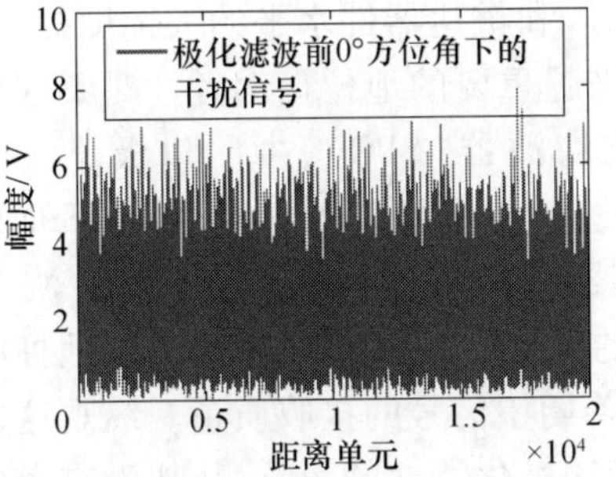

图 7.17　主瓣中心接收的干扰信号

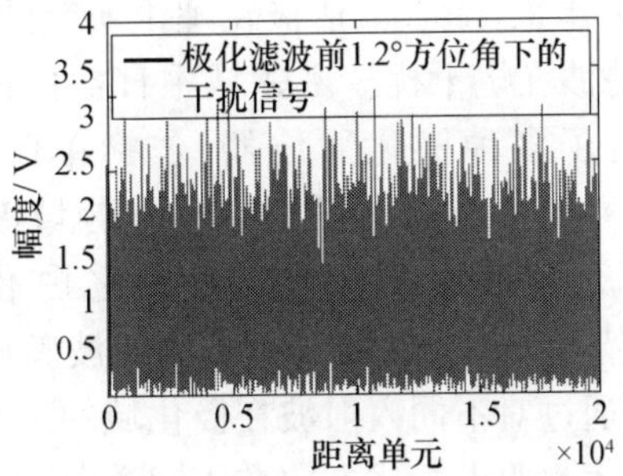

图 7.18　天线扫描 1.2°时接收的干扰信号

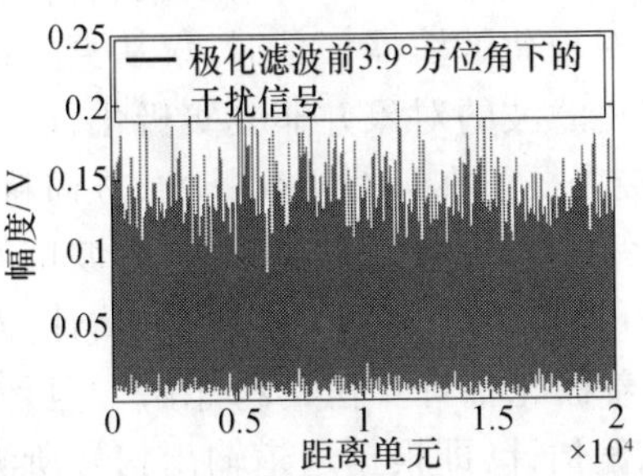

图 7.19　天线扫描 3.9°时接收的干扰信号

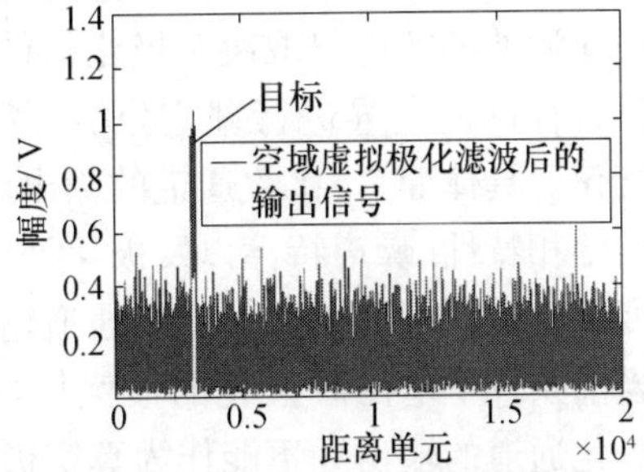

图 7.20　空域虚拟极化滤波后输出信号

为分析空域虚拟极化滤波算法对不同极化干扰的抑制性能，在实验中固定目标回波参数，而把干扰极化分别取左旋圆极化、右旋圆极化、45°线极化及135°线极化，调整干扰信号功率，使信干比 SIR 分别设置 4.8205dB，−0.1795dB，−5.1795dB，−10.1795dB，−15.1795dB，图 7.22通过仿真得到了各组干扰条件下的 SIR 改善因子 EIF，和滤波前 SIR 的关系，可见，SIR 改善因子都能达到 13dB 以上。

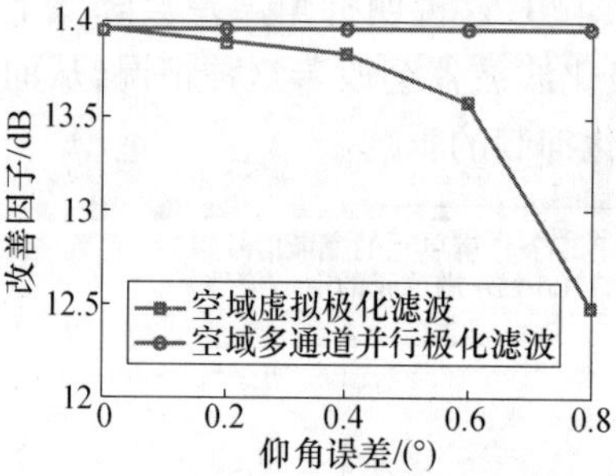

图 7.21　空域虚拟多通道并行极化滤波性能

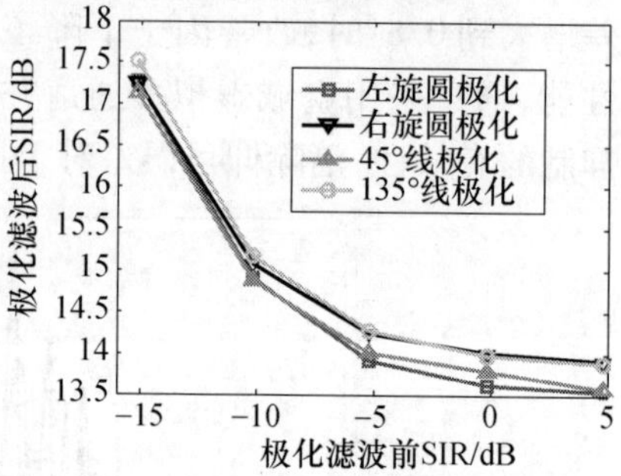

图 7.22　空域虚拟极化滤波对不同极化干扰的抑制性能

7.4　极化估计误差下干扰抑制极化滤波的有效性分析

近年来，随着雷达极化理论研究的逐步深入和雷达器件水平的大幅度提高，极化滤波在抗干扰技术领域中日益占据了越来越重要的地位。学者针对不同用途设计了多种极化滤波器，包括单凹口极化滤波器（SPC）、多凹口极化滤波（MLP）、自适应极化滤波（APC）、频域极化滤波器、干扰抑制极化滤波器（ISPF）、最优极化滤波器（OPC）、极化白化滤波器（MPWF），SINR 极化滤波器等[162, 164-166]。在干扰与目标的回波极化不同的情况下，极化滤波可以有效地抑制干扰，通过对不同入射波在极化域的选择性改善期望信号的接收质量。纵观这些工作，大都假设干扰方向在主瓣方向，忽略了天线极化特性的影响，往往没有考虑通道幅相误差、通道噪声以及极化测量算法对极化滤波器性能的影响，直观地认为极化滤波的效能仅取决于极化估计精度。对极化滤波器评估时，仅从真实极化和估计值间的差异进行理论分析，忽视了极化滤波的对象并非真实极化，而是接收极化。具体而言，接收通道的输出信号直接表征了在天线极化特性、方向特性、通道幅相特性、噪声特性以及极化处理算法等因素共同作用影响下电磁波信号的幅度和相位特性。正交极化双通道输出信号可直接作为入射波极化的估计，即是对当前条件下电磁波极化的最优估计，对应着极化估计算法的稳态解。但是，此时极化通道的输出并不能作为真实极化的无偏估计，即根据通道输出信号所测量的极化信息蕴含了一定的极化误差，极化滤波矢量也是根据该误差建立的，因此，这种误差在极化滤波时被补偿了，即因通道不一致、天线极化特性等因素产生的极化误差不会影响极化滤波的有效性，极化估计的精度不能直接制约极化滤波性能好坏的关键问题。从极化滤波的系统角度出发，本节证明了上述结论，给出了较为详细的分析，这对于改进现有单极化雷达，增加极化测量和抗干扰能力具有一定指导意义。

7.4.1 基于正交极化通道的极化估计

选择水平、垂直极化(h,v)为极化基，对于一个平面入射波（干扰信号）的电场矢量在该极化基下可表示为$\boldsymbol{h}_J=[h_{JH} \quad h_{JV}]^{\mathrm{T}}$，$\|\boldsymbol{h}_J\|=1$，则在雷达接收天线端口处，干扰信号可表示为

$$\boldsymbol{e}_J(t)=\boldsymbol{h}_J J(t) \tag{7.4.1}$$

式中：$J(t)$为压制式干扰的调制信号，近似为零均值白噪声，其功率谱密度为σ_J^2。

设天线的主极化归一化方向图为$g_H(\theta)$，交叉极化归一化方向图为$g_V(\theta)$，天线峰值增益为G_r，则天线空域极化矢量记作

$$\boldsymbol{g}(\theta)=G_r\cdot\begin{bmatrix}g_H(\theta)\\ g_V(\theta)\end{bmatrix} \tag{7.4.2}$$

具体而言，对于水平极化天线来说，在天线主瓣中心位置极化纯度最高，上式可近似写为$\boldsymbol{g}(\theta)=G_r\cdot\begin{bmatrix}1\\0\end{bmatrix}$，对于垂直极化天线来说，$\boldsymbol{g}(\theta)=G_r\cdot\begin{bmatrix}0\\1\end{bmatrix}$，对于其他空域指向$\theta$上，极化矢量均为关于$\theta$的函数。

设$\boldsymbol{\Gamma}$为正交极化双通道幅相不一致时引入的乘性误差系数矩阵，$\boldsymbol{\Gamma}=\mathrm{diag}[r_H, r_V]$。$r_H=A_H\mathrm{e}^{\mathrm{j}\varphi_H}$与$r_V=A_V\mathrm{e}^{\mathrm{j}\varphi_V}$分别为水平垂直极化通道的幅度误差和相位误差。

因此，干扰信号进入水平极化通道的实际接收电压为

$$v_H(t)=r_H\cdot P_{\mathrm{S}}\cdot\frac{k_{\mathrm{RF}}G_r}{L_R}\cdot\boldsymbol{g}^{\mathrm{T}}(\theta)\cdot\boldsymbol{h}_J\cdot J(t)+n_H(t) \tag{7.4.3}$$

式中：P_{S}为干扰信号功率；k_{RF}为射频放大系数；$L_R=\dfrac{\lambda^2}{(4\pi R)^2\cdot 10^L}$是考虑电磁波空间传播以及测量系统天线馈线和装置损耗等因素带来的损耗系数，在分别接收信号源辐射的水平极化和垂直极化信号时，该参数可认为是一样的；$n_H(t)$为水平极化通道内噪声，服从正态分布，即有$n_H\sim N(0,\sigma_m^2)$。

同理，垂直极化通道的实际接收电压为

$$v_V(t)=r_V\cdot P_{\mathrm{S}}\cdot\frac{k_{\mathrm{RF}}^{*}G_r}{L_R^{*}}\cdot\boldsymbol{g}^{\mathrm{T}}(\theta)\cdot\boldsymbol{h}_J\cdot J(t)+n_V(t) \tag{7.4.4}$$

根据式(7.4.3)、(7.4.4)可知，正交极化通道对干扰信号接收的同时，调制了接收通道特性、射频链路特性、天线空域极化特性，以及干扰的幅相特性、接收通道噪声电平等因素。因此，为分析极化估计误差的性能，可以从上述因素出发，并

综合考虑极化估计算法，找到制约极化估计精度的因素，给出比较详细的评估。

7.4.1.1 天线极化特性的影响

现有的研究有源干扰极化滤波或假目标干扰极化鉴别的前提条件是一致的，即均假定干扰机和极化测量雷达位于对方天线的电轴方向上。实际上，在真实的雷达攻防对抗中，干扰机自身的姿态变化和雷达波束指向偏离阵面法向工作时，攻防对抗的双方通常会偏离对方的电轴方向，因此，原有的假设有一定的不合理性。特别地，对于机械扫描雷达而言，掩护式干扰机从旁瓣实施的干扰信号总位于偏离电轴的方向。

在非电轴方向上，互为极化正交的天线接收到的电磁波不仅收到天线增益的调制，还会收到天线空域极化特性矢量的调制，不再保持严格正交，而是保持一定的相关性。在这种情况下，干扰机生成的干扰信号与电轴入射时具有不同的特性。

当干扰信号位于雷达天线的主瓣内时，式(7.4.3)、(7.4.4)可写为

$$V_H(t) = r_H \cdot P_S \cdot \frac{k_{RF} G_r}{L_R} \cdot h_{JH} \cdot J(t) + n_H(t) \tag{7.4.5}$$

$$V_V(t) = r_V \cdot P_S \cdot \frac{k_{RF} G_r}{L_R} \cdot h_{JV} \cdot J(t) + n_V(t) \tag{7.4.6}$$

通常情况下，干扰信号在功率上占有很大优势，也就是说，干噪比 $\mathrm{JNR} = \frac{\sigma_J^2}{\sigma_m^2} \gg 1$，那么在干扰所占据的单元处，正交极化通道输出信号之比近似为

$$\left\langle \frac{V_V(t)}{V_H(t)} \right\rangle \approx \frac{r_V \cdot P_S \cdot \frac{k_{RF} G_r}{L_R} \cdot h_{JV} \cdot J(t)}{r_H \cdot P_S \cdot \frac{k_{RF} G_r}{L_R} \cdot h_{JH} \cdot J(t)} \tag{7.4.7}$$

若通道之间不存在幅相位误差，那么上式进一步写为

$$\left\langle \frac{V_V(t)}{V_H(t)} \right\rangle = \frac{h_{JV}}{h_{JH}} \tag{7.4.8}$$

式中：$\langle \cdot \rangle$表示集合平均。显然，由式(7.4.8)和约束条件 $\| \boldsymbol{h}_J \| = 1$ 可以估计出干扰信号的极化状态，干扰信号的复极化比为

$$\rho_J = \left\langle \frac{V_V(t)}{V_H(t)} \right\rangle = \frac{h_{JV}}{h_{JH}} = \tan\gamma_J \mathrm{e}^{\mathrm{j}\phi_J} \tag{7.4.9}$$

实际上，天线的极化特性(也可称为极化纯度)随观测方向发生改变。设雷达水平极化天线的初始极化矢量 $\boldsymbol{h} = [1 \quad 0]^{\mathrm{T}}$，在不同的观测空域时，其极化纯度逐渐降低，交叉极化分量增大，设极化角 γ 呈线性增大，可表示为

$$\gamma_H(\theta) = K_{\mathrm{polar}} \cdot |\theta|, \theta \in [-\theta_0/2, +\theta_0/2] \tag{7.4.10}$$

$$\gamma_V(\theta) = \frac{\pi}{2} - K_{\mathrm{polar}} \cdot |\theta|, \theta \in [-\theta_0/2, +\theta_0/2] \tag{7.4.11}$$

式中：$K_{polar}>0$ 是天线极化角的变化率，K_{polar}越大，说明天线的极化变化越快，也可以说是天线的空域极化特性越明显，且极化角 $\phi_H(\theta)=-\phi_V(\theta)$。

当干扰信号位于雷达天线的旁瓣附近时，有

$$\begin{aligned} V_H(t) &= r_H\cdot P_S\cdot\frac{k_{RF}G_r}{L_R}\cdot[\cos(\gamma(\theta))h_{JH}+\sin(\gamma(\theta))h_{JV}\cdot\exp(j\phi_H)]\cdot J(t)+n_H(t) \\ &= r_H\cdot P_S\cdot\frac{k_{RF}G_r}{L_R}\cdot[\cos(K_{polar}\cdot|\theta|)h_{JH}+\sin(K_{polar}\cdot|\theta|)h_{JV}\cdot \\ &\quad \exp(j\phi_H(\theta))]+n_H(t) \end{aligned} \tag{7.4.12}$$

$$\begin{aligned} V_V(t) &= r_V\cdot P_S\cdot\frac{k_{RF}G_r}{L_R}\cdot\left[\cos\left(\frac{\pi}{2}-K_{polar}\cdot|\theta|\right)h_{JH}+\sin\left(\frac{\pi}{2}-K_{polar}\cdot|\theta|\right)h_{JV}\cdot\exp(j\phi_V(\theta))\right] \\ &= r_V\cdot P_S\cdot\frac{k_{RF}G_r}{L_R}\cdot[\sin(K_{polar}\cdot|\theta|)h_{JH}+\cos(K_{polar}\cdot|\theta|) \\ &\quad h_{JV}\cdot\exp(j\phi_V(\theta))]+n_V(t) \end{aligned} \tag{7.4.13}$$

根据天线理论，任意一个观测位置下主、交叉极化矢量在球坐标系下是相互正交的。那么，任意两次观测时天线的极化构成了极化空间的一组完备基。

那么在干扰所占据的单元处，正交极化通道输出信号之比近似为

$$\begin{aligned} \left\langle\frac{V_V(t)}{V_H(t)}\right\rangle &\approx \frac{r_V\cdot P_S\cdot\frac{k_{RF}G_r}{L_R}\cdot[\sin(K_{polar}\cdot|\theta|)h_{JH}+\cos(K_{polar}\cdot|\theta|)h_{JV}\cdot\exp(j\phi_V(\theta))]}{r_H\cdot P_S\cdot\frac{k_{RF}G_r}{L_R}\cdot[\cos(K_{polar}\cdot|\theta|)h_{JH}+\sin(K_{polar}\cdot|\theta|)h_{JV}\cdot\exp(j\phi_H(\theta))]} \\ &= \frac{\tan(K_{polar}\cdot|\theta|)h_{JH}+h_{JV}\cdot\exp(j\phi_V(\theta))}{h_{JH}+\tan(K_{polar}\cdot|\theta|)h_{JV}\cdot\exp(j\phi_H(\theta))} \end{aligned} \tag{7.4.14}$$

将干扰信号的极化写成极化比的形式，对于任意固定的 θ，$\tan(K_{polar}\cdot|\theta|)=m_p$，$\rho_J=\dfrac{h_{JV}}{h_{JH}}$，则上式可写为

$$\begin{aligned} \left\langle\frac{V_V(t)}{V_H(t)}\right\rangle &= \frac{\tan(K_{polar}\cdot|\theta|)+\rho_J\cdot\exp(j\phi_V(\theta))}{1+\tan(K_{polar}\cdot|\theta|)\rho_J\cdot\exp(j\phi_H(\theta))} \\ &= \frac{m_p+\rho_J\cdot\exp(j\phi_V(\theta))}{1+m_p\cdot\rho_J\cdot\exp(j\phi_H(\theta))} \end{aligned} \tag{7.4.15}$$

由上式可以看出，此时由极化通道输出的极化估计值是关于真实极化呈现非线性变化的，主要受到两个因素的影响，其一是干扰入射方向上天线的极化角，其二是干扰入射方向上天线的相位特性。这说明从副瓣进入的干扰信号，经过两个极化通道接收功率较主瓣进入有所下降，并且输出信号的极化受到了天线极化特性的调制，极化特性有所变化，极化幅度和相位均产生估计误差，即通过正交极化通道输出直接估计的极化显然不能视为干扰极化的无偏估计。图 7.23 给出了极化估计误差随天线特性和输出电压的变化规律。

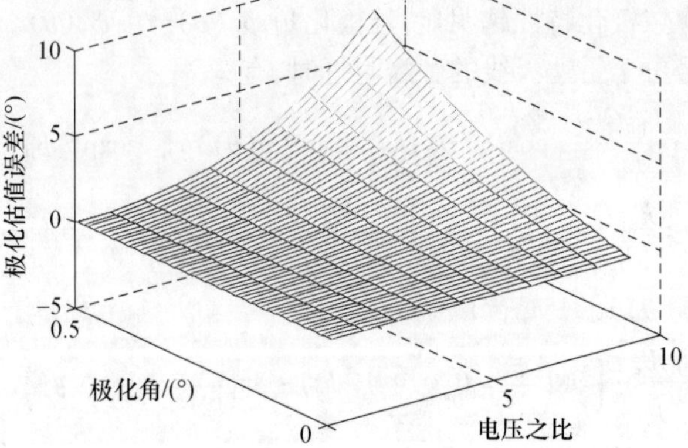

图 7.23　极化估计误差随天线特性和输出电压的变化规律

7.4.1.2　极化通道特性的影响

在理想条件下为简化分析，雷达收发天线的阵元响应、阵元位置扰动、互耦、信号波前畸变往往都被省略，但实际系统中，上述因素的存在都是不可避免的，会对接收信号产生较大影响，这些误差可以综合用“幅相误差”来表示。虽然在工程实现中会对幅相误差进行校正，但剩余幅相误差仍然存在。因此，幅相误差对极化估计和极化滤波性能的影响是在实际应用中需要考虑的问题。

在幅相误差的影响下，水平极化通道对从主瓣进入的干扰信号的实际接收电压为

$$\begin{aligned} V_H(t) &= A_H e^{j\phi_H} \cdot P_S \cdot \frac{k_{RF} G_r}{L_R} \cdot \boldsymbol{g}^T(\theta) \cdot \boldsymbol{h}_J \cdot J(t) + n_H(t) \\ &= A_H e^{j\phi_H} \cdot P_S \cdot \frac{k_{RF} G_r}{L_R} \cdot h_{JH} \cdot J(t) + n_H(t) \end{aligned} \tag{7.4.16}$$

垂直极化通道对干扰信号的实际接收电压为

$$\begin{aligned} V_V(t) &= A_V e^{j\phi_V} \cdot P_S \cdot \frac{k_{RF} G_r}{L_R} \cdot \boldsymbol{g}^T(\theta) \cdot \boldsymbol{h}_J \cdot J(t) + n_V(t) \\ &= A_V e^{j\phi_V} \cdot P_S \cdot \frac{k_{RF} G_r}{L_R} \cdot h_{JV} \cdot J(t) + n_V(t) \end{aligned} \tag{7.4.17}$$

因此，正交极化通道输出信号之比近似为

$$\begin{aligned} \left\langle \frac{V_V(t)}{V_H(t)} \right\rangle &= \frac{A_V e^{j\phi_V} \cdot P_S \cdot \dfrac{k_{RF} G_r}{L_R} \cdot h_{JV} \cdot J(t) + n_V(t)}{A_H e^{j\phi_H} \cdot P_S \cdot \dfrac{k_{RF} G_r}{L_R} \cdot h_{JH} \cdot J(t) + n_H(t)} \\ &\approx \frac{A_V e^{j\phi_V}}{A_H e^{j\phi_H}} \cdot \frac{h_{JV}}{h_{JH}} = \xi_A \cdot \exp(j\phi_\xi) \cdot \frac{h_{JV}}{h_{JH}} \end{aligned} \tag{7.4.18}$$

式中：$\xi_A = \dfrac{A_V}{A_H}$为通道间幅度不一致性误差；$\phi_\xi = \phi_V - \phi_H$ 为通道间相位不一致性

误差。

因此，极化通道输出的信号的极化给信号真实极化特性调制了一个幅度误差项和一个相位误差项。

7.4.1.3 接收机噪声的影响

干扰入射波的电场矢量在(h,v)记为$\boldsymbol{h}=[j_h \quad j_v]^{\mathrm{T}}$，通过正交极化双通道测量系统接收后，通道输出构成一个二维复矢量，记为$\boldsymbol{x}=\boldsymbol{h}+\boldsymbol{n}$，其中$\boldsymbol{n}$为测量系统的噪声矢量，若不考虑杂波和干扰，$\boldsymbol{n}$通常表示两路通道接收机的输出噪声。实际情况中通常以测量系统的输出矢量直接作为入射信号极化的估计[163]，即有

$$\hat{\boldsymbol{h}}=\frac{\boldsymbol{x}}{\|\boldsymbol{x}\|}=\frac{\boldsymbol{h}+\boldsymbol{n}}{\|\boldsymbol{h}+\boldsymbol{n}\|}=\frac{\boldsymbol{h}+\tilde{\boldsymbol{h}}}{\|\boldsymbol{h}+\tilde{\boldsymbol{h}}\|} \tag{7.4.19}$$

设ϑ为来波真实极化$\boldsymbol{g}_h$和估计极化$\hat{\boldsymbol{g}}_h$之间的矢量夹角，其中$\boldsymbol{g}_h$和$\hat{\boldsymbol{g}}_h$为来波极化和估计极化的Stokes子矢量。设$\boldsymbol{J}_h=[1,\boldsymbol{g}_h^{\mathrm{T}}]^{\mathrm{T}}$和$\hat{\boldsymbol{J}}_h=[1,\hat{\boldsymbol{g}}_h^{\mathrm{T}}]^{\mathrm{T}}$分别为来波真实极化和估计极化的Stokes矢量，则有$\boldsymbol{J}_h=\boldsymbol{R}(\boldsymbol{h}\otimes\boldsymbol{h}^*)$，$\hat{\boldsymbol{J}}_h=\boldsymbol{R}(\hat{\boldsymbol{h}}\otimes\hat{\boldsymbol{h}}^*)$，上标“$*$”代表共轭，$\boldsymbol{R}$为准酉矩阵[257]。$\boldsymbol{h}$和$\hat{\boldsymbol{h}}$代表真实极化与估计极化的相位描述子。$\hat{\boldsymbol{h}}=\dfrac{\boldsymbol{h}+\tilde{\boldsymbol{h}}}{\|\boldsymbol{h}+\tilde{\boldsymbol{h}}\|}$，其中$\tilde{\boldsymbol{h}}$为测量系统的噪声矢量。$\boldsymbol{g}_h$和$\hat{\boldsymbol{g}}_h$为三维实矢量，且满足$\|\boldsymbol{g}_h\|=\|\hat{\boldsymbol{g}}_h\|=1$。

对估计来波极化进行归一化处理，得到“归一化”的估计来波矢量$\hat{\boldsymbol{h}}_{\mathrm{uni}}$，并定义$\boldsymbol{h}$和$\hat{\boldsymbol{h}}_{\mathrm{uni}}$之间的匹配系数为$m_p$，则有

$$m_p=\frac{1}{2}(1+\cos\vartheta)=\frac{|\boldsymbol{h}^{\mathrm{H}}\hat{\boldsymbol{h}}_{\mathrm{uni}}|^2}{\|\boldsymbol{h}\|^2\|\hat{\boldsymbol{h}}_{\mathrm{uni}}\|^2} \tag{7.4.20}$$

将$\hat{\boldsymbol{h}}_{\mathrm{uni}}=\dfrac{\hat{\boldsymbol{h}}}{\|\hat{\boldsymbol{h}}\|}=\dfrac{\boldsymbol{h}+\tilde{\boldsymbol{h}}}{\|\boldsymbol{h}+\tilde{\boldsymbol{h}}\|}$代入上式，可得[257]

$$\sin^2\frac{\vartheta}{2}=\frac{\|\tilde{\boldsymbol{h}}\|^2-\|\tilde{\boldsymbol{h}}^{\mathrm{H}}\boldsymbol{h}\|^2}{1+\boldsymbol{h}^{\mathrm{H}}\tilde{\boldsymbol{h}}+\tilde{\boldsymbol{h}}^{\mathrm{H}}\boldsymbol{h}+\|\tilde{\boldsymbol{h}}\|^2}=\frac{\|\tilde{\boldsymbol{h}}\|^2-\|\tilde{\boldsymbol{h}}^{\mathrm{H}}\boldsymbol{h}\|^2}{\|\hat{\boldsymbol{h}}\|^2} \tag{7.4.21}$$

若测量系统信噪比很高，即$\|\tilde{\boldsymbol{h}}\|\ll\|\boldsymbol{h}\|=1$，此时$\|\hat{\boldsymbol{h}}\|\approx 1$，式(5.7.8)可近似为

$$\sin^2\frac{\vartheta}{2}=\tilde{\boldsymbol{h}}^{\mathrm{H}}\tilde{\boldsymbol{h}}-\tilde{\boldsymbol{h}}^{\mathrm{H}}\boldsymbol{h}\boldsymbol{h}^{\mathrm{H}}\tilde{\boldsymbol{h}}=\tilde{\boldsymbol{h}}^{\mathrm{H}}\boldsymbol{Q}\,\tilde{\boldsymbol{h}} \tag{7.4.22}$$

其中$\boldsymbol{Q}=\boldsymbol{I}_{2\times2}-\boldsymbol{h}\boldsymbol{h}^{\mathrm{H}}$，其中$\boldsymbol{I}_{2\times2}=\mathrm{diag}\{1,1\}$，易知$\boldsymbol{Q}$必为非负定Hermite矩阵。

记$\boldsymbol{h}=[\cos\gamma \quad \sin\gamma\mathrm{e}^{\mathrm{j}\phi}]^{\mathrm{T}}$，并代入$\boldsymbol{Q}$的表达式，得$\boldsymbol{Q}$的酉相似变$\boldsymbol{Q}=\boldsymbol{U}^{\mathrm{H}}\boldsymbol{\Lambda}\boldsymbol{U}$，式

中 $\boldsymbol{\Lambda}=\mathrm{diag}\{1,0\}$,$\boldsymbol{U}=\begin{bmatrix}\sin\gamma e^{j\phi} & -\cos\gamma \\ \cos\gamma & \sin\gamma e^{-j\phi}\end{bmatrix}$为酉矩阵,并令 $\boldsymbol{b}=\boldsymbol{U}\tilde{\boldsymbol{h}}$为测量误差的酉变换矢量,则式(5.5.9)可写为 $\sin^2\dfrac{\vartheta}{2}=\boldsymbol{b}^{\mathrm{H}}\boldsymbol{\Lambda}\boldsymbol{b}$,基于前述 $\|\tilde{\boldsymbol{h}}\|\ll 1$ 的假设,有 $\vartheta\ll 1$,此时,上式可进一步近似为

$$\vartheta\approx 2\sqrt{\boldsymbol{b}^{\mathrm{H}}\boldsymbol{\Lambda}\boldsymbol{b}} \tag{7.4.23}$$

根据前述分析可知,$\tilde{\boldsymbol{h}}$ 是零均值复高斯矢量,因此,$\boldsymbol{b}=\boldsymbol{U}\tilde{\boldsymbol{h}}$亦为零均值复高斯矢量,且其协方差矩阵为 $\boldsymbol{R}_b=\boldsymbol{U}\boldsymbol{R}_{\tilde{h}}\boldsymbol{U}^{\mathrm{H}}$。估计极化与真实极化之间的误差角 ϑ 取决于测量系统的噪声矢量,以及干扰信号的极化参数。图 7.24 给出了两种信噪比水平下极化误差角的概率密度分布的统计直方图,估计的次数为 2×10^4 次,统计结果证明了上述结论。

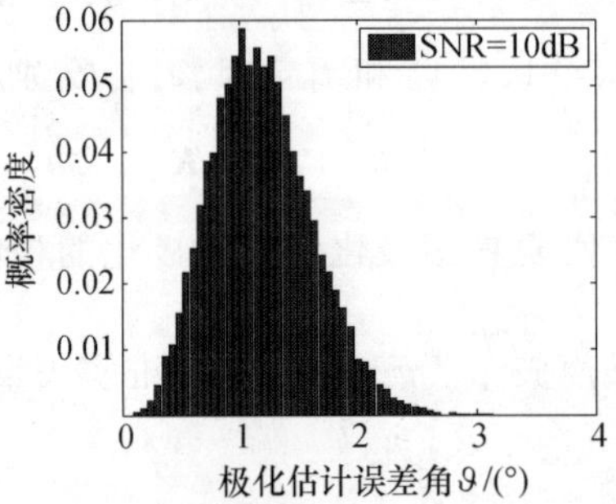

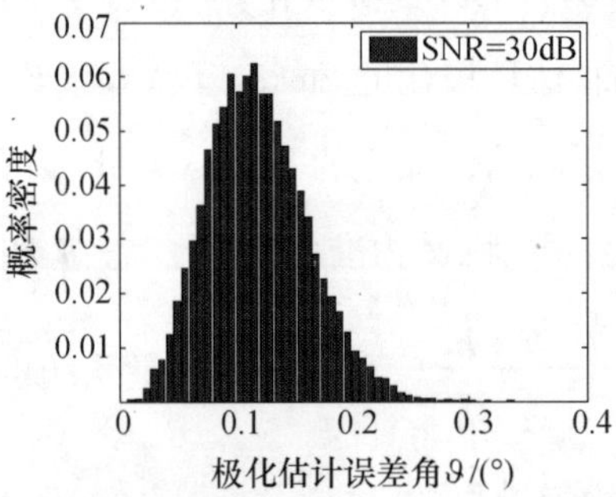

图 7.24 极化估计误差角 ϑ 的概率密度分布

7.4.1.4 极化估计算法的影响

实际雷达中,通常以测量系统的输出在时域内用统计特性来描述干扰的极化状态,但是根据极化状态的时频不变性,信号的极化也可以在频域内完成。为了比较在两种处理域内极化测量的精度,下面给出极化信号频域测量原理和测量性能的比较。

根据信号极化的 Stokes 参数,时域的极化参数[167]可以通过下式获得:

$$\bar{\gamma}=\arctan\left(\sqrt{\frac{\bar{g}_{\mathrm{op}}-\bar{g}_1}{\bar{g}_{\mathrm{op}}+\bar{g}_1}}\right) \tag{7.4.24}$$

$$\bar{\delta}=\arctan\left(\frac{\bar{g}_3}{\bar{g}_2}\right) \tag{7.4.25}$$

式中:$\bar{g}_0=\langle|E_h(t)|^2\rangle+\langle|E_v(t)|^2\rangle$;$\bar{g}_1=\langle|E_h(t)|^2\rangle-\langle|E_v(t)|^2\rangle$;$\bar{g}_2=2\mathrm{Re}\langle E_h(t)E_v^*(t)\rangle$;$\bar{g}_3=-2\mathrm{Im}\langle E_h(t)E_v^*(t)\rangle$;$\bar{g}_0=(\bar{g}_1^2+\bar{g}_2^2+\bar{g}_3^2)^{\frac{1}{2}}$。

同样地,沿 z 轴传播的平面谐振单色电磁波电场矢量的时间表示形式[167]:

$$\boldsymbol{E}(z,t)=\begin{bmatrix}E_H(z,t)\\E_V(z,t)\end{bmatrix}=E(t)\cdot e^{j\omega t}\cdot\begin{bmatrix}\cos\gamma\\\sin\gamma\cdot\exp(j\eta)\end{bmatrix}\cdot e^{j(\Omega t-kz)} \tag{7.4.26}$$

式中:Ω 为信号角频率;$E(t)$ 表示随时间变化的电场强度。

对于振幅不变、极化恒定的单频信号,略去绝对相位,其时间函数按照

$$\begin{cases} E_H(t) = E_h(t) \cdot e^{j\Omega t} \\ E_V(t) = E_v(t) \cdot e^{j(\Omega t + \eta)} \end{cases} \tag{7.4.27}$$

这里,假设 $\rho_s = \dfrac{E_v(t)}{E_h(t)} = \tan\gamma$ 表示两极化通道极化比的幅度;$\eta = \arg[E_V(t)] - \arg[E_H(t)]$ 表示两极化通道的相位差。

对两路极化信号进行采样,设采样周期为 T_s,对应的数字频率为 $\omega_0 = \Omega T_s$,采样后数字信号输出

$$\boldsymbol{E}(n) = \begin{bmatrix} E_H(n) \\ E_V(n) \end{bmatrix} = \begin{bmatrix} E\cos\gamma \cdot \exp(j\omega_0 n) \\ E\sin\gamma \cdot \exp[j(\omega_0 n + \eta)] \end{bmatrix} \tag{7.4.28}$$

式中:N 为采样个数,$n = 1, 2, \cdots, N$,对这两路信号分别进行 FFT,有

$$E(e^{j\omega}) = \begin{bmatrix} E_h(e^{j\omega}) \\ E_v(e^{j\omega}) \end{bmatrix} = \begin{bmatrix} E\cos\gamma \cdot \sum_{m=1}^{N} 2\pi\delta(\omega - \omega_0) \\ E\sin\gamma e^{j\eta} \cdot \sum_{m=1}^{N} 2\pi\delta(\omega - \omega_0) \end{bmatrix} \tag{7.4.29}$$

那么将两路信号频谱的幅度之比作为极化比幅度的估计,即

$$\hat{\rho}_s = \left| \frac{E\sin\gamma e^{j\varphi} \cdot \sum_{m=1}^{N} 2\pi\delta(\omega - \omega_0)}{E\cos\gamma \cdot \sum_{m=1}^{N} 2\pi\delta(\omega - \omega_0)} \right| = \tan\gamma = \rho_s \tag{7.4.30}$$

$$\hat{\eta} = \arg[E_v(e^{j\omega})] - \arg[E_h(e^{j\omega})] = \eta \tag{7.4.31}$$

因此,通过对两路输出信号进行时域和频域的处理,都可以完成对信号极化状态有效的估计。图 7.25 和图 7.26 分别给出了对极化信号进行时域和频域处理提取极化参数的性能曲线,可以很明显地看出,频域的处理方法通过 FFT 变换相当于对时域进行了相关积累,提高了信噪比(SNR),估计精度要高于时域处理方法。

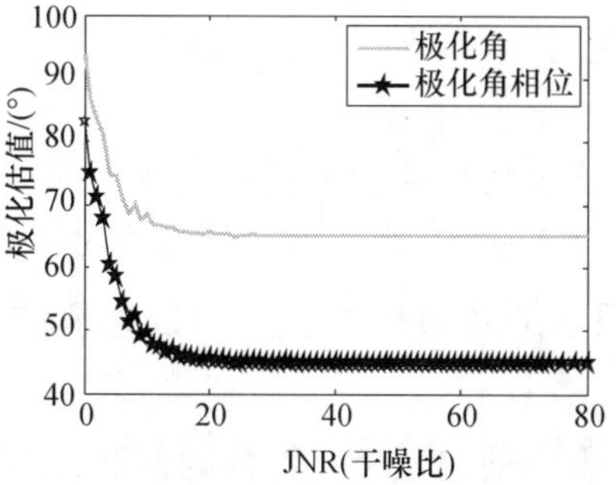

图 7.25　极化状态的时域估计性能

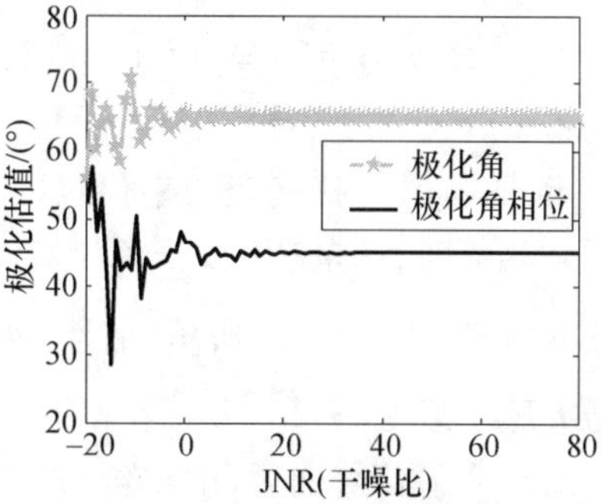

图 7.26　极化状态的频域估计性能

7.4.2 极化滤波有效性分析

通常认为,极化滤波的效能取决于极化估计精度。若估计无误差,干扰剩余功率为0。该结论忽略了一个重要因素,即极化滤波的对象并非真实极化,而是接收极化。具体而言,接收通道的输出信号直接表征了在天线极化特性、方向特性、通道幅相特性、噪声特性以及极化估计算法等因素共同作用影响下电磁波的幅度和相位特性。通过前面的分析,极化估计误差可以等效为两种乘性误差和一种加性误差的组合,乘性误差可以统一用幅相误差表示,该因素是否影响极化滤波的有效性,下面给出详细的分析。

记干扰真实极化为 $\boldsymbol{h}=[\cos\gamma \quad \sin\gamma e^{j\phi}]^{T}$,设由于天线极化特性、通道非理想特性给极化估计造成一定的估计误差,使得通道输出信号的极化偏离了真实极化,可表示为 $\hat{\boldsymbol{h}}=[\cos\hat{\gamma} \quad \sin\hat{\gamma} e^{j\hat{\phi}}]^{T}=\begin{bmatrix}\cos(\gamma+\Delta\gamma)\\ \sin(\gamma+\Delta\gamma)e^{j(\phi+\Delta\phi)}\end{bmatrix}$,设极化滤波矢量 $\boldsymbol{H}_r=\begin{bmatrix}\cos\gamma_r\\ \sin\gamma_r e^{j\phi_r}\end{bmatrix}$,由于在估计极化滤波矢量的时候,考虑到了估计误差,因此存在如下关系:

$$\begin{cases}\gamma_r=\gamma+\Delta\gamma+\dfrac{\pi}{2}\\ \phi_r=-(\phi+\Delta\phi)\end{cases} \tag{7.4.32}$$

即正交极化 $\boldsymbol{H}_r=\hat{\boldsymbol{h}}_{\perp}=[-\sin\hat{\gamma} \quad \cos\hat{\gamma} e^{-j\hat{\phi}}]^{T}$,易知其 Stokes 子矢量 $\hat{\boldsymbol{g}}_{h\perp}=\boldsymbol{\Lambda}_{12}\hat{\boldsymbol{g}}_h$,这里 $\boldsymbol{\Lambda}_{12}=\mathrm{diag}\{-1,-1,1\}$。由于极化估计精度的限制,通常 $\hat{\boldsymbol{h}}_{\perp}$ 与干扰真实极化 $\boldsymbol{h}$ 并非严格正交,文献[257]认为总会有一部分干扰信号漏入雷达接收机,这部分干扰剩余功率为

$$\begin{aligned}P_r&=|\hat{\boldsymbol{h}}_{\perp}^{T}\boldsymbol{h}|^2=\frac{1}{2}\hat{\boldsymbol{J}}_{\perp}^{T}\boldsymbol{U}_4\boldsymbol{J}_h=\frac{1}{2}(1+\hat{\boldsymbol{g}}_{h\perp}^{T}\boldsymbol{\Lambda}_3\boldsymbol{g}_h)\\&=\frac{1}{2}(1-\hat{\boldsymbol{g}}_h^{T}\hat{\boldsymbol{g}}_h)=\frac{1}{2}(1-\cos\vartheta)\end{aligned} \tag{7.4.33}$$

式中:$\hat{\boldsymbol{J}}_{\perp}=\boldsymbol{R}(\hat{\boldsymbol{h}}_{\perp}\otimes\hat{\boldsymbol{h}}_{\perp}^{*})=[1 \quad \hat{\boldsymbol{g}}_{h\perp}^{T}]^{T}$ 为 $\hat{\boldsymbol{h}}_{\perp}$ 对应的 Stokes 矢量;$\boldsymbol{U}_4=\mathrm{diag}\{1,1,1,-1\}$;$\boldsymbol{\Lambda}_3=\mathrm{diag}\{1,1,-1\}$。

上式说明,干扰剩余功率仅仅取决于干扰极化估计和干扰真实极化的差异,当两者相等时,剩余功率 $P_r=0$。然而,在实际系统中,极化滤波矢量不是对真实极化 $\boldsymbol{h}$ 滤波,如图7.27所示,估计出的最佳干扰抑制极化矢量 $\hat{\boldsymbol{h}}_{\perp}$ 应该对通道输出信号 $\hat{\boldsymbol{h}}J(t)$ 滤波。

对于入射信号而言,由于经过雷达接收天线的空域极化特性的调制,以及单元耦合效应、通道噪声和幅相误差的影响,正交极化通道的输出已不适合作为电

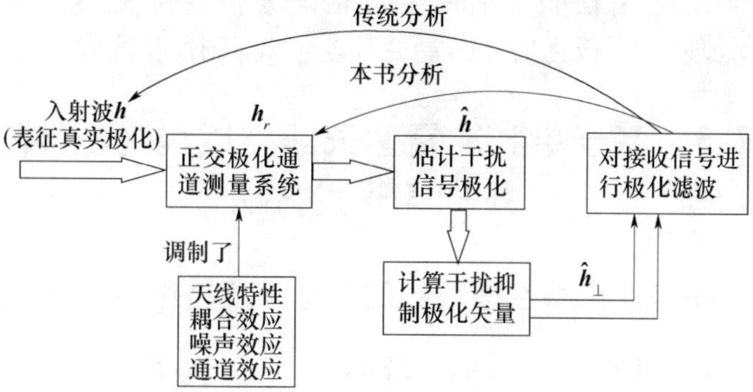

图 7.27　实际极化雷达中极化滤波器的开环模型

磁波极化的最优估计了，更表现为一种近似解。因此在极化滤波性能的传统分析中，通常用带估计误差的极化建立滤波矢量，进而对入射“真实极化”进行滤波是不符合实际信号处理流程的。应该在整个实际极化雷达中极化滤波的开环模型中增加一个“输出极化 $\boldsymbol{h}_r$”的环节，通过来波真实极化、输出极化、估计极化这三个量来判断极化滤波的性能，而不是单纯从估计极化和来波真实极化两个方面来建立评估准则。

因此，式(7.4.33)可改写为

$$P_r = |\hat{\boldsymbol{h}}_\perp^{\mathrm{T}} \boldsymbol{h}_r|^2 = |\hat{\boldsymbol{h}}_\perp^{\mathrm{T}} \hat{\boldsymbol{h}} + \hat{\boldsymbol{h}}_\perp^{\mathrm{T}} \boldsymbol{n}|^2 \tag{7.4.34}$$

上式包含两项，第一项是根据通道输出得到的估计极化，存在一定的估计误差，对误差的建模和分析在 7.4.1 节已给出具体分析；第二项是噪声矢量。单独分析第一项可知滤波后输出信号可表示为

$$\begin{aligned}
E_1(t) &= J(t) \cdot \hat{\boldsymbol{h}}_\perp^{\mathrm{T}} \hat{\boldsymbol{h}} \\
&= J(t) \cdot \left[\cos\left(\gamma + \Delta\gamma + \frac{\pi}{2}\right) \quad \sin\left(\gamma + \Delta\gamma + \frac{\pi}{2}\right) \mathrm{e}^{\mathrm{j}(\phi + \Delta\phi)} \right] \cdot \\
&\quad \begin{bmatrix} \cos(\gamma + \Delta\gamma) \\ \sin(\gamma + \Delta\gamma) \mathrm{e}^{-\mathrm{j}(\phi + \Delta\phi)} \end{bmatrix} \\
&= J(t) \cdot \left[\cos\left(\gamma + \Delta\gamma + \frac{\pi}{2}\right) \cos(\gamma + \Delta\gamma) + \right. \\
&\quad \left. \sin\left(\gamma + \Delta\gamma + \frac{\pi}{2}\right) \mathrm{e}^{\mathrm{j}(\phi + \Delta\phi)} \cdot \sin(\gamma + \Delta\gamma) \mathrm{e}^{-\mathrm{j}(\phi + \Delta\phi)} \right] \\
&= 0
\end{aligned} \tag{7.4.35}$$

易知，第一项输出功率近似为 0。

第二项为 $|\hat{\boldsymbol{h}}_\perp^{\mathrm{T}} \boldsymbol{n}|^2 = \sigma_n^2$，相当于极化滤波后输出的噪声功率。

由上面的分析可以看出，极化估计误差环节和极化滤波矢量计算环节是互相影响的。极化滤波矢量是建立在极化估计误差上的，极化估计产生的误差在极化

滤波矢量计算环节被补偿了,或者说,极化估计误差在极化滤波过程中得到补偿。因此,在实际处理当中,极化估计误差并不会直接限制极化滤波的有效性。

7.5 基于单脉冲雷达天线空域极化特性的抗欺骗干扰方法

7.5.1 基于和差波束特性差异的假目标干扰极化的估计方法

设比幅和差由两个天线和接收支路 A,B 组成,天线波束完全一致,这两个天线的相位中心相对于视线轴均有一个偏角 θ_0,它们的归一化方向性函数可写为

$$\begin{cases} \boldsymbol{F}_A = F(\theta-\theta_0)\cdot\boldsymbol{h}_A(\theta) \\ \boldsymbol{F}_B = F(\theta+\theta_0)\cdot\boldsymbol{h}_B(\theta) \end{cases} \tag{7.5.1}$$

式中:$\boldsymbol{h}_A(\theta)=[1\quad \rho_A(\theta)]^{\mathrm{T}}$ 与 $\boldsymbol{h}_B(\theta)=[1\quad \rho_B(\theta)]^{\mathrm{T}}$ 为天线空域极化矢量,并且有 $\|\boldsymbol{h}_A\|=1$,$\|\boldsymbol{h}_B\|=1$,$\rho_A(\theta)$ 和 $\rho_B(\theta)$ 分别是两天线单元的极化比。

设目标方向为 θ,忽略波形的影响,雷达发射信号可写为

$$\boldsymbol{E}_T = F(\theta-\theta_0)\cdot\boldsymbol{h}_A(\theta)+F(\theta+\theta_0)\cdot\boldsymbol{h}_B(\theta) \tag{7.5.2}$$

设 θ 方向的干扰机极化为 $\boldsymbol{h}_J$,则干扰机接收的信号可表示为

$$E_J=\boldsymbol{h}_J^{\mathrm{T}}[F(\theta-\theta_0)\boldsymbol{h}_A+F(\theta+\theta_0)\boldsymbol{h}_B] \tag{7.5.3}$$

式中:$\boldsymbol{h}_J=[\cos\varepsilon_J\quad \sin\varepsilon_J\cdot\exp(\mathrm{j}\eta_J)]^{\mathrm{T}}$ 是干扰极化状态的 Jones 矢量形式,ε_J 表示干扰信号中正交极化分量的幅度关系(等同于极化角),η_J 表示正交极化分量的相位差。可以看出,$E_J=\boldsymbol{h}_J^{\mathrm{T}}[F(\theta+\theta_0)\boldsymbol{h}_A+F(\theta-\theta_0)\boldsymbol{h}_B]$ 表示了干扰极化与雷达天线的极化匹配程度,可以视为一个功率因子,决定了雷达发射信号在干扰机中的输出功率大小。

通过干扰机的 DRFM 采样,干扰机发射信号的极化和干扰天线的极化方式一致。针对假目标干扰信号而言,根据天线接收理论可知,雷达 A 支路接收到的信号可表示为

$$A(t)=F(\theta-\theta_0)\boldsymbol{h}_A^{\mathrm{T}}\chi_J E_J\cdot\boldsymbol{h}_J J(t) \tag{7.5.4}$$

式中:$J(t)$ 为干扰信号的时域波形;χ_J 为干扰机对信号的放大系数。

同样地,B 支路接收到的信号可表示为

$$B(t)=F(\theta+\theta_0)\boldsymbol{h}_B^{\mathrm{T}}\chi_J E_J\cdot\boldsymbol{h}_J J(t) \tag{7.5.5}$$

两路接收信号经过正交模 T 后变为两路和、差信号,其中和信号可以表示为

$$\begin{aligned}\sum(t) &= A(t)+B(t)\\ &=\chi_J E_J J(t)\begin{bmatrix} F(\theta-\theta_0)+F(\theta+\theta_0) \\ F(\theta-\theta_0)\rho_A(\theta)+F(\theta+\theta_0)\rho_B(\theta)\end{bmatrix}^{\mathrm{T}}\cdot\begin{bmatrix}\cos\varepsilon_J \\ \sin\varepsilon_J\cdot\exp(\mathrm{j}\eta_J)\end{bmatrix}\end{aligned} \tag{7.5.6}$$

差信号表示为

$$\begin{aligned}\Delta(t) &= A(t) - B(t)\\ &= \chi_J E_J J(t)\begin{bmatrix} F(\theta-\theta_0) - F(\theta+\theta_0) \\ F(\theta-\theta_0)\rho_A(\theta) - F(\theta+\theta_0)\rho_B(\theta)\end{bmatrix}^{\mathrm{T}} \cdot \begin{bmatrix}\cos\varepsilon_J \\ \sin\varepsilon_J \cdot \exp(\mathrm{j}\eta_J)\end{bmatrix}\end{aligned} \tag{7.5.7}$$

为了简化表达式，可令

$$\begin{cases} F_1(\theta) = F(\theta-\theta_0) + F(\theta+\theta_0) \\ F_2(\theta) = F(\theta-\theta_0)\rho_A(\theta) + F(\theta+\theta_0)\rho_B(\theta) \\ F_3(\theta) = F(\theta-\theta_0) - F(\theta+\theta_0) \\ F_4(\theta) = F(\theta-\theta_0)\rho_A(\theta) - F(\theta+\theta_0)\rho_B(\theta) \end{cases}$$

并且$\chi' = \chi_J E_J$。那么,式(7.5.6)和式(7.5.7) 可改写为矩阵的形式,即

$$\begin{bmatrix}\sum(t) \\ \Delta(t)\end{bmatrix} = \begin{bmatrix} F_1(\theta) & F_2(\theta) \\ F_3(\theta) & F_4(\theta)\end{bmatrix} \cdot \begin{bmatrix}\chi' J(t)\cos\varepsilon_J \\ \chi' J(t)\sin\varepsilon_J \cdot \exp(\mathrm{j}\eta_J)\end{bmatrix} \tag{7.5.8}$$

由上式可以看出,和、差通道回波不仅调制了信号的共极化分量,还包含了天线的交叉极化增益和信号的交叉极化分量共同作用的信号分量。

由于列矩阵中的元素$\chi' J(t)\cos\varepsilon_J$和$\chi' J(t)\sin\varepsilon_J\exp(\mathrm{j}\eta_J)$分别表示了干扰信号$J(t)$的正交极化分量,因此可将$\chi' J(t)\cos\varepsilon_J$替换为$J_H(t)$，将$\chi' J(t)\sin\varepsilon_J\exp(\mathrm{j}\eta_J)$替换为$J_V(t)$。

那么,式(7.5.8)可以简化表示为

$$\begin{bmatrix}\Sigma(t) \\ \Delta(t)\end{bmatrix} = \begin{bmatrix} F_1(\theta) & F_2(\theta) \\ F_3(\theta) & F_4(\theta)\end{bmatrix}\begin{bmatrix} J_H(t) \\ J_V(t)\end{bmatrix} \tag{7.5.9}$$

把和、差通道两路接收电压信号划分成M个距离分辨单元,将同一距离单元的2个电压值组成矢量$\boldsymbol{r}(t_k)$，$k=1,\cdots,M$。极化信号分解就是在已知信号到达角θ和天线极化特性$\boldsymbol{G}(\theta) = \begin{bmatrix} F_1(\theta) & F_2(\theta) \\ F_3(\theta) & F_4(\theta)\end{bmatrix}$前提下,对每一距离单元的电压矢量$\boldsymbol{r}(t_k) = \begin{bmatrix}\Sigma(t_k) \\ \Delta(t_k)\end{bmatrix}$乘以天线极化特性矩阵$\boldsymbol{G}$的逆矩阵,即可得到两路正交极化信号。

在数学上,信号的正交极化回波估计可以根据矩阵求逆来计算得到,针对每个采样时刻t_k或距离分辨单元,干扰的正交极化分量可写为

$$\begin{bmatrix} J_H(t_k) \\ J_V(t_k)\end{bmatrix} = \begin{bmatrix} F_1(\theta) & F_2(\theta) \\ F_3(\theta) & F_4(\theta)\end{bmatrix}^{-1} \cdot \begin{bmatrix}\Sigma(t_k) \\ \Delta(t_k)\end{bmatrix} \tag{7.5.10}$$

该方法成立的条件即

$$G(\theta)=\begin{bmatrix} F(\theta-\theta_0)+F(\theta+\theta_0) & F(\theta-\theta_0)\rho_A(\theta)+F(\theta+\theta_0)\rho_B(\theta) \\ F(\theta-\theta_0)-F(\theta+\theta_0) & F(\theta-\theta_0)\rho_A(\theta)-F(\theta+\theta_0)\rho_B(\theta) \end{bmatrix}$$

矩阵可逆。将和波束的主极化方向图函数视为 $F_{\Sigma}=F(\theta-\theta_0)+F(\theta+\theta_0)$，差波束的主极化方向图的函数 $F_{\Delta}=F(\theta-\theta_0)-F(\theta+\theta_0)$，$F(\theta-\theta_0)\rho_A(\theta)+F(\theta+\theta_0)\rho_B(\theta)$ 和 $F(\theta-\theta_0)\rho_A(\theta)-F(\theta+\theta_0)\rho_B(\theta)$ 可分别视为和波束与差波束的交叉极化方向图函数。

限于加工工艺水平，每个天线单元与接收支路的特性无法做到完全一致，因此 $\rho_A(\theta)\neq\rho_B(\theta)$，即不存在理想的极化天线，使得上面的天线特性矩阵 $G(\theta)$ 为可逆矩阵。图 7.28 给出了利用 GRASP 9.0 电磁计算得到的和差波束的极化方向图，可以看出和波束与差波束极化方向图存在明显的差异，差波束与和波束的交叉极化方向图结构类似[246]，均在主瓣中心位置存在零点，满足在主极化极大值处，交叉极化接收功率达到最小值或局部极小值。因此该方法可以成立，其优势在于利用了天线的非理想因素。

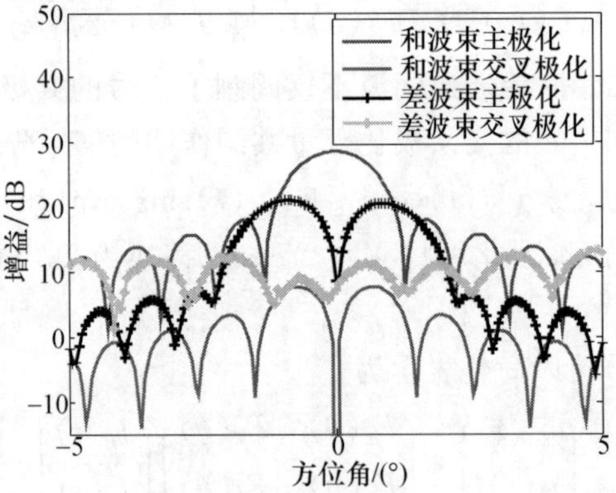

图 7.28 和差波束的极化方向图

根据已估计的正交极化通道回波，干扰信号的极化比可由下式估计得到：

$$\rho_J=\left\langle \frac{J_V(t_k)}{J_H(t_k)} \right\rangle \tag{7.5.11}$$

式中：$\langle\cdot\rangle$ 表示集合平均。同时，考虑约束条件 $\|\rho_J\|=1$ 可以估计出干扰信号的极化状态。

对于具有极化分集能力的全极化单脉冲雷达而言，接收信号模型可表示为

$$\begin{bmatrix} \Sigma_H(t) \\ \Sigma_V(t) \\ \Delta_H(t) \\ \Delta_V(t) \end{bmatrix}=\begin{bmatrix} F(\theta-\theta_0)+F(\theta+\theta_0) & 0 \\ 0 & F(\theta-\theta_0)+F(\theta+\theta_0) \\ F(\theta-\theta_0)-F(\theta+\theta_0) & 0 \\ 0 & F(\theta-\theta_0)-F(\theta+\theta_0) \end{bmatrix}\begin{bmatrix} J_H(t) \\ J_V(t) \end{bmatrix} \tag{7.5.12}$$

上式可进一步写为

$$\begin{bmatrix} \sum_H(t) \\ \sum_V(t) \\ \Delta_H(t) \\ \Delta_V(t) \end{bmatrix} = \begin{bmatrix} F(\theta-\theta_0)+F(\theta+\theta_0)J_H(t) \\ F(\theta-\theta_0)+F(\theta+\theta_0)J_V(t) \\ F(\theta-\theta_0)-F(\theta+\theta_0)J_H(t) \\ F(\theta-\theta_0)-F(\theta+\theta_0)J_V(t) \end{bmatrix} \tag{7.5.13}$$

由上式可知,在全极化测量体制下,无需考虑天线方向图的因素和信号到达角,直接通过两路正交极化通道回波信号即可得到信号极化状态的最优估计。而本节所提方法的出发点是巧妙利用和差波束的交叉极化方向图差异,不需要正交极化天线和双极化通道的处理,降低了极化信息的处理的设备量和复杂度。

7.5.2 基于和差波束特性差异的目标回波极化估计

雷达发射波形可以表示为

$$\boldsymbol{E}_{\mathrm{t}}(t)=A\cdot\boldsymbol{h}_{\mathrm{t}m}s_m(t) \tag{7.5.14}$$

式中:M 为发射脉冲数目;$\boldsymbol{h}_{\mathrm{t}m}$ 为发射天线极化的 Jones 矢量表示,且 $\|\boldsymbol{h}_{\mathrm{t}m}\|=1$;$s_m(t)$ 是发射波形函数,一般常采用矩形脉冲、线性调频脉冲等形式;A 表示幅度。

发射信号经过目标散射后的接收回波可表示为

$$\boldsymbol{E}_s(t)=\chi\cdot\boldsymbol{h}_{\mathrm{t}m}^{\mathrm{T}}\boldsymbol{S}\boldsymbol{h}_{\mathrm{t}m}s_m(t-\tau),m=1,\cdots,M \tag{7.5.15}$$

式中:$\boldsymbol{S}=\begin{bmatrix} S_{HH} & S_{HV} \\ S_{VH} & S_{VV}\end{bmatrix}$为目标极化散射矩阵;$\chi$ 为信号幅度,是由雷达接收机处理增益以及雷达方程中各元素(除目标散射截面积外)共同决定的值,有

$$\chi=\frac{k_{\mathrm{RF}}}{16\pi^2R^4L_R}\sqrt{\frac{P_{\mathrm{t}}}{4\pi L_{\mathrm{t}}}}$$

式中:k_{RF} 为射频放大系数;R 为雷达与目标间的距离;P_{t} 为雷达发射功率;L_{t} 与 L_{R} 分别是发射和接收综合损耗。

忽略波形的影响,仅考虑目标散射,则 A 支路接收到的目标回波信号可表示为

$$A(t)=\chi_s(F(\theta-\theta_0)^2\boldsymbol{h}_A^{\mathrm{T}}\boldsymbol{S}\boldsymbol{h}_A+F(\theta+\theta_0)F(\theta-\theta_0)\boldsymbol{h}_A^{\mathrm{T}}\boldsymbol{S}\boldsymbol{h}_B) \tag{7.5.16}$$

B 支路接收到的信号可表示为

$$B(t)=\chi_s(F(\theta+\theta_0)^2\boldsymbol{h}_B^{\mathrm{T}}\boldsymbol{S}\boldsymbol{h}_B+F(\theta+\theta_0)F(\theta-\theta_0)\boldsymbol{h}_B^{\mathrm{T}}\boldsymbol{S}\boldsymbol{h}_A) \tag{7.5.17}$$

为了简化表达式,令 $F(-)=F(\theta-\theta_0)$ 并且 $F(+)=F(\theta+\theta_0)$,因此,和信号可以表示为

$$\begin{aligned}\sum(t)&=A(t)+B(t)\\&=\chi_s[F(-)^2\boldsymbol{h}_A^{\mathrm{T}}\boldsymbol{S}\boldsymbol{h}_A+F(+)F(-)\\&\quad(\boldsymbol{h}_A^{\mathrm{T}}\boldsymbol{S}\boldsymbol{h}_B+\boldsymbol{h}_B^{\mathrm{T}}\boldsymbol{S}\boldsymbol{h}_A)+F(+)^2\boldsymbol{h}_B^{\mathrm{T}}\boldsymbol{S}\boldsymbol{h}_B]\end{aligned} \tag{7.5.18}$$

差信号可以表示为

$$\begin{aligned}\Delta(t) &= A(t) - B(t)\\ &= \chi_s[F(-)^2\boldsymbol{h}_A^{\mathrm{T}}\boldsymbol{S}\boldsymbol{h}_A + F(+)F(-)\\ &\quad(\boldsymbol{h}_A^{\mathrm{T}}\boldsymbol{S}\boldsymbol{h}_B - \boldsymbol{h}_B^{\mathrm{T}}\boldsymbol{S}\boldsymbol{h}_A) - F(+)^2\boldsymbol{h}_B^{\mathrm{T}}\boldsymbol{S}\boldsymbol{h}_B]\end{aligned} \tag{7.5.19}$$

令 $F(-)\boldsymbol{h}_A + F(+)\boldsymbol{h}_B = \boldsymbol{E}_S$，则式(7.5.18)可以改写为

$$\sum(t) = \chi_s(F(-)\boldsymbol{h}_A^{\mathrm{T}} + F(+)\boldsymbol{h}_B^{\mathrm{T}})\boldsymbol{S}\boldsymbol{E}_S \tag{7.5.20}$$

式(7.5.19)可以改写为

$$\Delta(t) = \chi_s(F(-)\boldsymbol{h}_A^{\mathrm{T}} - F(+)\boldsymbol{h}_B^{\mathrm{T}})\boldsymbol{S}\boldsymbol{E}_S \tag{7.5.21}$$

上面公式中的公共项 $\boldsymbol{SE}_S$ 可以视为目标回波的正交极化分量，记作 $\boldsymbol{SE}_S = \begin{bmatrix} s_h(t)\\ s_v(t)\end{bmatrix}$，因此则和、差通道对真实目标的接收信号写成量测方程矩阵的形式

$$\begin{bmatrix}\sum(t)\\ \Delta(t)\end{bmatrix} = \begin{bmatrix} F(-)\boldsymbol{h}_A^{\mathrm{T}} + F(+)\boldsymbol{h}_B^{\mathrm{T}}\\ F(-)\boldsymbol{h}_A^{\mathrm{T}} - F(+)\boldsymbol{h}_B^{\mathrm{T}}\end{bmatrix}\begin{bmatrix} s_h(t)\\ s_v(t)\end{bmatrix} \tag{7.5.22}$$

因此，根据天线的极化特性矩阵和信号的到达角，通过矩阵求逆的办法可以估计出目标回波的正交极化分量，这和7.5.1节估计假目标干扰极化的方法是一致的。

$$\begin{aligned}\begin{bmatrix} F(-)\boldsymbol{h}_A^{\mathrm{T}} + F(+)\boldsymbol{h}_B^{\mathrm{T}}\\ F(-)\boldsymbol{h}_A^{\mathrm{T}} - F(+)\boldsymbol{h}_B^{\mathrm{T}}\end{bmatrix} &= \begin{bmatrix} F(\theta-\theta_0) + F(\theta+\theta_0) & F(\theta-\theta_0)\rho_A + F(\theta+\theta_0)\rho_B\\ F(\theta-\theta_0) - F(\theta+\theta_0) & F(\theta-\theta_0)\rho_A - F(\theta+\theta_0)\rho_B\end{bmatrix}\\ &= \begin{bmatrix} F_1(\theta) & F_2(\theta)\\ F_3(\theta) & F_4(\theta)\end{bmatrix}\end{aligned} \tag{7.5.23}$$

由式(7.5.18)、式(7.5.19)可知，真实目标回波调制了雷达发射天线极化方向图的平方特性，目标的极化散射特性，而干扰信号回波则仅调制了干扰机天线的极化特性与雷达接收天线极化方向图的一次特性，有明显的差别。因此，可以通过两者的极化估计值的差异建立鉴别参量，从而识别和抑制有源多假目标干扰。

7.5.3 基于极化相似度的有源多假目标干扰鉴别方法

7.5.3.1 假目标干扰的极化特性

多假目标干扰作为一种重要的欺骗干扰样式，其意图是给敌方雷达提供许多与真实目标距离不同的假目标，使得雷达不能区分真假目标或因难以识别而延缓识别真目标的时间，以固定多假目标干扰为例，其每一个脉冲的波形与雷达发射的信号波形极其相似。其匹配滤波输出和目标回波在时域、频域上几乎没有差别。因此，假目标干扰多用于目标的自卫干扰，以便于同自身目标配合，通过转发延迟，在真目标距离周围形成若干个假目标。图7.29仿真得到了真假目标回波匹配滤波输出的结果，可以看出，假目标到达雷达接收机天线的功率要大于真目标回波的功率。

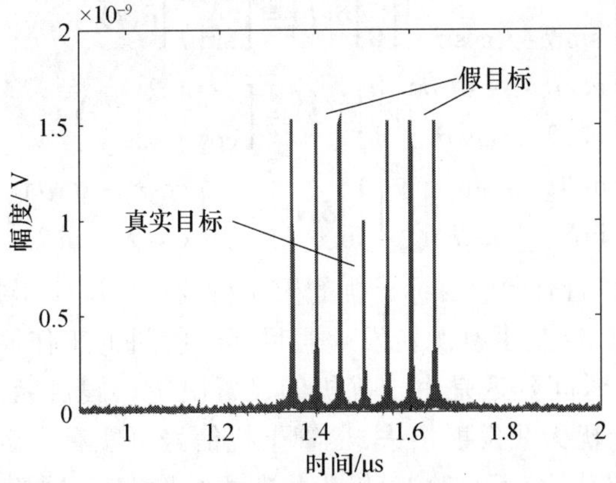

图 7.29　真假目标干扰匹配滤波输出

在水平垂直极化基下,有源假目标干扰信号在雷达接收天线端口处可表示为

$$\boldsymbol{e}_J(t)=\boldsymbol{h}_{J1}J_1(t) \tag{7.5.24}$$

式中:$J_1(t)$为假目标干扰的调制信号,可为任意波形,一般为了避免被雷达从时域和频域识别,其特性应与目标散射波的调制特性相近;$\boldsymbol{h}_{J1}=[h_{JH1},h_{JV1}]^{\mathrm{T}}$ 为当前干扰信号的极化形式,$\|\boldsymbol{h}_{J1}\|=1$。

一般情况下,为了取得干扰效果,干扰天线为圆极化,设在左右旋正交极化基$(\hat{l},\hat{r})$下,干扰机转发的假目标信号可以表示为

$$\boldsymbol{e}_{\text{false}}(t)=\begin{bmatrix}E_{\mathrm{L}}(t)\\E_{\mathrm{R}}(t)\end{bmatrix}=\begin{bmatrix}1\\0\end{bmatrix}\delta(t)=\begin{bmatrix}1\\0\end{bmatrix}\zeta(t)\exp(\mathrm{j}2\pi f_0t+\mathrm{j}\phi(t)) \tag{7.5.25}$$

式中:$\delta(t)$为有源假目标信号的调制形式,能够逼真地模拟雷达目标时域、频域及多普勒等信息,使得常规时、频域的鉴别方法难以区分;$\zeta(t)$为包含目标散射回波幅度特征信息的调制函数;f_0 为发射信号载频;$\phi(t)$为干扰信号的相位调制函数。

由于雷达一般都是采用线极化工作方式,由极化基变换公式,将有源假目标极化基转换到雷达极化基$(\hat{\boldsymbol{h}},\hat{\boldsymbol{v}})$下,可表示为

$$\boldsymbol{e}_{\text{false}}(t)=\frac{1}{\sqrt{2}}\begin{bmatrix}1&1\\\mathrm{j}&-\mathrm{j}\end{bmatrix}\begin{bmatrix}E_{\mathrm{L}}(t)\\E_{\mathrm{R}}(t)\end{bmatrix}=\frac{1}{\sqrt{2}}\begin{bmatrix}1\\\mathrm{j}\end{bmatrix}\delta(t) \tag{7.5.26}$$

由于圆极化特性不因干扰机姿态变化而改变,因此,即使干扰机假目标信号的幅度和相位特性发生变化,即 $\delta(t)$具有复杂调制,也不会影响干扰信号的极化状态,此时 $\boldsymbol{h}_{\text{false}}\approx\frac{1}{\sqrt{2}}\begin{bmatrix}1\\\mathrm{j}\end{bmatrix}$。

若干扰天线也同为水平、垂直或45°线极化方式,记其水平垂直极化基为$(\hat{x},\hat{y})$,由于干扰机姿态变化,使得其相对雷达天线的水平极化取向存在一个偏角 ϑ。因此,在雷达所在的极化基下,干扰信号的极化可表示为

$$e_{\text{false}}(t)^{H}=\begin{bmatrix}\cos\vartheta & -\sin\vartheta\\ \sin\vartheta & \cos\vartheta\end{bmatrix}\begin{bmatrix}1\\0\end{bmatrix}\delta(t)=\begin{bmatrix}\cos\vartheta\\ \sin\vartheta\end{bmatrix}\delta(t) \tag{7.5.27}$$

$$e_{\text{false}}(t)^{V}=\begin{bmatrix}\cos\vartheta & -\sin\vartheta\\ \sin\vartheta & \cos\vartheta\end{bmatrix}\begin{bmatrix}0\\1\end{bmatrix}\delta(t)=\begin{bmatrix}-\sin\vartheta\\ \cos\vartheta\end{bmatrix}\delta(t) \tag{7.5.28}$$

$$e_{\text{false}}(t)^{45^\circ}=\begin{bmatrix}\cos\vartheta & -\sin\vartheta\\ \sin\vartheta & \cos\vartheta\end{bmatrix}\frac{1}{\sqrt{2}}\begin{bmatrix}1\\1\end{bmatrix}\delta(t)=\frac{1}{\sqrt{2}}\begin{bmatrix}\cos\vartheta-\sin\vartheta\\ \cos\vartheta+\sin\vartheta\end{bmatrix}\delta(t) \tag{7.5.29}$$

由上述分析可知,有源假目标干扰的极化特性仅取决于干扰机天线的极化状态和干扰机的姿态,这是由有源转发式假目标干扰机的工作原理所决定的,不同假目标之间的转发时间延迟是由干扰机的设置决定。假目标干扰的极化状态由于都是由同一个干扰天线发射出去,尽管干扰信号可能有一定起伏,但是正交极化分量的比值(即极化比)不会改变,极化状态相对稳定,不同假目标的极化矢量的测量值是非常相似的,因此具有较强的相关性,极化的"相似测度"近似为等于1。而目标回波的极化状态和干扰机天线无关,是由雷达发射天线、目标散射特性共同决定的量,若将极化状态在欧氏空间上分解,则有源假目标的极化特性必然和真目标的极化在欧氏空间保持一定的距离,且"极化相似度"较弱。以此,作为判据,通过前面给出的极化估计方法,通过计算相邻两个目标回波的"极化相似测度",可以识别出真假目标,从而实现快速、有效的抑制。

7.5.3.2 基于极化相似度的有源多假目标干扰鉴别技术

如引言所述,常规的假目标极化识别的方法对传感器要求高,需要具备较高精度的极化测量能力,需要估计目标的极化散射矩阵以及假目标的等效散射矩阵(四个分量),即需要得到散射矩阵的绝对测量值,该精度受传感器多种物理限制和电磁环境的限制,并不能准确获得,更难以保证其仍然满足互易性、奇异性等多个判决性质,因此有可能使得极化识别算法失效。值得一提的是,信号在正交极化通道的测量值反映的是相对测量结果,非理想测量因素对目标和干扰的正交极化通道输出影响是一样的,因此,即使得到的回波极化矢量都存在耦合误差,仍然能够通过极化估值矢量之间的"相似测度"来进行衡量和比较,可以作为一种更为稳健的判别量。

7.5.3.3 假目标干扰鉴别参量的设计

从模式识别的角度来看,夹角余弦、相关系数与欧氏距离三个物理量能够在一定程度上反映出极化矢量之间的变化信息及相似程度。图7.30给出了极化矢量之间的夹角,夹角余弦和相关系数的差异不大,且比较相似,欧氏距离能反映极化矢量的测量偏差。利用该性质,利用矢量间的"相似测度"作为衡量极化矢量的衡量指标,测量并计算相邻目标的极化矢量的夹角余弦、相关系数与欧氏距离。

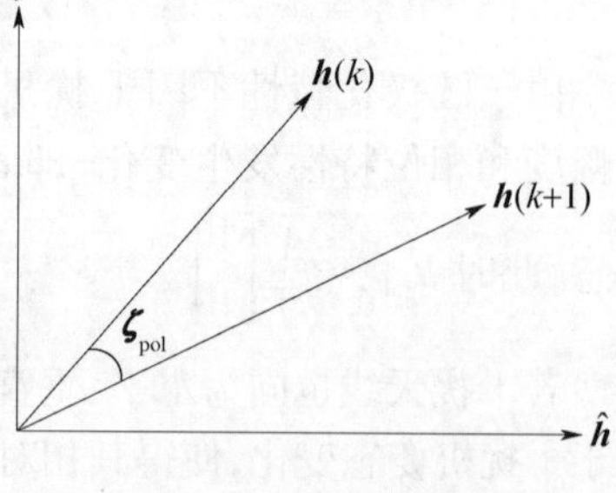

图7.30 极化矢量之间的夹角

夹角余弦是解析几何中两个矢量夹角余弦的概念在多元空间的推广。将每个待识别目标的极化估计值表示成2维空间中的模式矢量,2个模式矢量(即极化矢量估值)在极化空间中形成的夹角为ζ_{pol}。2个极化估值的相似度越大,则2个矢量间的夹角越小,夹角余弦系数越接近1。极化测量后的待鉴别目标的极化估值之间的夹角余弦值可以用下式求取:

$$\zeta_{\mathrm{pol}}=\frac{\boldsymbol{h}(k)^{\mathrm{H}}\boldsymbol{h}(k+1)}{\|\boldsymbol{h}(k)\|\cdot\|\boldsymbol{h}(k+1)\|}=\frac{j_H(k)\cdot j_H(k+1)+j_V(k)\cdot j_V(k+1)}{\sqrt{(|j_H(k)|^2+|j_V(k)|^2)(|j_H(k+1)|^2+|j_V(k+1)|^2)}} \tag{7.5.30}$$

式中:$\|\cdot\|$为极化矢量的Frobenius范数;$\boldsymbol{h}(k)=[j_H(k)\quad j_V(k)]^{\mathrm{T}}$和$\boldsymbol{h}(k+1)=[j_H(k+1)\quad j_V(k+1)]^{\mathrm{T}}$均为2维复矢量,表示第$k$和$k+1$个回波极化矢量的测量值;$\zeta_{\mathrm{pol}}$称为“极化测量相似度”。易知$|\zeta_{\mathrm{pol}}|\leqslant 1$,而且$\zeta_{\mathrm{pol}}$的值越接近1,表示两个目标极化的差异越小。

相关系数最初用来测度变量之间的相关程度,后来在聚类分析中用来衡量与待测变量的相似程度。通过测量算法估计出目标或假目标干扰的正交极化分量后,计算和比较相邻回波极化的相关特性差异,可以鉴别真实目标和有源假目标干扰。定义“极化相关系数”R_{pol}表达式如下:

$$R_{\mathrm{pol}}=\frac{(j_H(k)-\bar{j}_H)\cdot(j_H(k+1)-\bar{j}_H)+(j_V(k)-\bar{j}_V)\cdot(j_V(k+1)-\bar{j}_V)}{\sqrt{(|j_H(k)-\bar{j}_H|^2+|j_V(k)-\bar{j}_V|^2)}\cdot\sqrt{(|j_H(k+1)-\bar{j}_H|^2+|j_V(k+1)-\bar{j}_V|^2)}} \tag{7.5.31}$$

式中:$\bar{j}_H$为多个目标的极化估计值中水平极化分量的均值;$\bar{j}_V$为多个目标的极化估计值中垂直极化分量的均值。

对于有源假目标而言,相邻回波的极化矢量具有强相关性,其相关系数将趋近为1,表明这两个目标均为假目标。否则,相邻回波的极化矢量具有弱相关性,相关系数小于1,表明其中一个为真实目标,进行下一对目标的判别。

欧氏距离相似性反映了研究对象之间的亲疏程度,可以用来描述相邻目标的极化估值的相似程度。定义极化欧氏距离表达式为

$$D_{\mathrm{pol}}=\sqrt{(j_H(k)-j_H(k+1))^2+(j_V(k)-j_V(k+1))^2} \tag{7.5.32}$$

对于假目标而言,相邻目标的极化估值非常接近,此时极化欧氏距离$D_{\mathrm{pol}}\approx 0$,否则,相邻目标的极化估值具有一定差异,$D_{\mathrm{pol}}\neq 0$,随着极化估值的差异增大,欧氏距离$D_{\mathrm{pol}}$越大,表明其中一个为真实雷达目标,从而进行下一对目标的判别。

7.5.3.4 极化鉴别算法设计及其性能分析

极化相似测度、极化相关系数、极化欧氏距离从不同侧面刻画了真假目标极化特性差异的有效参量,不需要精确测得完整的目标极化散射矩阵的绝对值,只需要得到目标在正交极化通道的相对估计值,就能够对极化状态差异的真、假目

标进行有效区分。下面给出以$\Theta_1=\zeta_{\mathrm{pol}},\Theta_2=R_{\mathrm{pol}},\Theta_3=D_{\mathrm{pol}}$为鉴别参量集合的有源假目标鉴别算法,其鉴别表达式为

$$l_\Theta=\begin{cases}\{S(|\Theta_1-1|\leqslant \mathrm{Th})\&S(|\Theta_2-1|\leqslant \mathrm{Th})\&S(|\Theta_3|\leqslant \mathrm{Th})\}=1,\\ \text{有源假目标}\\ \{S(|\Theta_1-1|\leqslant \mathrm{Th})\&S(|\Theta_2-1|\leqslant \mathrm{Th})\&S(|\Theta_3|\leqslant \mathrm{Th})\}=0,\\ \text{雷达目标}\end{cases}\tag{7.5.33}$$

式中:$S(x)=\begin{cases}1,\text{逻辑关系成立}\\0,\text{逻辑关系不成立}\end{cases}$表示逻辑关系成立;符号“&”表示逻辑与运算;Th 表示统一的判决门限。有源假目标的具体鉴别流程如图 7.31 所示。

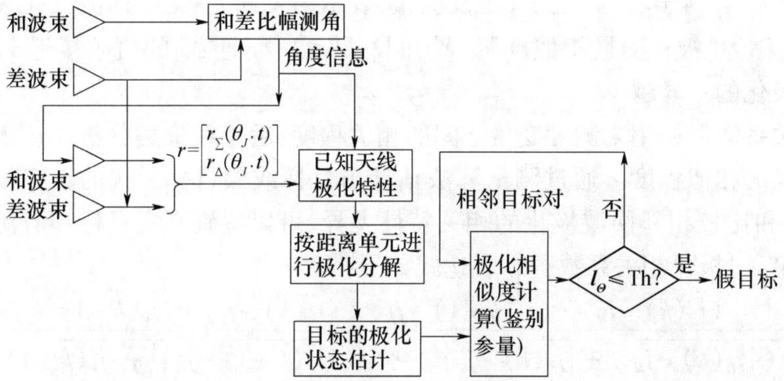

图 7.31　有源假目标的极化鉴别流程

在忽略测量噪声影响的情况下,7.5.3.1 节和 7.5.3.2 节分析了有源假目标和雷达目标的极化特性。在此基础上,本节给出了有源假目标的极化鉴别算法流程,下面分析存在噪声情况下鉴别算法的性能。对于单极化跟踪体制雷达而言,利用上面的方法估计出目标极化状态的测量数据可表示为

$$\begin{bmatrix}\sum_S(t)\\ \Delta_S(t)\end{bmatrix}=\begin{bmatrix}A\cdot F(\theta-\theta_0)^2+A\cdot F(\theta+\theta_0)^2 & A\cdot F(\theta-\theta_0)^2\rho_A(\theta)+A\cdot F(\theta+\theta_0)^2\rho_B(\theta)\\ A\cdot F(\theta-\theta_0)^2-A\cdot F(\theta+\theta_0)^2 & A\cdot F(\theta-\theta_0)^2\rho_A(\theta)-A\cdot F(\theta+\theta_0)^2\rho_B(\theta)\end{bmatrix}$$

$$\begin{bmatrix}s_h(t)\\ s_v(t)\end{bmatrix}+\begin{bmatrix}n_\Sigma(t)\\ n_\Delta(t)\end{bmatrix}\tag{7.5.34}$$

同时,和差通道接收到假目标干扰信号写成量测方程矩阵的形式为

$$\begin{bmatrix}\sum_J(t)\\ \Delta_J(t)\end{bmatrix}=\begin{bmatrix}F(\theta-\theta_0)+F(\theta+\theta_0) & F(\theta-\theta_0)\rho_A(\theta)+F(\theta+\theta_0)\rho_B(\theta)\\ F(\theta-\theta_0)-F(\theta+\theta_0) & F(\theta-\theta_0)\rho_A(\theta)-F(\theta+\theta_0)\rho_B(\theta)\end{bmatrix}\cdot$$

$$\begin{bmatrix}j_h(t)\\ j_v(t)\end{bmatrix}+\begin{bmatrix}n_\Sigma(t)\\ n_\Delta(t)\end{bmatrix}\tag{7.5.35}$$

式中：$n_{\sum}(t)$、$n_\Delta(t)$ 分别为和、差通道噪声，对于任意时刻 t 均可视作服从零均值正态分布的随机变量，即满足 $n_{\sum}(t) \sim N(0,\sigma_s^2)$，$n_\Delta(t) \sim N(0,\sigma_D^2)$。因此测量误差可表示为

$$\begin{bmatrix}\delta s_h(t)\\ \delta s_v(t)\end{bmatrix}=\begin{bmatrix}A\cdot F(\theta-\theta_0)^2+A\cdot F(\theta+\theta_0)^2 & A\cdot F(\theta-\theta_0)^2\rho_A(\theta)+A\cdot F(\theta+\theta_0)^2\rho_B(\theta)\\ A\cdot F(\theta-\theta_0)^2-A\cdot F(\theta+\theta_0)^2 & A\cdot F(\theta-\theta_0)^2\rho_A(\theta)-A\cdot F(\theta+\theta_0)^2\rho_B(\theta)\end{bmatrix}^{-1}\begin{bmatrix}n_{\sum}(t)\\ n_\Delta(t)\end{bmatrix} \tag{7.5.36}$$

$$\begin{bmatrix}\delta j_h(t)\\ \delta j_v(t)\end{bmatrix}=\begin{bmatrix}F(\theta-\theta_0)+F(\theta+\theta_0) & F(\theta-\theta_0)\rho_A(\theta)+F(\theta+\theta_0)\rho_B(\theta)\\ F(\theta-\theta_0)-F(\theta+\theta_0) & F(\theta-\theta_0)\rho_A(\theta)-F(\theta+\theta_0)\rho_B(\theta)\end{bmatrix}^{-1}\begin{bmatrix}n_{\sum}(t)\\ n_\Delta(t)\end{bmatrix} \tag{7.5.37}$$

此时和通道的目标回波功率可表示为

$$\begin{aligned}\left|\sum(t)\right|^2 = {} & A^2\cdot F(\theta-\theta_0)4\left|S_{HH}+2S_{HV}\rho_A(\theta)+S_{VV}\rho_A^2(\theta)\right|^2+\\ & A^2\cdot F(\theta+\theta_0)4\left|S_{HH}+2S_{HV}\rho_B(\theta)+S_{VV}\rho_B^2(\theta)\right|^2+\\ & 2A^2\cdot F(\theta-\theta_0)2F(\theta+\theta_0)2\left|S_{HH}+2S_{HV}\rho_A(\theta)+S_{VV}\rho_A^2(\theta)\right|\cdot\\ & \left|S_{HH}+2S_{HV}\rho_B(\theta)+S_{VV}\rho_B^2(\theta)\right|\end{aligned} \tag{7.5.38}$$

差通道内目标信号功率为

$$\begin{aligned}|\Delta(t)|^2 = {} & A^2\cdot F(\theta-\theta_0)4\left|S_{HH}+2S_{HV}\rho_A(\theta)+S_{VV}\rho_A^2(\theta)\right|^2+\\ & A^2\cdot F(\theta+\theta_0)4\left|S_{HH}+2S_{HV}\rho_B(\theta)+S_{VV}\rho_B^2(\theta)\right|^2-\\ & 2A^2\cdot F(\theta-\theta_0)2F(\theta+\theta_0)2\left|S_{HH}+2S_{HV}\rho_A(\theta)+S_{VV}\rho_A^2(\theta)\right|\cdot\\ & \left|S_{HH}+2S_{HV}\rho_B(\theta)+S_{VV}\rho_B^2(\theta)\right|\end{aligned} \tag{7.5.39}$$

此时和、差通道内的信噪比分别为

$$\begin{aligned}\mathrm{SNR}_{\sum} & = \frac{\left|\sum(t)\right|^2}{\sigma_s^2}\\ & \approx \frac{A^2\cdot\begin{bmatrix}F(\theta-\theta_0)^4+F(\theta+\theta_0)^4\\ +2A^2\cdot F(\theta-\theta_0)^2F(\theta+\theta_0)^2\end{bmatrix}\left|S_{HH}+2S_{HV}\rho_A(\theta)+S_{VV}\rho_A^2(\theta)\right|^2}{\sigma_s^2}\end{aligned} \tag{7.5.40}$$

$$\begin{aligned}\mathrm{SNR}_{\Delta} & = \frac{|\Delta(t)|^2}{{\sigma_D}^2}\\ & \approx \frac{A^2\cdot\begin{bmatrix}F(\theta-\theta_0)^4+F(\theta+\theta_0)^4\\ -2A^2\cdot F(\theta-\theta_0)^2F(\theta+\theta_0)^2\end{bmatrix}\left|S_{HH}+2S_{HV}\rho_A(\theta)+S_{VV}\rho_A^2(\theta)\right|^2}{\sigma_D^2}\end{aligned} \tag{7.5.41}$$

由上式可以看出，极化估计的性能取决于测角精度 θ 以及通道内的信噪比 SNR 和假目标干扰 INR。由 7.5.1 节的分析可知，有源假目标的信号强度要高于真实目

标,因此和差通道内对假目标接收的干噪比大于信噪比,即 INR > SNR,因此无需详细分析 INR 的解析表达式。

7.5.4 鉴别实验与结果分析

根据 7.5.1 节的算法原理,首先对极化估计方法进行仿真分析。设在目标位于天线波束中心指向,目标的极化散射矩阵 $\boldsymbol{S}_{t}=\begin{bmatrix}1 & 0.3j\\ 0.3j & 0.9\end{bmatrix}$,天线和、差波束的主极化和交叉极化方向图如图 7.28 所示,在信噪比为 30dB 情况下对目标回波进行 50 次极化估计的结果如图 7.32 所示,估计次数由回波脉冲数决定,此时回波脉冲数为 50。可以看出回波分量中垂直极化分量占优,这是由于雷达天线的主极化为垂直极化,回波以天线的共极化分量(垂直)为主,由于目标的变极化效应,使得回波的极化比幅度约为 1.414,极化角约为 55°,接近于 60°线极化状态。图 7.33 给出了目标回波极化估计的性能曲线,当信噪比 SNR 大于 20dB 时,算法趋于稳

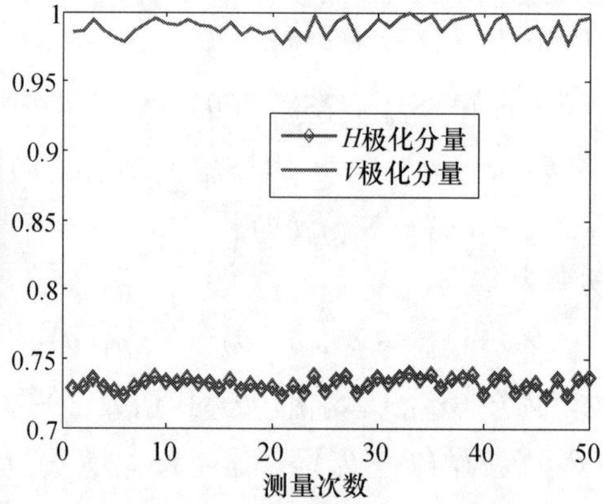

图 7.32　目标回波的极化估值/信噪比 30dB

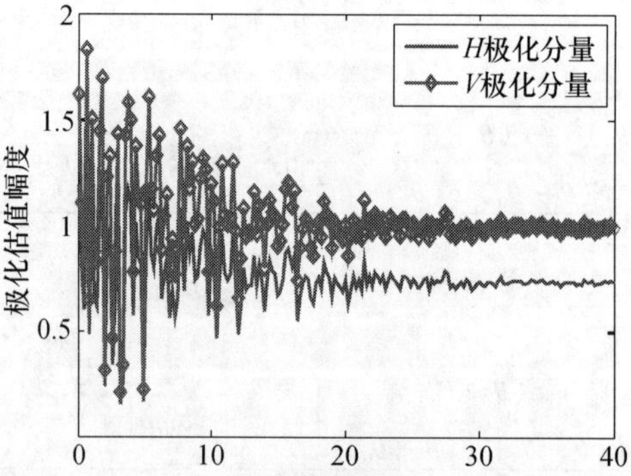

图 7.33　目标回波极化估计的性能曲线

定，测量精度较高。图 7. 34 ~ 图 7. 35给出对干扰信号极化估值的结果，此时干噪比 INR = 25dB 干扰极化方式为左旋圆极化，针对 50 次回波脉冲测量，正交极化分量的估值幅度近似为 0. 707，和干扰真实极化比较吻合，且极化估计精度随干噪比的增大而提高。

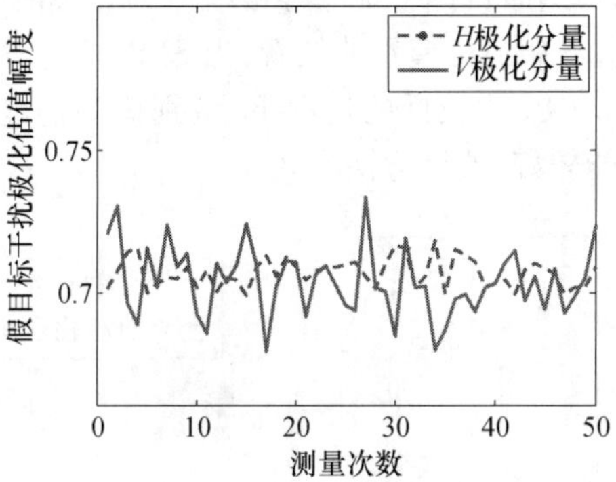

图 7. 34　干扰回波的极化估值/信噪比 30dB

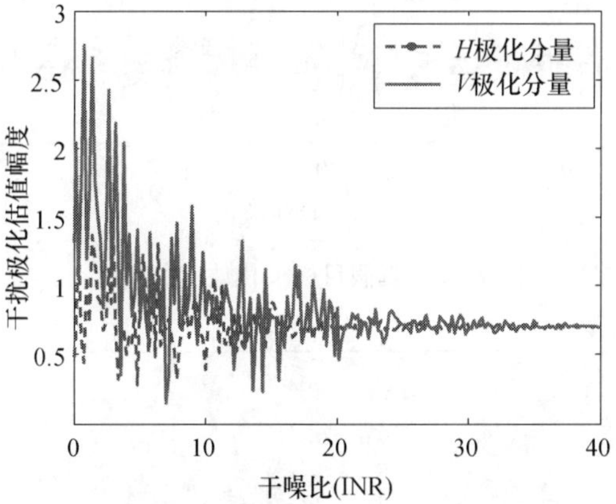

图 7. 35　干扰回波极化估计的性能曲线

图 7. 36 给出了 50 个密集目标的正交极化分量估值分布结果，可以看出这 50 个目标的水平极化 H 分量非常接近，而第 15 个目标的垂直 V 极化分量和其他目标有明显差异，可初步判断为真实目标。通过 7. 5. 3. 2 节的方法计算每两个相邻目标的极化相似测度，得到 49 组测量值如图 7. 37 所示，可以看出大部分目标之间的极化相似测度都近似为 1，而第 14 组和 15 组的相似测度近似为 0. 2，这说明第 14 和 15 个目标，第 15 和 16 个目标之间的极化相似度较差，相关性较差，表明第 15 个目标的极化与其他目标的极化差异较大，可以作为检测到真实目标的判据，其他 49 个目标可视为假目标。同时，50 个密集目标之间的极化欧氏距离分布如图 7. 38 所示，49 个极化欧氏距离计算值中大部分分布在 0 值附近，而第 14

组和 15 组的距离值约为 1.6，这表明第 15 个目标极化估值与其他目标的极化差异明显，可以作为真实目标的判据，而其他目标可以初步判断为假目标。利用给出的假目标识别算法和处理流程，进行蒙特卡罗仿真实验，得到了有源假目标干扰的正确鉴别概率与 SNR/INR 的关系曲线，如图 7.39 所示。仿真次数为 1000 次，鉴别门限 Th = 0.2。当假目标干扰同样被检测为目标时，通常 INR 比较高，此时 SNR ≈ INR > 10dB。从假目标鉴别曲线看，当 SNR/INR 大于 15dB 时，假目标均能正确鉴别，而在 SNR/INR 比较低的情况下，鉴别概率仍能达到 70% 以上，说明假目标干扰的鉴别性能较好，鉴别方法有效。

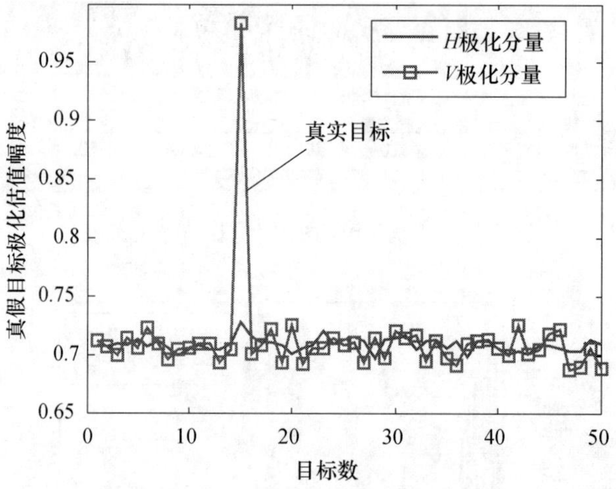

图 7.36　真假目标极化估值的幅度

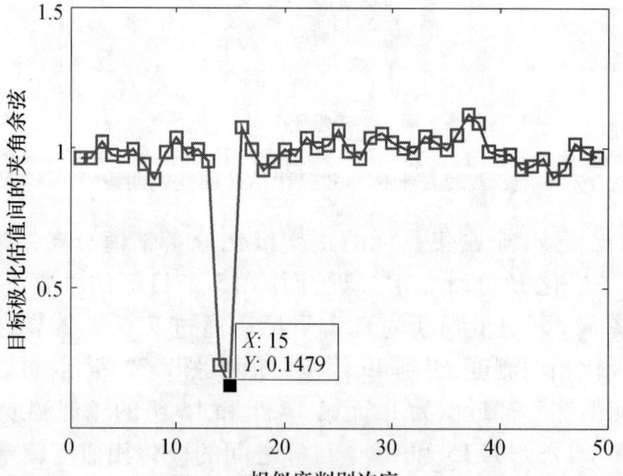

图 7.37　相邻目标的极化相似度

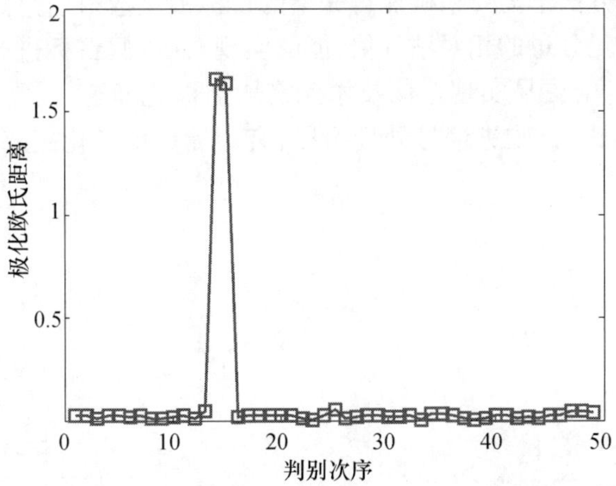

图 7.38　相邻目标的极化欧氏距离

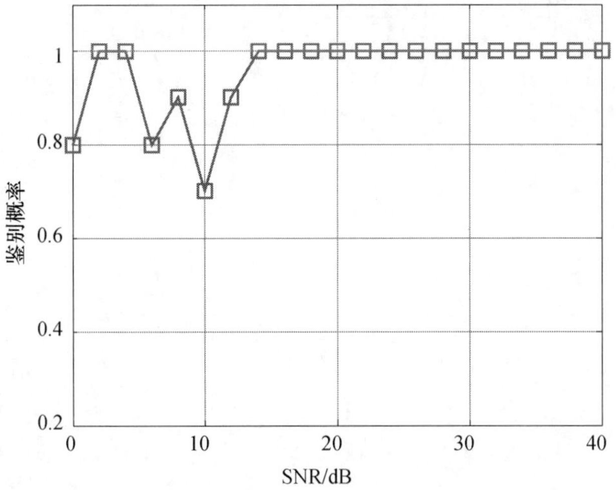

图 7.39　假目标的识别性能曲线

综上,多假目标干扰具有欺骗性和压制性的双重优势,对不同工作方式的跟踪体制雷达表现出了良好的干扰效果。现有的假目标极化鉴别算法主要利用有源假目标等效散射矩阵和雷达目标极化散射矩阵的特征差异,要求雷达传感器具有正交极化发射和接收或变极化收发的能力,需要测得目标的极化散射矩阵的四个分量。但是在实际当中,受各种因素限制,现有的雷达传感器无法精确获得目标或干扰信号完整的、准确无误的极化散射信息,使得以往利用极化散射矩阵的互易性、奇异性等性质对目标和干扰进行识别和抑制的方法失效。本章巧妙利用了常规单极化跟踪雷达和、差波束的交叉极化方向图特性,研究了一种新的极化测量方法,设计了用于假目标识别的稳健特征参量,给出了假目标干扰识别算法和处理流程。该方法不需要精确测得完整的目标极化散射信息的绝对值,只需要得到目标正交极化分量的相对估计值,能够实现对真、假目标进行有效区分,降低了计算和处理难度,更易实现。该技术无需增加极化通道,仅需事先获得全极化方向图特性及到达角,改进信号处理手段,有望提高单极化跟踪雷达的抗多假目标干扰能力。

参考文献

[1] 庄钊文，肖顺平，王雪松．雷达极化信息处理及其应用．北京：国防工业出版社，1999.

[2] 黄培康，殷红成，许小剑．雷达目标特性．北京：电子工业出版社．2005.

[3] 王雪松．宽带极化信息处理的研究[博士学位论文]．长沙：国防科技大学研究生院，1999. 5.

[4] Dino Giuli. Polarization diversity in radars. Proc. of IEEE, 1986,74(2):245 - 269.

[5] Boerner W M. Direct and inverse methods in radar polarimetry. Netherlands: Kluwer Academic Publishers. 1992.

[6] 李永祯．瞬态极化统计特性与处理的研究[博士学位论文]．长沙：国防科技大学研究生院，2004. 12.

[7] [美]Mott H. 天线和雷达中的极化．林昌禄，译．成都：电子科技大学出版社，1989.

[8] 王涛．弹道中段目标极化域特征提取与识别[博士学位论文]．长沙：国防科技大学研究生院，2006. 10.

[9] Dino Giuli, Facheris L, Fossi M. Simultaneous scattering matrix measurement through signal coding. Proceedings of IEEE 1990 International Radar Conference. Arlington, VA, USA: 258 - 262.

[10] Dino Giuli, Fossi M. Radar target scattering matrix measurement through orthogonal signals. IEE Proc. - F, 1993, 140 (4): 233 - 242.

[11] Poelman A J. Virtual polarisation adaptation: A method for increasing the detection capability of a radar system through polarisation - vector processing. Proc. IEE, Pt. F, 1981, 128(5): 261 - 270.

[12] Poelman A J, Guy J R F. Multinotch logic - product polarisation suppression filters: A typical design example and its performance in a rain clutter environment. Proc. IEE, Pt. F, 1984, 131(4): 383 - 396.

[13] Poelman A J. Polarisation - vector translation in radar systems. IEE Proceedings, 1983, 130(2): 161 - 165.

[14] Poelman A J, Guy J R F. Nonlinear polarization - vector translation in radar systems: a promising concept for Real - time polarization - vector signal processing via a single - notch polarization suppression filter. IEE Proceedings, 1984,131(5): 451 - 464.

[15] Poelman A J,Hilgers C J. Effectiveness of multinotch logic - product polarisation filters in radar for countering rain clutter. IEE proceedings - F, 1991,138(5): 427 - 436.

[16] Poelman A J. Cross correlation of orthogonally polarized backscatter components. IEEE trans. on AES, 1976, 12(12): 647 - 682.

[17] Stapor D P. Optimal receive antenna polarization in the presence of interference and noise. IEEE trans. on AP, 1995, 43(5): 473 - 477.

[18] 张国毅．高频地波雷达极化抗干扰技术研究[博士学位论文]．哈尔滨：哈尔滨工业大学研究生院，2002. 10.

[19] 王雪松，代大海，徐振海，等．极化滤波器的性能评估与选择．自然科学进展，2004，14(4)：442 - 448.

[20] Wang Xuesong, Chang Yuliang, Dai Dahai, et al. Band characteristics of SINR polarization filter. IEEE trans. on AP, 2007,55(4): 1148 - 1154.

[21] Novak L M, Sechtin M B, Cardullo M J. Studies of target detection algorithms that use polarimetric radar data. IEEE Trans. AES, 1989,25(2): 150 - 165.

[22] Novak L M, Burl M C, Irving W W. Optimal polarimetric processing for enhanced target detection. IEEE Trans. AES, 1993, 29(1): 234 - 243.

[23] Maio A D. Polarimetric adaptive detection of range – distributed targets. IEEE Trans. SP, 2002, 50(9): 2152 – 2158.

[24] David A G, Anne C O, Michael K O, et al. Full – polarization matched – illumination for target detection and identification. IEEE trans. on AES, 2002, 38(3): 824 – 835.

[25] 王雪松，李永祯，徐振海，等．高分辨雷达信号极化检测研究．电子学报，2000，28(12)：15 – 18.

[26] 李永祯，王雪松，徐振海，等．基于强散射点径向积累的高分辨极化目标检测研究．电子学报，2001，29(3)：307 – 310.

[27] 李永祯，王雪松，肖顺平，等．基于 ISVS 的微弱目标检测算法，电子学报，2005，33(6)：1028 – 1031.

[28] 徐振海，王雪松，肖顺平，等．极化敏感阵列信号检测：部分极化情形．电子学报，2004，32(6)：938 – 941.

[29] 曾勇虎，王雪松，肖顺平，等．基于时频联合域极化滤波的高分辨极化雷达信号检测．电子学报，2005，33(3) 524 – 526.

[30] 何松华．高距离分辨率毫米波雷达目标识别的理论与应用[博士学位论文]．长沙：国防科技大学电子技术系，1993.

[31] 曾勇虎．极化雷达时频分析与目标识别的研究[博士学位论文]．长沙：国防科技大学电子科学与工程学院，2004. 6.

[32] Fuller D F, Terzuoli A J, Collins P J, et al. Approach to object classification using dispersive scattering centres. IEE Proc. – Radar Sonar Navig, 2004, 151(2): 85 – 90.

[33] Emre E, Lee C P. Polarimetric classification of scattering centers using M – ary Bayesian decision rules. IEEE Trans on AES, 2000, 36(3): 738 – 749.

[34] Lee Jong – See, Ernst Krogager, Thomas L Ainsworth, et al. Polarimetric analysis of radar signature of a manmade structure. IEEE GRS letters, 2006, 3(4): 555 – 559.

[35] Karnychev V, Valery A K, Leo P L, et al. Algorithms for estimating the complete group of polarization invariants of the scattering matrix (SM) based on measuring all SM elements. IEEE trans. on GRS, 2004, 42(3): 529 – 539.

[36] Mickael Duquenoy, Jean Philippe Ovarlez, Laurent Ferro – Famil, et al. Study of Dispersive and Anisotropic Scatterers Behavior in Radar Imaging Using Time – Frequency Analysis and Polarimetric Coherent Decomposition. Proc of ICR – 2006: 180 – 185.

[37] Touzi R, Boerner W M, Lee J S, et al. A review of polarimetry in the context of synthetic aperture radar: concepts and information extraction. Canadian Journal of Remote Sensing, 2004, 30 (3): 380 – 407.

[38] 代大海．POLSAR 图像模拟及目标检测与分类方法研究[硕士学位论文]．长沙：国防科技大学研究生院，2003. 11.

[39] Kim K T, Kim S W, Kim H T. Two – dimensional ISAR imaging using full polarisation and super – resolution processing techniques. IEE Proc. on Radar, Sonar & Navig. 1998, 145(4): 240 – 246.

[40] 代大海，王雪松，肖顺平．基于二维 CP – GTD 模型的全极化 ISAR 超分辨成像．自然科学进展，2007，17(9)：131 – 140.

[41] 代大海．极化雷达成像及目标特征提取研究[博士学位论文]．长沙：国防科技大学研究生院，2008. 6

[42] Cohen M N, Sjoberg E S. Intrapulse polarization agile radar. Advances in radar techniques, edited by J. Clarke, Peter Peregrinus Ltd. , 1985.

[43] 王被德．近三年来雷达极化研究的进展．现代雷达，1996，18(2)：1 – 14.

[44] 国家导弹防御系统 http://www.les.com.cn/nanjing/part/les/database/weng/2nd/nmd.htm.

[45] 戴博伟．多极化合成孔径雷达系统与极化信息处理研究[博士学位论文]．北京：中国科学院电子学研究所，2000.

[46] 刘克成,等. 天线原理. 长沙:国防科技大学出版社,1989.
[47] 王雪松,等. 天线极化误差对天线接收功率影响的统计建模与分析. 自然科学进展,2001,11(11): 1210 - 1215.
[48] Dai H Y, Wang X S, Luo J, et al. Spatial polarization characteristics and scattering matrix measurement of orthogonal polarization binary array radar[J]. Science in China(Series F), 2010,53(12):2687 - 2695.
[49] 罗佳,王雪松,李永祯,等. 实测天线的空域瞬态极化特性. 电波科学学报,2007,22(Sup): 373 - 376.
[50] Luo Jia, Wang Xuesong, et al. Spacial Polarization Characteristics of Antenna. 2007 1st Asian and Pacific Conference on Synthetic Aperture Radar Proceedings (APSAR - 2007). Nov. 5 - 9, 2007, Huangshan, China, pp:139 - 144.
[51] McGrath D T, Schuneman N S. Polarization properties of scanning arrays[C]. 2003 IEEE International Symposium on Phased Array Systems and Technology, Oct. 2003: 295 - 299.
[52] Hal Schrank et al. Design of offset - Parabolic - Reflector Antennas for Low Cross - Pol and Low sidelobes [J]. IEEE Antennas and Propagation Magazine, 1993, 35(6): 47 - 50.
[53] Alan W R, et al, Offset - Parabolic - Reflector Antennas: A Review[J]. Proceedings of the IEEE, 1978, 66 (2): 1592 - 1681.
[54] Per - SIMON K, et al. Losses, Sidelobes, and Cross Polarization Caused by Feed - Support Structs in Reflector Antennas: Design Curves [J]. IEEE Trans on AP, 36(2), 1988: 182 - 190.
[55] Ludwig A C. The Definition of Cross Polarization [J]. IEEE Trans on AP, 1973: 117 - 120.
[56] Roy J E, et al. Generalization of the Ludwig - 3 Definition for Linear Copolarization and Cross - Polarization [J]. IEEE Trans on AP, 2001,49(6): 1006 ~ 1.
[57] Nader Damavandi, Cross Polarization Characteristics of Annular Ring Microstrip Antennas [J]. IEEE, 1997: 1878 - 1881.
[58] Hanle E. 3 - D Polarimetry for Target Acquisition and Classification with Electronically Steered Planar Array Systems[C]. IEEE Intern. Conference on Radar, Brighton, 1992, 222 - 225.
[59] Hanle E. Adaptive Chaff Suppression by Polarimetry with Planar Phased Arrays at Off - Broadside[C]. IEEE Intern. Conference on Radar, 1995, 108 - 112.
[60] Hanle E, Polarimetry at off - broadside directions with planar arrays compensation methods in radar and communications[C]. workshop on radar polaremetry ,Nantes , march 1995, 21 - 23.
[61] Hanle E. Polarimetric suppression ofcluster at off - broadside directions[C]. Intern. Conference on Radar, Paris, 1994, 222 - 225.
[62] Worms J G. About the influence ofpolarization agile jammers to adaptive antenna array[C]. IEEE Proc. On Radar95, USA, 1995, 619 - 623.
[63] 倪晋麟,等. 单元交叉极化对自适应阵列性能的影响[J]. 电子与信息学报, 2002,24(1): 97 - 101.
[64] Fossi M, Gherardelli M, Girrnino P, et al. Experimental Results of Dual - polarization Behaviour of Ground Clutter[C]. Record of CIE 1986 International Conference on Radar. Nanjing, 1986.
[65] Livingstone C E, Gray A L, Hawkins R K, et al. CCRS C/X - Airborne Synthetic Aperture Radar: an R and D Tool for the ERS - 1 Time Frame[C]. Proceedings of the 1988 IEEE National Radar Conference. 1988: 15 - 21.
[66] Livingstone C E, Lukowski T I, Rey M T, et al. CCRS/DREO Synthetic Aperture Radar Polarimetry - status Report [C]. IGARSS ' 89, Proceedings of the International Geoscience and Remote Sensing Symposium. Vancouver, Canada, 1989:10 - 14.
[67] Abou - El - Magd A M, Chandrasekar V, Bringi V N, et al. Multiparameter radar andin situ aircraft observation of graupel and hail[J]. IEEE Trans. Geosci. Remote Sens, 2000,38(1):570 - 578.

[68] Agrawal A P, Boerner W M. Redevelopment of Kennaugh's target characteristic polarization state theory using the polarization transformation ratio formalism for thecoherent case[J]. IEEE Trans. Geosci. Remote Sens., 1989,27: 2-14.
[69] Al-Jumily K J, Charlton R B, Humphries R G. Identification of rain and hail with circular polarization radar [J]. J. Appl. Meteor., 1991, 30: 1075-1087.
[70] Aydin K, Zhao Y, Seliga T A. Rain-induced attenuation effects on C-banddual-polarization meteorological radars[J]. IEEE Trans. Geosci. Remote Sens. 1989, 27: 57-66.
[71] Bader M J, Clough S A, Cox G P. Aircraft and dual polarization radar observations of hydrometeors in light stratiform precipitation. Quart. J. Roy. Meteor. Soc., 1987, 103: 269-280.
[72] Balakrishnan N, Zrni'c D S. Use of polarization to characterize precipitation and discriminate large hail[J]. J. Atmos. Sci., 1990, 47: 1525-1540.
[73] Doviak R J, Zrni'c D S. Doppler Radar and Weather Observations [M]. 2nd edition, San Diego, CA, Academic Press, 1993.
[74] Gorgucci E, Scarchilli G, Chandrasekar V, et al. Measurement of mean raindrop shape from polarimetric radar observations [J]. J. Atmos. Sci., 57: 3406-3413.
[75] Hendry A, Antar Y M M, McCormick G C. On the relationship between the degree of preferred orientation in precipitation and dual polarization radar echo characteristics[J]. Radio Sci., 1987, 22: 37-50.
[76] Cloude S R. Radar target decompositiontheorems [J]. Electron. Letter, 1985, 21(1): 22-24.
[77] Cloude S R, Pottier E. A review of target decomposition theorems in radar polarimetry[J]. IEEE trans. on GRS, 1996, 34(2): 498-517.
[78] Cloude S R, Pottier E. An entropy based classification scheme for land applications of polarimetric SAR[J]. IEEE trans. on GRS, 1997, 35(1): 68-78.
[79] Lombardo P. Optimal classification of polarimetric SAR images using segmentation[C]. In: Proc. IEEE on Radar Conference, Long Beach, CA, USA, 2002: 8-13.
[80] Qong M. Scattering mechanism identification based on the rotation and eccentric angles of polarimetric SAR data[C]. In: Proc. International Geoscience and Remote Sensing Symposium (IGARSS'04), Anchorage, AK, USA, 2004: 3054-3057.
[81] Xu J Y, et al. Using cross-entropy for polarimetric SAR image classification[C]. In: Proc. International Geoscience and Remote Sensing Symposium (IGARSS'02), Toronto, Canada, 2002: 1917-1919.
[82] 徐俊毅, 杨健, 彭应宁. 双波段极化雷达遥感图像分类的新方法[J]. 中国科学(E辑), 2005, 35(10): 1083-1095.
[83] Jin Y Q, Chen F. Polarimetric scattering indexes and information entropy of the SAR imagery for surface monitoring[J]. IEEE Transactions on Geoscience and Remote Sensing, 2002, 40(11): 2502-2506.
[84] 金亚秋, 陈扉. SAR图像中极化散射指数和信息熵及其地表识别应用[J]. 自然科学进展, 2003, 13(2): 174-178.
[85] Plombardo, Dpastina, Tbucciarelli. AdaptivePolarimetric target detection with coherent radar PartII: detection against Non-Gaussian background[J]. IEEE Trans. AES, 2001, 37(4): 1207-1220.
[86] Maio A D. Polarimetric adaptive detection of ranged-distributedtarget [J]. IEEE Trans. SP, 2002, 50(9): 2152-2159.
[87] Park H R, Li J, Wang H. Polarization-space-time domain generalized likelihood ratio detection of radartargets [J]. Signal processing, 1995(41): 153-164.
[88] Park H R, Kwag Y K, Wang H. An efficient adaptivePolarimetric processor with an embedded CFAR [J]. ETRI Journal, 2003, 25(3): 171-178.

[89] Dpastina, Plombardo, Tbucciarelli. AdaptivePolarimetric target detection with coherent radar PartI: detection against Gaussian background [J]. IEEE Trans. AES, 2001, 37(4):1194 - 1206.

[90] Plombardo, Dpastina, Tbucciarelli. AdaptivePolarimetric target detection with coherent radar Part Ⅱ: detection against Non - Gaussian background [J]. IEEE Trans. AES, 2001, 37(4):1207 - 1220.

[91] Hughes P K. A high - resolution radar detection strategy[J]. IEEE Trans on AES, 1983,19(5):663 - 667.

[92] Karl Gerlach, Steiner M J. Adaptive detection of range distributed[J]. IEEE Trans on SP, 1999,47(7):1844 - 1851.

[93] Alfano G, De Maio A, Farina A. Model - based adaptive detection of range - spread targets[J]. IEE Proc. - Radar Sonar Naving. ,2004,151,1:2 - 10.

[94] Antonio De Maio. Polarimetric Adaptive detection of range - distributed targets[J]. IEEE Trans on Signal Processing, 2002, 50(9): 2152 - 2159.

[95] 孙文峰,何松华,郭桂蓉,等. 自适应距离单元积累检测法及其应用[J]. 电子学报,1999,27(2): 111 - 113.

[96] 徐振海,王雪松,周颖,等. 基于PWF融合的高分辨极化雷达目标检测算法[J]. 电子学报,2001, 29 (12): 1620 - 1623.

[97] 李永祯,王雪松,李军,等. 基于Stokes矢量的高分辨极化检测方法[J]. 现代雷达, 2001,23(1):52 - 58.

[98] 李永祯, 王雪松, 肖顺平. 基于非线性积累的高分辨极化目标检测[J]. 红外与毫米波学报, 2000, 19 (4): 307 - 312.

[99] 徐振海, 王雪松, 肖顺平, 等. 极化敏感阵列滤波性能分析: 完全极化情形[J]. 电子学报, 2004, 32 (8): 1310 - 1313.

[100] 徐振海, 王雪松, 肖顺平, 等. 极化敏感阵列滤波性能分析: 相关干扰情形[J]. 通信学报, 2004, 25 (10): 8 - 15.

[101] Xu Zhenhai, Wang Xuesong, Xiao Shunping, et al. Target Detection of High Resolution and Full Polarization Based on PWF and Scattering Points[C]. IEEE RADAR, 2001, Beijing, 376 - 379.

[102] Xu Zhenhai, Wang Xuesong, Xiao Shunping, et al. Joint Spectrum Estimation of Polarization and Space[C]. IEEE ICNNSP:1285 - 1289, 2003, Nanjing.

[103] Stapor D P. Optimal receive antenna polarization in the presence of interference and noise [J]. IEEE Trans. AP, 1995, 43(5):473 - 477.

[104] Santalla V, Vera M, Pino A G. A Method for Polarimetric Contrast Optimization in the Coherent Case[C]. Antennas and Propagation Society International Symposium. 1993:1288 - 1291.

[105] Yang J, Yamaguchi Y, Boerner W M. Numerical methods for solving the optimal problem of contrast enhancement[J]. IEEE Trans GRS,2000, 38(2):965 - 971.

[106] Yang J, Dong G W, Peng Y N, et al. Generalized optimization of polarimetric contrast enhancement[J]. IEEE Trans GRS, 2004, 42(3):171 - 174.

[107] 李永祯,王雪松,王涛,等. 有源诱饵的极化鉴别研究[J]. 国防科大学报,2004,26(3):83 - 88.

[108] 李永祯,王雪松,肖顺平,等. 基于IPPV的真假目标极化鉴别算法[J]. 现代雷达, 2004, 26(9):38 - 42.

[109] 李永祯,肖顺平,王雪松,等. 地基防御雷达的有源假目标极化鉴别能力[J]. 系统工程与电子技术, 2005,27(7):1164 - 1168.

[110] 王涛, 王雪松,肖顺平. 随机调制单极化有源假目标的极化鉴别研究[J]. 自然科学进展,2006, 16 (5):611 - 617.

[111] 施龙飞, 王雪松, 肖顺平. 转发式假目标干扰的极化鉴别[J]. 中国科学F辑: 信息科学, 2009, 39 (4): 468 - 475.

[112] 李金梁, 王雪松, 李永祯. 正态空间取向箔条的极化特性[J]. 电波科学学报, 2008, 23(3):1 - 7.

[113] 来庆福,李金梁,冯德军,等. 舰船与箔条的双极化统计特性研究[J]. 电波科学学报, 2010,25(6):1079 -1084.
[114] 刘庆普,沈允春. 箔条云极化识别方案性能分析[J]. 系统工程与电子技术,1996,11(5):1 -7.
[115] 沈允春,谢俊好,刘庆普. 识别箔条云新方案[J]. 系统工程与电子技术,1995,17(4):11 -14.
[116] 罗佳, 王雪松, 李永祯,等. 一种估计来波信号极化状态的新方法[J]. 国防科大学报,2008,30(5):56 -61.
[117] 戴幻尧, 王雪松, 李永祯,等. 正交极化二元阵雷达的空域极化特性及散射矩阵测量方法[J]. 中国科学(F辑), 2011, 41(8): 945 -954.
[118] 丁鹭飞, 耿富录. 雷达原理. 西安:西安电子科技大学出版社,2004.
[119] 罗佳,王雪松,李永祯,等. 天线空域极化特性的表征及分析. 电波科学学报,2008,23(4): 620 -628.
[120] 张祖稷, 金林, 束咸荣. 雷达天线技术. 北京:电子工业出版社,2005.
[121] [美]Warren L S, Gary A T. 朱守正, 安同一,译. 天线理论与设计. 北京:人民邮电出版社,2006.
[122] [美]John D K,Ronald J M. 天线. 章文勋,译. 北京:电子工业出版社,2006.
[123] 卢万铮. 天线理论与技术. 西安:西安电子科技大学出版社,2004.
[124] 叶其孝, 沈永欢. 实用数学手册. 北京:科学出版社,2006.
[125] 杨可忠, 杨智友, 章日荣. 现代面天线新技术. 北京:人民邮电出版社,1993.
[126] 朱崇灿, 黄景熙, 鲁述. 天线. 武汉:武汉大学出版社,1996.
[127] GRASP9 - General Reflector and Antenna Farm Analysis Software. 丹麦 TICRA 公司网站 http://www.ticra.com/script/site/page.asp? artid = 33.
[128] GRASP9 产品信息. 未尔科技公司网站 http://www.vi - re.com/products2.asp? id = 21.
[129] 戴幻尧, 罗佳, 李永祯, 等. 抛物面天线空域极化特性与分析[J]. 电波科学学报, 2009, 24(1):126 -131.
[130] 罗佳,王雪松,李永祯,等. 雷达目标极化散射矩阵测量的新方法研究[J]. 信号处理, 2009, 25(6):868 -873.
[131] Bray M G, Werner D H. Optimization of thinned Aperiodic Linear Phased Arrays Using Genetic Algorithms to Reduce Grating Lobes during Scanning[J]. IEEE Trans on Antennas and Propagation,2002,50(12):1732 -1742.
[132] 王楠, 薛正辉, 杨仕明,等. 超宽带超低副瓣相控阵天线时域远场辐射特性研究[J]. 电子学报, 2006, 34(9):1605 -1609.
[133] 杜小辉,李建新,郑学誉. X 波段双极化有源相控阵天线的设计[J]. 现代雷达, 2002,5(9):67 -69.
[134] Qi Zisen, Guo Ying, Wang Buhong. Performance Analysis of MUSIC for Conformal Array [C]. 2007 International Conference on Wireless Communications, Networking and Mobile Computing (WICOM07) Shanghai, 2007: 168 -171.
[135] 齐子森,郭英,王布宏,等. 共型阵列天线 MUSIC 算法性能分析[J]. 电子与信息学报,2008, 30(11):2674 -2677.
[136] 郑学誉, 万长宁. 宽带宽角扫描相控阵天线[J]. 电波科学学报,1995,10(1):33 -38.
[137] 李建瀛,梁昌洪. 波导端头裂缝有限相控阵单元的阵中特性[J]. 电子学报,1999,27(12):102 -104.
[138] Alan fenn, Guy A T, Benelike A M. Moment method analysis of finite rectangular waveguide phase arrays[J]. IEEE trans on AP,1982,30(4): 554 -564.
[139] 刘培国, 毛钧杰. 电波与天线[M]. 长沙: 国防科技大学出版社,2004.
[140] Dai H Y, Li Y Z, Wang X S, et al. Polarization Property of Scanning Slot Phased Array[C]. IEEE Asia - Pacific Conference on Synthetic Aperture Radar (APSAR), Xi'an, 2009,10:567 -570.
[141] 戴幻尧, 李永祯, 陈志杰, 等, 电扫偶极子相控阵天线的空域极化特性分析[J]. 国防科大学报,

2010, 32(1):84 - 89.
[142] 戴幻尧, 李永祯, 薛松,等. 相控阵天线空域极化特性的高频仿真分析[J]. 电波科学学报, 2011, 26(2): 316 - 322.
[143] Brockett T, Rahmat - Samii Y. A novel portable bipolar near - field measurement system for millimeter - wave antennas: construction, development, and verification[J]. IEEE Magazine on Antennas and Propagation, 2008,50(5):121 - 130.
[144] Laitinen T A, Ranvier S, Toivanen J, et al. Research activities on small antenna measurements at Helsinki university of technology, 2009[C]. IEEE International Workshop on Antenna Technology, 2 - 4 March 2009: 1 - 4.
[145] Hirose M, Kurokawa S, Komiyama K. Antenna measurements by one - path two - port calibration using radio - on - fiber extended port without power supply[J]. IEEE Transactions on Instrumentation and Measurement, 2007,56(2): 397 - 400.
[146] 尚军平,傅德民,于丁. 以循环移位控制为基础的相控阵天线快速测量方法研究[J]. 微波学报, 2006, 22(6):1 - 4.
[147] 郑会利,毛乃宏. 雷达天线测量技术研究[J]. 电波科学学报,1996,11(3):46 - 51.
[148] 胡鸿飞,傅德民,谭继兆. 近场天线测量中采样原则的改进[J]. 雷达科学与技术,2003,1(1):51 - 64.
[149] 李迪,王华. 中场测量相控阵扫描方向图的方法研究[J]. 现代雷达,2005,27(7): 48 - 50.
[150] Dai H Y, Liu Y, Li Y Z, et al New Far Field Measurement Method for Antenna Polarization Characteristics Based on Calibrator Target[C]. 2010 IEEE International Radar Conference, Arlington, Virginia, USA.
[151] 戴幻尧, 刘勇, 李永祯,等. 一种新的天线空域极化特性的远场测量方法, 应用科学学报, 2009, 27(6):606 - 611.
[152] 戴幻尧, 刘勇 李永祯,等. 基于定标体散射特性的天线空域极化特性的测量方法. 微波学报,2010, 26(1):5 - 11.
[153] 戴幻尧,李金梁, 刘勇,等. 天线极化特性测量中极化基失配的影响及校准方法. 微波学报, 2010, 26(4): 32 - 36.
[154] 戴幻尧,李金梁,等. 实测雷达天线空域极化特性的校正, 现代雷达, 2010,32(7): 83 - 86.
[155] 束咸荣, 何炳发. 天线收发方向图互易性质疑[J]. 微波学报, 2008, 24(6):43 - 46.
[156] 罗佳,王雪松,李永祯,等,雷达目标极化散射矩阵测量的新方法研究. 信号处理,2009,25(6):868 - 873.
[157] Dai H Y, Wang X S, Li Y Z. Main - lobe jamming suppression method of using spatial polarization characteristics of antenna[J]. IEEE Transaction on Aerospace and Electronic systems,2012, 48(3): 2167 - 2179.
[158] Dai H Y, Wang X S, Liu Y, et al Novel research on main - lobe jamming polarization suppression technology [J]. Science in China (Series F), 2012, 55(2): 368 - 376.
[159] 戴幻尧, 李永祯, 王雪松,等. 主瓣干扰极化抑制的新方法研究[J]. 中国科学(F 辑), 2012, 42(4): 460 - 466.
[160] 戴幻尧, 李永祯,刘勇,等. 单极化雷达的空域零相移干扰抑制极化滤波器设计[J]. 系统工程与电子技术,2011,33(2):290 - 295.
[161] Mao X P, Liu Y T. Null Phase - Shift Polarization Filtering for High - Frequency Radar[J]. IEEE Transactions on Aerospace and Electronic system, 2007, 43(4): 1397 - 1407.
[162] 毛兴鹏, 刘永坦, 邓维波. 频域零相移多凹口极化滤波器[J]. 电子学报,2008, 36(3): 537 - 542.
[163] 王雪松,汪连栋,肖顺平,等. 自适应极化滤波器的理论性能分析[J]. 电子学报,2004,32(8): 1326 - 1329.
[164] 张国毅, 刘永坦. 高频地波雷达多干扰的极化抑制[J]. 电子学报, 2001, 29(9): 1206 - 1209.

[165] 杨运甫,陶然,王越. 部分极化情况下 SINR 最优极化滤波器特性分析[J]. 自然科学进展,2007,17(3):370 – 378.

[166] 施龙飞,王雪松,徐振海,等. APC 迭代滤波算法与性能分析[J]. 电子与信息学报,2006,28(9):1560 – 1564.

[167] Zhang Guoyi, Tan Zhongji, Wang Jiantao. Modification of Polarization Filtering Technique in HF Ground Wave Radar[J]. Journal of Systems Engineering and Electronics, 2006, 17(4): 737 – 742.

[168] Pace P E, Fouts D J, Ekestrrm S, et al. Digital false – target image synthesizer for countering ISAR[J], IEE Proceedings Radar Sonar and Navigation (S0956 – 375X), 2002, 149(5): 248 – 257.

[169] Sharpin D L, Tsui J B Y. Analysis of linear amplifier analog – digital convertor interface in a digital microwave receiver[J]. IEEE Tran on AES (S0018 – 9251), 1995, 31(1): 248 – 255.

[170] 张延彬,高梅国,李云杰,等. 速度维多假目标干扰的数字实现[J]. 北京理工大学学报, 2009,29(1):59 – 62.

[171] 刘佳琪,刘进,丹梅,等. 对导弹防御制导雷达的多假目标干扰仿真研究[J]. 系统仿真学报, 2008,20(3): 557 – 561.

[172] Liu Hongya. Methods to recognize false target generated by digital – image – synthesiser[C]. 2008 International Symposium on Information Science and Engineering, ISISE 2008,1: 71 – 75.

[173] Kostis, Theodoros G. Angular glint effects generation for false naval target verisimility requirements[J]. Measurement Science and Technology, 2009, 20(10): 832 – 837.

[174] Rao Bin, Liu Yi, Xiao Shunping, et al. Conservation – law based discrimination method of exoatmosphere range false targets[C]. IET International Radar Conference 2009, n 551.

[175] Li Yuan, Lv Gaohuan, Chen Huilian. A new technology of multi – false targets deception against chirp waveform inverse synthetic aperture radar[C]. 2008 9th International Conference on Signal Processing, ICSP 2008: 2477 – 2480.

内 容 简 介

本书创新性地提出了天线空域极化特性的概念,并利用雷达天线对期望信号和干扰信号的空间极化调制效应,论述了几种目标参数测量和抗干扰新技术。全书共分7章。第1章简要地归纳、评述了雷达极化信息处理的理论、应用成果以及亟需解决的问题。第2章以动态的、统计的观点阐述了雷达天线极化特性的表征方法,阐释了天线空域极化的内涵。第3章着重讨论了几类线天线和面天线的空域极化特性。第4章深入分析了相控阵天线的空域极化特性。第5章研究了精确、快速地获取天线的空域极化特性的理论新方法和试验方法、误差校准方法。第6章提出了两种目标极化散射矩阵测量的新方法,将其分别命名为"时域测量法"和"频域测量法",介绍了算法原理,并对算法性能进行了理论分析和计算机仿真。第7章研究了利用天线空域极化特性抑制有源压制干扰的处理方法,提升了传统雷达的信息处理维度和抗干扰能力;针对多假目标欺骗干扰,研究并提出了利用单脉冲雷达和、差波束特性差异进行干扰鉴别的处理新方法。

本书可供雷达工程师和科研工作者阅读,为进一步理解雷达系统和电子对抗相关问题提供有价值的参考,同时可作为雷达系统工程师和系统高级用户的参考书,为雷达抗干扰信号处理系统设计提供新思路、新方法、新途径。

This book presentsan innovative concept of spatial polarization characteristics (SPC) of the antenna. By using of radar antenna spatial polarization modulation effect on the desired signal and the interference signal, we discussed several target parameter measurement and anti-jamming technology. The book is divided into seven chapters. The Chapter 1 briefly summarized, reviews the theory, application and the urgent need to solve the problem of radar polarization information processing. The Chapter 2 expounded the connotation and representation of Spatial Polarization Characteristic in a dynamic, statistical view, the SPC connotation is given. Chapter 3 focused on several types of SPC of wire antenna and aperture antenna. Chapter 4 deeply analyzed SPC of Phased array antenna. Chapter 5 studied novel measurement methods, test theory and error calibration method to get antenna SPC accurately and quickly. In Chapter 6, based on the SPC of antenna, two novel PSM measurement methods are proposed. According to the differences in the signal processing method of the received echo, the two algorithms are named as ' time-domain measurement ' and ' frequency-domain measurement ' respectively. Algorithm principle is describes and performance has been analyzed by theoretical analysis and computer simulation. Chapter 7 presents a novel blanketing jamming suppression processing methods by using SPC, which enhanced the traditional radar information processing dimensions and anti-jamming capability. Then, to suppress the multi-false target jamming in mono-pulse radar, a new polarization discrimination algorithm by using the sum and difference beam differential property of mono-pulse radar is given.

This book is available to radar engineers and scientists which provide valuable reference for further understanding radar systems and electronic warfare-related issues. It is also a good reference book for radar systems engineer and advanced users which offer new ideas, new methods, and new technical ways for radar anti-jamming signal processing system design.